三峡工程大坝混凝土耐久性

李文伟　杨华美　李家正　李曙光　等　著

科学出版社
北　京

内 容 简 介

本书是作者从事水利水电工程研究近 40 年所积累经验的系统凝练与总结，以三峡工程大坝混凝土耐久性研究为主线，以大量试验、施工方案、工程实践报告、公开发表的科研成果与众多论文为技术支撑，聚焦三峡工程大坝混凝土耐久性面临的一系列难题与采用的耐久性保障技术，介绍三峡工程大坝混凝土的前世今生。全书共 8 章，包括绪论、骨料、微膨胀中热硅酸盐水泥、Ⅰ级粉煤灰、化学外加剂、高耐久性大坝混凝土配合比设计及性能、大坝混凝土施工现场保障技术、大坝混凝土长期性能演变规律及预测模型。

本书可供水利水电工程设计、施工、管理人员，大中专院校水利水电工程、土木工程等专业的教师及学生，科研院所相关专业的研究人员等参考阅读。

图书在版编目（CIP）数据

三峡工程大坝混凝土耐久性 / 李文伟等著. -- 北京：科学出版社，2025.6. -- ISBN 978-7-03-082691-6

I. TV632.71

中国国家版本馆 CIP 数据核字第 2025F720J2 号

责任编辑：何　念　张　湾/责任校对：韩　杨
责任印制：彭　超/封面设计：无极书装

科 学 出 版 社 出版
北京东黄城根北街 16 号
邮政编码：100717
http://www.sciencep.com

武汉精一佳印刷有限公司印刷
科学出版社发行　各地新华书店经销
*

开本：787×1092　1/16
2025 年 6 月第 一 版　印张：18
2025 年 6 月第一次印刷　字数：427 000
定价：**268.00 元**
（如有印装质量问题，我社负责调换）

序 一

三峡工程是治理、开发和保护长江的关键性骨干工程，是我国自行设计和建成的世界上最大的水利枢纽工程，具有防洪、发电、航运、水资源利用等巨大的综合效益。经过几十年的前期勘察、设计、论证，1992 年第七届全国人民代表大会第五次会议批准兴建三峡工程，1993 年开始筹备实施，1994 年正式开工，2003 年开始 135 m 蓄水、通航、发电，2008 年提前一年完工，并开始实施 175 m 试验性蓄水运行，2015 年三峡工程通过竣工验收，2020 年三峡工程通过整体竣工验收。

三峡工程由拦河大坝、电站建筑物、通航建筑物等组成，大坝为混凝土重力坝，坝顶高程为 185 m，坝轴线全长 2 309.5 m。大坝的安危直接关乎长江中下游地区，特别是荆江两岸约 2 300 万亩（1 亩≈666.7 m^2）耕地和 1 500 万人民的生命财产安全，必须确保大坝高质量建设与长寿命安全可靠运行。混凝土是大坝主体材料，是大坝安全的基石，如何保障混凝土高耐久性是三峡工程建设的核心问题之一。

三峡工程大坝混凝土量高达 1 610 万 m^3，对混凝土温控防裂要求极高，施工强度特别高，连续三年混凝土浇筑量超过 400 万 m^3，混凝土施工面临复杂的技术难题。我国 20 世纪 50 年代末研发了以矿渣硅酸盐水泥为代表的大坝水泥，但其配制的混凝土用水量高、水泥用量大、耐久性差，考虑到三峡工程大坝混凝土的重要性与高质量需要，必须研制新型筑坝水泥。三峡工程将自身开挖出的花岗岩作为混凝土骨料，加工破碎后，其粒形较差，颗粒表面粗糙，使混凝土用水量较天然骨料显著增加，存在胶材用量大、温控难、孔隙大、耐久性差、干缩大和易开裂等问题。三峡工程花岗岩骨料的检测结果虽然为非活性骨料，鉴于工程重要性，仍要加强杜绝碱骨料反应的措施。围绕大坝混凝土配合比设计开展了一系列科研攻关工作，如胶凝材料体系选择、外加剂选取与相容性试验等。此外，特高强度现场混凝土浇筑，还面临混凝土质量管控与质量保障的重大挑战。

该书针对三峡工程大坝混凝土面临的一系列耐久性难题，以混凝土原材料创新与耐久性保障为主线，以大量试验、科研成果、工程实践和原型监测数据为依据，进行全面总结与凝练。重点阐述三峡工程大坝混凝土骨料特性与碱活性、微膨胀中热硅酸盐水泥的研制、Ⅰ 级粉煤灰的功能化作用、外加剂的优选等与原材料相关的研究成果；从原材料角度系统地分析保障大坝混凝土高耐久性的技术，并深入研究其演变机理；提出耐久性主导的大坝混凝土设计新理念，构建高耐久性大坝混凝土设计方法，开发混凝土多途径叠加减水技术，配制出低用水量、高抗裂性、高耐久性的大坝混凝土，创建施工全过程混凝土配合比动态调控技术与质量控制体系。并且该书作者持续（长达20年）进行三峡工程大坝混凝土长期性能演变规律的研究，探明其作用机理，提出大坝混凝土长期性能预测模型等。

  这些研究成果攻克了三峡工程大坝混凝土高耐久性保障难题，推动了筑坝技术的进步，并在水利水电工程中得到了广泛应用。后续建设的小湾水电站大坝、溪洛渡水电站大坝、锦屏一级水电站大坝等 300 m 级特高拱坝，龙滩水电站大坝、光照水电站大坝、黄登水电站大坝等 200 m 级混凝土重力坝都借鉴了三峡工程的成功经验，有力促进了我国水电在国际上从跟跑、并跑到领跑的跨越。为实现"双碳"目标，未来相当长的时间内，我国基础设施建设仍将处于高峰期，其中水电站建设的主战场将转向西南高海拔、高寒等环境和施工条件更为恶劣的地区，大坝混凝土耐久性的保障将面临新的挑战。

  该书的研究成果具有重要的学术价值，有助于认识和掌握高耐久性大坝混凝土的一系列配制技术和方法，为水利水电工程的建设提供技术支撑。

中国工程院院士

2024 年 12 月 30 日

序　二

三峡工程是中华民族复兴的伟大工程，其防洪、发电、航运、供水等综合效益巨大，可谓"千年大计，国运所系"。三峡大坝是三峡工程的主体，是世界上最大的混凝土重力坝，保障其安全建设和运行是重中之重。但实现三峡大坝"千年大计"谈何容易！这要求三峡大坝的混凝土不仅要有优异的抗裂性，还要有优异的耐久性，能巍然屹立千年，能抵抗千年的风雨侵袭。然而，在20世纪90年代开工建设之前的技术水平下，为三峡大坝制备高抗裂性、高耐久性的混凝土面临一系列前所未有的挑战。

面对挑战，李文伟带领团队迎难而上，扎根三峡工程工地20多年，成型混凝土试件数千组，总结分析测试数据几十万条，编写科研报告上百份……经过系统、深入的研究，探索出了一条"大坝混凝土高耐久之道"，在大坝混凝土设计理念、方法和技术等方面取得了一系列创新成果。一是设计理念的创新，区别于传统的强度主导设计理念，他提出了耐久性主导设计理念，并在此理念的指导下开发了一系列混凝土设计和制备的新方法与新技术。二是原材料体系的创新，他提出了"水泥定制化、粉煤灰功能化"的研发模式，开创了"微膨胀中热硅酸盐水泥+Ⅰ级粉煤灰"的大坝混凝土高耐久性胶凝材料体系；提出了"一防二控"的高抗裂性、高耐久性混凝土原材料优选原则，即预防碱骨料反应、调控混凝土温升和变形过程。三是配合比的创新，他提出了"两低一高"的配合比设计思路，即低用水量、低水胶比、高粉煤灰掺量。四是评价、预测方法的创新，他提出了基于孔结构的混凝土耐久性状态评价指标、混凝土性能演变两阶段模型等，为大坝混凝土的真实耐久性状态评估和预测、服役寿命的预估等提供了科学理论依据。根据李文伟团队的长期性能测试与微观分析结果，三峡工程大坝混凝土微结构、耐久性状态优异，耐久千年的梦想得以实现！

上述成果是2019年度国家科学技术进步奖特等奖"长江三峡枢纽工程"的核心内容之一，虽然这是一个重大工程奖项，没有完成人名单，但也是对李文伟团队研究成果的肯定。"大坝混凝土高耐久之道"保障了三峡大坝高质量建成和安全运行，为三峡工程防洪、发电、航运等效益的安全稳定发挥提供了保障，为我国经济社会高质量发展做出了重要贡献。2018年习近平总书记给予三峡工程"国之重器""一个标志、三个典范"的高度评价，也是对三峡工程科技工作者的高度褒奖！

该书是李文伟带领的团队对三峡工程大坝混凝土科研成果的全面总结,详细阐述"大坝混凝土高耐久之道"。这些成果推广应用至国内外80余座高混凝土坝,促进了行业技术进步!

中国工程院院士

2024 年 12 月 30 日

前　言

三峡工程作为世界上最大的水利枢纽工程，在防洪、发电、航运等方面取得了巨大效益。截至 2024 年 8 月下旬，累计发电量达到 16 538 亿 kW·h，相当于节约标准煤 4.99 亿 t，减少二氧化碳排放 13.58 亿 t。这一成就不仅彰显了三峡工程在"西电东送"和"南北互供"中的骨干电源点地位，也为我国构建清洁低碳、安全高效的能源体系提供了有力支撑。三峡大坝作为整个工程的核心结构，其稳定性直接关系到工程的成败，进而影响到长江流域乃至全国的经济发展、生态环境和人民生活。

混凝土作为大坝的主体建筑材料，其耐久性成为一个关键且极具挑战性的问题。大坝混凝土具有大体积、不加筋、长期接触水、导热性差等特点，水泥水化产生的水化热极难消散，易产生温降收缩裂缝。一旦裂缝形成，就可能成为渗漏、溶蚀等破坏过程的通道，严重削弱大坝的耐久性，危及大坝安全。历史上，许多大坝由于混凝土耐久性不足出现各种病害，给工程带来巨大损失。而三峡工程作为"千年大计"的"国之重器"，需在长期运行中抵御江水侵蚀、水压变化及气候条件等多重复杂因素的持续影响，这对大坝混凝土的耐久性提出了极高的要求。在三峡工程建设之前，我国大坝混凝土遵循以强度为主的传统设计理念，加之面临原材料品质低、配制技术落后等问题，在混凝土制备过程中存在用水量过高、水泥消耗量大、耐久性状况不佳的问题，无法满足三峡工程对混凝土耐久性的严格要求。因此，深入研究三峡工程大坝混凝土耐久性，对于保障三峡工程的长期稳定运行和推动我国水利水电工程混凝土技术的发展具有重要意义。

全书共分为 8 章，内容分为 4 个部分，主要从高耐久性大坝混凝土原材料研制与优选、配合比设计、施工质量保障、性能演变与预测方面，总结形成三峡工程大坝混凝土耐久性研究系列成果。第一部分为概述，介绍三峡工程大坝混凝土以耐久性为主的设计理念的必要性与面临的一系列挑战；第二部分为三峡工程大坝混凝土原材料研制与优选，从原材料角度保障大坝混凝土高耐久性，并深入研究其影响机理；第三部分为高耐久性大坝混凝土配合比设计与施工质量保障，提出高耐久性大坝混凝土设计理念与设计方法，基于大量试验最终确定满足三峡工程要求的混凝土配合比，并构建施工全过程混凝土配合比动态调控技术与质量控制体系；第四部分为三峡工程大坝混凝土长期性能演变规律与内在机理研究，并通过多途径建立混凝土预测模型。本书整体章节结构遵循"原材料性能—配合比设计—施工保障—长期性能"的脉络，有助于读者系统地了解三峡工程大坝混凝土设计制备、工程应用的各个环节，从而更好地把握其整体技术体系。

本书旨在总结三峡工程大坝混凝土建设过程中的技术创新成果，详细阐述三峡工程大坝混凝土在设计理念上从传统强度主导到耐久性主导的重大转变，深入剖析"微膨胀中热硅酸盐水泥+Ⅰ级粉煤灰"这一新型胶凝材料体系的独特性能，探讨微膨胀中热硅酸盐水泥指标的优化及Ⅰ级粉煤灰在提高耐久性方面的作用机理。此外，本书还将展示高抗裂性、高耐久性大坝混凝土的性能调控、评价方法及制备技术，如碱骨料反应抑制、温升-变形协同调控、多途径减水技术等，并阐述这些特殊配制技术对解决技术难题的重要意义。最后，介绍近20年来对三峡工程大坝混凝土试件/芯样在标准和自然养护条件下的持续跟踪研究。这些研究涵盖碱骨料反应、力学性能、变形特性、抗冻性能、碳化过程等多个宏观性能，以及微观结构特性。通过这些研究，作者探明了大坝混凝土长序列性能演变规律与作用机理，并建立了碳化、相对动弹性模量、抗压强度等长期性能预测模型，为三峡工程大坝混凝土耐久性状态评估和安全运行提供了理论依据。本书所总结的三峡工程大坝混凝土技术成果，不仅是三峡工程获得多项荣誉的重要支撑内容，更是确保三峡工程实际效益得以充分发挥的关键因素之一。这些技术成果已被纳入《水工混凝土施工规范》（SL 677—2014）、《水工混凝土配合比设计规程》（DL/T 5330—2015）等行业标准，成为指导我国水利水电工程建设的宝贵财富。同时，这些成果也被广泛应用于其后建设的200 m级以上混凝土高坝工程中，充分证明了其广泛的应用价值和行业的高度认可。

本书由李文伟、杨华美、李家正、李曙光等著，参与撰写的人员有李新宇、崔进杨、石妍、张开来、王浩、田丹、吴辉特、王世美、丁璨夏、张秀贞、吕兴栋、霍金阳等。具体分工如下：第1章由李文伟、杨华美、李曙光撰写；第2章由李文伟、杨华美、李新宇撰写；第3章由李文伟、杨华美、李家正、崔进杨、王世美、张秀贞撰写；第4章由杨华美、崔进杨、王浩撰写；第5章由李家正、杨华美、崔进杨、张开来撰写；第6章由李文伟、李曙光、崔进杨、田丹、王浩、霍金阳撰写；第7章由李家正、石妍、崔进杨、张开来、丁璨夏撰写；第8章由李曙光、崔进杨、张开来、田丹、吴辉特、吕兴栋撰写。全书由李文伟、杨华美、崔进杨审校及统稿，田丹为本书做了大量插图及资料整理工作。

本书涵盖的相关研究得到了"十三五"国家重点研发计划项目"复杂环境下能源与道路工程用水泥基关键材料与技术"（2016YFB0303600）、国家自然科学基金长江水科学研究联合基金项目"长江中上游大坝混凝土耐久性提升理论与方法研究"（U2040222）、国家自然科学基金项目"混凝土表面等离子热喷陶瓷涂层制备和性能研究"（52179122）、湖北省自然科学基金三峡创新发展联合基金重点项目"西部高堆石坝面板混凝土的开裂机理研究"（2022CFD026）、湖北省自然科学基金三峡联合基金培育项目"冻融-爆破耦合作用下水泥混凝土性能劣化特征及抗冻评价方法"（2023AFD196）和长江科学院中央级公益性科研院所基本科研业务费项目"水工高延性混凝土与复合结构研究"（CKSF20241023/CL）的资助，在此表示衷心的感谢！

在本书撰写过程中，得到了众多方面的宝贵支持。首先，要感谢中国长江三峡集团有限公司，其为本书的撰写提供了有力的保障。同时，国内高校和科研院所的技术力量参与研究，为本书的撰写提供了丰富的学术资源和实践经验。还要感谢在本书撰写过程中提供材料、数据、照片的各方人员，以及提供宝贵意见和建议的同行专家，正是他们的辛勤劳作和无私奉献，使得本书顺利完成。

本书对三峡工程大坝混凝土技术的总结，旨在为后续水利水电工程建设者提供参考和借鉴。由于作者能力有限，书中难免有不足之处，恳请广大读者批评指正，以便作者不断改进和完善。

作 者

2024 年 12 月 24 日于北京

目 录

第 1 章 绪论···1
　1.1 三峡工程简介··2
　　　1.1.1 三峡工程建设历程···2
　　　1.1.2 三峡工程特性···3
　1.2 大坝混凝土耐久性··6
　　　1.2.1 大坝混凝土特点及发展历程···6
　　　1.2.2 大坝混凝土长期性能研究现状··8
　1.3 三峡工程大坝混凝土面临的挑战及创新·····································18
　　　1.3.1 面临的巨大问题及挑战···18
　　　1.3.2 取得的跨越式技术创新···21

第 2 章 骨料···23
　2.1 骨料在混凝土中的作用及分类···24
　　　2.1.1 骨料在混凝土中的作用···24
　　　2.1.2 骨料的分类··25
　2.2 大坝混凝土骨料技术指标及要求··26
　　　2.2.1 细骨料··26
　　　2.2.2 粗骨料··29
　2.3 骨料碱活性···31
　　　2.3.1 碱骨料反应破坏机理及其抑制措施···································32
　　　2.3.2 骨料碱活性检测方法··35
　2.4 三峡工程大坝混凝土骨料···39
　　　2.4.1 三峡工程大坝混凝土骨料特性及其对混凝土性能的影响·······39
　　　2.4.2 三峡工程大坝混凝土骨料碱活性······································46

第 3 章 微膨胀中热硅酸盐水泥···53
　3.1 大坝混凝土对水泥性能的基本要求···54
　3.2 微膨胀中热硅酸盐水泥组分设计和优化·····································57
　　　3.2.1 矿物组成优化···58
　　　3.2.2 基于 MgO 质量分数的水泥微膨胀特性调控························59
　　　3.2.3 水泥细度优化···65

3.2.4　SO₃质量分数优化 ·· 66
3.3　三峡工程水泥定制技术指标及特性 ··· 67
　　3.3.1　三峡工程水泥定制技术指标 ··· 67
　　3.3.2　三峡工程水泥特性 ·· 70

第4章　Ⅰ级粉煤灰 ·· 73
4.1　Ⅰ级粉煤灰特性与品质控制标准 ·· 74
　　4.1.1　粉煤灰组成及颗粒特性 ··· 74
　　4.1.2　粉煤灰的技术指标及要求 ·· 78
4.2　Ⅰ级粉煤灰的功能化作用及调控机理 ·· 80
　　4.2.1　对胶凝材料水化特性的影响规律 ·· 80
　　4.2.2　对粉煤灰-水泥基复合胶凝材料性能的影响规律 ···························· 85
　　4.2.3　Ⅰ级粉煤灰的功能调控机理 ··· 88
4.3　Ⅰ级粉煤灰对三峡工程大坝混凝土性能的影响 ··································· 90
　　4.3.1　对混凝土单位用水量的影响 ··· 90
　　4.3.2　对混凝土强度及抗裂性能的影响 ·· 91
　　4.3.3　对混凝土抗冻耐久性的影响 ··· 95
　　4.3.4　Ⅰ级粉煤灰在三峡工程中的应用效果 ·· 97

第5章　化学外加剂 ··· 99
5.1　水工大体积混凝土对外加剂的技术要求 ··· 100
　　5.1.1　外加剂的定义与分类 ··· 100
　　5.1.2　常用外加剂的作用机理 ·· 101
　　5.1.3　水工混凝土对外加剂的要求及基本选用原则 ······························· 105
　　5.1.4　三峡工程选用外加剂的原则及技术要求 ····································· 108
5.2　三峡工程外加剂优选 ··· 111
　　5.2.1　外加剂品种及品质初选 ·· 111
　　5.2.2　减水剂和引气剂联掺对混凝土性能的影响 ·································· 112
　　5.2.3　第三代减水剂的应用研究 ·· 118
5.3　三峡工程对外加剂行业发展的影响 ·· 126

第6章　高耐久性大坝混凝土配合比设计及性能 ································· 127
6.1　大坝混凝土配合比设计理念 ·· 128
6.2　配合比设计方法 ·· 129
　　6.2.1　配合比设计基本原则 ··· 129

  6.2.2 高耐久性大坝混凝土配制难题·····131
  6.2.3 三峡工程大坝混凝土配合比设计·····133
 6.3 三峡工程大坝混凝土性能·····143
  6.3.1 早期工作性能·····143
  6.3.2 力学性能·····145
  6.3.3 变形性能·····152
  6.3.4 耐久性·····163
 6.4 全级配大坝混凝土的配合比及性能·····167
  6.4.1 全级配大坝混凝土的配合比·····167
  6.4.2 全级配大坝混凝土的性能·····168

第7章 大坝混凝土施工现场保障技术·····177
 7.1 三峡工程大坝混凝土施工质量保障体系·····178
  7.1.1 混凝土施工质量管理·····178
  7.1.2 混凝土施工机械方案·····180
 7.2 三峡工程大坝混凝土现场配合比动态调控·····182
  7.2.1 混凝土拌和物性能变化·····182
  7.2.2 混凝土强度变化·····184
  7.2.3 混凝土含气量和抗冻性能变化·····186
  7.2.4 粗骨料级配和砂率及石粉质量分数反馈与调整·····189
 7.3 三峡工程大坝混凝土施工典型问题及解决方案·····196
  7.3.1 混凝土凝结异常·····196
  7.3.2 仓面泌水与浮浆及坍落度问题·····205
  7.3.3 混凝土表面气泡·····209

第8章 大坝混凝土长期性能演变规律及预测模型·····219
 8.1 三峡工程大坝混凝土长期性能·····220
  8.1.1 试验条件及方法·····220
  8.1.2 三峡工程大坝混凝土长期力学性能·····221
  8.1.3 三峡工程大坝混凝土长期耐久性能·····224
 8.2 三峡工程大坝混凝土微结构特征·····247
  8.2.1 水化产物的形貌与微结构·····247
  8.2.2 气泡结构·····256
  8.2.3 孔结构·····261
  8.2.4 微裂纹·····262

8.3 三峡工程大坝混凝土长期性能预测模型 ·· 265
　　8.3.1 碳化预测模型 ·· 265
　　8.3.2 相对动弹性模量衰减模型 ·· 266
　　8.3.3 大坝混凝土性能演变两阶段模型 ·· 267

参考文献 ·· 271

第 1 章

绪 论

三峡大坝安全建设与长寿命运行关乎国计民生，混凝土是大坝的主体材料，其高抗裂性、高耐久性是大坝长期稳定运行的根本保障，但三峡大坝建设之初，混凝土高抗裂性、高耐久性在设计理念、原材料品质、碱骨料预防、配制方法、现场施工保障等方面都面临巨大挑战。本章围绕三峡工程大坝混凝土耐久性，介绍大坝特点、大坝混凝土长期性能研究现状、大坝混凝土高抗裂性和高耐久性设计与制备面临的挑战、以三峡大坝为依托经过系统性研究与工程应用取得的重大技术创新等情况，为后续大型水利水电工程建设提供参考。

1.1 三峡工程简介

1.1.1 三峡工程建设历程

在人类文明的历史长河中，人与自然界打交道的主要方式是工程活动。不同时代、不同社会环境和不同社会发展水平，往往都有一些特定工程作为其标志。无论是古埃及金字塔、古希腊神庙、古罗马斗兽场，还是中国的都江堰水利工程、万里长城、京杭大运河、三峡工程等举世闻名的重大工程，都是文明结晶、时代标志、生命礼赞和智慧象征[1]。

三峡工程位于长江三峡的西陵峡段，是长江治理与开发的关键性骨干工程，是"功在当代，利在千秋"的伟大工程。它是中国人不懈探索自然、应用自然规律、创造更适宜人类生存和可持续发展的环境的历史典范，是人类一次宏伟的创造性实践，更是人类跨越两个世纪的水利水电工程壮举。

1918年，孙中山在《建国方略》的"实业计划"中首次提出了建设三峡水闸及开发长江水电的设想。1924年，他在讲解《三民主义》中的"民生主义"时，更为具体地提出了三峡水力开发问题。1944年，美国垦务局总设计师萨凡奇博士对三峡地区进行了考察，并编写了《扬子江三峡计划初步报告》，该报告涵盖了发电、防洪、通航、灌溉、城市供水和旅游开发等多个方面，引起了国民政府的关注。1945年，国民政府与美国垦务局签订了合作协议，启动了三峡工程的地质勘测、经济调查、初步设计及相关研究工作。然而，由于当时国内政治经济形势的急剧变化，该合作于1947年被迫中止。1949年，中华人民共和国成立后，立即把江河治理、控制水患、稳定社会、发展经济作为中华人民共和国中央人民政府施政方略的重要组成部分。1950年，长江水利委员会初步制定了加固堤防、兴建平原分蓄洪区、建设山区调洪水库的三阶段防洪策略，并明确了在三峡河段修建防洪水库是从根本上免除荆江地区遭受毁灭性洪水灾害的关键措施的重要组成部分。1954年，长江中下游地区发生大洪水并造成巨大损失，国务院决定正式开展长江流域的规划工作。1956年，毛泽东在武汉畅游长江，创作了《水调歌头·游泳》一词，描绘了"更立西江石壁，截断巫山云雨，高峡出平湖"的宏伟蓝图[2]。

三峡工程"千年大计，国运所系"。中共中央和国务院在是否修建三峡工程、修建多大规模、何时修建等重大问题的决策中，一直抱着审慎和科学的态度。三峡工程经历了长达 36 年的论证和决策过程。1957 年，三峡工程建设被正式列入中共中央的议事日程。1958 年，《三峡水利枢纽初步设计要点报告》编制完成。1960 年，初步设计的各阶段主要工作得以完成。随后，由于国家经济困难和国际形势严峻，三峡工程建设被迫搁置。直至 1979 年，兴建三峡工程的建议再次被提出，而彼时反对修建三峡工程的声音很多，由此关于三峡工程的可行性进入了漫长的论证阶段。从"分期建设方案"到"150.00 m 方案"，坝顶高程从 145 m 调整至 165 m，再提升至 175 m，1984 年国务院原则上批准了"150.00 m 方案"。然而，仍有部分专家和社会知名人士对三峡工程的建设持保留意见或建议暂缓建设，中共中央高度重视这些意见，并决定对三峡工程的可行性进行重新论证。1986 年 6 月～1988 年 11 月，三峡工程的可行性研究经历了 2 年多的重新论证。1991 年 8 月，国务院三峡工程审查委员会审议通过了水利部长江水利委员会根据重新论证成果编制的《长江三峡水利枢纽可行性研究报告》。经过近 1 年的技术审查，1992 年 4 月，第七届全国人民代表大会第五次会议审议并通过了《关于兴建长江三峡工程的决议》。1994 年 12 月，三峡工程正式开工。

直至 2020 年，三峡工程经过中华民族几代人的努力，跨越了 70 余年的构想、勘测、设计、研究与论证阶段，17 年的主体工程建设，以及数十年的蓄水运行和三次工程后评估[3]，终于完成了整体竣工验收。此时，距离孙中山在"实业计划"中提出"以水闸堰其水，使舟得溯流以行，而又可资其水力"的宏伟设想已 102 年，距离毛泽东写下"更立西江石壁，截断巫山云雨，高峡出平湖。神女应无恙，当惊世界殊"的磅礴诗篇已 64 年[4]，距离第七届全国人民代表大会第五次会议审议通过《关于兴建长江三峡工程的决议》已有 28 年。至此，三峡工程的伟大建设历程画上圆满句号，中华民族百年三峡工程梦想得以实现。

2018 年 4 月 24 日，习近平总书记在视察三峡工程时指出："三峡工程是国之重器，是改革开放以来我国发展的重要标志，是我国社会主义制度能够集中力量办大事优越性的典范，是中国人民富于智慧和创造性的典范，是中华民族日益走向繁荣强盛的典范。"作为人类历史上最宏伟的水利水电工程，三峡工程蠹立在浩瀚江水中，屹立在每个中国人心底，以大国重器之力护佑长江安澜、助力经济发展、创造美好生活，用百年风雨历程记录山河变迁、承载价值追求、凝聚民族精神[4]。

1.1.2 三峡工程特性

三峡工程由拦河大坝、泄水建筑物、电站厂房、通航建筑物等关键部分组成。大坝是工程最重要的核心，为混凝土重力坝，坝轴线总长 2 309.5 m，坝顶高程为 185 m；坝基新鲜花岗岩岩面最低高程为 4 m，最大坝高为 181 m，相当于 60 层楼房的高度；坝顶最大宽度为 22.60 m，坝底最大宽度为 126.73 m，大坝横剖面近似直角梯形，是当时世界上最大的 200 m 级重力坝。三峡工程混凝土总量约为 2 804 万 m³，其中大坝混凝土约 1 610 万 m³，电站厂房 345 万 m³，通航建筑物 553 万 m³，其他部分 296 万 m³。其混凝土用量巨大，约为当时世界上最大的巴西伊泰普水电站的 2.5 倍。

混凝土重力坝是高坝水库常用的坝型，主要承受坝体自身重力、水库上游水的压力荷载与地质变动产生的作用，自重与地面摩擦产生的抗滑力用来维持自身稳定，自重产生的压应力用来抵抗水压力。当三峡大坝处于正常蓄水位 175 m 时，整个大坝将承受大约 2 000 万 t 的水推力，坝体质量主要包括混凝土、发电机组设备、各类金属埋件及闸门等金属结构的质量，总质量约为 4 000 万 t。因此，对大坝混凝土强度和抗渗性提出了较高要求。大坝外部混凝土厚 4～15 m，承受高水头作用及干湿、冷暖交替变化的影响，水下部位的维护困难，因此对耐久性的要求极为严格。导流底孔、深孔和表孔泄流单宽流量大，流速高达 35 m/s 以上，尤其是深孔使用频繁，底孔易受泥沙或少量推移质的冲磨，因此对抗冲磨性能的要求极高。

三峡工程坝址区夏季炎热、冬季寒冷，气温骤降频繁，具体见图 1.1。该地区多年平均气温为 16.8 ℃，夏季月平均气温为 23.2～28.2 ℃，极端最高气温为 43.9 ℃，冬季月平均气温为 4.7～6.9 ℃，极端最低气温可达-9.8 ℃。气温骤降现象平均每月均有发生，以春季、秋季居多。坝址区空气湿度较高，多年平均相对湿度为 75%，日照时间较短，多年平均日照时间为 1 506 h。该区域多年平均年降水量为 1 232 mm，降水主要集中在 5～9 月，占全年降水量的 69%。年降水量变化较小，最高为 1 593 mm，最低为 881 mm。坝址区风速较低，年平均风速为 1.2 m/s，静风时间较长，平均每年有 3.1 天出现 8 级以上风力。多年平均最大风速为 20.0 m/s，实测最大瞬时风速为 34.0 m/s，强风主要出现在夏季。这些气候特征对于大坝混凝土的耐久性设计至关重要，同时也增加了大体积混凝土温度控制及防裂的难度。

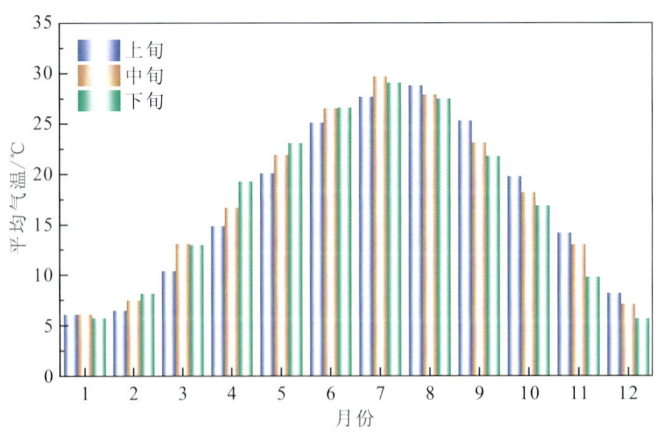

图 1.1 三峡工程坝址区各月平均气温变化过程

根据坝址地质条件、施工进度要求、结构特征、荷载、运行条件，以及长期耐久性等因素，设计对三峡工程各部位混凝土提出的技术要求见表 1.1。

表 1.1　三峡工程混凝土的设计技术要求

序号	混凝土标号	抗冻标号 D	抗渗标号 S	极限拉伸值/10^{-4}		使用部位	备注
				28 天	90 天		
1	$R_{90}150$	100	8	0.70	0.75	大坝内部	
2	$R_{90}200$	150	10	0.80	0.85	大坝基础、机组段及尾水渠填塘、永久船闸闸首内部、闸室重力式边墙上部、上游侧向取水口	
3	$R_{90}200$	250	10	0.80	0.85	水上、水下外部	
4	$R_{90}250$	250	10	0.80	0.85	水位变化区、公路桥墩、永久船闸闸首边墙外部、闸首底板	
5	$R_{90}300$	250	10	0.80	0.85	孔口周边、胸墙、表孔和排漂孔隔墩、牛腿	
6	$R_{28}200$	150	10	0.80	—	尾水渠护底、护坡、厂坝平台、厂前护坡、导流底孔回填内部	
7	$R_{28}250$	250	10	0.85	—	厂房水上结构、厂房水下或水位变化区外部、厂房水下内部、二期混凝土、导流底孔回填迎水面外部、预制混凝土、闸室边墙下部、闸室底板、上游取水下游泄水箱涵	
8	$R_{28}300$	250	10	—	—	尾水管出口护底、厂房结构、底孔、深孔等二期混凝土	
9	$R_{28}350$	50	10	—	—	弧门支承牛腿混凝土、预制混凝土、现浇预应力混凝土、尾水管过流面	抗冲耐磨混凝土
10	$R_{28}400$	250	10	—	—	大坝及排沙孔出口	抗冲耐磨混凝土
11	$R_{28}400$	250	10	—	—	电站门机、桥机轨道二期混凝土	钢纤维混凝土
12	$R_{28}500$	250	10	—	—	预应力预制坝顶门机大梁、交通桥	
13	$R_{90}150$	100	6	0.60	0.65	左导墙	碾压混凝土
14	$R_{90}200$	150	8	0.70	0.75	左导墙	碾压混凝土
15	$R_{28}200$	150	8	0.80	—	导流底孔回填第二封堵段、平洞回填、排水洞衬砌等	泵送混凝土
16	$R_{28}250$	250	10	0.85	—	导流底孔回填第一、第三封堵段等	泵送混凝土
17	$R_{28}300$	250	10	0.85	0.88	输水隧洞	泵送混凝土
18	$R_{28}350$	250	10	0.88	0.90		
19	$R_{28}400$	250	10	0.88	0.90		

注：$R_{90}150$ 表示混凝土标准养护 90 天的抗压强度标准值为 150 kg/cm²，相当于现行标准强度 15 MPa，混凝土标号 $R_{90}150$ 相当于混凝土强度等级 $C_{90}15$。

1.2 大坝混凝土耐久性

1.2.1 大坝混凝土特点及发展历程

大坝作为重要的水利水电工程设施，对于保障水资源安全、促进经济发展和保障人民生命财产安全具有重要意义。在我国已建的高坝工程中，近90%为混凝土坝，大坝混凝土作为大坝工程的主要材料，其质量和性能直接关系到整个大坝工程的安全性和服役寿命[5]。

与其他行业的混凝土不同，大坝混凝土具有如下特点。

（1）结构体积大：大坝混凝土体积庞大、使用量大，需要连续浇筑，施工周期长，技术难度大。

（2）温控防裂要求高：大坝混凝土属于大体积混凝土，在施工和运行过程中，都需要严格控制水化温升，以防止出现开裂和渗漏等问题。

（3）耐久性要求高：大坝混凝土所处服役环境一般较为复杂，需承受各种自然因素的影响，因此需要具备高耐久性，以保证大坝的使用寿命。

（4）强度等级不高：大坝混凝土需要承受巨大的水压力和地震力，必须具有一定的强度，以保证大坝的稳定性和安全性，但受水化热限制，强度等级不宜太高。因此，大坝混凝土强度等级以满足设计要求为宜。

国外大坝混凝土技术的发展以美国垦务局大坝建设为轴线，大致经历了四个阶段。

（1）混凝土先行期（1902年至第一次世界大战）。

早期混凝土通常由制造不良的水泥及未加工的骨料，采用手工或小型搅拌机拌制而成。原材料如水泥、砂和砾石的质量波动较大，且混凝土配合比主要基于过去的经验取值，而不是作为工程材料进行设计，导致混凝土性能参差不齐。美国早期修建的水工建筑物的混凝土中经常出现"冷接缝"或意外的缺陷，渗漏等劣化问题突出。

（2）艾布拉姆斯（Abrams）时期（1918年至20世纪20年代末）。

混凝土技术的第一次重大变革大约发生在1918年，艾布拉姆斯研究发现混凝土强度可以通过调整水泥和水的相对比例来控制[6]，从而使混凝土能够通过材料和配合比的优化来满足不同的条件与结构要求。基于这一发现，他提出了著名的"水灰比定律"，该定律至今仍被广泛应用。他的著作《混凝土混合料的设计》（*Design of Concrete Mixtures*）为现代混凝土设计的发展奠定了基础。1927年，博格（Bogue）提出了计算水泥各组分的方法，并确定了水泥水化反应的化学产物，这是耐久性混凝土研究的一个重要里程碑[7]。在这一时期，随着机械化设备的出现，混凝土制备技术得到了显著的发展。

（3）胡佛（Hoover）大坝时期（1928年至第二次世界大战）。

胡佛大坝于1928年批准建设，1931年4月开始动工兴建，1936年3月竣工。该大坝是混凝土重力拱坝，坝高221.4 m，其大规模混凝土设计与施工面临巨大挑战，推动了混凝土材料技术、设计方法和施工技术的空前发展，是世界上水利水电工程史上的一个重要里程碑。胡佛大坝建设中的一个主要难题是如何通过调整水泥组成来降低水化热,从而减少混凝土开裂的风险。为此,研发了一种适用于大体积混凝土的低热水泥,即ASTM Ⅳ型水泥。然而,当时美国生产的低热水泥早期强度较低,生产难度大且成本高,同时配制的混凝土早期强度偏低,不利于快速施工。随后,随着火山灰和减水剂等配合比设计技术的进步,水泥用量得以降低,加之施工技术的提升,逐渐采用了"ASTM Ⅱ型水泥(中热水泥)+掺合料"的方案来替代ASTM Ⅳ型水泥。20世纪50年代后,美国基本停止了低热水泥的生产,只在水泥技术标准中保留了ASTM Ⅳ型水泥。此外,还发展了高频振捣施工技术及人工、后冷却的温控防裂施工技术,这些技术至今仍在使用。

20世纪30~40年代,混凝土耐久性领域发生了两次重大变革。首先,碱骨料反应的问题引起了广泛关注。美国帕克(Parker)大坝,位于胡佛大坝下游150 mi[①]处,于1937年建成,但在两年内出现了严重的开裂。研究发现,不到2%的骨料中的变质安山岩和流纹岩与水泥中的碱发生了化学反应,即碱骨料反应[8]。美国帕克大坝发生的碱骨料反应最早引起了全球学者的关注。经过大量研究,1941年美国垦务局迅速规定了含有潜在活性骨料的混凝土的低碱限值,提出了水泥中碱质量分数0.6%的限制要求。1938年,在纽约州,使用特定品牌的水泥拌制的混凝土在公路路面上的性能较优,研究发现这是因为水泥生产过程中使用了牛油,在硬化的水泥浆体中产生了一种含有微小、封闭气泡的结构。20世纪30年代中期,美国垦务局开始测试抗冻耐久性,并将其作为混凝土性能的评价指标。大古力(Grand Coulee)坝混凝土耐久性优异的原因在于其使用的水泥在生产过程中引入了气泡。到1945年,美国垦务局成功解决了美国西部大坝混凝土耐久性的三大难题,推动了现代混凝土技术的发展。

(4)第二次世界大战后时代。

第二次世界大战后,混凝土技术专家运用现代混凝土的基本原理对其进行"定制",以适应各种新环境和结构形式。这一阶段混凝土技术的最大进步是外加剂与火山灰的使用,显著提高了混凝土的耐久性并降低了成本。

国内对大坝混凝土耐久性的关注较晚。20世纪50年代,修建治淮工程之初,吴中伟院士从国外引入了"混凝土碱骨料反应破坏与预防"的概念,并在设计和施工中提出了抗渗、抗冻等耐久性指标要求。然而,在20世纪80年代之前建造的水工混凝土建筑物,仍然遵循传统的"按强度设计"的理念,导致这些建筑物过早地出现了老化和病害,其综合耐久寿命为30~50年。1985~1987年,水利电力部对全国已建的32座大型混凝土坝和40余座水闸的耐久性进行了调查,结果显示,中国混凝土坝(闸)的性能老化问题严重,普遍存在裂缝、渗漏、冻融、溶蚀、冲磨空蚀、水质侵蚀、钢筋锈蚀等老化现象,有些甚至影响到了工程的安全运行。1998年,水利部水电站大坝安全监察中心对全国大中型水电站大坝调研发现,96座大坝中有70座大坝存在严重开裂和渗漏问题,占

---

① 1 mi=1.609 344 km。

比约为73%，对大坝的安全造成了影响，且北方地区的大坝均存在冻融破坏问题[9]。

国内大坝混凝土技术的里程碑式变革始于三峡工程，该重大工程建设的耐久性问题逐渐引起国家和技术界的重视[10]。自"九五"计划以来，中国先后设立了一批关于水泥混凝土耐久性的重要研究计划项目，如国家自然科学基金重大项目"三峡大坝混凝土耐久性及破坏机理研究"、"九五"和"十五"国家重点科技攻关项目"重点工程混凝土安全性研究"与"新型高性能混凝土及其耐久性研究"、国家攀登计划项目"重大土木和水利工程安全性与耐久性的基础研究"和国家重点基础研究发展计划项目"高性能水泥制备和应用基础研究"等，对碱骨料反应、硫酸盐腐蚀、冻融循环和除冰盐破坏等耐久性问题进行了重点研究，取得了一系列有价值的研究成果。这些研究将大坝混凝土设计从传统的强度主导转变为耐久性主导，推动了大坝混凝土进入高耐久性时代。

1.2.2　大坝混凝土长期性能研究现状

大坝混凝土的耐久性对于确保大坝的安全性和长期稳定运行至关重要，这也是该领域长期致力于解决的关键科学问题之一。其重要性主要体现在以下几个方面。

（1）保证大坝安全的基础：大坝的主要功能是调节水流和发电，因此其安全性至关重要。混凝土的耐久性是大坝安全性的关键保障之一。如果混凝土出现开裂或渗漏等问题，将严重威胁大坝的结构安全性。

（2）大坝长期稳定运行的前提：大坝的使用寿命通常长达数十年甚至上百年，因此，混凝土的耐久性对于确保大坝的长期稳定运行具有决定性意义。混凝土耐久性不足可能导致大坝性能的逐渐下降，甚至引发严重的安全事故，缩短其服役寿命。

（3）降低大坝运行维护成本的关键：大坝混凝土耐久性不足将导致频繁的维修和加固，增加运行成本，降低经济效益。

（4）低碳绿色可持续发展的必然：大坝建设和运行可能对周围环境产生影响。混凝土耐久性不足可能导致泄漏或溃坝等事故，对生态环境造成严重破坏。同时，耐久性优异的大坝可以减少维修和加固过程中对环境的不利影响。

综上所述，大坝混凝土的耐久性对于确保大坝的安全性、大坝长期稳定运行、提高经济效益及保护生态环境都具有非常重要的意义。因此，在大坝的设计、施工和运行过程中，需要充分考虑混凝土的耐久性，并采取有效的措施。大坝混凝土长期服役于水环境中，其工作条件相对严苛。其内部存在温度、应力、渗流和化学耦合作用下的复杂物理场，长期性能会发生变化。

室内加速试验是研究大坝混凝土耐久性的最常用的方法，如混凝土碱骨料反应试验、冻融循环试验、碳化试验等。但室内加速环境与真实服役环境相差甚远，并且涉及混凝土本体性能的发展，基于实验室的耐久性试验结果与真实环境下的长期性能演变规律相差较大。探索大坝混凝土长期性能规律与内在机理，是耐久性研究的重要组成部分。

1. 混凝土长期性能演变的理论基础

（1）理想环境下混凝土的长期性能发展。

理想环境下的混凝土是指采用适当原材料，遵循正确制备工艺，经过充分振捣以实现密实性，并在养护过程中免受劣化因素影响的混凝土。在标准条件下养护的混凝土可被视为理想环境下的混凝土。

通常固体材料强度的主要决定因素为孔隙率，如硬化水泥砂浆强度的发展取决于内部孔隙率的发展。对于混凝土而言，由于砂浆和骨料之间过渡区的存在，难以直接测定混凝土各组分的孔隙率，但仍可推测混凝土的最终强度取决于其内部的最终孔隙率。理想环境下混凝土在某一水化程度下的孔隙率由水灰比确定，故混凝土强度的发展取决于水泥水化导致的内部孔隙率的发展变化。

（2）有害环境下混凝土的长期性能发展。

混凝土浇筑完毕后，混凝土结构初步形成。由于水泥的水化作用和其他一些复杂的物理化学作用，混凝土会产生固结和收缩，其自身结构和物理力学性质会逐渐发生变化。若混凝土处于有害环境中，其长期力学性能的变化取决于导致混凝土性能劣化的破坏力与混凝土自身抵抗破坏的抵抗力之间相对大小的变化。若抵抗力大于破坏力，则混凝土结构的性能趋于稳定，甚至有所增强；反之，混凝土结构的性能会不断劣化。

2. 混凝土材料长期性能

混凝土建筑物的生命周期以数十年乃至上百年为单位，由于进行混凝土长期性能试验的研究周期长，难度较大，所以该方面的研究成果较为有限。

（1）美国百年混凝土力学性能研究。

美国威斯康星大学于1910年启动了一项长达100年的混凝土长期力学性能研究计划[11]。根据已发表的50年龄期混凝土试件力学性能研究结果，标准条件养护28天后存放于户外的试件的抗压强度先增加后降低。对于使用硅酸二钙（C_2S）含量较高、粉磨较粗的水泥配制的混凝土，在25～50年抗压强度达到峰值；而对于使用C_2S含量较低、粉磨较细的水泥配制的混凝土，抗压强度在大约10年达到峰值（抗压强度约为28天的1.6倍）。

图1.2为12种配合比混凝土（水泥细度较高、C_2S含量较低）的平均抗压强度随时间变化的曲线。试验中，试件在标准条件下养护28天后被放置在室外开阔区域的一个无盖笼内，每年经历约25次冻融循环，平均湿度为75%，年降雨量为80 cm，温度变化范围为-32～35℃，试件处于冻融循环和干湿循环的环境中。

（2）美国波特兰水泥协会"混凝土长期性能评估"研究。

美国波特兰水泥协会对龄期在5～34年的混凝土试件的长期力学性能进行了研究[12]。涉及5 000个混凝土棱柱体试件和1 500个圆柱体试件的测试，涵盖了近300种水泥品

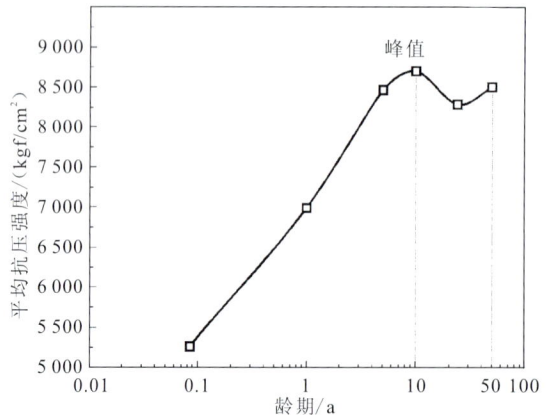

图 1.2 不同配合比混凝土的平均抗压强度与龄期的关系[11]

1 kgf=9.806 65 N

种、配合比和养护条件的组合。测试内容包括四种养护条件下混凝土的抗压强度、抗弯强度和动弹性模量等力学性能随时间的变化。养护条件见表 1.2。

表 1.2 养护条件的具体参数

养护方式	具体参数
标准养护	放置在 23 ℃、100%相对湿度的房间中
空气养护	标准养护 7 天后置于 21~24 ℃、50%相对湿度的环境中
空气养护+测试前浸泡	标准养护 7 天后置于 21~24 ℃、50%相对湿度的室内环境中，测试前置于 24 ℃水中浸泡 48 h
室外掩埋	标准养护 7 天后置于户外，四周沙土覆盖，只有一个面露在外面

研究结果通过图 1.3 和图 1.4 展示，主要观察到以下几点现象。

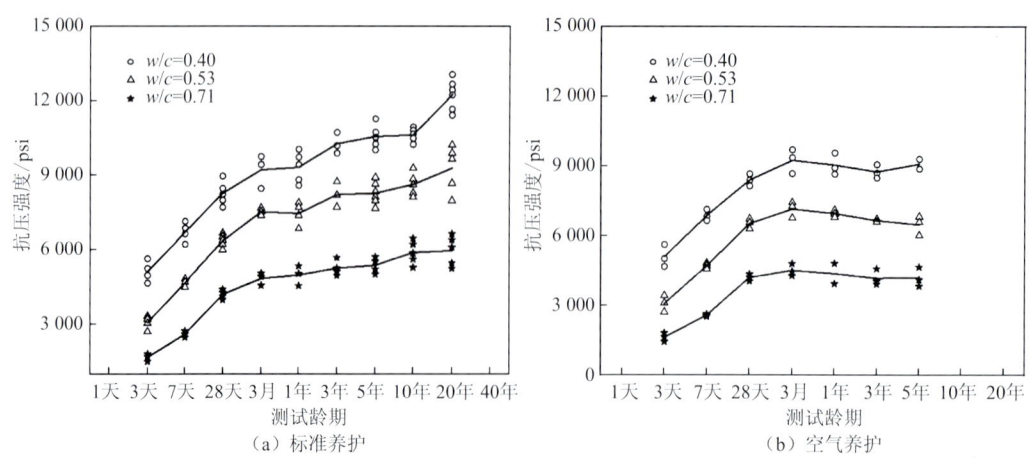

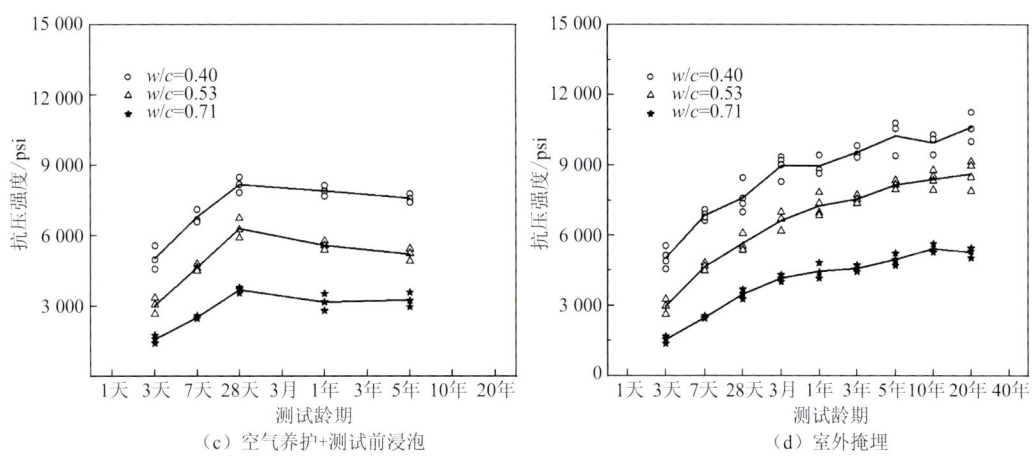

（c）空气养护+测试前浸泡　　　　　（d）室外掩埋

图1.3　混凝土抗压强度随龄期的发展曲线[12]

1 psi=6.894 76×10³ Pa；w/c 为水胶比

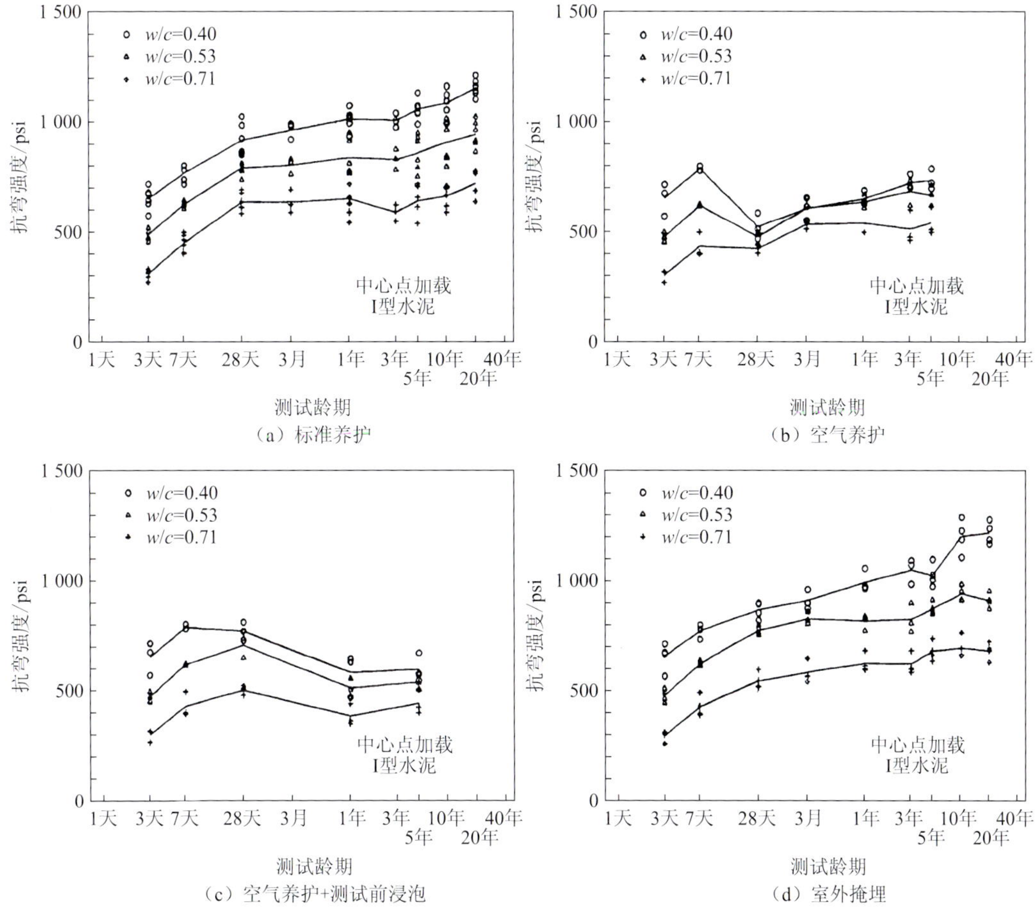

（a）标准养护　　　　　（b）空气养护

（c）空气养护+测试前浸泡　　　　　（d）室外掩埋

图1.4　混凝土抗弯强度随龄期的发展曲线[12]

一，标准养护和室外掩埋条件下的混凝土试件，其抗压强度和抗弯强度在 20 多年内呈增加趋势，其中室外掩埋混凝土试件的强度略低于标准养护混凝土试件。

二，标准养护下混凝土试件的抗压强度持续增长，20 年龄期时的抗压强度比 28 天龄期时高出 30%～40%（针对由 I 型和 III 型水泥配制的混凝土，即硅酸盐水泥和早强水泥）。室外掩埋条件下混凝土试件的抗压强度与标准养护条件差别不大，前者为后者同龄期数值的 80%～100%。空气养护条件下混凝土试件的抗压强度在 3 个月后不再增加并逐渐降低。而空气养护+测试前浸泡的条件似乎是最恶劣的，其抗压强度约为同龄期标准养护试件抗压强度的 70%。

三，混凝土试件的抗弯强度对试件内部湿度分布敏感。湿润和干燥的突然改变可能导致 20%～30%的抗弯强度降低。标准养护的混凝土试件 20 年龄期的抗弯强度的平均值比 28 天增加了 20%；空气养护的混凝土试件抗弯强度远低于标准养护试件，7 天龄期抗弯强度最高，5 年龄期为标准养护的 80%；空气养护+测试前浸泡的混凝土试件抗弯强度低于空气养护混凝土试件；室外掩埋混凝土试件的抗弯强度与标准养护下几乎相同，1 年后略高于标准养护，5 年后有显著提高。

此外，研究结果还表明，混凝土的归一化强度与其水灰比之间并无显著的函数关系，即强度的增长率与水灰比无关。

（3）日本小樽港工程砂浆和混凝土耐久性试验研究。

日本学者在小樽港工程的建造过程中进行了一项长达 100 年的砂浆和混凝土耐久性试验研究[13]。试验所用的原材料中，水泥硅酸三钙（C_3S）含量低，C_2S 含量高。在制备试件时，水泥经过 900 目（孔径为 0.02 mm）的筛进行筛分，筛余控制在 10%以下。此外，还掺入了与水泥细度相同的火山灰。

1899～1937 年，共制作了 6 万余个砂浆试件，并分别置于海水、空气和淡水中进行长期耐久性试验。试验中对砂浆试块进行了外观检查和抗拉强度测试。试验结果（表 1.3 和图 1.5）显示，95 年龄期的砂浆试件的抗拉强度显著下降，在海水中，抗拉强度比（即测试时的抗拉强度与最大抗拉强度的比值）为 48.5%～49.1%，空气中为 66.0%，而 85 年龄期的砂浆试件的抗拉强度比，海水中为 52.2%，空气中为 47.3%～62.4%，淡水中为 54.7%。

表 1.3 砂浆试件抗拉强度

编号	制作时间	存放条件	最大抗拉强度		残存抗拉强度		抗拉强度比/%
			强度/MPa	龄期/a	强度/MPa	龄期/a	
S-1-1		海水	5.15	41	2.53		49.1
S-1-2	1899 年	海水	4.97	23	2.41	95	48.5
A-5-2		空气	9.41	18	6.21		66.0
S-5-3		海水	5.46	35	2.85		52.2
W-2-2	1909 年	淡水	4.39	40	2.40	85	54.7
A-1-5		空气	6.43	30	4.01		62.4
A-4-1		空气	8.05	50	3.81		47.3

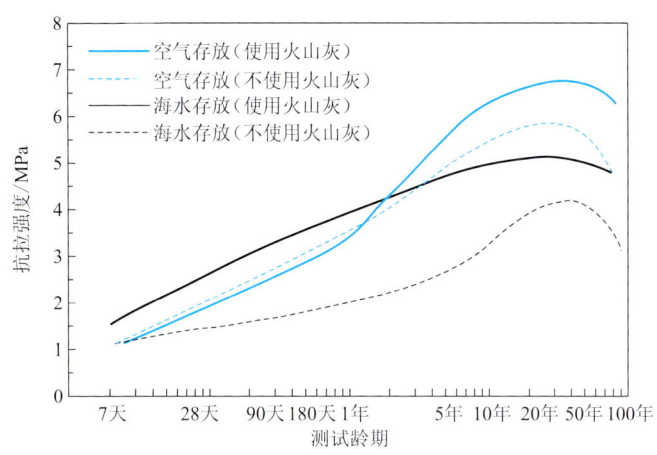

图 1.5　砂浆试件抗拉强度的实时变化[13]

由图 1.5 可以看出，空气中和海水中存放的试件的抗拉强度都经历了一个先逐渐增长后又降低的过程；无论是在空气中存放还是在海水中存放，使用火山灰的试件的抗拉强度基本上要高于不使用火山灰的试件；不使用火山灰的试件中，放在海水中的试件的抗拉强度要低于放在空气中的试件。

（4）日本对水中养护混凝土的长期性能研究。

日本东京水泥株式会社对多种水泥（包括普通水泥、早强水泥、低热水泥等）制备的混凝土进行了长达 40 年的抗压强度和 20 年的动弹性模量的试验研究[13]。试件水灰比设定为 0.53，按照日本工业标准进行成型，并在 20℃、相对湿度 100% 的湿空气箱中养护 1 天。脱模后，试件继续在温度为（20±1）℃，pH 为 9~10 的循环水中养护。

以 1 年龄期为基准，混凝土抗压强度结果见图 1.6。结果表明，长期强度发展最佳的混凝土类型包括粗粉型的普通水泥、低热水泥和混合水泥等低发热型水泥制备的混凝土。这些类型的水泥制备的混凝土的强度在长龄期内表现优异。此外，粗粉型的普通水泥和低热水泥的砂浆试件也展现出良好的长期强度性能。而高石膏型普通水泥及经过 6 个月风化处理的普通水泥制备的混凝土在长龄期内的强度发展同样表现良好，但其砂浆试件的长期强度性能较差。

（5）日本港湾空港技术研究所混凝土长期暴露试验。

日本港湾空港技术研究所进行了 35 年的混凝土长期暴露试验研究[13]。混凝土试件水灰比为 0.52~0.55，尺寸为 $\phi 15\ \text{cm} \times 30\ \text{cm}$，拌和水为海水。混凝土试件分别置于海水、陆上、干湿交替和浪溅区等不同环境中，经过 20 年的暴露试验，其抗压强度发展情况如图 1.7 所示。

研究结果显示，20 年后混凝土的抗压强度与 28 天龄期的抗压强度处于同一水平，甚至在某些情况下更低。具体来说，在 5 年龄期时，混凝土的抗压强度达到最大值，之后开始逐渐下降。

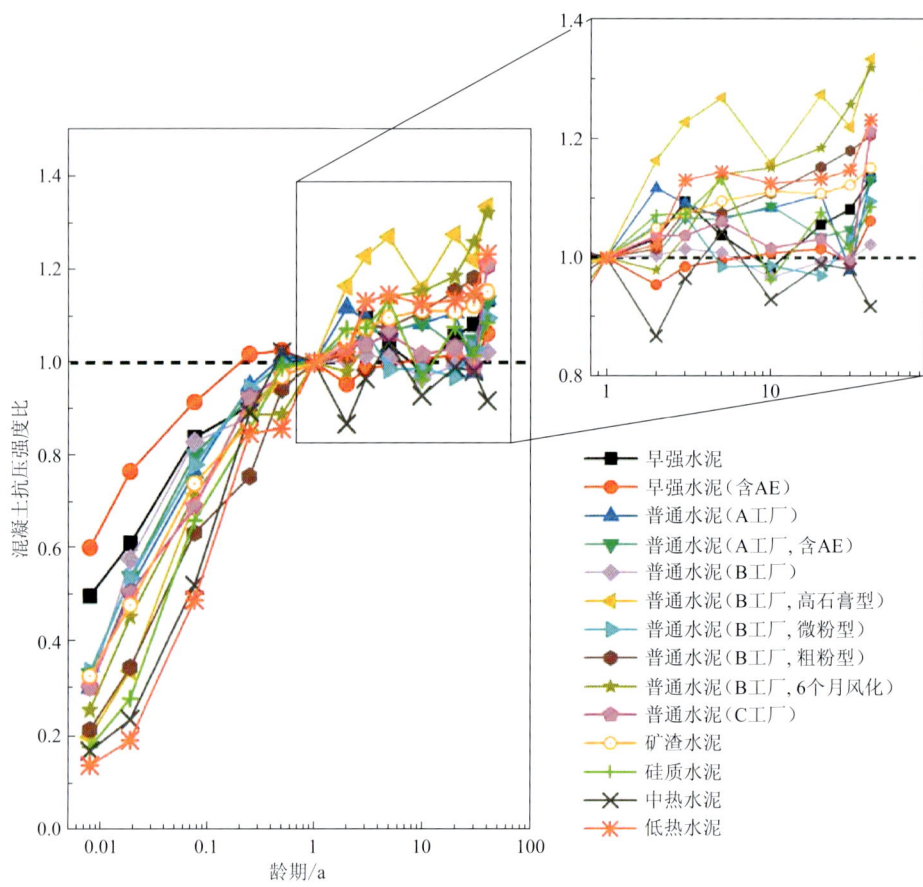

图1.6 以1年龄期为基准的混凝土抗压强度的经年变化[13]

AE为引气剂

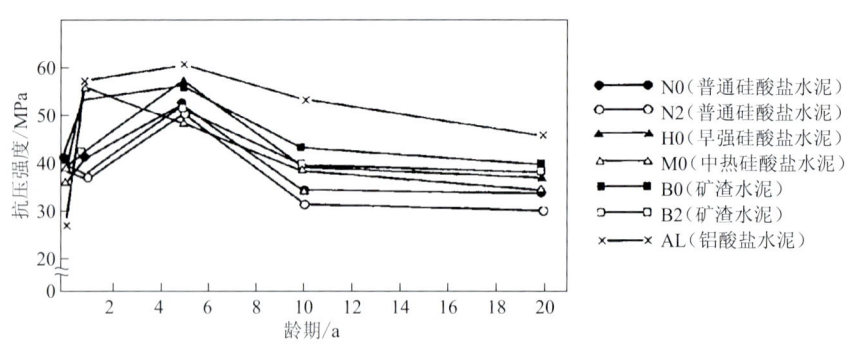

图1.7 海洋环境下混凝土抗压强度与龄期的关系[13]

(6) 国内对混凝土长期性能的研究。

中国水利水电科学研究院沙慧文[14]研究了水灰比为0.65的掺粉煤灰矿渣水泥混凝土的长期强度性能,数据见表1.4。结果显示,在室内养护20年后,混凝土抗压强度达到28天龄期的2.5倍左右。

表1.4 20年龄期混凝土试件（室内养护）的强度[14]

序号	混凝土种类	28天抗压强度/MPa	20年抗压强度/MPa
1	纯矿渣水泥	18.0	48.7
2	矿渣水泥掺10%粉煤灰	17.7	38.2
3	矿渣水泥掺20%粉煤灰	15.8	37.6
4	矿渣水泥掺30%粉煤灰	13.8	35.5
5	矿渣水泥掺40%粉煤灰	12.5	32.9

浙江大学吴国强[15]研究了不同环境下粉煤灰加气混凝土长期（8年）抗压强度的变化，数据见表1.5。结果显示，室内湿养护下，混凝土抗压强度系数呈逐渐增加趋势并最终趋于稳定，其中3年龄期时为1.09；而在室内干燥条件下存放的试件，其抗压强度系数呈逐渐降低趋势，至8年龄期时抗压强度系数降至0.62；对于室外暴露的试件，其抗压强度系数同样呈现下降趋势，且其抗压强度系数基本低于室内干燥条件下的同龄期试件。

表1.5 粉煤灰加气混凝土长期抗压强度系数[15]

测试条件	初始抗压强度/MPa	不同龄期下的抗压强度系数						
		100~120天	180~220天	350~400天	550~750天	1100天	4.75~6年	8年
室外暴露		0.83~0.98	0.66~0.84	0.69~0.74	0.65~0.66	0.70	0.61~0.70	—
室内湿养护	4.17	0.86~1.10	0.86~1.10	1.02~1.19	0.93~1.13	1.09	—	—
室内干燥		0.87~0.98	0.84~0.90	0.72~0.81	0.75~0.78	0.77	0.61~0.67	0.62

3. 大坝混凝土长期性能变化规律

大坝实际所处的服役环境复杂多变，而实验室内的模拟环境比较单一和简单，难以代表大坝的实际环境条件。为了准确获取大坝混凝土的长期性能变化，对大坝混凝土进行取芯并进行跟踪性能测试是最为直接和有效的方法。

（1）碱骨料反应劣化对大坝混凝土长期性能变化的影响。

美国垦务局针对碱骨料反应对大坝混凝土长期性能（包括抗压强度、抗拉强度、弹性模量等）的影响进行了深入研究[16]。研究结果表明，未受碱骨料反应劣化的胡佛大坝内部混凝土的抗压强度和弹性模量随时间推移持续增长。相比之下，遭受碱骨料反应劣化的帕克大坝混凝土的抗压强度仅为胡佛大坝的60%左右。此外，坝顶部位混凝土弹性模量的劣化程度大于坝基部位，坝顶6m左右芯样的抗压强度为坝基6m左右芯样的80%。尽管碱骨料反应劣化的大坝混凝土的抗拉强度随龄期增长缓慢增加，但其直拉强度仅为未受碱骨料反应劣化混凝土的一半，劈拉强度约为70%。

巴西的富尔纳斯（Furnas）大坝于1963年建成，13年后首次发现坝体存在碱骨料反应劣化问题[17]。33年后对溢洪道芯样进行测试，发现其弹性模量显著降低。39年后大坝马道的混凝土表面出现大量渗出胶体。

Hasparyk 等[17]于 2009 年对近 100 个大坝混凝土芯样进行了力学性能测试、膨胀测试和微观分析，见图 1.8 和图 1.9（其中 DS 代表未受碱骨料反应劣化的芯样，US1 和 US2 分别代表外观上判断为轻微和严重碱骨料反应劣化的芯样，芯样 28 天的参考强度是 14 MPa）。结果表明，自发现碱骨料反应劣化问题以来的 30 年间，严重碱骨料反应劣化的芯样的超声波波速、弹性模量等明显低于未受碱骨料反应劣化和轻微碱骨料反应劣化的芯样，其弹性模量为未受碱骨料反应劣化芯样的 50%～60%。

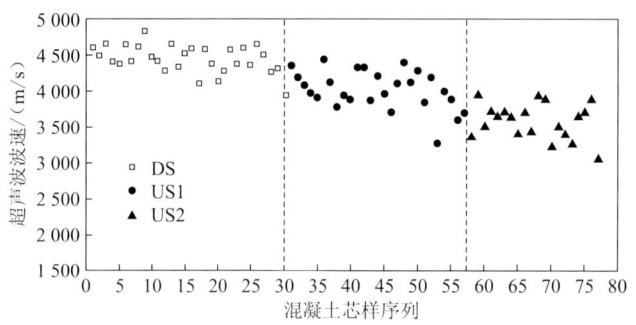

图 1.8　DS、US1 和 US2 三类混凝土芯样的超声波波速[17]

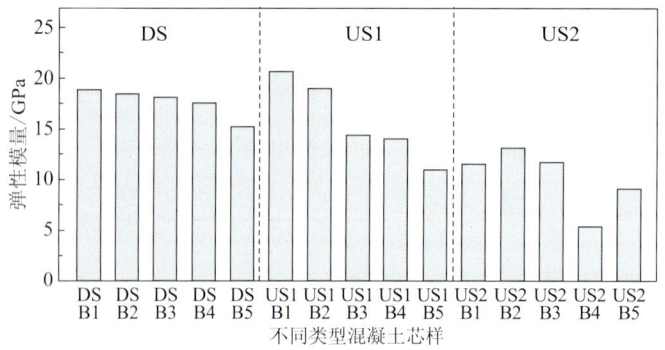

图 1.9　DS、US1 和 US2 三类混凝土芯样的弹性模量对比[17]

（2）冻融对大坝混凝土长期性能变化的影响。

Kokubu 和 Kobayashi[18]在六个大坝的现场环境中进行了为期 30～37 年的混凝土块抗冻试验。1961～1967 年，他们将 1 m³ 的大坝混凝土块分散放置于六个大坝的上游，试块暴露于冻融天气条件下，部分被水淹没，部分暴露于大气中；另有一些尺寸为 10 cm×10 cm×42 cm 和 ϕ15 cm×30 cm 的湿筛试块一半置于大坝混凝土所在区域，一半置于实验室冻融环境中，以相对动弹性模量随时间的变化情况来表征混凝土内部损伤的长期演化，并尝试建立实际服役环境下与实验室测试条件下混凝土块抗冻性之间的联系。该试验在 30 多年来共进行了 1 800～3 500 次冻融循环，测试结论如下。

一，水灰比 0.60 以下的大混凝土块在 30 多年来一直保持良好的状态，相对动弹性模量保持在 105%～133%（相对于 1 年龄期动弹性模量），未见明显损伤，这主要归功于水泥持续的水化作用对损伤的恢复；而水灰比为 0.60～1.10 的混凝土损伤较为严重。

二，采用粉煤灰替代 25%的水泥能有效抑制大气中混凝土块的冻融损伤，尤其是高水灰比的混凝土。

三，对于高水灰比混凝土，引气技术对抑制冻融损伤非常有效，增强了混凝土的耐久性，但对低水灰比混凝土的效果不明显。

四，被淹没在 40 m 以下的试块的相对动弹性模量相比于水位埋深较浅的试块有更大的损伤。

（3）冻融和碱骨料反应对大坝混凝土长期性能的综合影响。

Mohamed 等[19-20]对美国格林山（Green Mountain）大坝防浪墙面板中使用不同类型水泥的混凝土进行了长达 53 年的力学性能研究。该防浪墙 53 年来经受了一定的冻融循环劣化，出现了一些明显的冻融破坏痕迹；同时，由于所用骨料具有碱活性，防浪墙内部也存在一定程度的碱骨料反应劣化。该防浪墙不同面板的抗压强度随时间变化的数据记录在表 1.6 中。

表 1.6 不同龄期的混凝土芯样的抗压强度[19-20]

水泥类型	水泥编号	碱质量分数/%	7天抗压强度/MPa	28天抗压强度/MPa	90天抗压强度/MPa	180天抗压强度/MPa	1年抗压强度/MPa	2年抗压强度/MPa	53年（1944~1997年）抗压强度/MPa
I 型	14	0.96	20.69	29.23	37.10	—	38.85	39.85	44.25
	16	0.57	19.03	30.06	36.75	37.58	37.51	36.41	47.64
	16B	—	18.06	27.10	32.75	33.16	33.44	34.68	42.00
	18	0.28	21.17	29.51	36.33	37.44	35.30	37.78	45.81
II 型	21	0.58	17.50	30.27	38.89	42.68	44.61	47.02	48.84
	24	0.94	20.89	32.13	39.51	—	41.09	44.06	28.14
III 型	31	—	27.24	34.06	37.23	37.23	38.13	39.16	21.72
	34	0.52	25.44	32.96	35.72	37.51	38.89	38.41	35.68
	34B	—	22.27	28.62	32.20	34.20	34.82	34.68	41.54
IV 型	41	0.90	9.79	27.03	40.34	—	44.20	44.33	49.67
	42	0.38	7.45	20.41	36.06	38.75	41.23	42.00	41.33
	42B	—	9.17	20.48	32.40	35.72	35.58	38.27	44.34
	43	1.14	11.72	27.03	38.47	—	43.68	45.02	22.97
	43A	0.44	10.69	26.06	38.54	40.00	45.64	44.27	44.50
V 型	51	0.26	16.48	28.48	36.34	36.89	42.20	44.13	43.69

注：B 表明施工过程中引气；A 用来区分高碱水泥（编号 43）和低碱水泥（编号 43A）。I 型水泥为硅酸盐水泥；II 型水泥为中等抗硫酸盐水泥；III 型水泥为早强水泥；IV 型水泥为低热水泥；V 型水泥为高抗硫酸盐水泥。

在 53 年冻融循环侵蚀和碱骨料反应劣化的影响下，对于未引气的情况，使用低碱 I 型水泥（编号 16 与 18）的混凝土抗压强度相较于 1 年龄期增长了 27%~30%，而使用碱含量较低的 II 型水泥（编号 21）的混凝土抗压强度增长了 9%。对于碱含量较低的 IV 型和 V 型水泥（编号 41、42、43A、51），混凝土抗压强度略有增长或基本保持不变。然而，使用 III 型水泥的混凝土抗压强度出现了 8%～43%的下降。对于引气的情况，使用 I 型和 III 型水泥的混凝土抗压强度显著提高了 19%～26%。特别地，对于碱含量较高的 II 型和 IV 型水泥（编号 24 和 43），混凝土的抗压强度显著下降，下降了 32%～47%。

（4）矿物掺合料对大坝混凝土长期性能变化的影响。

矿物掺合料如矿渣等对大坝混凝土长期力学特性和耐久性具有显著的促进作用。例如，英国坎布里亚郡的韦特·斯莱达（Wet Sleddale）大坝[21]，于 1966 年建造，采用掺量高达 70%的矿渣 C20 混凝土。运行 35 年后，在大坝中心廊道的不同位置钻取了 12 个长 1.5 m 的芯样进行了力学性能测试，结果显示，坝体中心（水泥用量为 320 kg/m^3）和面层（水泥用量为 250 kg/m^3）的混凝土抗压强度均值接近 60 MPa。在实验室内经历 20 次冻融循环后，芯样未出现剥落损坏，碳化作用深度不超过 10 mm。35 年后，该坝内部混凝土的强度已从最初的 C20 提升至 C50，且表现出良好的耐久性。

广西壮族自治区水利科学研究院黄锦添等[22]对岩滩水电站大坝所使用的高掺粉煤灰碾压混凝土芯样（粉煤灰用量为 154 kg/m^3，掺量为 65.4%）的长期性能进行了试验测试，相关数据见表 1.7。研究发现，该混凝土的 10 年龄期抗压强度和抗拉强度均总体呈现持续增长趋势，但增长速度随时间推移逐渐减缓。具体而言，3 个坝段（14#、15#、17#）6 年、8 年、10 年龄期的抗压强度平均值分别比 1～2 年试验结果增长了 3.7%、4.5%和 15.7%，抗拉强度分别增长了 8.6%、17.6%和 32.6%，静弹性模量分别增长了 23.7%、23.0%和 25.3%。静弹性模量在 6 年后迅速趋于稳定，增长幅度不大。此外，芯样的胶砂磨细物二次加水的水化热试验表明，水化反应虽已减弱但仍持续进行。

表 1.7　岩滩水电站大坝围堰碾压混凝土芯样长期力学性能试验结果[22]

坝段	抗压强度/MPa				抗拉强度/MPa				静弹性模量/GPa			
	1～2 年	6 年	8 年	10 年	1～2 年	6 年	8 年	10 年	1～2 年	6 年	8 年	10 年
3 个坝段平均值（14#、15#、17#）	24.2	25.1	25.3	28.0	1.87	2.03	2.20	2.48	30.0	37.1	36.9	37.6
2 个坝段平均值（22#、23#）	22.6	—	—	32.6	2.53	—	—	2.69	2.42	—	—	40.4
下游围堰（160 m 以下高程）	19.3（180 天）	—	25.4	25.3	—	—	2.04	2.13	3.20（180 天）	—	36.8	37.0

1.3　三峡工程大坝混凝土面临的挑战及创新

1.3.1　面临的巨大问题及挑战

三峡工程"千年大计，国运所系"，关系着长江中下游人民的命脉，投资巨大，其大坝的安全建设和长期安全运行至关重要。混凝土大坝的建设历史可追溯至 19 世纪混凝土的发明，自此以后，混凝土便成为大坝建设中的重要材料，并催生了以混凝土为主要材料的坝型,如混凝土重力坝和混凝土拱坝等。19 世纪以来,全球已建成的混凝土坝的数量已达到数万座。作为当时世界上最大的 200 m 级重力坝,三峡大坝的工程建设技术难度极高,加之当时的建设条件和混凝土筑坝技术水平有限,确保三峡大坝的高质量建设面临重大挑战。对于大坝混凝土而言,其主要挑战在于实现高抗裂性和高耐久性。

(1) 高抗裂性挑战。

在国内外水利水电工程建设中,历来有混凝土大坝"无坝不裂"之说,其主要原因在于大坝混凝土通常为大体积混凝土,水泥水化过程中释放的大量热量在混凝土内部积聚,导致内外温差较大,从而引发温度裂缝,造成开裂。三峡大坝的混凝土量极其庞大,高峰年浇筑量超过 400 万 m^3,如此巨大的混凝土体积要求快速、连续且高强度施工,因此,大坝混凝土的温控防裂面临重大挑战。

(2) 高耐久性挑战。

三峡工程大坝混凝土的服役寿命是各界广泛关注的焦点,众说纷纭,有 100 年、200 年、500 年等各种说法。类似于人的寿命,大坝的"寿命"受其先天设计、后天维护状况及外部环境等因素的影响。在三峡大坝中,进出水孔口、水轮发电机组、闸门等可维修部分每年都会进行监测、维护和维修,部分损坏的部件可以更换,这些"器官"的维修和替换使得大坝可以在一定程度上持续使用。1996 年 11 月,长江科学院原副总工程师刘崇熙在第四届全国混凝土耐久性学术交流会上提出了三峡大坝混凝土耐久寿命 500 年的设计构想,分析了当时我国大坝混凝土耐久性的现状,总结了国内外建筑物耐久寿命的调查情况,并主张我国坝工混凝土设计应以"耐久寿命"为最高材料设计准则,这一构想受到了国家领导人和工程界的高度关注。然而,20 世纪 80 年代以前建造的坝工混凝土建筑物的平均使用寿命为 30~50 年,这为三峡工程的"千年大计"带来了重大挑战。

上述挑战属史无前例,尚无成功案例可供参考。在三峡工程建设之前,已存在原材料品质不佳、配制技术落后等问题,导致大坝混凝土的水用量和水泥用量偏高,这无疑加大了确保大坝混凝土抗裂性、耐久性的难度。目前,三峡工程大坝混凝土抗裂性、耐久性的主要问题可概括为以下几个要点。

(1) 传统设计理念以强度为主。

三峡大坝建设之前建造的大坝,其混凝土设计均遵循以强度为主的传统设计理念。在该理念指导下,虽然在一定程度上确保了结构的强度和稳定性,但也伴随着一些不容忽视的问题:首先,过分追求高强度可能使混凝土的工作性能降低。为了达到设计强度,可能会过多地增加水泥用量,这会使混凝土变得黏稠,流动性差,给施工带来困难。这类混凝土在硬化过程中更容易开裂,影响大坝的长期安全性。然后,大坝混凝土需长期承受水流冲刷、温度变化、化学侵蚀等多种复杂环境的考验。若仅注重强度而忽视混凝土的抗渗、抗冻融等耐久性指标,可能使大坝在使用过程中出现严重的耐久性问题,影响其使用寿命。最后,以强度为主的配合比设计理念可能会忽略混凝土的经济性。为了实现高强度,可能会使用过多的高成本原材料,这不仅增加了混凝土的生产成本,也可能对环境造成不利影响。

大量实践表明,在传统以强度为核心的大坝混凝土设计理念指导下制备的混凝土,其抗裂性、耐久性往往不足。根据 1985~1998 年国家相关部门的调查，我国在三峡大坝之前建造的 73%以上的混凝土坝存在开裂和耐久性问题。因此，为了满足三峡工程大坝混凝土在抗裂性和耐久性方面的极高要求，大坝混凝土的设计理念必须进行创新。

（2）原材料品质低。

在三峡大坝建设之前，传统大坝混凝土设计的核心焦点集中在温度控制、防裂及经济性问题。因此，常用的筑坝水泥主要是掺加混合料的水泥，如矿渣水泥。刘崇熙指出，美国胡佛大坝、日本大和（Daiwa）坝等长寿大坝均是富钙水泥混凝土建造的。保证水泥化学组成中充足的含钙量，是混凝土耐久性的物质保障。他提出，若水泥最终水化产物水化硅酸钙（C-S-H）凝胶的 Ca、Si 摩尔比小于 1.0，则该水化产物被认为是贫钙型，相应的水泥则被分类为贫钙水泥。我国在三峡大坝之前建造的混凝土坝多数选用矿渣水泥，并掺入 20%~30%的粉煤灰，其胶凝材料中钙的质量分数为 35%~40%，最终水化产物 C-S-H 凝胶的 Ca、Si 摩尔比小于 1.0，以此胶凝材料体系制备的混凝土耐久性普遍较差。因此，三峡大坝建设之时，提出了中热硅酸盐水泥方案，以替代矿渣水泥方案。

（3）碱骨料反应风险。

由于大坝混凝土长期接触水体，其内部活性骨料将持续遭受碱骨料反应的侵蚀。碱骨料反应被喻为混凝土的"癌症"，其破坏力巨大，足以导致混凝土结构的整体失效。在三峡工程这样的世纪工程中，任何微小的碱骨料反应风险都不容忽视，因为它可能对整个大坝的安全性和使用寿命造成不可逆转的影响。因此，如何对材料选择、配合比设计、施工工艺等多环节都严格把控，以确保三峡大坝的混凝土结构能够抵御碱骨料反应的潜在威胁，保持其长期稳定与安全，是三峡工程亟须解决的重大难题。

（4）配制技术差。

三峡大坝建设之前建造的大坝混凝土用水量高、水胶比大、水泥用量高、耐久性差。传统观点认为，混凝土耐久性是通过调整水胶比来控制的，若只单纯降低水胶比，混凝土强度和密实性确实能提高，但水泥用量增加带来的干缩、自收缩及温降收缩对抗裂性能的影响更大。因此，对于大坝混凝土而言，兼顾温控防裂和耐久性，最重要的不是控制水胶比，而是用水量。然而，三峡工程第二阶段混凝土采用花岗岩人工骨料，由于母岩为粗粒结构和粗晶粒镶嵌结构，骨料表面粗糙，混凝土用水量较天然骨料高 30%以上[23]，这无疑增加了三峡大坝高耐久性混凝土的制备难度。

（5）现场施工保障技术水平不足。

三峡工程混凝土总量约 2 804 万 m^3，大坝混凝土总方量约 1 610 万 m^3，分别是当时世界上最大的水电站伊泰普水电站的近 2.5 倍和 1.8 倍，混凝土施工强度极大，最高年浇筑强度达 548 万 m^3。在大规模、高强度、快速施工条件下，如何在满足施工进度的前提下保障大坝大体积混凝土的高质量是世界级难题。为此，三峡工程构建了原材料—设计—制备—施工全过程混凝土质量控制体系。然而，三峡工程大坝混凝土的施工工艺包括搅拌、运输、浇筑、养护等多个环节，受运输方式、环境条件、运输距离、运输时间等诸多因素影响，拌和楼出机口与仓面混凝土拌和物的性能差异大，可能导致混凝土施工质量差，易出现蜂窝、麻面、裂缝等问题，如何制备出高抗裂性、高耐久性的高质量大坝混凝土仍面临巨大挑战。

1.3.2　取得的跨越式技术创新

本书总结了三峡工程大坝混凝土为提高抗裂性、耐久性进行的一系列技术创新，包括设计理念、原材料优选与研制，以及混凝土配制技术、长期性能演变规律、耐久寿命预测等方面的内容。

（1）提出了耐久性主导的设计新理念。

突破以强度为主的传统设计理念，提出将耐久性作为混凝土设计—制备—施工全过程的主导控制指标，协同考虑力学、变形、热学等性能；建立"碱骨料反应、低温升微膨胀、低孔隙率优孔径分布"的设计原则，引导大坝混凝土耐久性主动设计。

（2）开发了新型骨料碱活性检测方法，实现了碱骨料反应的高效防控。

在三峡工程建设中，针对骨料碱活性可能引起的混凝土结构开裂问题，开发并采用了包括"压蒸快速法"（砂石碱活性快速试验方法）在内的多种碱活性快速检测技术，显著提高了骨料碱活性检测的准确性和效率。此外，提出了原材料和混凝土碱含量的双控指标，并高掺活性组分，形成了碱骨料反应抑制方法，从源头杜绝了碱骨料反应的发生，有效保障了三峡工程大坝混凝土的长期稳定性和安全性。

（3）研发了具有微膨胀特性的中热硅酸盐水泥。

基于水利水电工程服役特点，除强度要求外，还要求混凝土放热低、温升慢、抗裂性高，且具有微膨胀特性以补偿大坝温降收缩，因此对水泥性能指标提出了更高的要求。本书研究了矿物组成、化学成分、物理性质对硅酸盐水泥及其配制的混凝土性能的影响规律，优化了水泥矿物组成，调整化学成分与物理性质，开发出了适用于大坝混凝土温降收缩补偿的微膨胀中等水化热水泥，提高了水泥体积稳定性与抗裂性，并制定了相应技术标准。

（4）推动了Ⅰ级粉煤灰功能化大规模应用。

依托三峡工程，对粉煤灰生产工艺、品质控制与检测及其与混凝土性能的相关性等方面进行了系统研究，揭示了Ⅰ级粉煤灰减少混凝土用水量的规律，以及水泥-粉煤灰胶凝材料的水化硬化机理，全面掌握了水泥-粉煤灰胶凝材料的微观结构和宏观性能，制定了粉煤灰分级分类和品质标准，以及工程应用技术指标，促进了Ⅰ级粉煤灰在水工混凝土中的功能化大规模应用。

（5）开发了外加剂优选技术，促进了外加剂国产化。

三峡工程混凝土施工具有"浇筑仓面大、强度高、温控要求严"等特点。为了降低总发热量，改善混凝土性能，提高混凝土质量，特别是提高混凝土抗裂及抗冻耐久性，采用了掺优质减水剂和引气剂的方法，并对调研初选的30个减水剂和7个引气剂的性能进行了试验，包括减水剂、引气剂本体性能及其与工程所用原材料的适应性试验，提出了三峡工程所用减水剂和引气剂的品质要求与优选标准。采用大坝内部、抗冲磨混凝土配合比，在国内率先采用第三代聚羧酸减水剂进行系统研究和应用，推动了外加剂的技术发展和更新换代。

（6）开发了高耐久性大坝混凝土配制技术，并揭示了其高耐久、高抗裂特性及机理。

以大坝混凝土高抗裂性和高耐久性为配制目标，从原材料品质优选技术、材料相容性机理、配合比参数设计等方面开展系统研究，开发了"低用水量、低坍落度、降低水胶比提高Ⅰ级粉煤灰掺量"的配制技术，形成了"低碱、高内含氧化镁中热水泥、Ⅰ级粉煤灰、高效/高性能减水剂、引气剂"联合掺用的混凝土配制方案，解决了三峡工程花岗岩骨料混凝土用水量高的技术难题，实现了三峡工程混凝土温升与变形、强度与耐久性之间的匹配协调。

系统研究了三峡工程混凝土力学、热学、变形等性能的发展规律，阐明了影响三峡工程混凝土抗裂、抗冻等耐久性的主导因素，从原材料、配合比设计、侵蚀环境类型等角度揭示了三峡工程混凝土耐久性的劣化机理。

此外，还开展了三峡大坝全级配混凝土性能研究工作，建立了实体混凝土与设计用混凝土力学性能、变形性能和耐久性能之间的相关性，提出了大坝混凝土耐久性关键控制技术与措施，配制出了具有高抗裂性、高耐久性且施工性能优良的混凝土。

（7）提出了大坝混凝土施工现场保障技术。

分析研究了原材料性能、混凝土强度、温控情况等现场抽检情况，为现场质量管控与评价提供了技术支撑。为了适应三峡工程混凝土大规模、高强度施工的需求，采用了以塔带机为主的浇筑方法。

针对高强度、快速运输四级配大坝混凝土过程中出现的骨料分离和泌水等问题，通过现场试验，系统探讨了砂率、特大石比例、特大石最大骨料粒径、下料高度等因素对仓面拌和物性能和混凝土性能的影响规律，从而为获得混凝土的优异耐久性奠定了基础。

（8）揭示了三峡工程大坝混凝土长期性能演变规律及机理。

持续（20余年）跟踪观测了不同方法的碱骨料反应试件，以及大坝混凝土在标准条件下和室外自然条件下抗压强度、碳化深度、自振频率、自生体积变形等性能的演变规律，构建了混凝土性能演变模型，并预测了大坝混凝土的耐久寿命。

第 2 章

骨 料

骨料是大坝混凝土的主要组成材料，占混凝土总体积的 3/4 以上。骨料的特性对混凝土的工作性能、力学性能、变形性能及耐久性具有显著影响。不同岩石品种的骨料具有不同的潜在碱活性、强度、表面粗糙度和吸水率等特性，这些特性直接影响大坝混凝土的单位需水量，甚至可能导致碱骨料反应破坏的发生，从而进一步影响混凝土的强度、抗裂性和耐久性。本章将介绍大坝混凝土骨料的技术指标及要求，并重点讨论三峡工程混凝土骨料的特性及其对大坝混凝土耐久性的影响机制。

2.1 骨料在混凝土中的作用及分类

2.1.1 骨料在混凝土中的作用

骨料在混凝土中扮演着双重角色，既具有技术上的重要性，又具有经济上的效益，其作用可以概括为以下三个方面：首先，骨料在混凝土中发挥骨架作用，支撑和维持混凝土的形状与结构；然后，骨料的存在有助于减少混凝土的体积收缩，包括由胶凝材料水化引起的化学收缩、干湿循环导致的干缩和湿胀，以及温度变化引起的温降收缩；最后，骨料作为水泥浆的廉价填充材料，可以有效减少水泥的用量，降低成本。

混凝土拌和后，胶凝材料持续水化形成大量水化产物，如 C-S-H 凝胶（普通硅酸盐水泥水化时其约占 70%）、氢氧化钙与钙矾石（AFt）等。这些水化产物会包裹砂石，形成坚硬结构，从而产生强度。水泥水化过程通常伴随着体积收缩，包括水化造成的化学收缩、水化持续消耗拌和水导致浆体"内部干燥"形成的自收缩、外部水分流失导致的干燥收缩和内外温差造成的温降收缩等。这些收缩变形在混凝土内部产生拉伸应力，而混凝土是一种脆性材料，其抗拉强度远小于抗压强度，因此收缩过大可能导致开裂和体积稳定性不良。为了降低这些风险，通常会掺入大量骨料，依靠其骨架作用来降低浆体的收缩，提高混凝土的稳定性。对于大坝混凝土，由于其体积庞大，开裂问题非常严重，尤其是由温降收缩引起的温度裂缝，所以大坝混凝土骨料一般采用全级配，且比例通常超过 80%，部分甚至达到 90% 及以上。

骨料提高混凝土体积稳定性的原因可概括成两点：首先，使用骨料后，混凝土中浆体的体积显著减少，从而降低了胶凝材料水化导致的化学收缩和由内外温差引起的温降收缩。其次，骨料不仅自身具有体积稳定性，还能将水泥浆分割阻断。细骨料将浆体分割成小部分，分散水泥浆的收缩，粗骨料进一步阻断砂浆的收缩，从而显著提高混凝土的体积稳定性。因此，混凝土中骨料体积所占比例越高，其收缩量越小，体积稳定性越高，特别是粗骨料（碎石或卵石）比例越高，这一效果越显著[24]。因此，从限制收缩的角度来说，混凝土一般多用粗骨料而少用细骨料。

2.1.2 骨料的分类

1. 按地质成因与化学成分分类

混凝土骨料主要包括各种岩石颗粒材料，这些岩石颗粒材料作为混凝土骨料的母岩，按地质成因，可主要分为三大类：岩浆岩、沉积岩和变质岩。根据岩石的化学成分，混凝土骨料可以进一步细分为多种类型，如花岗岩骨料、玄武岩骨料、辉绿岩骨料、砂岩骨料、石灰岩骨料、白云岩骨料和大理岩骨料等。

2. 按料源及加工方式分类

根据料源及加工方式，骨料可分为两大类：天然骨料和人工骨料。

天然骨料源自天然河流、湖海、山体，主要包括经过适当筛洗加工的砂、砾石。这些骨料是由自然界中的岩石经过风化剥蚀、水流冲刷等多种地表作用形成的，具有大小不一的砂石颗粒。天然骨料通常具有圆润的外形、光滑的表面和坚硬的质地，如河砂、河卵石、山砂、山卵石、海砂、海卵石等。在当前的工程实践中，河砂和河卵石是最常用的天然骨料。近年来，部分工程的非关键部位结构的混凝土也开始使用经过净化处理的海砂，应符合行业标准《海砂混凝土应用技术规范》（JGJ 206—2010）。

人工骨料是通过机械加工岩石获得的混凝土骨料。可用于生产人工骨料的石料包括沉积岩（如灰岩、白云岩、砂岩等）、岩浆岩（如花岗岩、玄武岩、正长岩、辉长岩、流纹岩等）、变质岩（如石英岩、片麻岩、大理岩、角闪岩等）。在水利水电工程中，通常优先选择综合性能优异的灰岩作为人工骨料的原料。

3. 按骨料粒径分类

按骨料粒径，骨料可分为细骨料和粗骨料。

（1）细骨料：公称粒径大于 0.15 mm 且小于 5 mm 的岩石颗粒称为细骨料，通常叫砂，按形成条件分为天然砂、人工砂。根据标准《建设用砂》（GB/T 14684—2022），砂按细度模数分为四种规格，即粗砂、中砂、细砂、特细砂，细度模数分别为 3.1～3.7、2.3～3.0、1.6～2.2、0.7～1.5。

（2）粗骨料：在自然条件作用下形成的粒径大于 5 mm 的岩石颗粒称为卵石。由天然岩石或卵石经破碎、筛分得到的粒径大于 5 mm 的颗粒称为碎石。水工混凝土所用的粗骨料一般分为四级：小石（(5, 20] mm）、中石（(20, 40] mm）、大石（(40, 80] mm）和特大石（(80, 150] mm 或(80, 120] mm），最大粒径分别为 20 mm、40 mm、80 mm、150 mm 或 120 mm，分别表示为 D_{20}、D_{40}、D_{80}、D_{150}（D_{120}），它们依次称为一至四级配。这种分类的目的包括：一是避免骨料在堆放和运输过程中分离而影响级配；二是可以严格控制骨料的级配，保证混凝土质量；三是可以通过适当的级配组合，达到与天然级配适应的目的，减少弃料。当混凝土配合比中包含这四种级配时，称为全级配混凝土。

4. 按骨料密度分类

按骨料密度，骨料可分为轻骨料、普通骨料和重骨料。具体而言：①轻骨料密度在 $0\sim1\,000\,kg/m^3$，如陶粒、煅烧页岩、膨胀蛭石、膨胀珍珠岩、泡沫塑料颗粒等；②普通骨料密度在 $2\,500\sim2\,700\,kg/m^3$，如灰岩、花岗岩、玄武岩等；③重骨料密度在 $3\,500\sim4\,000\,kg/m^3$，如铁矿石、重晶石等。在混凝土制作中，90%以上使用的是普通骨料。

2.2 大坝混凝土骨料技术指标及要求

混凝土所用骨料技术性能的总体要求可概括为以下几点：①应具备良好的颗粒级配，通常通过不同级配的砂石堆积试验来确保堆积体的空隙率最小化，从而减少水泥浆的用量及混凝土的单位用水量；②骨料颗粒表面应保持清洁，含泥量等应控制在较低水平，以增强与水泥浆的界面黏结力及颗粒间的摩擦力；③应尽量减少有害杂质的含量，严禁含有影响水泥凝结硬化及混凝土长期耐久性的成分，如有机物、硫化物、硫酸盐等；④应具备足够的强度和坚固性，确保其能够发挥骨架支撑和传递力量的作用。

2.2.1 细骨料

根据标准《水工混凝土施工规范》（DL/T 5144—2015）的规定，细骨料（即砂）的品质要求如下：

（1）细骨料应质地坚硬、清洁、级配良好；人工砂的细度模数宜在 2.4～2.8 内，天然砂的细度模数宜在 2.2～3.0 内。使用山砂、海砂及粗砂、特细砂应经试验论证。

（2）细骨料的表面含水率不宜超过 6%，并保持稳定，必要时应采取加速脱水措施。

（3）细骨料的其他品质要求应符合表 2.1 的规定。

表 2.1 细骨料的品质要求

项目		指标	
		天然砂	人工砂
表观密度/（kg/m^3）		≥2 500	
细度模数		2.2～3.0	2.4～2.8
石粉质量分数/%			6～18
表面含水率/%		≤6	
含泥量/%	设计龄期强度等级≥30 MPa 和有抗冻要求的混凝土	≤3	—
	设计龄期强度等级<30 MPa 的混凝土	≤5	—

续表

项目		指标	
		天然砂	人工砂
坚固性/%	有抗冻和抗侵蚀要求的混凝土	≤8	
	无抗冻要求的混凝土	≤10	
泥块含量		不允许	
硫化物及硫酸盐质量分数/%		≤1	
云母质量分数/%		≤2	
轻物质质量分数/%		≤1	—
有机质含量		浅于标准色	不允许

衡量砂品质的主要技术指标包括颗粒级配与细度模数、石粉质量分数、砂的含泥量、云母质量分数、坚固性、吸水率、表面含水率等。以下是对这些指标的具体介绍。

(1) 颗粒级配与细度模数。砂级配的合理性对混凝土拌和物的稠度和黏性有直接影响。合理的砂级配可以减少拌和物的用水量，从而获得更好的流动性、均匀性和密实性，同时达到节约水泥的目的。因此，颗粒级配是砂品质检测中的一个重要项目。砂的细度模数（FM）是衡量砂粗细程度的一项重要参数，详见式（2.1）。砂的颗粒级配曲线和细度模数均通过颗粒级配试验获得，即将一定烘干质量的砂样放置在按筛孔大小顺序排列的一套标准方孔筛上（筛孔尺寸依次为 10 mm、5 mm、2.5 mm、1.25 mm、0.63 mm、0.315 mm、0.16 mm，包括底盘和盖），充分摇筛后，分别称取各号筛上的筛余量（g），并计算得到分计筛余百分率（各号筛上的筛余量除以砂样总量的百分率，%）和累计筛余百分率（该号筛上的分计筛余百分率与大于该号筛的各号筛上分计筛余百分率之和，%）。

$$\mathrm{FM} = \frac{(A_2 + A_3 + A_4 + A_5 + A_6) - 5A_1}{100 - A_1} \tag{2.1}$$

式中：$A_1 \sim A_6$ 分别为 5 mm、2.5 mm、1.25 mm、0.63 mm、0.315 mm、0.16 mm 筛上的累计筛余百分率，%。

根据砂的细度模数将其分为粗砂（FM 为 3.1～3.7）、中砂（FM 为 2.3～3.0）、细砂（FM 为 1.6～2.2）、特细砂（FM 为 0.7～1.5）。采用粗砂拌制的混凝土和易性较差，拌和物易分离，混凝土泌水率较大。采用细砂或特细砂配制的混凝土和易性较好，但拌和物用水量会增加，提高水泥用量，会使成本与放热均增加，混凝土易形成温度裂缝。通常采用 FM 在 2.4～2.8 的砂配制混凝土，此时混凝土放热与强度特性均较好。因此，宜采用低砂率、低坍落度与双掺技术措施。使用山砂、海砂及粗砂、特细砂应经试验论证。

根据各号筛的累计筛余百分率，可绘制出砂的颗粒级配曲线。对于细度模数为 3.1～3.7 的砂，根据不同筛孔上的累计筛余百分率，可分为三个区间：Ⅰ区、Ⅱ区和Ⅲ区。级配良好的砂，各号筛上累计筛余百分率均应处于同一区间之内，除了 5 mm 筛及 0.63 mm 筛外，允许其稍微超出界限，但各号筛超出的总量不应大于 5%。

（2）石粉质量分数。在人工砂的生产过程中，不可避免地要产生一定量的石粉（粒径小于 75 μm），其矿物成分和化学成分与机制砂的母岩相同。石粉质量分数直接影响混凝土性能，可能因细颗粒的不足，对混凝土的早期和后期硬化造成不利影响，如出现离析、泌水和易性差、抗渗性能差等现象[25]。《水工混凝土施工规范》（DL/T 5144—2015）中规定，石粉质量分数的限值为 6%～18%，而未处理的人工砂中石粉的质量分数高达 10%～20%，大于规范的要求，势必产生大量多余的石粉，给环境、经济成本带来负担。将石粉磨细变成超细粉，从而替代水泥，用作胶凝材料，似乎为一条可行路线。

（3）砂的含泥量。天然骨料中的含泥量定义为粒径小于 0.08 mm 的细屑、淤泥和黏土的总和。由于泥粒较为细小，它们增加了骨料的比表面积。此外，由于黏土类成分的吸水特性，混凝土拌和物的坍落度会随着含泥量的增加而降低，若要保持坍落度不变，需要增加用水量。在这种情况下，如果不相应增加水泥用量，会因为水灰比的增大而出现混凝土强度降低的现象。当骨料中黏土含量较高时，会对混凝土的强度、干缩、徐变、抗渗、抗冻融、抗冲磨等性能产生不利影响。泥块的存在会降低混凝土的密实度，形成混凝土的薄弱环节。在外力作用或干湿、温差引起的体积变化下，这些薄弱环节容易成为混凝土破坏的诱因。当泥料包裹在骨料表面时，会影响骨料与水泥浆的黏结，从而降低混凝土的强度等性能。当泥粒分散在骨料中时，它们会作为非活性混合材料，降低水泥的活性，进而影响混凝土的耐磨性能。当细骨料中含有较多泥粒时，可以采用水力冲洗等方法进行清洗，或者通过适当增加水泥用量、掺加外加剂等措施来弥补含泥量造成的不良影响。

（4）云母质量分数。某些砂料常含有一定量的云母，这种物质一般呈薄片状，表面光滑，强度很低，且易沿理错裂，与水泥浆的黏结能力很差。一般来说，当这种物质质量分数较高时，会使混凝土的和易性明显变差[26]，抗压强度、抗拉强度、抗冻融性、抗渗性及抗磨损性等均有降低，因此《水工混凝土施工规范》（DL/T 5144—2015）中规定砂料中云母质量分数不应超过 2%。

（5）坚固性。砂的坚固性指砂在自然风化和其他外界物理化学因素作用下抵抗破裂的能力，其中以抵抗压碎的性能指标——压碎值较为常用。砂的坚固性会直接影响混凝土的耐久性与强度，尤其是高性能混凝土。

（6）吸水率。砂的饱和面干吸水率是评价砂颗粒致密程度和砂孔隙状态的重要参数。砂的吸水率较高时，骨料的密度较低，其强度通常也较低，这可能会影响骨料与水泥石界面的黏结强度，并降低混凝土的抗冻性、化学稳定性和耐磨性等性能。特别是在配制抗冲磨混凝土、抗冻混凝土及抗侵蚀混凝土时，砂的吸水率越小，其性能越佳[27]。

（7）表面含水率。砂的含水率定义为砂中水分质量占其总质量的百分比。在料仓中，砂的含水率会随着空气湿度的变化而变化。砂的含水率要求因不同用途而异，在建筑行业领域，一般控制在 3%～7%，这一范围是基于试验和实际应用经验得出的。当砂的含水率较高时，首先会对混凝土的工作性能产生影响，虽然可以通过调整拌和水量来调节含水率,但这会降低混凝土中砂的含量。这直接影响了砂率及骨料填充级配的设计效果,进而影响了混凝土的强度与耐久性等性能。

2.2.2 粗骨料

衡量粗骨料品质优劣的技术指标有级配、含泥量、弹性模量、针片状颗粒质量分数、吸水率、线膨胀系数、压碎指标等,根据《水工混凝土施工规范》(DL/T 5144—2015),粗骨料的品质要求应符合表 2.2 的规定。

表 2.2 粗骨料的品质要求

项目		指标	备注
含泥量/%	D_{20}、D_{40} 粒径级	≤1	—
	D_{80}、D_{150}(D_{120})粒径级	≤0.5	—
泥块含量		不允许	
有机质含量		浅于标准色	如深于标准色,应进行混凝土强度对比试验,抗压强度比不小于 95%
坚固性/%	有抗冻和抗侵蚀要求的混凝土	≤5	经论证可以适当放宽
	无抗冻要求的混凝土	≤12	
硫化物及硫酸盐质量分数/%		≤0.5	折算成 SO_3
表观密度/(kg/m³)		≥2550	—
吸水率/%		≤2.5	—
针片状颗粒质量分数/%		≤15	经检验论证可适当放宽
超径质量分数/%	原孔筛	<5	—
	超、逊径筛	0	—
逊径质量分数/%	原孔筛	<10	—
	超、逊径筛	0	—
压碎指标/%		—	按照不同的岩石类别和设计龄期混凝土强度等级选择

(1)粗骨料级配。粗骨料级配是指各级粒径颗粒的分配比例。级配对于混凝土的和易性、强度、抗渗性、抗冻性及经济性等方面都具有显著影响。常用的粗骨料级配类型为连续级配,使用不同级配的粗骨料配制混凝土时,可根据粗骨料的最大粒径将其分为一级配((5, 20] mm)、二级配((5, 40] mm)、三级配((5, 80] mm)与四级配((5, 150] mm 或 (5, 120] mm)。粗骨料级配也可采用间断级配,即省略中间某一粒径或某几粒径的骨料。间断级配的空隙率通常小于连续级配,这有助于更充分地发挥骨料的骨架作用,从而减

少水泥的用量。

在水工混凝土中，通过组合不同粒径和比例的骨料，并采用振实密度法找出最大振实密度，以实现粗骨料空隙的最小化。使用级配良好的粗骨料，可以配制出水泥用量较低且性能优良的混凝土。粗骨料的粒径越大，需要湿润的比表面积越小。因此，在大体积混凝土中，应尽量采用较大粒径的石子。这样做可以降低砂率、混凝土用水量和水泥用量，提高混凝土的强度，同时减少混凝土的温升和干缩裂缝。

（2）粗骨料含泥量。天然卵石的含泥状态主要分为两种类型：包裹型和松散型。包裹型含泥直接影响石子与水泥石的胶结强度，从而降低混凝土的强度及其他性能。松散型含泥在某些情况下可以改善混凝土拌和物的和易性，提高混凝土的密实性。然而，当含泥量过多时，会增加混凝土的用水量，对混凝土的质量产生不利影响。石料中含有团块状泥土时，对混凝土的性能将产生负面影响。

人工碎石由于生产工艺的差异，其石粉含量各有不同。这些石粉在遇水后，可能包裹于石子表面或分散在碎石中，影响碎石与水泥石的胶结力，并增加混凝土的用水量。

（3）粗骨料弹性模量。在一般情况下，混凝土的弹性模量取决于所用骨料的弹性模量及骨料在混凝土中所占的体积。骨料强度越高，其弹性模量越高。骨料的弹性模量越高，则由这种骨料制成的混凝土的弹性模量越高。李文伟和理查德·W·伯罗斯[5]发现大坝混凝土弹性模量和粗骨料弹性模量的相关系数在 0.89～0.92（水胶比为 0.4）和 0.77～0.86（水胶比为 0.5）。而混凝土弹性模量与细骨料弹性模量的相关系数约为 0.5。这表明，混凝土的弹性模量主要受粗骨料特性的影响，这主要是因为粗骨料在混凝土体积中的占比超过 50%，而细骨料的体积占比较小。

（4）针片状颗粒质量分数。一般来说，理想的骨料颗粒形状应接近球形或正方形，这类形状的骨料性能更佳。相比之下，针状和片状骨料的性能较差。当粗骨料中针状、片状颗粒的质量分数超过一定限度时，会增加骨料的空隙率，从而对混凝土拌和物的和易性产生显著影响，并不同程度地降低混凝土的强度及其他性能。

针状和片状颗粒在碎石中的质量分数通常比卵石高。采用颚式和辊式破碎机生产的碎石中针状、片状颗粒的质量分数，通常高于使用锤式和锥式破碎机生产的碎石。例如，石灰岩和片麻岩碎石中的针片状颗粒质量分数通常高于花岗岩和砂岩碎石。当针状、片状颗粒的质量分数过高时，为了确保混凝土的施工和易性及足够的强度，可能需要适当增加水泥用量，这往往是不经济的。因此，对粗骨料中的针状和片状颗粒进行限制是有必要的。根据《水工混凝土施工规范》（DL/T 5144—2015），针片状颗粒的质量分数一般不应超过 15%，碎石中的针片状颗粒质量分数，在经过试验论证后，可以适当放宽至 25%。

（5）粗骨料吸水率。石料的表观密度受石质、矿物成分、风化程度及孔隙率等因素的影响。通常情况下，密度较小的骨料结构较为疏松且多孔，其孔隙率和吸水率较大，因此配制的混凝土强度较低。特别是粗骨料的外部孔隙对吸水率的影响更为显著[28]。吸水率较大的骨料会对混凝土的抗渗性、抗冻性、化学稳定性和耐磨性等性能产生不利影响。尤其是对混凝土的抗冻性影响较大，吸水率高的骨料混凝土在冻融循环试验中，由于混凝土内部水分较多，更容易受到冻融破坏，从而显著降低混凝土的抗冻等级。

岩石在不同的含水状态下，其性能存在差异。一般来说，岩石在含水状态下，强度会有所下降，这是由于岩石微粒间的结合力被渗入的水膜所削弱。根据《水工混凝土施工规范》（DL/T 5144—2015），粗骨料的吸水率应不超过 2.5%。

（6）粗骨料线膨胀系数。粗骨料线膨胀系数的大小直接影响混凝土线膨胀系数，粗骨料线膨胀系数大，则混凝土线膨胀系数也大。石英岩、砂岩骨料线膨胀系数大，这种骨料对应的混凝土线膨胀系数也大；石灰岩骨料线膨胀系数小，相应地，该骨料对应的混凝土线膨胀系数也小。

（7）压碎指标。骨料的强度通常无法直接通过测定单个骨料的强度来获得，而是通过间接方法进行评估。一种评估方法是测定岩石的压碎指标，另一种方法是在作为骨料的岩石上取样，加工成 50 mm×50 mm×50 mm 的立方体或 ϕ50 mm×50 mm 的圆柱体试样，并测定其抗压强度。骨料的抗压强度通常以浸水 48 h 后试样的抗压强度来表示。对于岩浆岩，其抗压强度不应小于 80 MPa；对于变质岩，其抗压强度不应小于 60 MPa；对于沉积岩，其抗压强度不应小于 30 MPa。骨料强度与混凝土强度的比值一般不小于 1.5。

岩石的抗压强度是指岩石在受到压力时所能承受的最大压力，对于人工骨料，可以通过测定母岩的强度来评估其抗压强度。然而，对于天然骨料，由于岩性复杂，其强度难以准确测定和确定，常用压碎指标来间接推测其相应的强度，可以更准确地反映骨料破坏时的实际受力情况。标准《水工混凝土施工规范》（DL/T 5144—2015）对粗骨料的压碎指标有具体要求，详见表 2.3。

表 2.3　粗骨料压碎指标　　　　　　　　　　（单位：%）

骨料类别		设计龄期混凝土抗压强度等级	
		≥30 MPa	<30 MPa
碎石	沉积岩	≤10	≤16
	变质岩	≤12	20
	岩浆岩	≤13	30
卵石		≤12	≤16

2.3　骨料碱活性

在水工混凝土或大坝混凝土中，骨料不仅是构成混凝土体积的主要成分，也是影响其性能的关键因素。骨料的碱活性问题，特别是碱骨料反应，对混凝土结构的耐久性和稳定性构成了潜在威胁。

碱骨料反应是指混凝土中的碱性物质与骨料中的活性硅酸盐发生化学反应，形成膨胀性的碱硅酸凝胶，这一过程具有潜伏期长、反应速度慢的特点，且一旦发生，造成的损害难以逆转。碱骨料反应的危害不容忽视。它可能使混凝土内部产生裂缝，降低混凝土的抗渗性和强度，进而缩短大坝的使用寿命，增加维修养护成本。此外，反应产生的碱硅酸凝胶容易吸水，导致内部湿度增加，进一步促进钢筋锈蚀，威胁整个结构的安全。因此，为了确保水工混凝土或大坝混凝土的长期稳定和安全，应尽可能地避免使用碱活性骨料。

2.3.1 碱骨料反应破坏机理及其抑制措施

1. 碱骨料反应破坏

在水利水电工程混凝土中，可能发生多种化学膨胀反应，包括碱骨料反应、内部硫酸盐反应、外部硫酸盐反应及硅灰石膏形成反应等。①碱-硅酸反应是碱骨料反应最常见的形式，尽管已经提出了一些碱-碳酸盐反应的案例，然而其实际机理仍存在争议。碱骨料反应造成的膨胀破坏是整体性的，且一旦出现极难修复。②内部硫酸盐反应可能来自含硫化铁岩石的缓慢释放，或者 AFt 的延迟形成，其在初始水化过程中可能产生高温（大于 70 ℃），可能会在一些温度非常高的水坝中造成问题，其导致的结构破坏也是整体性的。③外部硫酸盐反应需要较高浓度的硫酸盐离子，不太可能在大坝中发现，可能在地基中发现。这种形式的劣化是一种渐进的现象，从表面开始，逐层劣化分解，不会导致整个结构的大规模膨胀破坏。④硅灰石膏的形成是硫酸盐侵蚀降解的最后阶段，因此是一种渐进的表面现象，不会在大坝中产生大规模膨胀。

混凝土碱骨料反应破坏主要由骨料中的潜在碱活性引起，是导致水利水电工程与大坝混凝土耐久性下降的主要因素之一。碱骨料反应会导致混凝土整体性膨胀开裂破坏，且难以阻止其持续膨胀，因此被称为混凝土的"癌症"。例如，我国的大黑汀水电站主坝、美国的帕克大坝与丰塔纳（Fontana）坝、加拿大的博阿努瓦（Beauharnois）坝等都受到碱骨料反应的影响，在全球范围内造成了巨大的安全风险与经济损失。

根据骨料中活性成分与反应机理的不同，碱骨料反应可分为碱-硅酸反应、碱-硅酸盐反应与碱-碳酸盐反应。越来越多的研究表明，碱-硅酸盐反应在本质上也是碱-硅酸反应，两者可合称为碱-硅反应（alkali-silica reaction，ASR），其也是碱骨料反应最常见的形式[29-31]。

一般将 ASR 简单描述为骨料中活性 SiO_2 水泥中的碱性成分反应，形成碱硅酸凝胶，该凝胶因吸水而膨胀，从而导致混凝土结构的破坏[32-33]，相应的膨胀反应方程式如式（2.2）所示，示意图见图 2.1。

$$Na^+(K^+)+SiO_2+OH^- \longrightarrow Na(K)\text{-}Si\text{-}H 凝胶（膨胀） \quad (2.2)$$

经过多年的反复研究，国内外学者普遍认为 ASR 的破坏是由一系列连续反应造成的，主要包括亚稳态硅的溶解、硅溶胶的形成、溶胶的凝胶化及凝胶的肿胀或渗透压的形成。目前，对 ASR 的过程已经有了清晰解释，也有很多学者建立了混凝土碱骨料反应长期膨胀变形预测模型，但凝胶导致混凝土膨胀开裂的机制还存在分歧。常见的含活性 SiO_2 的岩石有蛋白石、燧石、石英岩、砂岩、火山熔岩等。

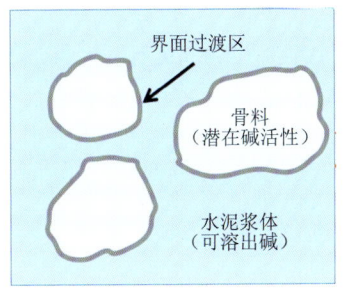 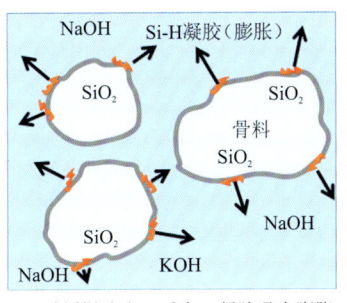 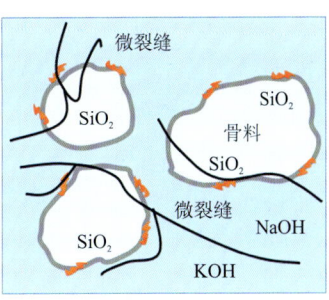

(a) 较多碱、活性硅酸盐与水　　(b) 碱缓慢溶出—反应—凝胶吸水膨胀　　(c) 膨胀—微裂缝—开裂

图 2.1　ASR 示意图

碱-碳酸盐反应是指水泥中的碱性成分与某些碳酸盐骨料如白云石发生反应,引起膨胀,从而导致混凝土的开裂破坏。由于白云石含有黏土,碱性离子可以通过包裹在细小白云石微晶外的黏土渗入白云石颗粒,引发去白云石化反应,如式（2.3）所示。反应产物无法通过黏土向外扩散,导致骨料膨胀,进而引起混凝土的开裂。

$$CaMg(CO_3)_2 + 2ROH \longrightarrow Mg(OH)_2 + CaCO_3 + R_2CO_3 （膨胀） \quad (2.3)$$

2. 工程发生碱骨料反应的抑制措施

混凝土工程碱-硅酸反应的发生需满足三个条件:一是混凝土中含有一定量的可溶性碱,其可能来源于水泥、掺合料等,或者受环境影响;二是存在一定数量的碱活性骨料;三是水或潮湿环境,为反应物吸水膨胀提供所需水分。

在评估 ASR 时,首先对混凝土芯样进行外观观察,以判断是否存在 ASR 迹象,如芯样表面的宏观裂缝、润湿后的细微裂纹、裂缝周围的 ASR 反应环及碱硅酸凝胶的析出。其次,进行 ASR 的微观观测,将芯样抛光、切片,使用显微设备观察骨料或水泥浆的微裂纹、反应产物凝胶、反应环和骨料-水泥浆的界面破坏等现象。此外,还可以利用微观观测对 ASR 特征进行统计学分析,以进一步评估 ASR 程度。

目前,对于发生 ASR 的大坝混凝土,尚无有效方法停止反应,仅能通过切割槽等方式减缓,但在大型混凝土结构中,这种选择显然是有限的。虽然公路路面正在尝试注射锂盐等化学物质,但由于路面较薄,这种方法在大体积混凝土结构中尚不可行。

表面涂层或其他水分管理方法可以通过干燥混凝土大坝以降低相对湿度,使其低于 ASR 值,为某些特定的大坝和水利水电工程结构提供长期的缓解方法。例如,葡萄牙的普拉卡纳（Pracana）大坝通过泄洪和阳光照射使混凝土逐渐干燥,从而停止了碱骨料反应的持续膨胀[34]。这可能是由于混凝土结构较薄,混凝土干燥到足够程度可以阻止反应,然后上游膜的应用也防止了水分的返回,从而阻碍反应被重新激活。然而,没有详细数据来支持这一假设。有报道称,桥梁和其他较小尺寸的结构元素通过涂层来充分干燥。然而,对挪威小型的亨德福森（Hunderfossen）坝的研究表明,涂层对相对湿度或 ASR 的影响有限[35]。

要使 ASR 产生膨胀,混凝土内部必须有足够的水分可供凝胶产物吸收[35]。在相对湿度>80%，约 23 ℃的条件下，混凝土的孔隙中必须存在水分，直到被 ASR 凝胶产物吸收才能引起膨胀。相对湿度越高，可供吸收的水分就越多。在 100%相对湿度下，根据混凝土的初始水、水泥比（W/C）和环境暴露条件，会形成不同量的水。W/C 大于 0.43 时，接近水泥完全水化的最低值，多余的水分将保留，可被 ASR 产生的凝胶吸收。如果不发生大气干燥，水量越高于这个水平，可供吸收的水量就越大。20 世纪 50 年代以前建造的大坝的大体积混凝土的初始 W/C 通常超过 0.60，因此大量多余的混合水可被 ASR 凝胶产物吸收。在此基础上，"干燥选择"似乎并不可行。

干燥还会引起收缩，可能在混凝土表面形成裂缝，干燥深度通常不超过 30 cm。此外，温度的升高加速了 ASR，水泥水化作用导致早期温度上升，通常在阳光直射的表面附近存在最高温度，在炎热的气候下，表面温度有时会超过 55 ℃，而在相同结构的内部混凝土中，可能全年保持低温。然而，在没有其他可行的方案或在特殊工程情况下，如较薄结构，通过干燥抑制碱骨料反应具有一定的可行性。

此外，有人建议，最好建造有上游膜和其他表面密封的大坝，以测试干燥作为长期补救措施的效果。这将需要一套关于水泥、骨料、碱含量与溶出等的完整基本信息，并对温度、相对湿度（或饱和度）和变形进行长期测量。这样的测试可能需要 10 年或更长的时间才能获得有用的数据，但考虑到高坝长寿命要求，该测试时长可以接受。这种测试应该得到详细的模拟和实验室测试的支持，以建立碱骨料反应停止或速率显著降低的阈值水分水平。

混凝土材料从源头抑制碱骨料反应的最直接办法是控碱，即严格限制胶凝材料、骨料、外加剂等的可溶出碱含量。

（1）使用非碱活性骨料。《普通混凝土用砂、石质量及检验方法标准》（JGJ 52—2006）中对骨料的碱活性检验有明确要求。当砂浆棒半年膨胀率低于 0.10%或 3 个月膨胀率低于 0.05%（缺半年膨胀率资料时才有效）时，可判定为无潜在危害。但水利水电工程开挖与混凝土用量体积一般较大，会形成较多原岩，由于经济、运输成本与资源利用等原因，仍可能使用含有一定潜在碱活性的骨料。

（2）控制胶凝材料碱含量与混凝土总碱含量。《通用硅酸盐水泥》（GB 175—2023）规定若使用活性骨料，用户要求提供低碱水泥时，由买卖双方协商确定。《预防混凝土碱骨料反应技术规范》（GB/T 50733—2011）要求混凝土最大碱质量浓度不大于 3 kg/m^3，混凝土中的碱主要来源于水泥、矿物掺合料、骨料、外加剂等。三峡工程主体混凝土对材料碱质量分数有严格限制，中热硅酸盐水泥的碱质量分数≤0.6%，I 级粉煤灰的碱质量分数≤1.5%，减水剂的 Na_2SO_4 质量分数≤8.0%，混凝土总碱质量浓度≤2.5 kg/m^3。

（3）掺用低碱粉煤灰或其他矿物掺合料。现代混凝土中普遍掺入矿物掺合料，研究者对各种掺合料抑制 ASR 的有效掺量进行了广泛研究。一般认为单独掺加某一种掺合料时，质量分数大于 50%的矿渣、25%的粉煤灰、10%的硅灰、15%的偏高岭土或沸石能够有效抑制 ASR。

使用粉煤灰替换部分水泥，不仅能有效延缓或抑制 ASR，还具有降低早期水化热、改善工作性能和细化孔隙等多重效果。粉煤灰抑制 ASR 的作用机制主要包括：①物理稀释和吸附体系中的碱；②通过火山灰效应消耗 $Ca(OH)_2$，形成低 Ca、Si 摩尔比的 C-S-H 凝胶，进一步吸附和滞留碱。在混凝土中，ASR 产生膨胀主要是由于骨料中的活性 SiO_2 与孔溶液中的碱反应生成碱硅酸凝胶，该凝胶吸水膨胀。在此过程中，水泥浆中的碱迁移至活性骨料表面并发生化学反应，生成凝胶。体系中的碱和水泥水化生成的 $Ca(OH)_2$ 对此过程有促进作用。

温海锋和张海波[36]从矿物掺合料的形态效应、活性效应、微集料效应和界面效应分析了其抑制混凝土 ASR 的原理，发现一部分低碱矿物掺合料可部分取代高碱水泥，降低混凝土总碱含量，起到物理稀释碱含量的作用。具有较高酸性的矿物掺合料的微粒能吸附碱金属离子，降低孔溶液中的碱含量。此外，矿物掺合料的火山灰效应能生成较低 Ca、Si 摩尔比的 C-S-H 凝胶，其具有高碱结合能力，可以降低孔溶液中的碱含量。矿物掺合料还能改变 ASR 产物的特性，降低凝胶黏度、膨胀能力和膨胀压力，缓解有害膨胀。同时，它们能改善混凝土界面结构，增加水泥浆体密度，降低渗透性，减少碱金属离子的扩散和凝胶的吸水膨胀，从而减少 ASR 破坏。

碳酸盐岩产生碱活性反应同样需要具备三个特征：①独特的岩石结构，如细小的白云石晶体晶粒；②特定的矿物组成，白云石占碳酸盐岩的 40%～60%；③含有一定数量的酸不溶残渣，其质量分数为 5%～25%。目前，国内外对碱-碳酸盐反应活性骨料还没有找到行之有效的抑制方法。

除了控制混凝土中的碱含量，有效地隔绝水和空气也是减轻 ASR 对工程结构损害的关键策略。这是因为 ASR 的发生需要水分和可溶性碱的存在。通过隔绝水和空气，可以显著降低混凝土内部的水分活性和碱的溶解度，从而减缓 ASR 的进程。

2.3.2 骨料碱活性检测方法

碱活性骨料是指能与水泥或混凝土中的碱离子发生化学反应并引起体积膨胀的骨料。它们一般分为两类：一类是含有非晶体或结晶不完整的 SiO_2 的骨料，称为碱-硅酸反应活性骨料；另一类是含有特定结构构造的微晶白云石骨料，称为碱-碳酸盐反应活性骨料[37]。

为避免和减少碱骨料反应对水利水电工程混凝土结构的破坏，保证工程安全，使用非活性骨料是最安全、可靠的措施。然而，由于资源消耗和工程造价等因素，水工混凝土骨料的选择余地受到限制。长江科学院使用三峡工程基坑花岗岩和宜昌河段天然砂砾制作了碱骨料反应砂浆棒。十几年的测量数据证实，三峡工程基坑花岗岩天然骨料属于缓慢反应型碱活性岩石骨料。

对于水利水电工程的大体积混凝土，在选择骨料时需进行碱活性的测试与分析。碱活性骨料的判别主要包括初判和复判两个阶段。初判主要采用岩相法，复判通常采用化学法、砂浆棒快速法、砂浆长度法、岩石圆柱体法和混凝土棱柱体法等。

1. 岩相法

岩相法主要用于碱活性骨料的初步判断。该方法通过岩相鉴定来确定骨料中是否含有活性矿物组分，并识别这些活性矿物的种类，如硅酸类或碳酸盐类。这种方法以定性分析为主，通常需要结合其他方法进行进一步分析。《水工混凝土砂石骨料试验规程》（DL/T 5151—2014）中介绍了利用岩相法判断骨料碱活性的步骤，具体如下。

（1）使用手镜、钢针等工具，对试样进行逐粒肉眼鉴定。必要时，可将颗粒放在砧板上用地质锤轻轻击碎（注意尽量减少岩石碎片的损失），以观察颗粒的新鲜断口。

（2）在肉眼鉴定基础上，对待测样品，按岩石名称及物理性质进行分组。物理性质包括大体上的矿物成分、风化程度、有无裂隙、坚硬性、有无包裹体和断口形状等。记录各组中包含的颗粒数目、占样品总质量的比例。

（3）将各组样品中的典型颗粒制片，用岩相显微镜观测各组颗粒的岩性，并判断其是否存在潜在活性及可能发生的碱骨料反应类型。

（4）对于特定的岩石种类，应观察其中是否含有表2.4所示的碱活性矿物。

（5）当不止一种尺寸的颗粒需要分组时，应该先筛分，然后分粒级进行分组。

表2.4 岩石种类及其相应的潜在碱活性矿物组分

岩石类别	岩石名称	碱活性矿物
岩浆岩	流纹岩、英安岩、斑岩	玻璃或析晶玻璃，方石英和鳞石英，蛋白石质/玉髓暗脉/晶体填充物，微晶或隐晶质石英
	安山岩	玻璃或析晶玻璃，方石英和鳞石英，蛋白石质/玉髓暗脉/晶体填充物
	松脂岩、珍珠岩、黑曜岩	酸性—中性火山玻璃、隐晶—微晶石英、鳞石英、方石英
	花岗岩、花岗闪长岩、石英闪长岩	高应变石英或微晶石英，蛋白石质或玉髓暗脉
	玄武岩（包括粗玄岩）	玻璃或析晶玻璃，蛋白石质/玉髓暗脉/晶体填充物
沉积岩	火山熔岩、火山角砾岩	火山玻璃
	凝灰岩（包括熔结凝灰岩）	玻璃或析晶玻璃，鳞石英，高应力石英，微晶或隐晶质石英，蛋白石质/玉髓暗脉/晶体填充物
	砂岩和粉砂岩	高应变石英，一些岩石胶结了大量蛋白硅、玉髓硅、微晶或隐晶质石英
	杂砂岩	微晶或隐晶质石英，尤其是在一些变质杂砂岩中，但不是所有的杂砂岩都有碱活性
	硅藻土	蛋白石质
	碧玉	玉髓、微晶石英
	燧石	玉髓硅，微晶或隐晶质石英，一些变体可能含有蛋白质硅
	白云岩（含细粒泥质灰质白云岩、硅质白云岩）	细碎的石英、蛋白石质或玉髓，细白云石晶体（可能导致碱-碳酸盐反应）
	灰岩（灰泥、白云质灰岩、硅质灰岩）	细碎散布的石英、蛋白石质或玉髓，与燧石有关
	泥岩、黏土岩、硬绿泥石岩	微晶或隐晶质石英

续表

岩石类别	岩石名称	碱活性矿物
变质岩	角页岩	微晶或隐晶质石英
	板岩、千枚岩	微晶或隐晶质石英
	片麻岩（麻粒岩、片岩）	高应变石英和/或石英颗粒之间的弱结晶边界，微晶或隐晶质石英，蛋白石质或玉髓暗脉
	糜棱岩、碎裂岩、角砾岩	应变、重结晶的石英，微晶和隐晶质石英，玻璃状材料
	石英岩	高应变石英和/或石英颗粒之间的弱结晶边界，微晶或隐晶质石英

2. 化学法与测长法

对于初判具有潜在碱活性的骨料，需要送至实验室进行进一步的复判。化学法通过测定骨料在碱溶液中 SiO_2 的溶出量及反应消耗量来判断碱活性。测长法则是通过测量砂浆或混凝土试件的膨胀率，并与规定的膨胀率限值对比来判断骨料的碱活性。它包括砂浆棒快速法、砂浆长度法、岩石圆柱体法和混凝土棱柱体法等。其具体的试验方法、适用范围和判定标准可参考表 2.5[38]。通常，应采用多种检测方法相互对照，进行综合判定。

近年来，随着扫描电子显微镜（scanning electron microscopy，SEM）测试技术的发展，可观察混凝土中碱骨料反应产物的形貌，同时进行反应产物特征细观分析。SEM 测试技术在混凝土碱骨料反应及其膨胀机理研究的运用，对进一步了解碱骨料反应产物、混凝土遭受 ASR 劣化的机理及膨胀源萌生过程具有十分重要的意义。李珍等[39]在发生 ASR 后的活性骨料表面，采用 SEM 和能谱仪（energy dispersive spectrometer，EDS）对反应产物的微观形貌性状和组成进行了分析，确定了 ASR 产物的典型微观形貌，为准确诊断混凝土碱骨料反应的发生提供了重要的科学依据。杨黔等[40]通过 SEM 和 EDS 测试发现，发生碱骨料反应的骨料表面存在蜂窝状碱硅酸凝胶产物，并伴有膨胀性微裂纹。化学成分分析显示，骨料表面 Si 和 Na 元素的含量明显高于 Ca 元素，出现了富集现象。李曙光等[41]对运行 20 年后的大坝坝体芯样进行了碱骨料反应鉴别研究，该大坝建设时采用了具有碱活性的凝灰岩骨料，除使用低碱水泥外，未采取其他的碱骨料反应抑制措施。对现场取回的混凝土芯样进行了一系列的研究测试，包括芯样 pH 测定、加速养护弹性波测试和膨胀试验、SEM 和 EDS 测试等，结果均表明运行 20 年的大坝混凝土表现良好，未发生碱骨料反应。

表 2.5　混凝土骨料碱活性试验方法适用范围与判定标准[38]

试验方法	适用范围	试验规程	判定标准
岩相法	适用于初步确定含碱活性矿物成分的岩石种类；室内镜鉴岩石是否含有碱活性矿物成分	《水工混凝土砂石骨料试验规程》（DL/T 5151—2014）；《非金属矿物和岩石化学分析方法　第 2 部分　硅酸盐岩石、矿物及硅质原料化学分析方法》（JC/T 1021.2—2023）；《建筑用卵石、碎石》（GB/T 14685—2022）；《建设用砂》（GB/T 14684—2022）；《普通混凝土用砂、石质量及检验方法标准》（JGJ 52—2006）	无碱活性矿物成分时判定为非碱活性骨料，有碱活性矿物成分时可判定为可能具有潜在碱活性危害反应，应进行其他试验进一步鉴定
化学法	适用于含有无定形活性 SiO_2 成分的骨料；不适用于含碳酸盐的骨料，也不能鉴定由微晶石英或变形石英导致的缓慢膨胀性骨料	《非金属矿物和岩石化学分析方法　第 2 部分　硅酸盐岩石、矿物及硅质原料化学分析方法》（JC/T 1021.2—2023）；《水工混凝土试验规程》（SL/T 352—2020）	当 $R_c>70$ mmol/L 并且 $S_c>R_c$，或者 $R_c<70$ mmol/L 并且 $S_c>(35+R_c/2)$ 时，可判定为可能具有潜在碱活性危害反应，应进行其他试验进一步鉴定
砂浆棒快速法	适用于潜在有害碱-硅酸反应，尤其适用于检验碱-硅酸反应缓慢或只在后期才产生膨胀的骨料	《水工混凝土试验规程》（SL/T 352—2020）	(1) 砂浆棒试件 14 天的膨胀率小于 0.10%，则骨料为非碱活性骨料； (2) 砂浆棒试件 14 天的膨胀率大于 0.20%，或者膨胀率不大于 0.20% 但有开裂、弯曲等现象，则骨料为具有潜在危害反应的碱活性骨料； (3) 砂浆棒试件 14 天的膨胀率在 0.10%~0.20% 的，对这种骨料应结合现场使用历史、岩相分析、试件观测时间延至 28 天或测试结果或混凝土棱柱体试验进行综合评定
砂浆长度法	适用于碱骨料反应较快的碱-硅酸反应，不适用于碱-碳酸盐反应	《水工混凝土试验规程》（SL/T 352—2020）	当试件膨胀率大于 0.1% 或 90 天膨胀率大于 0.05%（无 180 天膨胀率资料时使用）时，判定为具有潜在危害反应的碱活性骨料
岩石圆柱体法	适用于潜在碱-碳酸盐反应	《水工混凝土试验规程》（SL/T 352—2020）	当试件浸泡 84 天后反应危害性骨料膨胀率大于 0.1%，不宜作为混凝土骨料，必要时应进行混凝土试验做最后评定
混凝土棱柱体法	适用于碱-硅酸反应和碱-碳酸盐反应	《水工混凝土试验规程》（SL/T 352—2020）	当试件 360 天的膨胀率不小于 0.04% 时，判定为具有潜在危害反应的碱活性骨料；膨胀率小于 0.04% 时，判定为非碱活性骨料

注：R_c 为溶液的碱度降低值，mmol/L；S_c 为滤液中的 SiO_2 浓度，mmol/L。

2.4 三峡工程大坝混凝土骨料

2.4.1 三峡工程大坝混凝土骨料特性及其对混凝土性能的影响

1. 三峡工程大坝混凝土骨料特性

骨料是大坝混凝土的主要组成部分，占混凝土体积的80%左右，对混凝土的体积稳定性有显著影响。理想的水工大坝混凝土骨料应具备耐久、坚固、抗碱、不透水和尺寸稳定等特点。然而，由于地域、岩性、开采运输和混凝土性能的限制，大坝混凝土骨料的选择面临挑战。特别是在近坝址选择骨料料源时，需考虑工程区域的地质构造、骨料料场的易开采性和储量等因素。

在三峡工程的不同阶段，混凝土骨料的选择和应用有所变化。准备期及一期工程初期，由于基坑开挖尚未提供新鲜石料，且人工砂石系统未形成，右岸工程全部采用天然砂石料，而左岸在前四年也采用天然砂石料，从第五年开始转为采用人工砂石料。天然骨料主要采自长江葛洲坝工程下游的几个大型滩地和长江支流黄柏河南村坪料场。

在二期工程中，左岸使用基坑开挖得到的微新岩石加工的粗骨料和下岸溪人工砂；右岸则继续采用长江河床天然砂石料。而在三期围堰碾压混凝土施工期间，月施工强度高达33万 m³ 以上，采用下岸溪人工砂石骨料。三期工程的混凝土全部采用下岸溪人工砂石骨料。

在二期和三期工程中，混凝土采用花岗岩人工骨料。在混凝土配合比选择试验阶段，由于三峡工程人工骨料生产系统没有建成，试验用骨料全由小系统加工而成。人工砂通过棒磨机和圆盘制砂机加工，而碎石则用小型颚式破碎机加工。粗骨料采用三峡工程船闸、电站厂房和大坝基础开挖的花岗岩块石。这些花岗岩属于闪云斜长花岗岩，具有粗粒结构，其主要矿物组成包括长石、石英、黑云母，以及少量的角闪石或绿泥石。这些粗骨料的湿抗压强度为 123.9 MPa，干燥抗压强度为 127.8 MPa。由基础开挖得到的微新和新鲜闪云斜长花岗岩总量约为 2 000 万 m³。在古树岭的大型碎石加工系统经过破碎和筛分后，这些花岗岩被加工成各级成品粗骨料。另外，下岸溪斑状花岗岩也是一种重要的粗骨料来源，它具有块状构造，通常呈灰色或肉红色粗粒斑状结构。其主要矿物成分为石英、斜长石、白云母及磁铁矿等。这些成品粗骨料的质量完全符合三峡工程的要求。

二期与三期工程混凝土所用人工砂的母岩为下岸溪鸡公岭矿山的斑状花岗岩，为粗晶粒镶嵌结构。新鲜岩石的表观密度为 2 690 kg/m³，饱和抗压强度为 150.2 MPa，干燥抗压强度为 155.6 MPa，吸水率为 0.2%。下岸溪人工砂包括使用巴马克（Barmac）制砂机和 MBZ2136 棒磨机两种机型进行破碎与轧制得到的砂。此外，还包括筛分楼筛洗碎石时产生的 5 mm 以下的石屑砂。这三种砂混合后形成成品砂。其中，石屑砂为粗砂，巴马克制砂机生产的是偏粗的中砂，而 MBZ2136 棒磨机生产的是细砂或偏细的中砂。在生产系统中，这三种砂同步生产，通过调节搭配，最终形成符合三峡工程要求的人工砂成品。

综上所述，三峡工程采用了天然骨料和人工骨料。其中，天然骨料主要来自南村坪料场和长江料场。这些骨料的品质检验结果列于表 2.6，骨料外貌见图 2.2。

表 2.6 骨料性能试验结果

骨料品种		饱和面干密度/(kg/m³)	吸水率/%	含泥量/%	硫化物质量分数/%	坚固性/%	云母质量分数/%	细度模数	针片状颗粒质量分数/%	松散密度/(kg/m³)	振实密度/(kg/m³)
人工骨料	砂	2 650	0.7	—	0.04	2.14	0.75	2.5	—	—	—
	小石	2 730	0.9	0.3	0.16	—	—	—	0.5	1 375	1 666
	中石	2 760	0.7	0.4	0.05	—	—	—	0	1 365	1 624
	大石	2 760	0.8	0.4	0.08	—	—	—	0	1 300	1 538
	特大石	2 740									
天然骨料（长江料场）	砂	2 630	1.4		0.06	2.03	0.14	2.4			
	小石	2 710	1.0	0.4	0.07	—	—	—	3.1	1 625	1 802
	中石	2 730	0.8		0.06	—	—	—	1.8	1 558	1 732
	大石	2 730	0.8		0.04	—	—	—	0	1 465	1 696
	特大石	2 630	0.4	1.6	—	—	—	—		1 648	1 845
天然骨料（南村坪料场）	砂	2 640	2.0		0.06	1.10	0.08	2.8			
	小石	2 620	1.0		0.08	—	—	—	0	1 645	1 793
	中石	2 720	0.7		0.10	—	—	—	0	1 468	1 726
	大石	2 700	0.6		0.07	—	—	—	0	1 458	1 700
	特大石	2 800	0.2		—	—	—	—		—	—

注：来自南村坪料场的骨料，含泥很多，经冲洗后使用，未进行含泥量测试。

（a）天然骨料　　　　（b）人工骨料

图 2.2 三峡工程所用骨料的外貌

2. 骨料特性对混凝土性能的影响

1)骨料紧密填充级配

三峡工程所用人工砂由粗砂和细砂按 60∶40 的比例混合后使用,对每种骨料进行了二至四级配组合密度试验,试验结果见表 2.7。

表 2.7 骨料组合密度试验结果

骨料种类	级配(小石∶中石∶大石∶特大石)	松散密度/(kg/m³)	振实密度/(kg/m³)	空隙率/%
人工骨料	40∶60∶0∶0	1 505	1 760	36.0
	60∶40∶0∶0	1 435	1 729	37.0
	50∶50∶0∶0	1 480	1 750	36.3
	45∶55∶0∶0	1 482	1 752	36.2
	25∶25∶50∶0	1 480	1 782	35.3
	30∶20∶50∶0	1 520	1 816	34.0
	20∶30∶50∶0	1 495	1 762	36.1
	30∶30∶40∶0	1 525	1 812	34.2
	25∶25∶20∶30	1 536	1 819	33.8
	30∶20∶25∶25	1 517	1 794	34.7
	20∶20∶30∶30	1 527	1 786	35.0
天然骨料(长江料场)	40∶60∶0∶0	1 647	1 843	32.3
	60∶40∶0∶0	1 610	1 828	32.8
	50∶50∶0∶0	1 655	1 827	32.8
	45∶55∶0∶0	1 652	1 835	32.6
	25∶25∶50∶0	1 724	1 902	30.2
	30∶20∶50∶0	1 736	1 898	30.3
	20∶30∶50∶0	1 716	1 895	30.5
	30∶25∶45∶0	1 724	1 882	30.9
	22.5∶22.5∶20∶30	1 867	2 062	23.3
	25∶25∶20∶30	1 870	2 060	33.5
	30∶20∶25∶25	1 897	2 047	24.1
	20∶20∶30∶30	1 896	2 063	23.4

续表

骨料种类	级配（小石：中石：大石：特大石）	松散密度/(kg/m³)	振实密度/(kg/m³)	空隙率/%
天然骨料（南村坪料场）	40：60：0：0	1 682	1 890	29.5
	60：40：0：0	1 688	1 868	29.8
	50：50：0：0	1 688	1 884	29.5
	45：55：0：0	1 692	1 885	29.6
	25：25：50：0	1 702	1 930	28.2
	30：20：50：0	1 732	1 970	26.5
	20：30：50：0	1 672	1 916	28.8
	30：25：45：0	1 728	1 939	27.7
	22.5：22.5：20：30	1 860	2 090	23.1
	25：25：20：30	1 897	2 118	22.0
	30：20：25：25	1 883	2 166	19.9
	20：20：30：30	1 887	2 114	22.2

可见，当骨料级配为二级配时，无论是花岗岩人工骨料还是天然骨料，当小石与中石的比例为40：60时振实密度最大，空隙率最小。当骨料级配为三级配时，对于花岗岩人工骨料和南村坪料场天然骨料，当小石：中石：大石为30：20：50时振实密度最大，空隙率最小；对于长江料场天然骨料，当小石：中石：大石为25：25：50时振实密度最大，空隙率最小。当骨料为四级配时，表2.7中所列几种级配的密度及空隙率除个别级配外差别不大。

根据试验结果，推荐的骨料级配见表2.8。

表2.8 推荐的试验用骨料级配

级配	人工骨料（小石：中石：大石：特大石）	天然骨料（长江料场）（小石：中石：大石：特大石）	天然骨料（南村坪料场）（小石：中石：大石：特大石）
二级配	40：60：0：0	40：60：0：0	40：60：0：0
三级配	30：20：50：0	25：25：50：0	30：20：50：0
四级配	25：25：20：30	20：20：30：30	30：20：25：25

2）骨料种类与级配对混凝土性能的影响

骨料最大粒径对混凝土的单位用水量和砂率影响很大。固定水灰比，在保持三峡工程混凝土坍落度接近的条件下，先选取一个最大的砂率，再依次减小2～3个百分点的砂率，直至混凝土拌和物不能满足和易性要求。根据外观、单位用水量确定最优砂率。

单位用水量、砂率及强度试验结果见表2.9～表2.11，骨料最大粒径与单位用水量的关系如图2.3所示，由试验结果可得如下结论。

表 2.9 人工骨料混凝土单位用水量、砂率、强度结果

级配	水灰比	单位用水量/(kg/m³)	砂率/%	坍落度/cm	抗压强度/MPa 28天	抗压强度/MPa 90天	和易性 棍度	和易性 抹平	和易性 离析	推荐值 砂率/%	推荐值 单位用水量/(kg/m³)
二级配	0.60	182	42	8.0	33.4	37.0	好	好	轻	38~40	180
	0.60	179	40	6.1	35.7	38.2	好	好	轻		
	0.60	176	38	6.0	34.6	37.6	较好	较好	较轻		
	0.60	173	36	7.2	33.6	36.4	差	差	严重		
	0.50	179	40	6.5	42.6	47.5	好	好	轻	36~38	175
	0.50	176	38	7.0	44.2	51.1	好	好	轻		
	0.50	173	36	7.7	44.0	50.9	较好	较好	较轻		
	0.50	170	34	6.2	43.3	48.6	差	差	严重		
	0.45	179	39	7.1	49.7	54.0	好	好	轻	35~37	175
	0.45	175	37	6.2	51.0	57.6	好	好	轻		
	0.45	173	35	6.3	50.9	51.5	好	较好	较轻		
	0.45	170	33	7.5	49.0	55.9	差	较差	严重		
三级配	0.50	156	35	5.0	39.6	50.2	好	好	轻	31~33	150
	0.50	152	33	5.5	43.1	51.7	好	好	轻		
	0.50	149	31	5.6	43.0	51.6	较好	好	较轻		
	0.50	147	29	6.5	41.2	50.2	差	较差	严重		
四级配	0.50	146	32	5.0	38.2	49.5	好	好	轻	28~30	140
	0.50	143	30	5.1	41.4	51.7	好	好	轻		
	0.50	138	28	5.0	41.7	52.3	较好	较好	较轻		
	0.50	134	26	4.9	40.9	50.2	差	较差	严重		

表 2.10 天然骨料混凝土单位用水量、砂率、强度结果（长江料场）

级配	水灰比	单位用水量/(kg/m³)	砂率/%	坍落度/cm	抗压强度/MPa 28天	抗压强度/MPa 90天	和易性 棍度	和易性 抹平	和易性 离析	推荐值 砂率/%	推荐值 单位用水量/(kg/m³)
二级配	0.60	142	35	3.42	38.6	43.7	好	好	轻		
	0.60	138	33	7.6	35.2	39.2	好	较好	轻		
	0.60	135	31	6.3	34.4	38.6	差	较差	较轻		
	0.60	133	29	11.6	32.9	36.2	差	差	严重		

续表

级配	水灰比	单位用水量/(kg/m³)	砂率/%	坍落度/cm	抗压强度/MPa 28天	抗压强度/MPa 90天	和易性 棍度	和易性 抹平	和易性 离析	推荐值 砂率/%	推荐值 单位用水量/(kg/m³)
二级配	0.50	139	33	7.5	35.3	42.2	好	好	轻	29~31	136
	0.50	136	31	9.1	37.4	43.4	好	好	较轻		
	0.50	134	29	6.5	37.4	43.2	较差	较差	较轻		
	0.50	130	27	7.2	36.3	40.9	差	差	严重		
	0.45	144	34	7.8	38.8	45.1	好	好	轻	29~31	136
	0.45	141	32	7.8	41.7	49.6	好	好	轻		
	0.45	138	30	7.4	43.9	51.8	好	较好	较轻		
	0.45	135	28	7.0	43.6	51.7	差	较差	严重		
三级配	0.50	110	27	5.7	35.2	44.3	好	好	轻	23~25	106
	0.50	107	25	7.3	38.6	47.6	较好	较好	较轻		
	0.50	105	23	8.1	38.4	46.9	差	较差	较轻		
	0.50	101	21	7.0	31.6	38.5	差	较差	严重		
四级配	0.50	102	25	7.0	37.7	45.7	好	好	轻	21~23	97
	0.50	99	23	7.6	38.3	46.8	好	好	轻		
	0.50	96	21	9.5	38.2	46.8	较好	较好	较轻		
	0.50	94	19	9.5	35.4	44.6	差	较差	严重		

表 2.11 天然骨料混凝土单位用水量、砂率、强度结果（南村坪料场）

级配	水灰比	单位用水量/(kg/m³)	砂率/%	坍落度/cm	抗压强度/MPa 28天	抗压强度/MPa 90天	和易性 棍度	和易性 抹平	和易性 离析	推荐值 砂率/%	推荐值 单位用水量/(kg/m³)
二级配	0.60	149	38	8.0	34.7	41.9	好	好	轻	33~36	138
	0.60	146	36	6.0	36.1	42.9	较好	较好	轻		
	0.60	144	34	8.0	36.5	43.3	差	较差	较轻		
	0.60	142	32	7.5	35.8	42.3	差	差	严重		
	0.50	150	36	9.0	42.1	45.2	好	好	轻	32	136
	0.50	148	34	6.5	42.6	42.9	好	较好	轻		
	0.50	145	32	8.0	43.0	46.5	较差	较差	较轻		
	0.50	142	30	9.0	41.8	42.8	差	差	严重		

续表

级配	水灰比	单位用水量 /(kg/m³)	砂率 /%	坍落度 /cm	抗压强度/MPa		和易性			推荐值	
					28天	90天	棍度	抹平	离析	砂率/%	单位用水量 /(kg/m³)
二级配	0.45	151	37	8.0	36.8	48.9	好	好	轻	32~34	136
	0.45	148	34	6.8	42.7	54.6	好	好	轻		
	0.45	145	32	6.0	45.2	57.8	较好	较好	较轻		
	0.45	142	30	8.7	44.8	57.0	差	较差	严重		
三级配	0.50	124	29	7.2	38.2	45.1	好	好	轻	26	106
	0.50	122	27	7.4	40.3	46.8	较好	较好	较轻		
	0.50	119	25	9.6	40.5	47.0	差	较差	较轻		
	0.50	114	23	10.3	39.3	45.3	差	较差	严重		
四级配	0.50	115	26	7.2	42.5	45.8	好	好	轻	22~24	97
	0.50	113	24	7.0	45.3	47.9	好	好	轻		
	0.50	110	22	7.5	45.4	48.1	较好	较好	较轻		
	0.50	107	20	8.0	44.5	47.2	差	较差	严重		

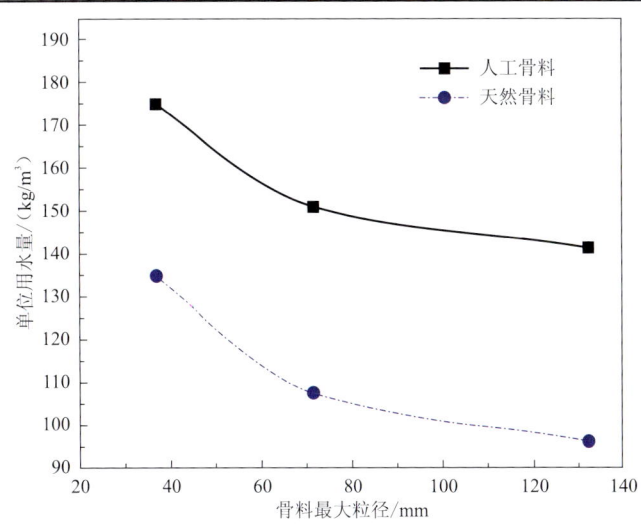

图 2.3 骨料最大粒径与单位用水量的关系

（1）人工骨料混凝土单位用水量比天然骨料混凝土单位用水量高 30 kg/m³ 左右，单位用水量高，导致水泥用量过高，这对大体积混凝土来说是相当不利的。

（2）南村坪料场骨料与长江料场骨料相比，合理砂率增加约 2%，混凝土单位用水量基本相当，使用长江料场骨料混凝土和易性较好。

（3）对于三种骨料的混凝土抗压强度，除水灰比为 0.60 时有些反常外，其他混凝土抗压强度大小总体上按如下顺序排列：人工骨料＞天然骨料（南村坪料场）＞天然骨料（长江料场）。由于人工骨料表面粗糙，增加了骨料与水泥浆之间的咬合力，所以抗压强度也较高。

（4）骨料级配不同时，混凝土单位用水量差别较大，从二级配到三级配，混凝土单位用水量减少 23～33 kg/m³，从三级配到四级配，混凝土单位用水量减少 9～12 kg/m³。

2.4.2 三峡工程大坝混凝土骨料碱活性

三峡工程设计要求当使用的骨料有碱活性时，必须采取措施防止碱活性骨料发生有害反应。对于碱-硅酸反应，应采用低碱水泥、掺足够数量的掺合料，对于碱-碳酸盐类反应，应避免使用这类骨料，以杜绝碱骨料反应破坏的发生。三峡工程花岗岩人工骨料与天然骨料的碱活性测试结果如下[42-43]。需要注意的是，三峡工程大坝混凝土骨料碱活性的研究试验开展时间较长，当时参考的标准多已更新或作废，若新旧标准方法差异不大，下面仅列出参考标准的最新版本。

1. 岩相法

（1）花岗岩人工骨料。三峡工程基坑花岗岩的矿物组成主要是斜长石、石英、黑云母和少量角闪石，岩石呈花岗状结构和块状构造。下岸溪花岗岩的矿物组成主要是斜长石、钾长石、石英和少量绿泥石，岩石呈花岗状结构、斑状结构和块状构造。三峡工程基坑及下岸溪花岗岩的地层属于新元古界前震旦系，距今约 8 亿年。尽管地层相对稳定，但造山运动对这一地区的花岗岩仍有一定影响，主要表现为石英受到应力作用，普遍出现波状消光。波状消光角的平均值约为 4.4°，最大不超过 10°。此外，在应力集中区域，石英形成了不同类型的位错，包括位错弓弯、位错网和位错缠结等。

石英的粒度在 0.3～2 mm，属于细骨料，没有发现微粒石英。通过电子探针单矿物分析，对两个料场花岗岩中的主要岩石矿物进行了详细研究。在二长花岗岩中，斜长石的酸度较高，其端元组分 Ab 的变化范围在 96.04～97.70，均为钠长石。花岗闪长岩中的斜长石酸度较低，其端元组分 Ab 的变化范围在 79.37～81.25，均为更长石。而闪云斜长花岗岩中的斜长石种属为中长石。钾长石主要为微斜长石，只有大斑晶为微斜条纹长石。

（2）天然骨料。天然骨料中含有石英、长石、燧石、流纹岩和凝灰岩等，其中燧石质量分数为 3%～15%。

2. 化学法

（1）花岗岩人工骨料。对所取岩石进行化学成分测定，按照《水泥化学分析方法》（GB/T 176—2017）执行。试验结果表明，岩石的主要化学成分为 SiO_2 和 Al_2O_3，还有少量 Fe_2O_3、FeO、MgO、CaO 等。具体而言，K_2O 的质量分数在 0.54%～2.89%，平均为 1.54%，Na_2O 的质量分数在 1.40%～7.73%，平均为 4.91%，两者的当量含碱量在 2.47%～8.20%，平均为 5.92%。

化学法评定活性骨料的试验按照《水工混凝土试验规程》（SL/T 352—2020）执行。活性骨料的评定标准如下：当试验结果满足 R_c>70 mmol/L 且 S_c>R_c，或者 R_c<70 mmol/L

且 S_c>（35+R_c/2）中的任何一种情况时，该试样被评定为具有潜在危害反应的活性骨料。从表 2.12 可以看出，所有样品用化学法测定的均为非活性骨料。

表 2.12　岩石的化学法测定

岩样编号	来源	岩石名称	碱度降低值 R_c/(mmol/L)	SiO_2 浓度 S_c/(mmol/L)	评定结果
96-52	基坑	黑云斜长片麻岩	223.1	15.4	非活性
96-61	基坑	闪云斜长花岗岩	58.3	13.73	非活性
96-66	基坑	斜闪煌斑岩	135.9	18.31	非活性
96-67	基坑	碎裂化斜长花岗岩	99.0	9.98	非活性
96-71	下岸溪	斜长花岗岩	108.72	21.64	非活性
96-72	下岸溪	绿泥石化辉绿岩	178.94	27.47	非活性
96-73	下岸溪	石英砂岩	202.5	106.34	非活性
96-75	下岸溪	斑状二长花岗岩	114.75	90.73	非活性
96-80	下岸溪	花岗闪长岩	54.0	37.66	非活性
96-88	下岸溪	绿泥石化辉绿岩	90.0	14.57	非活性

（2）天然骨料。在用化学法测试用于三峡工程的天然骨料时，测得的燧石的 SiO_2 浓度 S_c 为 133.22 mmol/L，碱度降低值 R_c 为 50.69 mmol/L。S_c>(35+R_c/2)，则该骨料被分类为具有潜在危害膨胀反应的活性骨料。

基于这些测试结果，骨料的碱活性分类可绘制成图，如图 2.4 所示。该图分为四个区域：A 区为一般非活性区（或称可疑区）；B 区为非活性区；C 区为高活性区；D 区为活性区。根据这些标准，所测试的骨料被判断为具有潜在危害膨胀反应。为了得出最终结论，还需使用砂浆长度法进行进一步的测试。

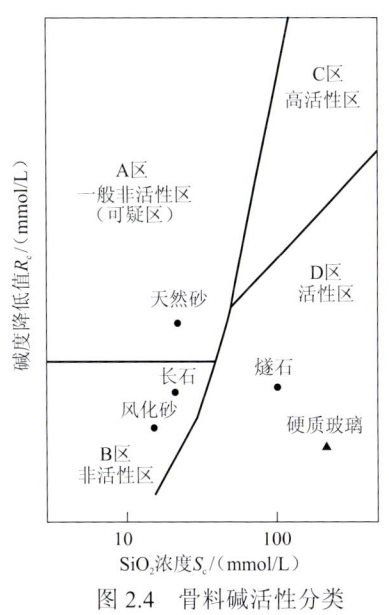

图 2.4　骨料碱活性分类

3. 砂浆长度法

（1）花岗岩人工骨料。砂浆长度法试验按照《水工混凝土试验规程》（SL/T 352—2020）执行，评定标准为：若半年膨胀率超过 0.1%，则骨料具有潜在活性。试验结果见表 2.13，结果表明，试件的膨胀率与水泥的当量含碱量及龄期有关。具体来说，水泥当量含碱量越大，试件的膨胀率越大，试件的膨胀率随龄期的增加而增大。所有试件 180 天龄期的膨胀率均小于 0.1%，这表明根据砂浆长度法的检测和评定结果，这些骨料属于非活性骨料。

表 2.13 砂浆长度法试验结果

岩样编号	岩石名称	当量含碱量/%	试件膨胀率/%			
			30 天	60 天	90 天	180 天
96-52	黑云斜长片麻岩	0.54	0.006	0.006	0.007	0.007
		0.80	0.007	0.007	0.009	0.009
		1.20	0.013	0.015	0.016	0.018
96-61	闪云斜长花岗岩	0.54	0.002	0.002	0.005	0.005
		0.80	0.005	0.006	0.012	0.012
		1.20	0.016	0.021	0.023	0.026
96-66	斜闪煌斑岩	0.54	0.002	0.004	0.005	0.005
		0.80	0.008	0.011	0.013	0.015
		1.20	0.011	0.016	0.018	0.020
96-71	斜长花岗岩	0.54	0.013	0.019	0.020	0.020
		0.80	0.014	0.019	0.020	0.020
		1.20	0.017	0.022	0.024	0.024
96-72	绿泥石化辉绿岩	0.54	0.008	0.009	0.009	0.009
		0.80	0.008	0.009	0.009	0.009
		1.20	0.012	0.014	0.014	0.014
96-73	石英砂岩	0.54	0.004	0.005	0.008	0.010
		0.80	0.005	0.005	0.008	0.013
		1.20	0.012	0.013	0.019	0.034
96-75	斑状二长花岗岩	0.54	0.005	0.007	0.007	0.011
		0.80	0.005	0.007	0.007	0.012
		1.20	0.008	0.011	0.012	0.017
96-88	绿泥石化辉绿岩	0.54	0.001	0.005	0.005	0.005
		0.80	0.001	0.005	0.005	0.006
		1.20	0.004	0.009	0.009	0.012

（2）天然骨料。天然骨料的砂浆长度法试验用不同碱质量分数的大坝水泥进行，碱质量分数分为 0.78%、1.0%、1.2%、1.5%、2.0%五个等级。

根据天然骨料中所含的矿物组成（燧石 10%、流纹岩 3%、凝灰岩 3%、微粒砂岩 4%）配制砂浆，结果如图 2.5 所示。可以看出，天然骨料的砂浆膨胀率在一定碱质量分数下随龄期增加而增大，同时，在不同的碱质量分数条件下，随着碱质量分数的提高，膨胀率也增大。特别是在 3 个月龄期之后，膨胀率随碱质量分数的提高迅速增大。值得注意的是，当砂浆碱质量分数达到 2.0%时，其膨胀率在 3 个月龄期就超过了 0.05%，在半年时膨胀率达到了 0.105%，均超过了规范的要求。由此判断，天然骨料中燧石等矿物具有碱活性。

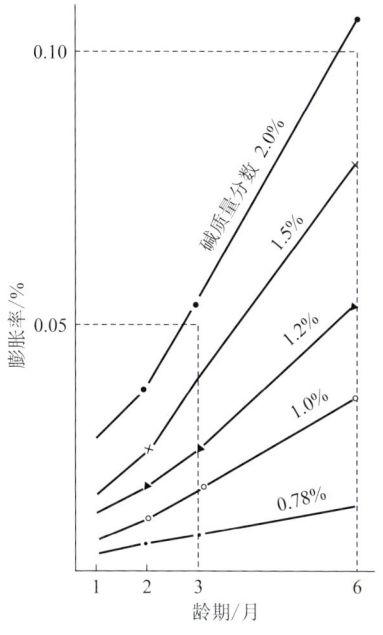

图 2.5　天然骨料碱活性试验

4. 压蒸快速法

按中国工程建设标准化协会标准《砂、石碱活性快速试验方法》（CECS48：93）中的方法进行人工骨料碱活性测试，评定标准为：在 3 个配合比中，用膨胀率最大的一组来评定骨料的碱活性，若膨胀率大于或等于 0.1%，则评定为活性骨料，小于 0.1%，则为非活性骨料。这种方法仅适用于评定硅质骨料的碱活性。

骨料的压蒸快速法试验结果见表 2.14。从试验结果可以看出，试件的最大膨胀率为 0.066%，小于 0.1%，说明骨料用该方法评定时属非活性骨料。

表 2.14　压蒸快速法试验结果

岩样编号	岩石名称	试件膨胀率/%	评定结果
96-52	黑云斜长片麻岩	0.037	非活性
96-61	闪云斜长花岗岩	0.030	非活性
96-66	斜闪煌斑岩	0.041	非活性
96-67	碎裂化斜长花岗岩	0.064	非活性
96-68	碎裂花岗岩	0.060	非活性
96-71	斜长花岗岩	0.034	非活性
96-72	绿泥石化辉绿岩	0.036	非活性
96-73	石英砂岩	0.039	非活性
96-74	绿泥石化辉绿岩	0.039	非活性
96-75	斑状二长花岗岩	0.030	非活性
96-80	花岗闪长岩	0.056	非活性
96-88	绿泥石化辉绿岩	0.066	非活性

5. 砂浆棒快速法

在评估人工骨料的碱活性时，采用了砂浆棒快速法，该试验按照美国标准《骨料潜在碱活性的标准试验方法（砂浆棒法）》（Standard Test Method for Potential Alkali Reactivity of Aggregates（Mortar-Bar Method））（ASTM C1260-23）进行。评定标准为：若 14 天龄期的试件膨胀率小于 0.1%，则骨料被认为无害；若膨胀率大于 0.2%，则骨料具有潜在碱活性；若膨胀率在 0.1% 和 0.2% 之间，则需要进行其他必要的辅助试验，或者将时间延长至 28 天进行观测，以得出最终结论。

根据表 2.15 中的试验结果，所有试件在 14 天龄期的膨胀率均小于 0.1%，这表明根据砂浆棒快速法的检测和评定结果，这些人工骨料属于非活性骨料。

表 2.15　砂浆棒快速法试验结果

岩样编号	岩石名称	试件膨胀率/%		
		3 天	7 天	14 天
96-52	黑云斜长片麻岩	0.005	0.008	0.015
96-61	闪云斜长花岗岩	0.008	0.018	0.044
96-66	斜闪煌斑岩	0.009	0.024	0.074
96-67	碎裂化斜长花岗岩	0.005	0.012	0.033
96-71	斜长花岗岩	0.008	0.010	0.019
96-72	绿泥石化辉绿岩	0.005	0.008	0.012
96-73	石英砂岩	0.013	0.025	0.061

6. 混凝土棱柱体法

常用的混凝土棱柱体法是加拿大《混凝土试验方法和标准实践》(Test Mehods and Standard Practices for Concrete)(CSA A23.2-14)中的方法,其所用水泥的碱质量分数为 1.0%±0.2%,并通过外加 NaOH 的方法,使水泥当量含碱量达到 1.25%。将试件 1 年龄期的膨胀率作为判断骨料碱活性的依据,当试件 1 年龄期的膨胀率等于或超过 0.40%时,判定骨料具有潜在危害活性,膨胀率小于 0.04%,则判定骨料为非活性骨料。

从表 2.16 可以看出,岩石的混凝土试验 364 天龄期的膨胀率均小于 0.04%,表明用混凝土棱柱体法检测和评定时,骨料属非活性骨料。

表 2.16 混凝土棱柱体法试验结果

岩样编号	岩石名称	试件膨胀率/%				
		14 天	28 天	91 天	182 天	364 天
96-130	黑云斜长片麻岩	−0.000 4	0.001 1	0.006 1	0.011 7	0.017 5
96-131	闪云斜长花岗岩	−0.007 3	−0.002 9	0.001 8	0.006 2	0.008 1
96-132	碎裂化斜长花岗岩	−0.001 5	0.004 0	0.004 0	0.006 1	0.004 3
96-134	绿泥石化辉绿岩	0.000 8	0.005 2	0.006 9	0.008 4	0.006 1
96-135	斑状二长花岗岩	−0.001 7	−0.000 5	0.004 0	0.005 2	0.003 3
96-138	花岗斜长岩	−0.002 1	−0.001 0	0.002 8	0.006 5	0.008 4

中国水利水电科学研究院与长江科学院针对花岗岩人工骨料的碱活性反应开展了广泛的试验研究与长期监测。这些研究遵循了国内外关于骨料碱活性检测的试验规程与标准,并采用了岩相法、化学法、砂浆长度法等多元化的检测手段。此外,利用 SEM 对反应产物进行了观察,最终的评估结果为三峡工程花岗岩碎石与人工砂为非活性骨料。

在三峡工程中,为了确保三峡工程大坝混凝土的耐久性,对水泥及混凝土中的碱质量分数进行了严格控制。中热硅酸盐水泥熟料中的碱质量分数不得超过 0.5%,水泥中的碱质量分数不得超过 0.6%。天然骨料混凝土的总碱质量浓度应小于 2.0 kg/m^3,花岗岩人工骨料混凝土的总碱质量浓度应小于 2.5 kg/m^3。这些限值不仅严于国家标准,在国际标准中也属于严格范畴。根据三峡工程优选的混凝土配合比及现场实际使用的混凝土配合比进行计算,人工骨料混凝土的总碱质量浓度均控制在 2.5 kg/m^3 以下。此外,通过高掺量粉煤灰等活性矿物组分的使用,可进一步降低碱质量分数。这些控制措施有效地保障了三峡工程大坝混凝土免受碱骨料反应的影响。

第 3 章

微膨胀中热硅酸盐水泥

水泥是一种水硬性胶凝材料，是混凝土的主要组成部分。当水泥加水水化时，会生成具有胶凝性的水化产物，将砂、石等散粒体包裹胶结形成水泥石，从而产生强度及抵抗外界荷载和环境破坏的能力。大坝混凝土常用水泥包括硅酸盐水泥、普通硅酸盐水泥、中热硅酸盐水泥、低热硅酸盐水泥等，不同品种水泥的特性差异源于其熟料矿物组成的不同。

20 世纪 30 年代前，国外对水工混凝土的水泥无特殊要求。随着大体积混凝土温度裂缝的出现，减少水泥用量和水化热温升成为减少裂缝的主要技术措施之一。有两种方案：一种是通过限制铝酸三钙（C_3A）和 C_3S 的 ASTM IV 型水泥（低热硅酸盐水泥）来降低水化热，如美国的胡佛大坝和莫里斯（Morris）坝，但该方案早期强度低、生产难度大且费用高，不利于快速施工。另一种是通过掺火山灰和减水剂等进行配合比设计，逐渐被 ASTM II 型水泥（中热硅酸盐水泥）加掺合料替代。在 20 世纪 50 年代后，美国不再生产低热硅酸盐水泥，仅在标准中保留了 ASTM IV 型水泥。我国 20 世纪 50 年代末，研发了大坝水泥和矿渣大坝水泥，主要目的是降低混凝土放热，但配制的混凝土用水量高、水泥用量大、耐久性差，一直沿用到三峡工程建设前。

在三峡大坝建设中，原材料问题受到高度重视，在专题研究任务"三峡大坝混凝土耐久性及破坏机理研究""微膨胀型中热及低热矿渣水泥及其机理的研究"的支持下，确立了中热硅酸盐水泥方案，并研究了矿物组成、碱、SO_3、MgO、比表面积等因素对性能的影响，开发出了适用于大坝混凝土的微膨胀中热硅酸盐水泥，提升了体积稳定性与抗裂性，保障了三峡工程的高质量建成。

3.1 大坝混凝土对水泥性能的基本要求

大坝具有体积较大、设计龄期较长等特点，作为挡水建筑物，其安全至关重要，对混凝土的抗裂性和耐久性要求极高。针对这些特点，水泥需具备低发热、慢发热特性，并兼具一定的补偿收缩功能，特殊情况下还需具备防碱骨料反应和硫酸盐侵蚀的性能。大坝混凝土对水泥的基本要求包括低发热性、微膨胀性、高耐久性、优工作性等。

1. 低发热性

水泥水化是一个放热反应，混凝土浇筑后，水泥水化放热使坝体内部温度快速升高，在散热降温过程中（尤其是气温骤降时），内外温差会在混凝土中引起拉应力。拉应力超过混凝土抗拉强度或拉应变超过极限值时，会使混凝土产生裂缝。无论是表面裂缝还是贯穿性裂缝，均会影响坝体整体性和耐久性。为降低混凝土最高温度，减少或避免产生温度裂缝，施工中常使用降低原材料温度、加冰和加冷水拌和、坝体分缝分块、预埋冷却水管等温控措施，但这些措施会增加工程投资，甚至影响工程进度。从源头降低水泥放热量，如使用低水化热的水泥或掺用粉煤灰，能有效减少温度裂缝和开裂风险，且更经济有效。

水泥中的主要矿物有 C_3S、C_2S、C_3A、铁铝酸四钙（C_4AF），四种主要矿物的水化热见表3.1。不同矿物的水化热差异大，按水化热排序为 $C_3A>C_3S>C_4AF>C_2S$。因此，通过调整与优化水泥矿物组成，控制 C_3A 和 C_3S 的含量，增加 C_2S 和 C_4AF 的含量，有效降低水泥总发热量。

表 3.1 水泥矿物的水化热[44]

矿物成分	C_3S	C_2S	C_3A	C_4AF
水化热/(kJ/kg)	502	260	867	419

2. 微膨胀性

工程实践和研究表明，混凝土80%以上的开裂起因于收缩。混凝土以各种方式发生收缩变形，如早期收缩包括硬化前的塑性收缩，以及硬化阶段的自收缩、干燥收缩和温降收缩等。对于大体积混凝土，尤其是处于高温、干燥等严酷环境中的混凝土，收缩开裂问题尤为突出。除了从源头控制水泥水化热以减少温降收缩之外，在混凝土中掺入膨胀剂或选择具有微膨胀性质的水泥，以增膨减缩、提高抗裂性，也是一种有效技术措施。

水工混凝土中常用的膨胀剂主要有硫铝酸盐型和 MgO 型两大类。硫铝酸盐型膨胀剂如 UEA 类，能快速与水泥水化产物反应生成 AFt，补偿早期收缩。另一类为外掺轻烧 MgO 膨胀剂，其主要利用 MgO 水化生成 $Mg(OH)_2$ 产生体积膨胀来补偿收缩。但 MgO 反应缓慢，这类膨胀属于延迟性膨胀，主要用于补偿混凝土后期产生的温降收缩。使用膨胀剂制备微膨胀混凝土或低收缩混凝土，存在膨胀剂掺量过于灵活、均匀性难以保证、受施工波动影响大等问题，不利于大型水利水电工程的现场质量控制。

此外，可选择膨胀特性水泥制备微膨胀混凝土或低收缩混凝土。水泥煅烧过程中 MgO 以游离态（称为方镁石）与固溶态（溶于熟料矿物或玻璃体中）存在，相较于铝基、钙基膨胀源，方镁石具有的水化缓慢、水化产物稳定、持久膨胀特性，与水工混凝土长期温降和体积收缩过程更匹配。MgO 延迟性膨胀技术的开发可以追溯至 20 世纪 80 年代初期建成的白山水电站，其最高温度与稳定温度相差超 40℃，但未产生基础贯穿性裂缝，表面裂缝也很少，后经调查发现大坝所用水泥中 MgO 质量分数为 4.28%～4.38%，其产生的延迟性膨胀补偿了温降收缩，抑制了开裂，之后我国科技人员对 MgO 组分给予了关注。高内含 MgO 水泥的膨胀特性由水泥自身保证，在制备混凝土时具有操作简便、受施工波动影响小、现场质量控制环节少等优势。但在后续的水利水电工程中，使用高内含 MgO 水泥的混凝土存在后期膨胀效果不稳定、膨胀机理不清楚等难题，为此，本书对微膨胀中热硅酸盐水泥及其机理进行了深入研究，将在后续3.2节中重点介绍。

3. 高耐久性

大坝不同部位的混凝土因所处的环境不同，面临的耐久性问题也不同，见图 3.1。水下区混凝土长期与环境水接触，当环境水含有侵蚀性介质时，将对混凝土产生侵蚀破坏，如水泥浆体组分的浸出、酸性水和硫酸盐侵蚀等；水位变化区混凝土处于干湿交替环境，易遭受冻融和溶蚀破坏；处于大气区的混凝土，受紫外线、风化（温湿度交替变化）等环境影响，碳化、开裂等现象比较严重，有时也会有轻微冻融发生。泄洪洞、消力池等泄水建筑物暴露于高水头、高流量、高流速等环境下，混凝土易开裂、磨损，对混凝土抗冲耐磨性能要求较高。1985~1998 年国家相关部门对全国大中型水电站的调查表明，73%的混凝土坝存在开裂、渗漏现象。因此，为满足大坝不同部位混凝土的耐久性要求，应根据其所处环境条件选择相应的水泥品种。

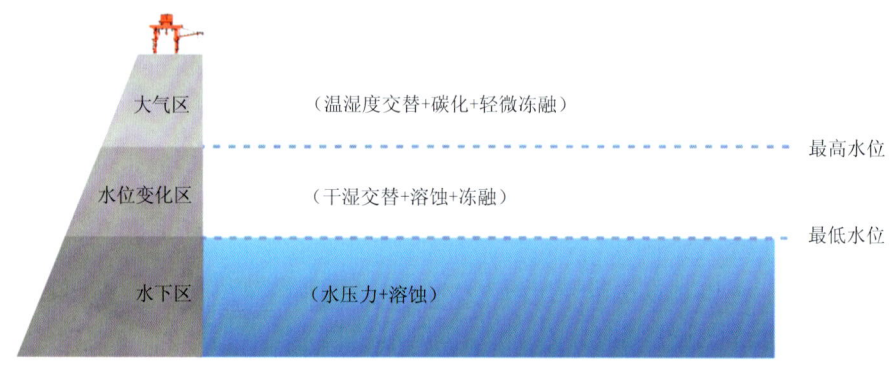

图 3.1　大坝不同部位混凝土的耐久性问题

当混凝土使用活性骨料，且处于水中或潮湿环境时，为避免发生碱骨料反应，应选用低碱水泥。水泥中碱的质量分数按照 $Na_2O+0.658K_2O$ 计算，通常限制水泥中碱的质量分数不得超过 0.6%，低热水泥熟料中碱的质量分数不得超过 1.0%。

4. 优工作性

水泥加入一定量的水搅拌成为有一定塑性的浆体，随着水化的进行，浆体稠度逐渐增加，然后产生凝结和硬化。浆体失去塑性，已不再可塑的时间称为初凝时间，一段时间后浆体固化并具有一定机械强度所需的时间称为终凝时间。初凝时间以内，混凝土可以振捣、抹面，此外要求终凝时间不能太长，以便进行后续工作。

由于水工混凝土施工仓面一般都比较大，每一浇筑坯层（一般为 50 cm）需要较长的作业时间，为了避免出现冷缝，要求水泥有较长的初凝时间。因此，除了规定水泥的初凝时间和终凝时间外，施工中常常掺用缓凝剂来延长混凝土的初凝时间。中热硅酸盐水泥的初凝时间不得早于 45 min，终凝时间不得迟于 12 h。

另外，在保证质量的前提下，为了尽可能降低混凝土中的用水量和水泥用量，减少混凝土的发热量，水工混凝土采用大粒径骨料和小坍落度等措施。因此，应使混凝土具有不离析、泌水少、易振捣密实等良好的和易性。

5. 其他要求

大坝混凝土对水泥的技术要求除了上述特性以外，还应满足中热硅酸盐水泥、低热矿渣水泥的技术要求。

（1）细度。水泥细度可以用筛析法和勃氏法测定。目前常用筛余表示水泥细度，要求 0.08 mm 方孔筛筛余不得超过 12%。筛余小、比表面积大的水泥细，水化速度快，早期强度高，早期发热速度快。由于水泥粉磨工艺不同，用比表面积表示水泥细度更加合理。

（2）SO_3 质量分数。水泥中的 SO_3 主要是由于为了调节水泥的凝结时间掺入石膏形成的。粉磨熟料时加入一定量的石膏，不仅可以调节水泥的凝结时间，而且能改善水泥石结构，从而提高水泥石的强度等性能。石膏还可以激发矿渣等混合料的活性。当石膏掺入量超过一定量时，会破坏水泥石的结构，影响水泥强度、安定性等。水泥中的 SO_3 质量分数不得超过 3.5%。

（3）安定性。安定性指水泥浆体硬化后体积变化的均匀性。产生体积安定性不良的原因主要是游离 CaO（简写为 f-CaO）和游离 MgO（即方镁石）含量过多，它们水化后体积相应增大 97%和 148%。f-CaO 和游离 MgO 经高温煅烧处于死烧状态，水化速度慢，水泥凝结硬化后才逐步水化，产生体积膨胀，使硬化水泥浆体开裂。如果 f-CaO 在水泥浆体凝结以前产生水化反应，一般不会出现安定性不良的现象。例如，熟料冷却中 C_3S 分解成 C_2S 和 f-CaO，此时产生的 f-CaO 又被称为二次 f-CaO，其水化速度快，不会产生破坏作用。中热硅酸盐水泥熟料中 f-CaO 的质量分数不得超过 1.0%，低热矿渣水泥熟料中游离 MgO 的质量分数不得超过 1.2%。

影响安定性的另一个因素是 SO_3 含量，主要是 SO_3 同铝酸钙作用形成三硫型水化硫铝酸钙（即 AFt）膨胀，《中热硅酸盐水泥、低热硅酸盐水泥》（GB/T 200—2017）中限制水泥中 SO_3 的质量分数不大于 3.5%。

（4）强度。水泥强度与混凝土强度密切相关，大坝混凝土从浇筑到承受荷载有较长一段时间，设计龄期大多在 90 天、180 天，有的长达 365 天，对早期强度要求不高，只要满足拆模要求，不影响工程进度即可。建议不对水泥 3 天龄期的强度做要求，7 天、28 天强度必须满足要求，且水泥 28 天强度要控制在 52.5 MPa 以内。

3.2 微膨胀中热硅酸盐水泥组分设计和优化

硅酸盐水泥主要由四种矿物组成，包括 C_3S、C_2S、C_3A 和 C_4AF。这四种矿物的性质各异，它们在水泥熟料中的相对含量变化会显著影响水泥的物理力学性能。C_3A 的水化速率最快，收缩率最高，是其他三种矿物的 3～5 倍，但其对强度的贡献最低；C_3S 的水化速率次之，对早期强度贡献较大，但对后期强度贡献有限；C_4AF 的水化速率较快，其对强度的贡献主要表现在水化早期，且高于 C_3A；C_2S 的水化速率最慢，早期强度较低，但后期强度较高。C_3S、C_2S 和 C_4AF 三种矿物的收缩率相差不大。当水泥中 C_3A 和 C_3S 含量较高时，水泥的水化热也较高，脆性系数（抗压强度与抗折强度之比）增大，抗裂性能降低。因此，为了提高水泥的抗裂能力和降低脆性系数，应尽量增加水泥熟料中 C_2S 和 C_4AF 的含量。

不同矿物组成对水泥宏观性能的影响不同，这主要归因于它们的水化产物和微结构的差异。硅酸盐水泥主要矿物水化产物的结构大致可分为两类：凝胶和晶体，凝胶比晶体具有更大的韧性。C_3S 和 C_2S 的水化产物均为 C-S-H 凝胶和 $Ca(OH)_2$ 晶体，只是两者的比例和数量存在差异。C_3S 完全水化产生 61% $C_3S_2H_3$（典型的 C-S-H 凝胶）与 39% $Ca(OH)_2$ 晶体，而 C_2S 完全水化产生 82% $C_3S_2H_3$ 与 18% $Ca(OH)_2$ 晶体。C-S-H 凝胶比表面积大，是水泥石强度的主要来源；水泥浆体中因 $Ca(OH)_2$ 晶体的存在，呈高碱性，这也是水泥浆易受酸性水、盐类侵蚀的主要原因。因此，在相同条件下，高 C_2S 含量的硅酸盐水泥，其抗硫酸盐侵蚀等的耐久性能优于高 C_3S 含量的水泥。至于 C_4AF，其水化时消耗一定的 $Ca(OH)_2$，同时生成水化铁酸钙（C-F-H）凝胶，有利于水泥韧性和耐久性的提升。

除上述几种主要矿物成分外，水泥中还有 SO_3、游离 MgO、f-CaO、碱等少量化学成分，对水泥性能影响较大。①SO_3 主要来自燃煤残留硫化物及掺入的石膏，适量的石膏能调节水泥凝结时间，但过量会导致快硬或假凝，影响性能，各国标准限制其质量分数不超过 3.5%；②游离 MgO 水化慢，含量过多会导致安定性不良，发生膨胀性破坏，长期以来被认为是有害成分，我国标准限制其质量分数不超过 5%；③f-CaO 水化形成 $Ca(OH)_2$ 导致膨胀，可能造成安定性不良，我国标准规定其质量分数不超过 1%；④碱含量较多，可能会与活性骨料作用引起碱骨料反应，使混凝土体积膨胀，导致危害性裂缝的产生，其次碱含量高时水泥的抗裂性变差。

熟料矿物组成对硅酸盐水泥性能影响较大，不同矿物组成的水泥，其力学、热学和变形性能不同。水泥中这四种矿物的比例一直很难被测试或计算出，直到博格于 1927 年发表了一种进行化学氧化物分析与计算水泥相对矿物组成的方法[7]。一旦了解了这些主要矿物对强度与热的贡献，可优化它们之间的相对比例、改变水化过程，达到"定制"水泥的目的。

水泥品种的选择对混凝土耐久性尤为重要。根据多年研究和工程实践，认为三峡工程混凝土选用中热硅酸盐水泥和低热矿渣硅酸盐水泥都是可行的。进一步对混凝土耐久性、和易性等性能进行一系列研究与论证，最后选用了中热硅酸盐水泥。鉴于三峡工程的重要性，对大坝混凝土提出了更高的抗裂性、耐久性要求。因此，对中热硅酸盐水泥的矿物组成、化学成分和物理特性进行了优化与改性，研发出了微膨胀中热硅酸盐水泥。这一创新不仅从源头上提升了混凝土的抗裂性、耐久性，而且保障了三峡工程的高品质。

3.2.1 矿物组成优化

在中热硅酸盐水泥的生产中，为了降低水泥的水化热和脆性系数，提高混凝土的抗裂性，通过优化水泥熟料配料、熟料煅烧和粉磨等工艺，获得了预期效果。其技术方案为：降低水泥熟料中的 C_3A 含量，控制 C_3S 含量，适当增加 C_2S 和 C_4AF 含量。矿物成分对水泥脆性系数的影响结果见图 3.2，矿物成分对水泥抗裂性的影响结果见图 3.3。

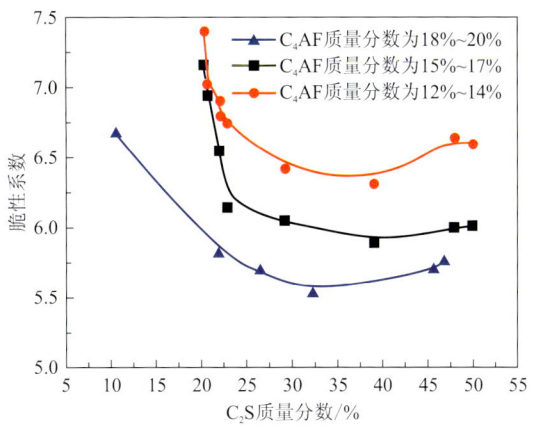

图 3.2 矿物成分对水泥脆性系数的影响

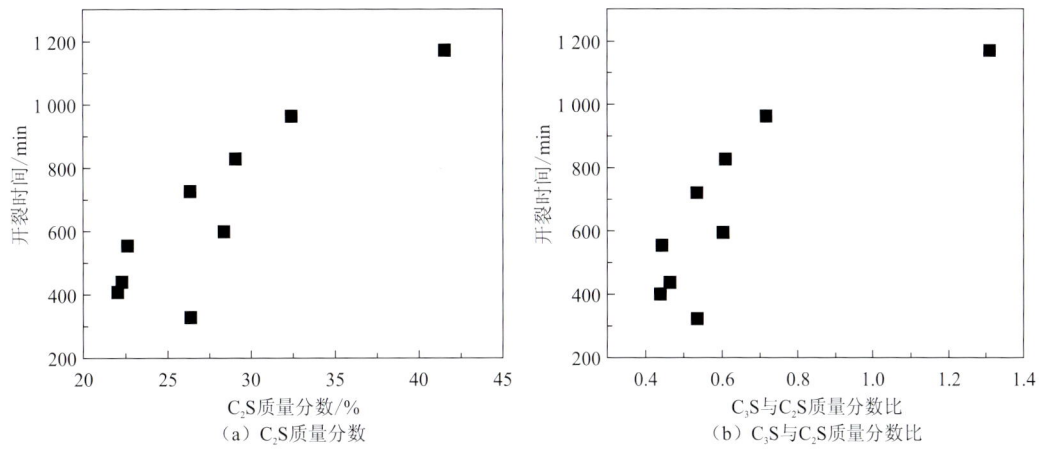

图 3.3 矿物成分对水泥抗裂性的影响

水泥比表面积为 300~350 m²/kg

研究结果表明，C_2S 质量分数越高，水泥开裂时间越长，C_2S 质量分数在 25%~35% 时，水泥脆性系数达到最小，C_4AF 质量分数增加，脆性系数降低。经过在不同水泥厂的生产和性能检测，优化后的水泥熟料矿物组成宜控制在如下范围：C_3S 质量分数为 50%~55%；C_2S 质量分数为 20%~30%；C_3A 质量分数为 1%~5%；C_4AF 质量分数为 15%~17%。

3.2.2 基于 MgO 质量分数的水泥微膨胀特性调控

1. MgO 在水泥中的膨胀机理

目前，关于 MgO 类膨胀剂在水泥中的膨胀变形机理，学术界主要有两种解释：一是基于 MgO 吸水肿胀导致固相体积增大的吸水肿胀理论；二是基于晶体穿透周围物质向外生长的晶体生长理论。所产生的膨胀量不仅与 $Mg(OH)_2$ 晶体的尺寸相关，还与晶体的分布状态、形态和数量等因素密切相关。

综合已有研究成果，可以按水化产物的分布状态将 MgO 在水泥石中的水化产物分为两种：内部水化产物和外部水化产物。在水化初期，膨胀驱动能主要来源于 MgO 的吸水肿胀。首先是在 MgO 晶格缺陷处吸水形成粒径极小的 Mg(OH)$_2$ 晶体，随着 Mg(OH)$_2$ 晶体数量的增多，固相体积膨胀应力增大。由于此时水泥石强度发展产生的约束较小，Mg(OH)$_2$ 晶体可以向 MgO 周围较自由地扩散，Mg^{2+} 溶解中间体的扩散范围较大，饱和度区域也较大，此时形成的水化产物水镁石尺寸较大、结构疏松，称为外部水化产物。随着 Mg(OH)$_2$ 晶体数量的增加，晶体尺寸开始缓慢生长，向外延伸并互相搭接，与水泥石中的 C-S-H 凝胶和 Ca(OH)$_2$ 晶体一起构成水化产物的骨架，固相的膨胀驱动能由晶体生长压力主导。液相中 OH 离子的浓度显著降低，Mg^{2+} 溶解中间体的扩散范围随之减小，饱和度区域也减小，此时形成的水化产物逐渐由外向内发展。与此同时，浆体强度快速增长，限制 Mg(OH)$_2$ 晶体自由生长和外部扩张的约束也随之增大，此时缓慢水化形成的细小 Mg(OH)$_2$ 晶体开始缓慢向 MgO 周围生长并逐渐填充周围孔隙，此时形成的水化产物称为内部水化产物，晶体尺寸较小，结构相对致密。

MgO 的水化膨胀是一个多因素交互作用的过程，不能仅用单一理论来解释。应将其膨胀性能与各水化龄期的膨胀驱动源相联系，对不同的水化过程采用不同的水化机理进行分析。

2. MgO 在水泥中的存在形态

硅酸盐水泥中的 MgO 主要来源于原料中的白云石或高镁石灰石，这些物质在煅烧过程中会释放出 MgO。煅烧温度在 600～650 ℃时，MgCO$_3$ 可迅速分解，而石灰石（CaCO$_3$）则在 900 ℃时才能分解，在水泥生产中以 CaCO$_3$ 完全分解控制煅烧温度，一般为 1 400 ℃左右。对 MgO 来说此温度过高，此时生成的方镁石十分致密，不具备补偿收缩效果。随着水泥生料配料组成、煅烧温度、冷却速度等烧成工艺的不同，MgO 可稳定存在于熟料各种矿物成分中，既可进入 C$_2$S 和 C$_3$S 晶格中，又可与 C$_4$AF 和 C$_3$A 形成固溶体，还可以玻璃体形式存在。

高温煅烧的 MgO 在水泥中占 1.5%～2.0%，水化极其缓慢，不产生体积膨胀，其余 MgO 为游离的结晶体，即方镁石，只有方镁石在水化过程中能产生有效的膨胀变形。

3. MgO 质量分数优化

基于对水泥熟料中 MgO 膨胀源的本质及其在混凝土中补偿收缩作用机理的研究，明确了为使大坝混凝土稳定膨胀，水泥中的 MgO 质量分数应控制在一定范围内。在此基础上，进行了不同 MgO 质量分数对水泥净浆膨胀率及抗压强度影响的研究，结果见图 3.4（a）与（b）。同时，还探讨了养护温度对水泥净浆膨胀率及不同 MgO 质量分数的中热硅酸盐水泥对混凝土自生体积变形的影响，结果见图 3.4（c）与（d）。研究结果表明，MgO 质量分数需达到 3.5%以上才能产生显著的膨胀效果。当 MgO 质量分数从 1.95%增加到 4.02%时，混凝土的自生体积变形呈现膨胀趋势。当 MgO 质量分数达到 7.87%时，后期抗压强度会出现一定程度的下降。因此，最终确定适用于三峡工程的中热硅酸盐水泥的 MgO 质量分数为 3.5%～5.0%。

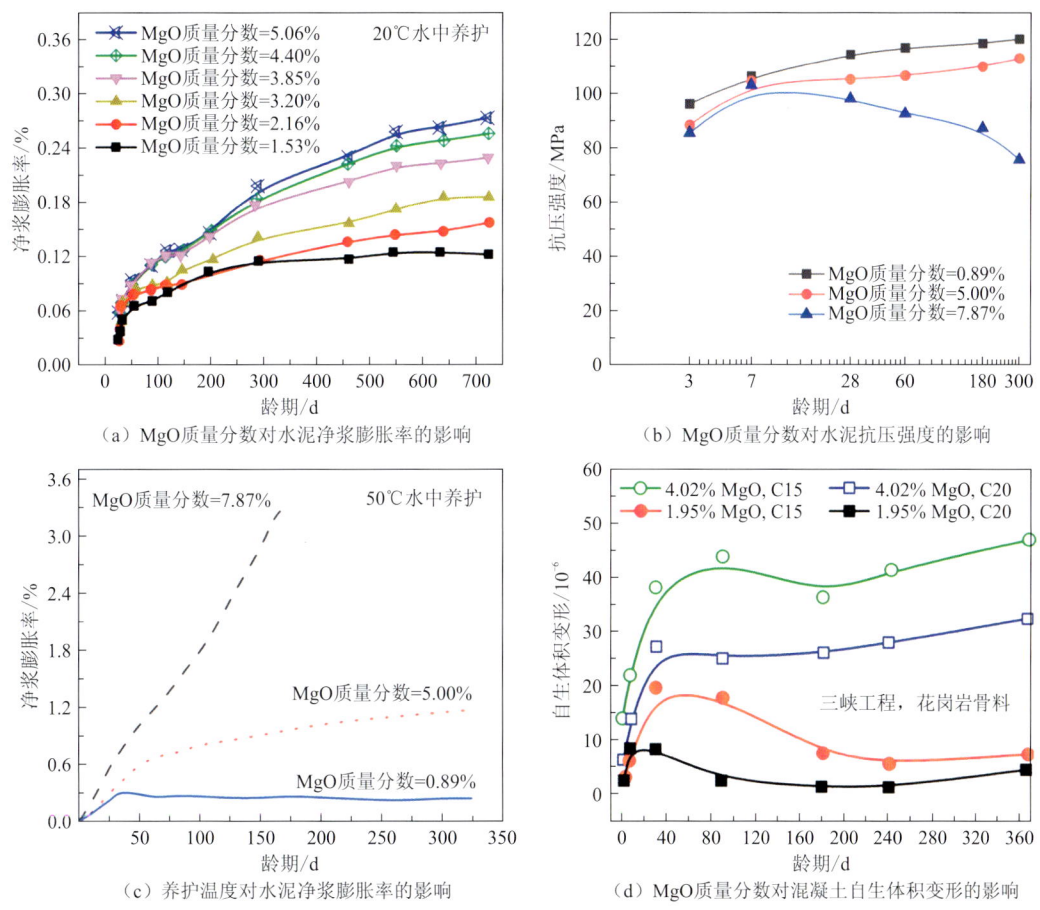

图 3.4　MgO 质量分数和养护温度对水泥与混凝土变形及抗压强度的影响

微膨胀中热硅酸盐水泥熟料的 X 射线衍射（X-ray diffraction，XRD）谱图见图 3.5。可以看出，微膨胀中热硅酸盐水泥熟料中存在游离 MgO——方镁石，而且随着熟料中 MgO 质量分数的增加，方镁石的特征衍射峰增强，说明熟料中方镁石的质量分数也增加。

微膨胀中热硅酸盐水泥熟料中的方镁石在显微镜下的颗粒尺寸和分布如图 3.6 所示。熟料中方镁石晶体的尺寸主要分布在 3～12 μm，平均尺寸约为 5 μm。随着熟料中 MgO 质量分数的增加，方镁石的数量增多，但其晶体尺寸的变化不大，见图 3.6（a）与（b）。当煅烧温度降低时，熟料中方镁石晶体的尺寸略有减小，大体都在 3～10 μm，见图 3.6（c）。

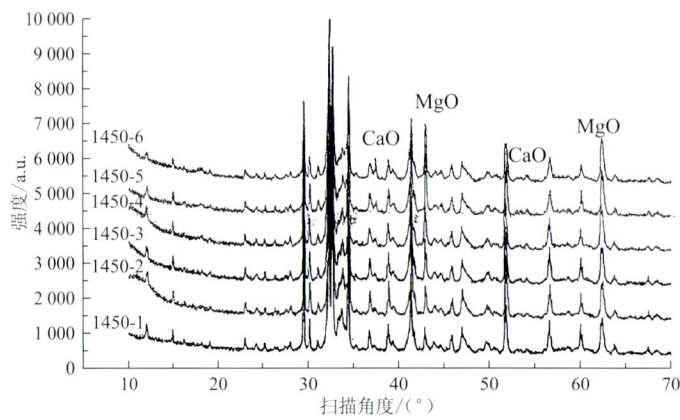

图 3.5 微膨胀中热硅酸盐水泥熟料的 XRD 谱图
1450-1~1450-6 为六组平行试验的编号

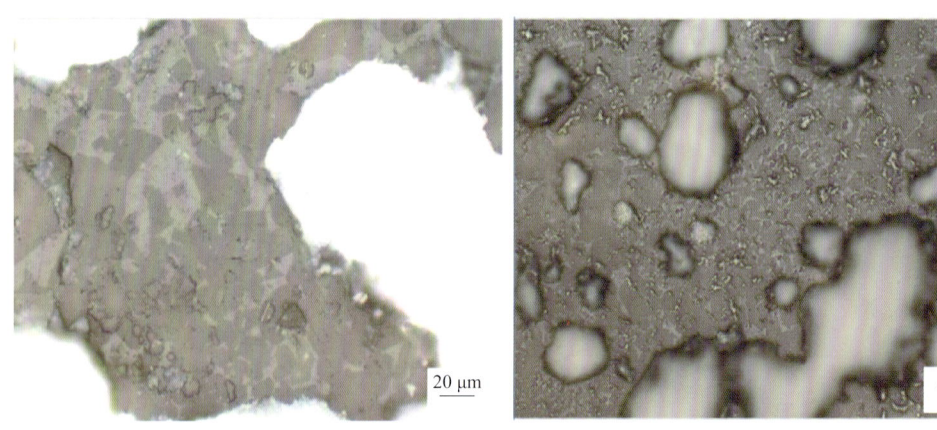

（a）方镁石晶体尺寸较大，数量较少　　　　　（b）方镁石晶体尺寸较大，数量较多

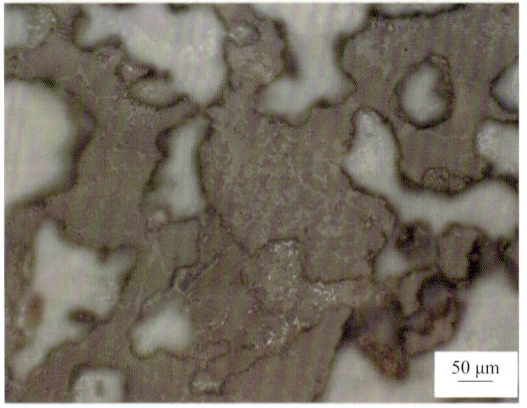

（c）方镁石晶体尺寸较小，数量较多

图 3.6 微膨胀中热硅酸盐水泥熟料中的方镁石

  图 3.7 展示了不同养护温度下微膨胀中热硅酸盐水泥不同水化龄期水化产物的 XRD 谱图。可以看出，随着水化龄期的增加，水泥中方镁石的特征衍射峰（扫描角度为 42.8°）

逐渐降低,而 Mg(OH)$_2$ 的特征衍射峰(扫描角度为 37.9°)逐渐增高,这表明方镁石逐渐水化并形成 Mg(OH)$_2$。此外,随着养护温度的增加,方镁石的特征衍射峰降低,而 Mg(OH)$_2$ 的特征衍射峰显著增高,尤其是在养护温度由 20 ℃增加到 50 ℃时,提高养护温度可促进方镁石的水化。

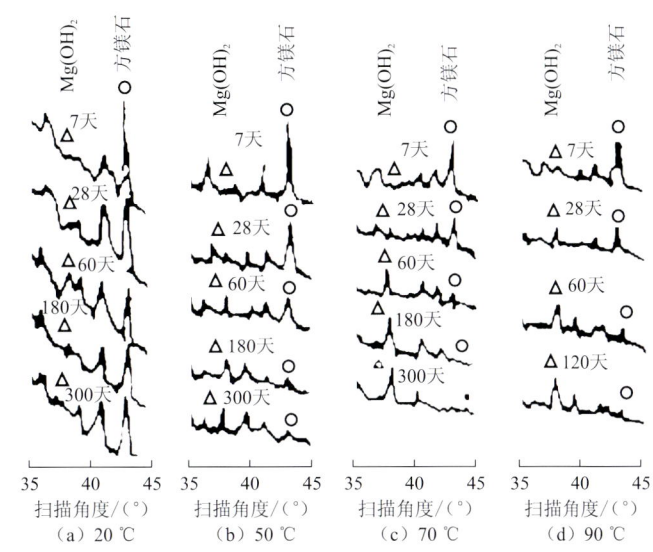

图 3.7　不同养护温度下微膨胀中热硅酸盐水泥不同水化龄期水化产物的 XRD 谱图

采用差示扫描量热-热重(differential scanning calorimetry-thermogravimetric,DSC-TG)分析对微膨胀中热硅酸盐水泥中方镁石的水化程度进行分析。采用热分析法分析出水泥浆体中 Mg(OH)$_2$ 的质量分数后转换成 MgO 的质量分数,进而可反映出 MgO 的水化程度。

图 3.8 为微膨胀中热硅酸盐水泥熟料 11#(MgO 质量分数为 7.03%)和 17#(MgO 质量分数为 8.05%)在 20 ℃养护条件下不同龄期水化产物的热分解曲线。图 3.9 为微膨胀中热硅酸盐水泥熟料 11#和 17#在 60 ℃养护条件下不同龄期水化产物的热分解曲线。

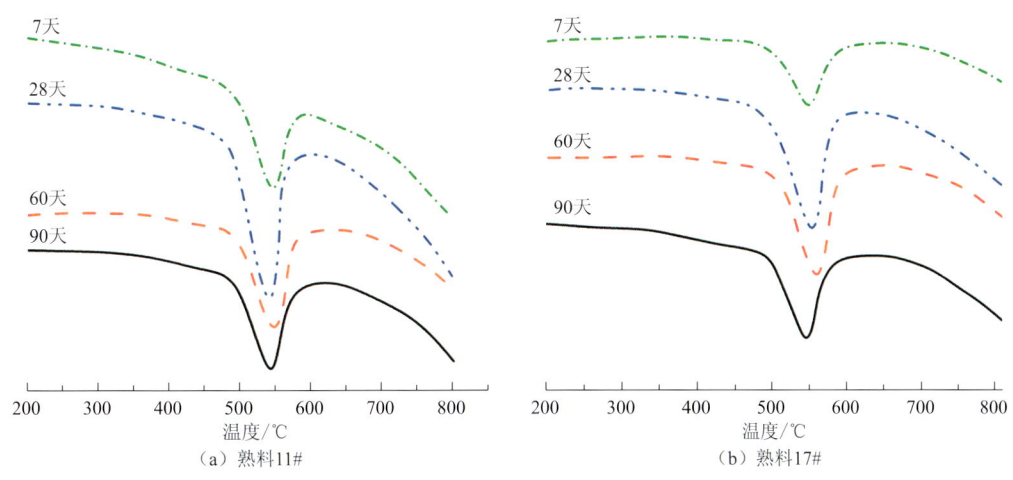

图 3.8　20 ℃下微膨胀中热硅酸盐水泥熟料水化产物的热分解曲线

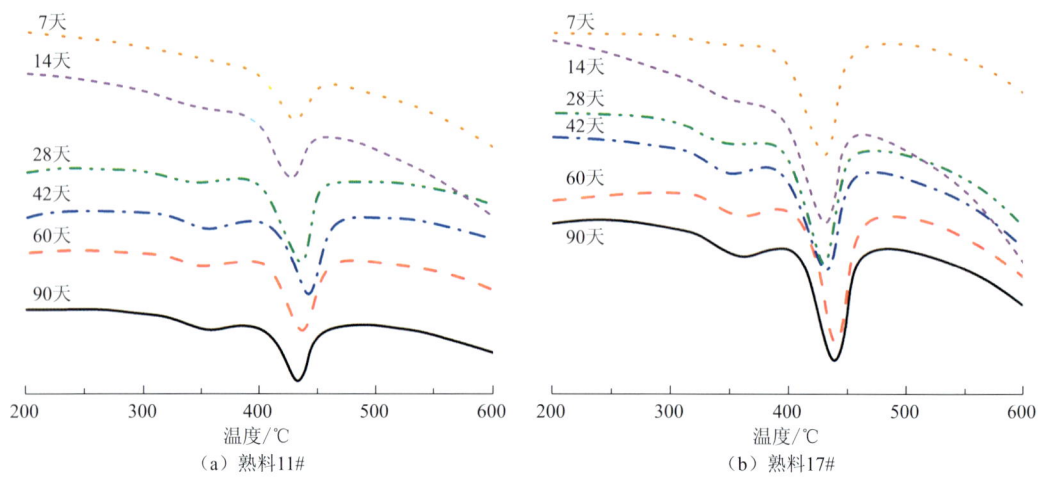

图 3.9　60℃下微膨胀中热硅酸盐水泥熟料水化产物的热分解曲线

由图 3.8 可知，在 20℃养护条件下，MgO 质量分数分别为 7.03%和 8.05%的微膨胀中热硅酸盐水泥熟料水化 7～90 天时在 365℃左右 $Mg(OH)_2$ 分解吸热峰都不明显，仅在 90 天时存在微弱的吸热峰。MgO 质量分数为 7.03%的微膨胀中热硅酸盐水泥熟料在 60℃养护条件下，于 28 天以后在 365℃左右出现了一个吸热峰，随着龄期和 MgO 质量分数的增加，峰面积增大，表明 $Mg(OH)_2$ 水化产物增多，反映了 60℃下 MgO 水化程度比 20℃时高。

表 3.2 列出了在 60℃养护条件下，不同水化龄期微膨胀中热硅酸盐水泥水化浆体的热分析结果。结果显示，在 60℃养护条件下，不同 MgO 质量分数的水泥水化浆体在 14 天之前未出现 $Mg(OH)_2$ 的吸热峰（365℃左右），这表明方镁石的水化反应速度较慢。对于同一 MgO 质量分数的水泥，在不同水化龄期时，水化产物的质量损失随龄期的增长而增加，这说明 $Mg(OH)_2$ 的生成量增加，方镁石的水化程度随龄期的延长而提高。此外，MgO 质量分数较高的水泥熟料在各龄期水化产物的质量损失均较大，这表明 MgO 质量分数较高的水泥熟料中可供水化反应的方镁石的质量分数也较高。

表 3.2　不同水化龄期下微膨胀中热硅酸盐水泥水化浆体的热分析结果（60℃）

编号	MgO 质量分数/%	水化产物在 365℃左右的质量损失/%					
		7 天	14 天	28 天	42 天	60 天	90 天
11#	7.03	—	—	1.404	1.558	1.676	1.852
17#	8.05	—	—	1.482	1.762	1.832	2.045

微膨胀中热硅酸盐水泥水化 28 天龄期的试样经 SEM 分析，可见其水化产物 AFt 的形貌。由图 3.10 可知，在空穴的周边，以固相为依托生长着许多 AFt 针状晶体。这些 AFt 的晶体粗壮，长度为 6～12 μm，宽度约为 0.6 μm，长宽比为 10～20。

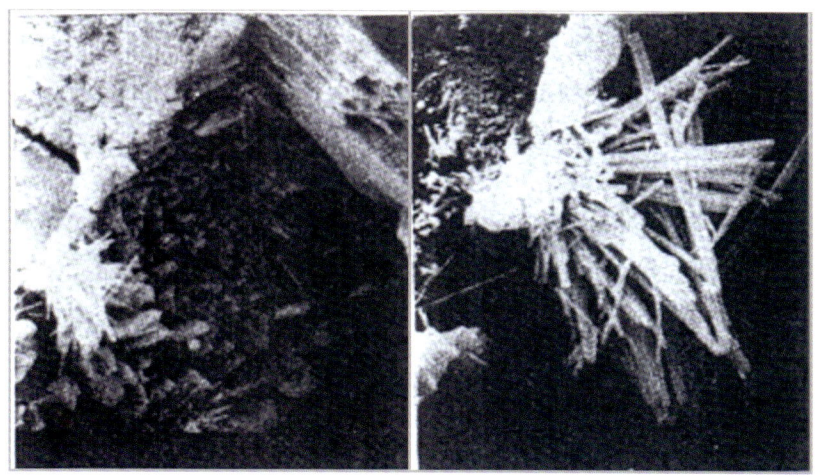

图 3.10 微膨胀中热硅酸盐水泥水化试样中 AFt 的形貌

3.2.3 水泥细度优化

水泥细度直接影响水泥水化放热速率、水化放热量,同时也是影响混凝土早期强度和开裂性的主要因素之一。因此,要优化调控水泥水化放热特性和强度发展进程,提高混凝土抗裂性,除优化矿物组成外,必须对水泥细度进行控制。三峡工程项目组提出用比表面积来表征水泥细度,以便更科学地反映水泥水化进程对混凝土性能的影响。水泥比表面积和早期强度对混凝土开裂时间的影响见图 3.11。可以看出,水泥越细,3 天强度越高,开裂时间越短。

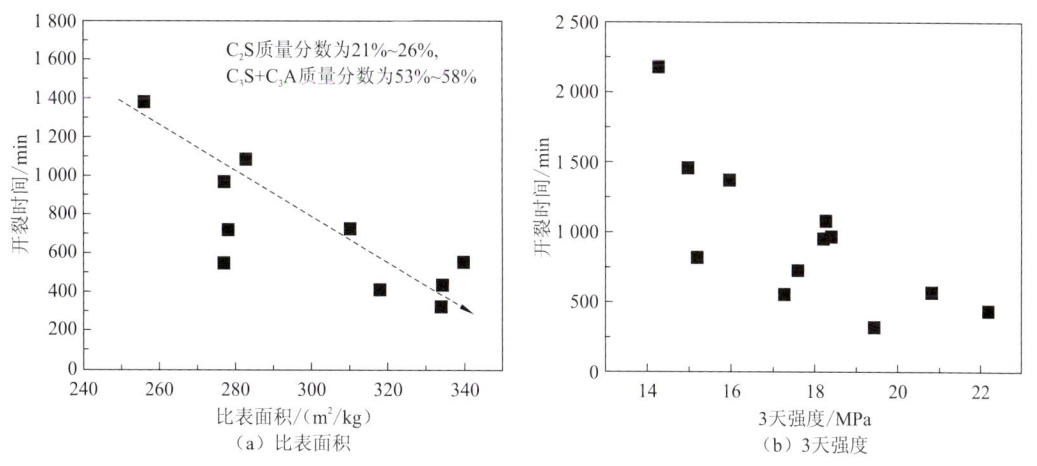

图 3.11 水泥比表面积与早期强度对开裂时间的影响

早期的国家标准用 80 μm 筛余来控制水泥细度,之后国家标准《中热硅酸盐水泥 低热矿渣硅酸盐水泥》(GB 200—89)(现已作废)修订时用比表面积来表征水泥细度,三峡工程微膨胀中热硅酸盐水泥细度控制指标的上限为 300 m²/kg，且对三峡工程专用水泥的 3 天强度不做约束性规定。

3.2.4 SO_3 质量分数优化

水泥中的 SO_3 主要是调凝用石膏和燃料残留的硫化物。当将其用于混凝土时，还要考虑外加剂引入的 SO_3 的影响。SO_3 质量分数优化的目的除了满足混凝土施工所需的凝结时间和工作性能要求外，还要考虑对混凝土自生体积变形的影响。SO_3 与水泥中 C_3A 反应可以产生膨胀型产物——AFt，进而获得一定的补偿收缩效果。AFt 属于三方晶系，具有层柱状结构，其形成通常伴随着明显的体积增大。对 AFt 的水化加以控制，是补偿收缩水泥的基本原理。研究结果表明，石膏掺量对膨胀速率影响不大，但与膨胀的持续时间有关，掺量越大，膨胀持续时间越长，即石膏掺量越高，膨胀趋于稳定的时间越长，最终膨胀率也越大。

SO_3 质量分数对水泥膨胀性能与混凝土自生体积变形的影响见图 3.12。传统的微膨胀水泥主要依靠 AFt 膨胀，膨胀发生在 28 天前。采用高内含氧化镁熟料（MgO 质量分数为 3.5%～5.0%），配以适当的石膏（SO_3 质量分数），结合熟料中 MgO 的后期水化膨胀（一般发生在 28 天），可以制成微膨胀中热硅酸盐水泥，这种水泥既有后期的方镁石水化膨胀，又有早期的 AFt 膨胀，其强度和膨胀等性能良好稳定，从而能够提高大体积混凝土的抗裂能力。作者研究提出水泥中 MgO 的质量分数控制在 3.5%～5.0%，C_3A 质量分数的上限值不超过 6%，水泥中 SO_3 的质量分数控制在 1.4%～2.2% 范围内，可以获得稳定膨胀且力学性能优异的微膨胀高抗裂性中热硅酸盐水泥。这种水泥已成功应用于三峡工程，其中大坝混凝土的自生体积变形表现为微膨胀并稳定在 $3.0×10^{-5}$～$6.0×10^{-5}$。

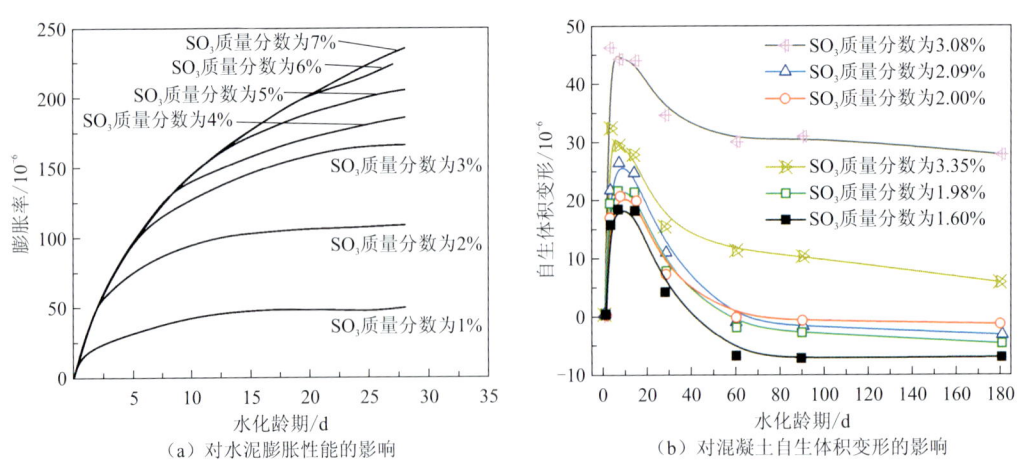

图 3.12 SO_3 质量分数对水泥膨胀性能与混凝土自生体积变形的影响

3.3 三峡工程水泥定制技术指标及特性

3.3.1 三峡工程水泥定制技术指标

基于 3.2 节的理论研究与分析，建立了矿物组成、化学成分、物理特性对微膨胀中热硅酸盐水泥性能的影响机制，确定了微膨胀中热硅酸盐水泥组成优化与设计方案，制定了相应的技术控制指标（表 3.3），即通过增加 MgO 质量分数下限值，利用方镁石的后期微膨胀，补偿水工混凝土的温降收缩；增加比表面积上限值、降低水化热限值和 C_3A 质量分数上限值，以限制水工混凝土早期放热速度和放热量；控制 SO_3 质量分数区间；增加 C_4AF 质量分数下限值，提高水工混凝土抗折强度和抗冲磨性能；限定 28 天抗压强度区间，以保证混凝土强度的稳定性。由此在《中热硅酸盐水泥 低热矿渣硅酸盐水泥》（GB 200—89）（现已作废）基础上，对国家标准做了部分补充，并提出了更严格的水泥定制要求，制定了中国长江三峡工程标准《混凝土用水泥技术要求及检验（试行）》（TGPS03-1998），并最终纳入国家标准。

表 3.3 微膨胀中热硅酸盐水泥技术要求与标准

序号	技术要求	《中热硅酸盐水泥、低热硅酸盐水泥》（GB/T 200—2017）	《混凝土用水泥技术要求及检验（试行）》（TGPS03-1998）	《拱坝混凝土用中热硅酸盐水泥技术要求及检验》（Q/CTG14-2015）
1	C_3A 质量分数/%	≤6.0	≤6.0	≤4.0
2	C_3S 质量分数/%	≤55	≤55	≤55
3	C_4AF 质量分数/%	—	—	≥15
4	f-CaO 质量分数/%	≤1	≤1	≤1
5	MgO 质量分数/%	≤5.0	3.5~5.0	4.0~5.0
6	SO_3 质量分数/%	≤3.5	≤3.5	1.4~2.2
7	比表面积/(m²/kg)	≥250	≥250（宜 250~300）	≥250，≤320
8	碱质量分数/%	≤0.60	≤0.60	≤0.55
9	28 天抗压强度/MPa	≥42.5	≥42.5	49±3.5
10	28 天抗折强度/MPa	≥6.5	≥6.5	≥7.5
11	水化热/(kJ/kg) 3 天	≤251	≤251	≤241
	水化热/(kJ/kg) 7 天	≤293	≤293	≤283

表 3.4 为三峡工程标准与当时的国家标准对水泥的技术要求对比。相比于当时的国家标准，三峡工程标准对水泥的技术要求主要在以下几个方面做了补充和修改。

表 3.4 三峡工程标准与当时的国家标准对水泥的技术要求对比

项目	《混凝土用水泥技术要求及检验（试行）》（TGPS03—1998）	《中热硅酸盐水泥 低热矿渣硅酸盐水泥》（GB 200—89）（现已作废）
C_3A 和 C_3S	水泥熟料中的 C_3A 质量分数，中热硅酸盐水泥不得超过 6%，低热水泥不得超过 8%；中热硅酸盐水泥熟料中 C_3S 质量分数不得超过 55%	熟料中的 C_3A 质量分数，中热硅酸盐水泥不得超过 6%，低热水泥不得超过 8%；对于熟料中 C_3S 的质量分数，中热硅酸盐水泥不得超过 55%
MgO	水泥熟料中的 MgO 质量分数均应在 3.5%～5.0%范围内	熟料中 MgO 的质量分数不得超过 5.0%，如水泥压蒸安定性试验合格，允许放宽到 6%
f-CaO	中热硅酸盐水泥熟料中 f-CaO 的质量分数不得超过 1%；低热水泥熟料中 f-CaO 的质量分数不得超过 1.2%	
碱	中热硅酸盐水泥碱质量分数以当量 Na_2O 计，不得超过 0.6%。中热硅酸盐水泥熟料碱质量分数以当量 Na_2O 计，不得超过 0.5%。低热水泥熟料碱质量分数以当量 Na_2O 计，不得超过 1.0%	碱质量分数由供需双方商定。当水泥在混凝土中和骨料可能发生有害反应并且用户提出低碱要求时，中热硅酸盐水泥熟料中的碱质量分数以 Na_2O（$Na_2O+0.658K_2O$）当量计，不得超过 0.6%，低热矿渣水泥熟料中的碱质量分数不得超过 1.0%
SO_3	水泥中的 SO_3 质量分数不得超过 3.5%	
细度	0.08 mm 方孔筛筛余不得超过 12%，宜在 3%～6%范围	0.08 mm 方孔筛筛余不得超过 12%
凝结时间	初凝不得早于 60 min，终凝不得迟于 12 h	
安定性	水泥安定性必须合格	
强度	各龄期强度不得低于表 3.3 中的数值	
水化热	各龄期水泥水化热不得超过表 3.3 中的数值	

（1）MgO 质量分数。MgO 一般作为水泥有害成分要加以限制，防止其水化产物产生体积膨胀影响水泥的安定性。如果将 MgO 质量分数控制在合适的范围内，可以利用其膨胀特性使混凝土具有微膨胀性能，以抵消混凝土的部分收缩，减少混凝土由于温降、干缩等产生的裂缝。借鉴国内水利水电工程对掺轻烧 MgO、水泥中内含 MgO 的研究成果和应用经验，三峡工程标准对水泥中 MgO 的质量分数提出了下限要求，即 MgO 质量分数的范围为 3.5%～5.0%。提高水泥中 MgO 质量分数的方法有三种。一是外掺法，在混凝土拌和时外掺轻烧 MgO，混凝土的膨胀量和膨胀时间较易控制，但掺入的均匀性和准确性不易控制，增加了施工程序；二是内掺法，在水泥粉磨时掺入轻烧 MgO，由于轻烧 MgO 易于磨细，在闭路系统中其均匀性不易保证，需增加专门的均化措施；三是内含法，在烧制水泥熟料时利用高镁石灰石带入 MgO，这种方法生产出来的水泥，只要原材料均化得好，水泥中 MgO 分布的均匀性就好。三峡工程采用了第三种方式。

（2）碱质量分数。三峡工程主要使用花岗岩人工骨料，经检验为非活性骨料。考虑到三峡工程的重要性和目前认识水平的局限性，为防止发生碱骨料反应，确保工程的耐久性，仍对水泥碱质量分数提出了严格限制。具体规定为，微膨胀中热硅酸盐水泥熟料中的碱质量分数不得超过 0.5%，而微膨胀中热硅酸盐水泥中的碱质量分数不得超过 0.6%。这一限制条件的增加基于以下几个原因：首先，仅限制水泥熟料的碱质量分数并不能有效控制最终水泥的碱质量分数，例如，低品位石膏的掺入可能导致水泥的碱质量分数超过 0.6%；然后，水泥熟料中的碱质量分数对用户而言无法直接检测，这给用户验收带来了不便；最后，根据标准《硅酸盐水泥、普通硅酸盐水泥》（GB 175—1999）（现已作废），水泥中的碱质量分数已经受到限制。

（3）SO_3 质量分数。水泥中掺入石膏主要是为了调节水泥的凝结时间，其掺入量（用 SO_3 质量分数表示）要根据 C_3A 质量分数、水泥强度、水化热和凝结时间等确定。国家标准对水泥中 SO_3 质量分数的限制主要考虑的是过量的 SO_3 对水泥强度和安定性的不利影响，是一个普遍性的上限要求。三峡工程初期也只规定了 SO_3 质量分数的上限，但 2001 年 5 月，大坝部分混凝土出现异常缓凝现象。通过对原材料的调查分析及试验验证，认为水泥 SO_3 质量分数过低也是混凝土过度缓凝的主要原因之一。根据试验结果确定三峡工程微膨胀中热硅酸盐水泥 SO_3 质量分数的适宜范围为 1.4%～2.2%，并于 2001 年 8 月以后作为三峡工程标准的补充规定。

另外，为了满足温控要求和便于验收检验，增加了三项补充规定。

（1）水泥温度。为了保证混凝土拌和物达到 7℃出机温度要求，除了采用加冰、加冷水拌和和预冷骨料等措施外，限制进入拌和机的水泥温度不得超过 60℃。

（2）工地取样及留样。为了保证水泥到货质量，三峡工程标准在检验规则中补充规定了供应和使用单位对刚进场的水泥以标准取样方法和标准密封容器留存的样，与水泥厂的封存样具有同等效力。

（3）《中热硅酸盐水泥 低热矿渣硅酸盐水泥》（GB 200—89）（现已作废）规定 MgO 质量分数不符合标准要求的为废品，其内涵是限制其上限值。三峡工程标准新增如下规定：MgO 质量分数的下限 3.5%为合格品的界限。MgO 质量分数低于 3.5%只影响混凝土变形性能，无安全性问题，可以用于其他非主体工程。

表 3.5 对比了三峡工程标准与国内外中热硅酸盐水泥标准中规定的强度和水化热指标。对比可知，我国中热硅酸盐水泥的水化热与其他国家的基本相当，但 28 天抗压强度比美国、日本相关标准高一个等级（10 MPa）以上。采用热强比分析比较国内外中热硅酸盐水泥的性能，三峡工程标准中规定的中热硅酸盐水泥的 7 天热强比仅为 13.3 kJ/(kg·MPa)，远低于美国的 17.1 kJ/(kg·MPa) 和日本的 19.3 kJ/(kg·MPa)，即同强度情况下水化放热量更低，因而抗裂性更优。

表 3.5　三峡工程标准与国内外中热硅酸盐水泥标准的对比

国别		标准号	抗压强度/MPa			水化热/(kJ/kg)			7 天热强比/[kJ/(kg·MPa)][1]
			3 天	7 天	28 天	3 天	7 天	28 天	
美国		ASTM C150-22	10	17	28	—	290	—	17.1
日本		JIS R 5210: 2009	7.5	15.0	32.5	—	290	340	19.3
中国	国家标准	GB/T 200—2017	12.0	22.0	42.5	251	293	—	13.3
	三峡工程标准	TGPS03-1998	12.0	22.0	42.5	251	293		13.3

1 热强比为单位水泥强度所产生的水化放热量。

将基于研究提出的专用中热硅酸盐水泥技术要求列入三峡工程标准《混凝土用水泥技术要求及检验（试行）》（TGPS03-1998），其成为我国后续大中型水利水电工程选用水泥的主选技术方案。三峡工程共计使用优化设计中热硅酸盐水泥500余万吨，推广到小湾水电站、溪洛渡水电站、向家坝水电站、乌东德水电站、白鹤滩水电站等工程，引领了水工混凝土定制中热硅酸盐水泥的应用模式，其对水泥的技术要求见表3.6。

表3.6 三峡工程开工后国内部分大型水利水电工程对水泥的技术要求

序号	技术要求	《中热硅酸盐水泥、低热硅酸盐水泥》（GB/T 200—2017）要求	小湾水电站	拉西瓦水电站	锦屏水电站	溪洛渡水电站	向家坝水电站
1	7天水化热/(kJ/kg)	≤293	≤293	≤280	≤283	≤283	≤283
2	比表面积/(m²/kg)	≥250	250~340	宜250~340	250~340，320以下应在80%以上	250~340，320~340不超过15%	≤320
3	碱质量分数/%	≤0.60或由供需双方确定	≤0.60	≤0.50	≤0.50	≤0.55	≤0.60
4	28天抗压强度/MPa	≥42.5	≥46.5	—	48.0±3.0	49.0±3.5	49.5±4.0
5	28天抗折强度/MPa	≥6.5	≥7.5	宜≥8.0	≥7.5	≥7.5	≥7.5
6	C_3A质量分数/%	≤6.0	—	—	—	≤4.0	≤6.0
7	MgO质量分数/%	≤5.0	3.8~5.0		3.5~5.0	4.2~5.0	4.0~5.0
8	C_4AF质量分数/%	—	≥15		≥15	≥15	—

3.3.2 三峡工程水泥特性

三峡一期导流工程的部分工程使用了425低热矿渣硅酸盐水泥，一期工程后期及二期工程全部使用525中热硅酸盐水泥。中热硅酸盐水泥由葛洲坝水泥厂、华新水泥股份有限公司、湖南石门特种水泥有限公司三个厂家生产供应。

1998年后三峡工程使用的中热硅酸盐水泥的化学成分和矿物组成见表3.7，水泥物理力学性能和水化热见表3.8。可以看出，三个厂家水泥的矿物组成、物理力学性能和水化热均满足三峡工程标准要求，且强度高，水化热低。

表 3.7 中热硅酸盐水泥的化学成分和矿物组成

水泥厂家和标准	化学成分/%								矿物组成/%			
	SiO_2	Al_2O_3	Fe_2O_3	CaO	MgO	SO_3	R_2O	f-CaO	C_3S	C_2S	C_3A	C_4AF
葛洲坝水泥厂	22.07	3.67	4.02	62.85	4.12	0.69	0.39	—	52.92	23.35	2.91	12.23
湖南石门特种水泥有限公司	20.11	5.35	6.16	61.78	4.32	0.80	0.37	0.46	49.82	20.06	3.77	18.72
华新水泥股份有限公司	22.18	3.97	5.18	63.04	4.45	0.25	0.38	0.38	51.16	24.99	1.77	15.75
《混凝土用水泥技术要求及检验（试行）》（TGPS03-1998）	—	—	—	—	3.5～5.0	≤3.5	≤0.5	≤1.0	≤55	—	≤6	—

表 3.8 中热硅酸盐水泥物理力学性能和水化热检验结果

水泥厂家和标准	细度/%	比表面积/(m^2/kg)	凝结时间/(h:min)		抗折强度/MPa			抗压强度/MPa			水化热/(kJ/kg)	
			初凝	终凝	3天	7天	28天	3天	7天	28天	3天	7天
葛洲坝水泥厂	2.0	324	2:17	3:39	5.35	6.81	9.05	26.5	40.4	62.9	241	273
湖南石门特种水泥有限公司	3.2	353	2:19	3:47	5.73	6.96	8.86	28.2	39.5	59.3	231	263
华新水泥股份有限公司	1.3	328	2:18	3:44	5.16	6.62	9.04	24.4	38.3	64.2	228	268
《混凝土用水泥技术要求及检验（试行）》（TGPS03-1998）	—	≥250（宜 250～300）	≥1:00	≤12:00	≥3.0	≥4.5	≥6.5	≥12.0	≥22.0	≥42.5	≤251	≤293

三峡工程将水泥中的碱质量分数（当量 Na_2O）、MgO 质量分数作为重要指标加以控制，2001 年 8 月以后将 SO_3 质量分数也列入重要控制指标。从 1998 年至 2001 年 12 月水泥中的碱、MgO、SO_3 的质量分数均满足三峡工程标准要求（表 3.9），质量稳定，特别是水泥的碱质量分数平均只有 0.4%。

表 3.9 1998～2001 年水泥的碱、MgO、SO_3 的质量分数检验结果

生产厂家	检验项目	标准限值/%	检验次数	检测平均值/%
葛洲坝水泥厂	碱质量分数	0.6	284	0.38
	MgO 质量分数	3.5～5.0	274	4.21
	SO_3 质量分数*	1.4～2.2	270	1.67

续表

生产厂家	检验项目	标准限值/%	检验次数	检测平均值/%
湖南石门特种水泥有限公司	碱质量分数	0.6	42	0.43
	MgO 质量分数	3.5～5.0	31	4.32
	SO_3 质量分数*	1.4～2.2	32	2.13
华新水泥股份有限公司	碱质量分数	0.6	96	0.38
	MgO 质量分数	3.5～5.0	91	4.33
	SO_3 质量分数*	1.4～2.2	92	1.60

*于 2001 年 8 月开始实施。

第4章

Ⅰ级粉煤灰

粉煤灰是从电厂煤粉炉烟道气体中收集的粉末，属于硅铝质材料，本身没有或具有很低的胶凝性，常温下能与 $Ca(OH)_2$ 或其他碱性氢氧化物发生化学反应，生成具有胶凝性的水化产物。其本身几乎没有水化活性，但在碱性环境中具有一定的火山灰活性。早在 1948 年，美国垦务局在建造亨格里霍斯（Hungry Horse）大坝的过程中，为了降低混凝土的水化热、减少开裂风险，首次采用了粉煤灰掺加技术，成为世界上第一个大规模应用粉煤灰的工程实例。

我国最早于 1959 年在三门峡水电站中掺用粉煤灰，主要目的是减少水泥用量，降低大坝混凝土的水化温升和开裂风险。1979 年之前，我国将粉煤灰视为水泥的主要替代材料，其使用目的在于节约水泥，降低成本，对粉煤灰的功能性效应认识不足，全国粉煤灰利用率不足 10%。对粉煤灰在混凝土中应用的研究让人们逐步认识到粉煤灰对混凝土性能的改善效应，如改善工作性能、增加后期强度和致密性、抑制碱骨料反应和抗硫酸盐侵蚀破坏等。到 1995 年，我国粉煤灰的利用率上升到 41.7%。然而，与发达国家相比，我国在粉煤灰资源开发和综合利用方面仍存在明显差距，尤其是在煤燃烧技术、粉煤灰的收集与分选技术及粉煤灰质量控制体系等方面。

三峡工程混凝土采用了经破碎加工的花岗岩人工骨料，其颗粒表面粗糙，粒形较差，对混凝土单位用水量有显著影响，给混凝土降低用水量和提升耐久性带来了挑战。为保证三峡工程混凝土的质量，在"八五"国家科技攻关计划项目"三峡工程枢纽建设关键技术研究"和国家自然科学基金重大项目"三峡水利枢纽工程几个关键问题的应用基础研究"的支持下，中国长江三峡工程开发总公司（现更名为中国长江三峡集团有限公司）联合长江科学院、中国水利水电科学研究院等单位，对粉煤灰的生产工艺、品质控制和质量检测等进行了系统研究。研究揭示了Ⅰ级粉煤灰的"减水、降热、提升耐久性"等功能化作用，提出了Ⅰ级粉煤灰作为水工混凝土功能性材料的关键技术指标及控制要求，并制定了相关技术标准。成果为高抗裂性、高耐久性大坝混凝土的设计与制备提供了理论依据，推动了Ⅰ级粉煤灰在水工大体积混凝土中的功能性规模化应用。

4.1　Ⅰ级粉煤灰特性与品质控制标准

4.1.1　粉煤灰组成及颗粒特性

粉煤灰品质及特性与其化学成分、矿物组成、晶体结构、颗粒形貌等密切相关，下面简单介绍粉煤灰的组成与特性，并着重介绍Ⅰ级粉煤灰。

1. 化学组成与活性

1）化学组成

Ⅰ级与Ⅱ级粉煤灰的化学成分主要包括 SiO_2、Al_2O_3 和 Fe_2O_3，这三种氧化物的质量分数合计超过 70%。此外，还含有钙、镁、钛、硫、钾、钠和磷等的氧化物。表 4.1 展示了中国部分电厂 I 级粉煤灰的化学成分分析结果。可以看出，不同产地的 I 级粉煤灰的化学成分存在显著差异，因此在拌制混凝土时，应注意选择 I 级粉煤灰来源与厂家。

表 4.1 2002 年及以前三峡工程 I 级粉煤灰化学成分分析结果　　　（单位：%）

电厂	SiO_2	Al_2O_3	Fe_2O_3	CaO	MgO	SO_3	烧失量
平圩电厂	55.49	30.17	6.27	2.55	1.65	0.44	0.90
华能珞璜电厂	43.77	27.37	17.20	4.09	0.51	1.17	2.69
南京电厂	50.72	28.69	7.97	6.22	2.08	0.62	1.37
神头第二电厂	45.97	42.87	3.24	3.13	0.23	0.43	1.10
阳逻电厂	50.33	31.30	6.25	5.33	1.72	0.45	1.50
华能南京电厂	49.80	32.60	4.00	5.60	0.92	0.37	1.85
汉川电厂	54.07	29.48	4.80	2.80	0.58	0.51	2.47
南通电厂	54.04	26.77	8.37	4.85	1.95	0.47	1.91
首阳山电厂	53.86	24.00	10.52	5.33	2.22	0.63	1.77
鸭河口电厂	51.08	25.00	12.65	4.22	1.80	0.69	1.61
邹县电厂	53.00	26.62	7.56	6.33	1.22	0.77	1.00
石门电厂	54.60	30.06	4.75	3.32	1.22	0.32	3.41

粉煤灰中的碱性成分主要是 Na_2O 和 K_2O，这两种碱性氧化物能直接溶于水，生成 NaOH 和 KOH，可作为碱性激发剂，激发粉煤灰的早期活性。但过多的 Na_2O 和 K_2O 会增加混凝土中的总碱质量分数，对混凝土性能（尤其是抗裂性）产生不利影响。《用于水泥和混凝土中的粉煤灰》（GB/T 1596—2017）中没有对 Na_2O 和 K_2O 的质量分数做限值规定，只规定当粉煤灰用于活性骨料，需要限制碱质量分数时，由买卖双方协商确定。这主要是考虑到混凝土总碱质量分数是由水泥、矿物外加剂、化学外加剂等各组分碱质量分数之和确定的，可以通过多种途径来控制。粉煤灰作为混凝土掺合料，本身具有抑制碱骨料反应膨胀的效果。在三峡工程中，为了防止混凝土产生碱骨料破坏，对混凝土中 Na_2O 和 K_2O 的质量分数提出要求，限制粉煤灰碱（$Na_2O+0.658K_2O$）质量分数不得超过 1.7%。

SO_3 质量分数是粉煤灰中各种硫化物质量分数的总和。过高 SO_3 质量分数的粉煤灰掺入混凝土后，硫酸盐与水泥水化产物 $Ca(OH)_2$ 反应生成 $CaSO_4$，进而与水泥中的水化铝酸钙反应，形成三硫型水化硫铝酸钙（即 AFt）。这一反应会导致固相体积增加约 2.27 倍，从而引起体积膨胀破坏，因此需要严格控制。根据《用于水泥和混凝土中的粉煤灰》（GB/T 1596—2017），SO_3 质量分数不应超过 3%。研究发现，粉煤灰中 SO_3 质量分数的增加可以降低混凝土的自收缩，其中 SO_3 的化学膨胀在减少混凝土自收缩方面发挥主要作用。这主要是因为 SO_3 附着于粉煤灰颗粒表面,在搅拌过程中容易溶解,与水泥中的 C_3A 反应生成 AFt,从而抑制混凝土的收缩。粉煤灰中 SO_3 质量分数的多少,不仅与煤的种类有关,还可能与燃煤锅炉的燃烧类型和最高燃烧温度有关。对 22 个火电厂 SO_3 质量分数的检测表明,其最大值为 1.05%,最小值为 0.05%,平均值为 0.37%。国外的资料表明,SO_3 质量分数也未超过 3%。

在粉煤灰中,Fe_2O_3 对降低熔点和形成玻璃微珠有利。尽管含 Fe_2O_3 较多的富铁粉煤灰微珠火山灰活性较低,但能够对混凝土产生减水效果。粉煤灰中绝大部分的氧化钙被结合在玻璃相中,但少部分游离的氧化钙对水泥混凝土的体积安定性不利。

2) 火山灰活性

粉煤灰活性,即其火山灰活性,是指其可溶性 SiO_2、Al_2O_3 等成分在常温下与水和 $Ca(OH)_2$ 缓慢地化合反应生成不溶、稳定的硅铝酸钙盐的性质。粉煤灰活性的起因在于粉煤灰玻璃体中的硅酸根离子和铝酸根离子的离子配位数未饱和,存在不饱和价键,其结构不稳定,从而具有一定的潜在活性。当这些离子受到碱性物质或硫酸盐的激发作用时,会发生水化反应,生成低碱 I 型 C-S-H 凝胶,这种凝胶会沉积在粉煤灰颗粒表面上,并与水泥颗粒连接,形成含有较多孔隙的不密实覆盖层。水泥不断地通过这些不密实覆盖层与粉煤灰中的硅酸根离子和铝酸根离子反应,玻璃体继续分解,增加了水化反应,形成了更多的水化产物,进一步填充和密实了水泥石的结构。因此,掺有粉煤灰的混凝土的早期强度较低,但随着时间的推移,后期强度增长较多。

粉煤灰活性的决定因素包括其玻璃体质量分数、玻璃体中可溶性的 SiO_2 和 Al_2O_3 的质量分数,以及玻璃体的解聚能力。SiO_2 和 Al_2O_3 是影响粉煤灰活性的有效成分,当粉煤灰中呈玻璃态的 SiO_2 和 Al_2O_3 遇到碱性激发剂时,能生成具有一定强度的、稳定的 C-S-H 凝胶和水化铝酸钙。

石灰吸收法因具有测定简单、快速准确的特点,常被作为评价材料火山灰活性的标准方法。研究人员提出了许多评估材料火山灰活性的方法,这些方法的表征指标包括凝结时间、氧化物溶解度、电导率、力学强度等[45-46]。几乎所有国家的现行标准都采用砂浆力学强度来评价粉煤灰的活性,即根据规定的比例用粉煤灰取代水泥,测试砂浆抗压强度并对比砂浆抗压强度之比。

2. 矿物组成

粉煤灰的矿物组成主要包括含硅酸盐和铝酸盐的玻璃体,此外还包含少量的莫来石($3Al_2O_3 \cdot 2SiO_2$)和碳粒。粉煤灰中晶体矿物的质量分数与其冷却速度密切相关。通常情况下,冷却速度较快时,玻璃体质量分数较高;反之,玻璃体容易结晶。因此,粉煤灰实际上是晶体矿物和非晶体矿物的混合物,其矿物组成的波动范围较大,其中玻璃体的质量分数通常超过 50%。

图 4.1 展示了镇江谏壁电厂生产的 I 级粉煤灰的 XRD 谱图。在 15°～30° 衍射角处存在明显的弥散峰,这表明粉煤灰中含有具有水化活性的硅铝玻璃体[47]。

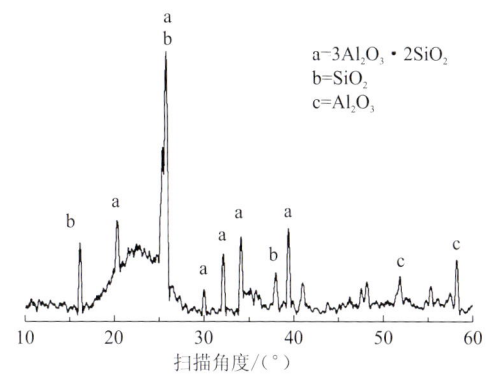

图 4.1　镇江谏壁电厂生产的 I 级粉煤灰的 XRD 谱图[47]

3. 颗粒特性

粉煤灰是由多种颗粒组成的聚集体，其微观形貌如图 4.2 所示。根据颗粒形态，粉煤灰大致可以分为三类：第一类为球形颗粒，表面光滑，主要由硅铝玻璃体组成，也称为玻璃微珠，其粒径多在 1~100 μm。以球形颗粒为主的粉煤灰具有较高的活性，在混凝土中起到滚珠润滑作用，能够减少混凝土拌和物的用水量。第二类为不规则多孔颗粒，包括多孔碳粒和高温熔融多孔玻璃体。粉煤灰中不规则多孔颗粒较多，会增加需水量。第三类为不规则颗粒，主要由晶体矿物颗粒、碎片、玻璃碎屑及少量碳屑组成。

粉煤灰中球形颗粒越多，细度越细，润滑效应越大，需水量比越低，减水效果越好，如图 4.3 所示。相反，不规则颗粒越多，需水量比越大。

图 4.2　I 级粉煤灰的微观形貌

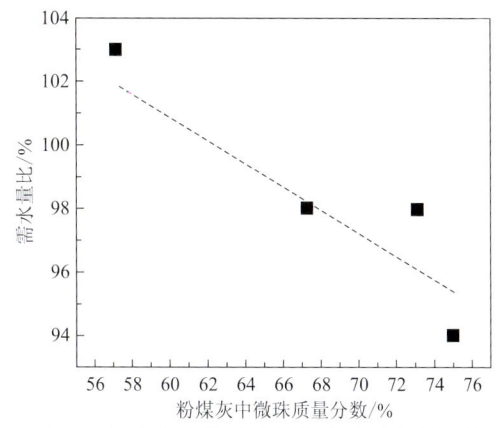

图 4.3　粉煤灰中微珠质量分数对需水量比的影响

粉煤灰的细度是衡量其颗粒尺寸大小的一项技术指标。目前，各国表征粉煤灰细度的方法主要有两种：一种是用比表面积，另一种是用 45 μm 方孔筛筛余。我国采用筛余来表征粉煤灰的细度指标，筛余越大，粉煤灰颗粒越粗。微观 SEM 分析表明，粒径在 45 μm 以下的粉煤灰颗粒大部分为玻璃微珠；粒径大于 45 μm 的颗粒中可能含有漂珠或含碳粒的海绵状颗粒。与不规则颗粒相比，粉煤灰中球形微珠的表观密度通常较大，因此粉煤灰细度越小，微珠越多，粉煤灰的相对密度越大。

粉煤灰的细度对其活性有显著影响。粉煤灰越细，活性成分参与反应的表面积越大，反应速度越快，反应程度也越充分。图 4.4（a）展示了粉煤灰细度与其活性指数的关系，随着粉煤灰细度的增加，其活性指数急剧下降。通过一元非线性回归分析发现，粉煤灰活性指数与其细度呈指数函数变化趋势。图 4.4（b）展示了粉煤灰细度对砂浆干缩的影响。可以看出，掺入粉煤灰可以有效减小砂浆的干缩率，尤其是粉煤灰中比表面积在 300 m²/kg 以上的组分对砂浆干缩的改善作用较明显，而比表面积在 180 m²/kg 以下的组分对砂浆干缩的改善作用较差。

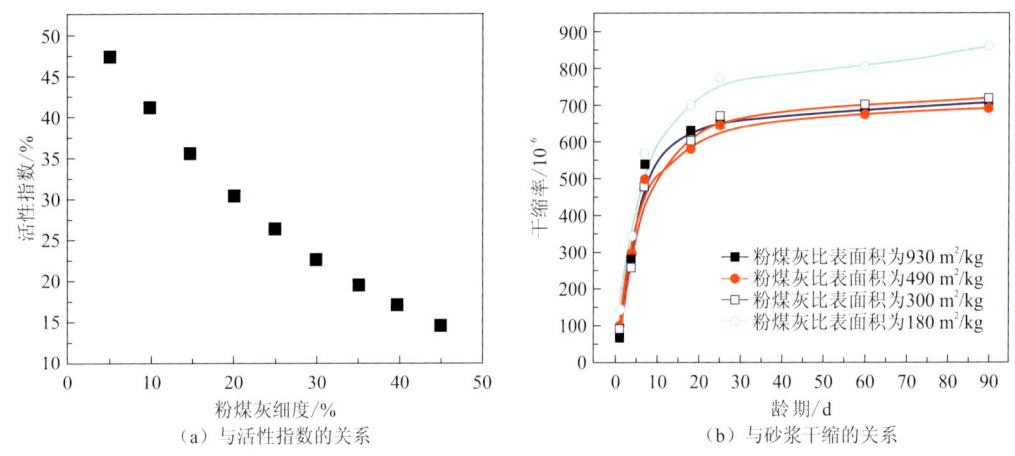

图 4.4　粉煤灰细度与活性指数、砂浆干缩之间的关系

4.1.2　粉煤灰的技术指标及要求

20 世纪 70 年代末，长江科学院与中国建筑材料科学研究总院共同主持起草了我国第一个关于粉煤灰品质的国家标准《用于水泥和混凝土中的粉煤灰》（GB 1596—79）。1991 年对该标准进行了修订，根据需水量比、烧失量等主要技术指标，将用作砂浆或混凝土掺合料的粉煤灰划分为 I 级、II 级和 III 级。在 2005 年修订版中，粉煤灰的分类得到了进一步细化，即根据 CaO 质量分数将其分为 F 类（由无烟煤或烟煤煅烧收集的粉煤灰）和 C 类（由褐煤或次烟煤煅烧收集的粉煤灰，CaO 质量分数一般大于或等于 10%）。同时，仍然按照需水量比等技术指标将其分为 I 级、II 级和 III 级，但对某些技术指标的要求进行了调整。在最新修订版《用于水泥和混凝土中的粉煤灰》（GB/T 1596—2017）中，进一步对 II 级粉煤灰细度指标和 III 级粉煤灰烧失量做了修改，具体要求见表 4.2，并要求放射性必须合格。

第4章 Ⅰ级粉煤灰

表 4.2 拌制砂浆与混凝土用粉煤灰理化性能要求

项目	粉煤灰分类	理化性能要求 Ⅰ级	理化性能要求 Ⅱ级	理化性能要求 Ⅲ级
细度（45 μm 方孔筛筛余）/%	F 类	≤12.0	≤30.0	≤45.0
	C 类			
需水量比/%	F 类	≤95	≤105	≤115
	C 类			
烧失量/%	F 类	≤5.0	≤8.0	≤10.0
	C 类			
含水量/%	F 类	≤1.0		
	C 类			
SO_3 质量分数/%	F 类	≤3.0		
	C 类			
f-CaO 质量分数/%	F 类	≤1.0		
	C 类	≤4.0		
SiO_2、Al_2O_3 和 Fe_2O_3 总质量分数/%	F 类	≥70.0		
	C 类	≥50.0		
密度/（g/cm³）	F 类	≤2.6		
	C 类			
安定性（雷氏夹）/mm	C 类	≤5.0		
强度活性指数/%	F 类	≥70.0		
	C 类			

国际上，美国、加拿大等也对粉煤灰的化学与物理指标有明确规定，其中美国标准《用作混凝土矿物掺合料的粉煤灰和未加工或煅烧天然火山灰的标准规范》（Standard Specification for Coal Fly Ash and Raw or Calcined Natural Pozzolan for Use as a Mineral Admixture in Concrete）（ASTM C618-01）在国际上应用较为广泛。与《用于水泥和混凝土中的粉煤灰》（GB/T 1596—2017）相比，《用作混凝土矿物掺合料的粉煤灰和未加工或煅烧天然火山灰的标准规范》（ASTM C618-01）规定了三种氧化物（SiO_2 + Al_2O_3 + Fe_2O_3）的最小质量分数。此外，为了防止硫酸盐引发混凝土的膨胀破坏，《用作混凝土矿物掺合料的粉煤灰和未加工或煅烧天然火山灰的标准规范》（ASTM C618-01）将 SO_3 质量分数限制在 5.0%，而我国将其限制在 3.0%，具体见表 4.3。

表 4.3 《用作混凝土矿物掺合料的粉煤灰和未加工或煅烧天然火山灰的标准规范》（ASTM C618-01）对粉煤灰的化学与物理要求

(a) 化学要求

项目	值	
	F 类	C 类
含水量/%	≤3.0	≤3.0
烧失量/%	≤6.0*	≤6.0
$SiO_2+Al_2O_3+Fe_2O_3$ 质量分数/%	≥70	≥50
SO_3 质量分数/%	≤5.0	≤5.0

(b) 物理要求

项目		值
细度（45 μm 方孔筛筛余）/%		≤34
需水量比/%		≤105
安定性（蒸压膨胀）/%		≤0.8
均匀性要求	密度波动/%	≤5
	细度波动（45 μm 方孔筛筛余）/%	≤5
强度活性指数	硅酸盐水泥与基准水泥 7 天或 28 天强度的百分比/%	75
	石灰 55 ℃ 7 天强度/MPa	≥5.5

*如果室内试验结果满足性能要求，烧失量可以放宽到 12.0%。

4.2　Ⅰ级粉煤灰的功能化作用及调控机理

4.2.1　对胶凝材料水化特性的影响规律

1. 水化热

大量的试验和工程实践表明，使用低水化活性的粉煤灰替代高水化活性的水泥，可以显著降低胶凝材料的水化热。图 4.5（a）与（b）显示了粉煤灰降低水化热的效果。水泥的水化热随龄期的增长而增加，同时随着粉煤灰掺量的增加而降低。由于粉煤灰具有火山灰活性，在水泥水化产生的碱溶液环境下，粉煤灰的反应活性被激发，与水化产物发生二次水化反应时会释放出一定热量。因此，掺有粉煤灰的水泥浆体的水化热降低率低于其替代水泥的水化热降低率。

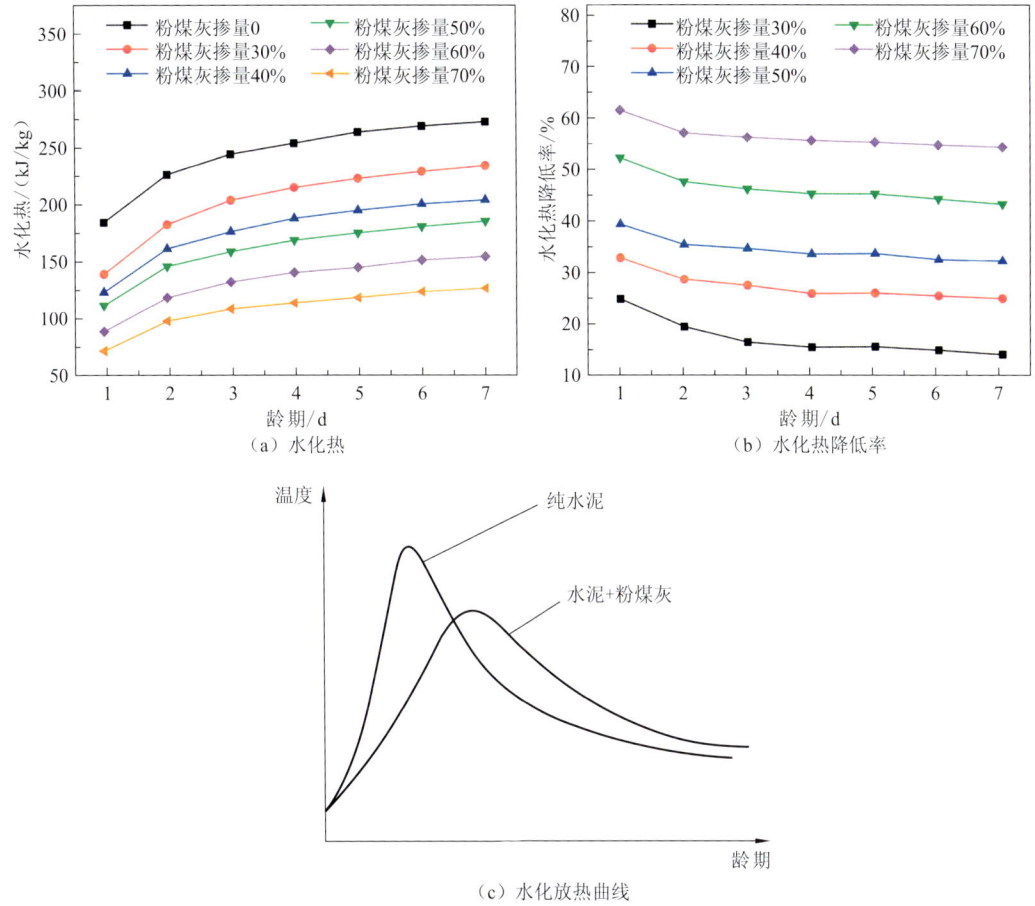

图 4.5 不同粉煤灰掺量对浆体水化热的影响

从水化放热曲线[图 4.5（c）]可以看出，掺入粉煤灰后对水化热的影响主要体现在两个方面：一是降低了总放热量，这表明粉煤灰的二次水化反应需要较长时间，且反应放热量低于水泥；二是推迟了最高放热峰的出现时间，延缓了放热速率。这可能与高掺量粉煤灰降低了浆体的碱度有关。这对于降低混凝土的绝热温升，控制最高温度，争取通水冷却时间，以及避免温度裂缝的形成是至关重要的。

2. 水化产物

采用现代仪器分析技术，可深入探究粉煤灰对水泥水化产物形成及微观结构的影响。例如，通过 XRD 分析、热重分析、SEM 和压汞测试等技术，可以详细分析掺粉煤灰水泥浆体的水化产物特性、水化程度，以及粉煤灰对水化浆体孔结构的影响。同时，可以观察水化产物的形态、粉煤灰的表面特征及其变化规律。

Ⅰ级粉煤灰复掺低热硅酸盐水泥净浆的热分解曲线如图 4.6 所示。可以看出，水泥基材料热分解曲线主要有四个失重峰：第一个失重峰（<200 ℃）主要由 C-S-H 凝胶和 AFt 脱水引起；第二个失重峰（200～300 ℃）主要是由于水化铝酸盐（TAH）、单硫型水化

硫铝酸钙（AFm）等的脱水；第三个失重峰（350~450 ℃）主要是由于 $Ca(OH)_2$ 脱水；第四个失重峰（600~750 ℃）主要通过 $CaCO_3$ 分解脱去 CO_2，其主要来自原材料。通常，不同形态的 $CaCO_3$ 具有不同的分解温度，且粉体低于块体。

为了更准确地进行水化产物表征，进行了 $Ca(OH)_2$ 的定量计算。通常的方法是通过分解峰面积（气态 H_2O）来反算 $Ca(OH)_2$ 含量，其计算公式如式（4.1）所示。考虑到有部分样品处理过程中出现碳化现象，需先根据 CO_2 含量计算出 $CaCO_3$ 的含量，然后根据 $CaCO_3$ 的含量反推出碳化的 $Ca(OH)_2$ 含量，其计算公式如式（4.2）所示。

$$Ca(OH)_2 \longrightarrow CaO + H_2O\uparrow \qquad (4.1)$$

$$CaCO_3 \longrightarrow CaO + CO_2\uparrow \qquad (4.2)$$

化学结合水可以在一定程度上表征材料的水化程度。根据热分解曲线，可以计算出化学结合水的量（粉末在 105 ℃下恒重，再由 105 ℃加热至 1000 ℃）。计算公式如式（4.3）所示，但需要注意去除 $CaCO_3$ 分解的影响，依照式（4.4）进行计算。

$$B_w = \frac{W_{105} - W_{1000}}{W_{1000}} - LOI \qquad (4.3)$$

$$LOI = p_1\gamma_1 + p_2\gamma_2 \qquad (4.4)$$

式中：B_w 为化学结合水量；W_{105} 为 105 ℃干燥后水泥的重量；W_{1000} 为 1000 ℃干燥后水泥的重量；LOI 为胶凝材料的烧失量；γ_1、γ_2 为水泥、粉煤灰烧失量；p_1、p_2 为水泥、粉煤灰的百分比。

Ⅰ级粉煤灰复掺低热硅酸盐水泥净浆的 $Ca(OH)_2$ 质量分数与化学结合水量计算结果见图 4.7。结合图 4.6 与图 4.7 可知，在粉煤灰掺量为 30%的体系中，C-S-H 凝胶与 AFt 失重峰随时间推移而增加，而 AFm 与 TAH 失重峰几乎不存在，这表明粉煤灰的掺加并未促使低热硅酸盐水泥形成较多的 AFm 与 TAH。对于 $Ca(OH)_2$ 失重峰，与 7 天时相比，28 天与 90 天的 $Ca(OH)_2$ 质量分数均为下降，分别为 13.6%、13.4% 与 12.5%。这说明粉

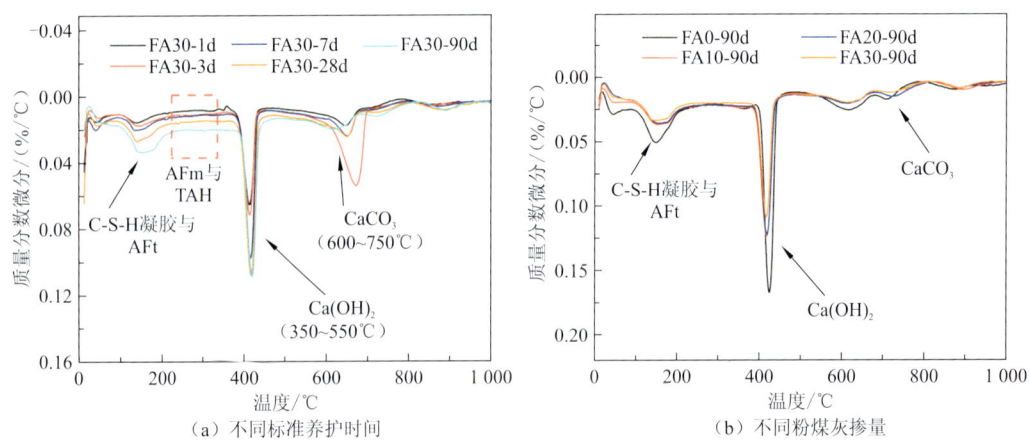

图 4.6　Ⅰ级粉煤灰复掺低热硅酸盐水泥净浆的热分解曲线[47]

FA30-1d 表示粉煤灰掺量为 30%，养护龄期为 1 天

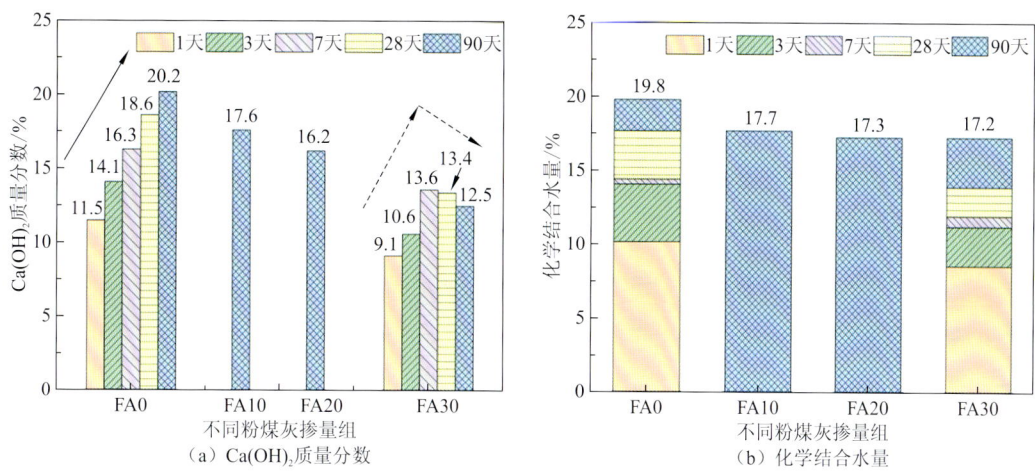

图 4.7 Ⅰ级粉煤灰复掺低热硅酸盐水泥净浆的 $Ca(OH)_2$ 质量分数与化学结合水量[47]

煤灰在水化 7 天后具有水化活性的硅铝玻璃体被碱环境激活，与 $Ca(OH)_2$ 发生二次水化，形成大量 C-S-H 凝胶，这也是掺 30%的粉煤灰从 28 天到 90 天的强度增长率较大的原因。其中，化学结合水量略低于纯水泥组，为 17.2%，这是由于部分水泥被粉煤灰替代，尽管粉煤灰具有一定的火山灰活性，但与水泥相比仍有较大差距。

随着粉煤灰掺量的增加，$Ca(OH)_2$ 与 C-S-H 凝胶失重峰均有所降低。在水化 90 天时，粉煤灰掺量为 0、10%、20%与 30%的 $Ca(OH)_2$ 质量分数分别为 20.2%、17.6%、16.2%与 12.5%，粉煤灰掺量为 10%、20%、30%时，$Ca(OH)_2$ 质量分数分别降至纯水泥组的 87%、80%与 62%。化学结合水量的变化趋势与 $Ca(OH)_2$ 质量分数一致，分别为 19.8%、17.7%、17.3%与 17.2%。粉煤灰掺量为 10%、20%、30%时，化学结合水量分别下降至纯水泥组的 89.4%、87.4%与 86.9%。可以看出，化学结合水量的降幅远低于 $Ca(OH)_2$ 质量分数的降幅，这进一步说明粉煤灰具有一定的活性，能够持续反应，消耗 $Ca(OH)_2$，结合更多的水，生成更多 C-S-H 凝胶，从而持续提升强度。

水化 3 天时，粉煤灰的活性硅铝玻璃体几乎没有被激活，因此不参与水化作用，此时复掺体系类似于纯水泥体系，只是有效水灰比增大了，由 0.5 增至 0.65。从图 4.8（a）中可以明显观察到水泥水化产生的六角板状的 $Ca(OH)_2$ 晶体，以及被絮状或网状 C-S-H 凝胶包裹的球形粉煤灰颗粒。同时，还可以观察到水化早期 C-S-H 凝胶的微观形态，此时其发育尚未完善，呈现断断续续的状态。

水化 90 天时，粉煤灰中的活性硅铝玻璃体在碱性环境中已基本被激活。从图 4.8（b）可以看到球形的粉煤灰表面生成很多 C-S-H 凝胶（发育完全并相互紧密连接）。球形粉煤灰颗粒在水泥石中作为微细填料，填充在水泥凝胶体的微孔中，从而减少了 $Ca(OH)_2$ 晶体的数量，提高了水泥石的体积稳定性和密实性。未水化的粉煤灰与 C-S-H 凝胶紧密包裹，形成一个整体，为硬化基体提供后期强度。

(a) 养护3天　　　　　　　　　　　　　(b) 养护90天

图 4.8　Ⅰ级粉煤灰复掺低热硅酸盐水泥净浆的 SEM 微形貌（粉煤灰掺量为 30%）[47]

3. 孔结构

水泥石的孔隙率及不同孔径的分布状况，是水泥石的一个重要结构特征。它决定了水泥石的一系列性能。水泥石的孔结构包括总孔隙率、孔径大小的分布及孔的形态等。一般认为孔径在 100 nm 以上的孔为有害孔，孔径在 50 nm 以下的孔为无害孔，孔径在 50～100 nm 的孔是否有害尚不确定，在此认为它是有害的。无害孔多，尤其是更细小的孔多，对耐久性是有利的。形状不规则的大孔越多，对混凝土的耐久性越不利。

从图 4.9 可以看出，与掺矿渣微粉的净浆试件相比，掺粉煤灰的浆体的孔分布较优，有害孔所占的比例较小，孔径细化。这可能是由于矿渣易产生泌水，毛细孔隙增多。

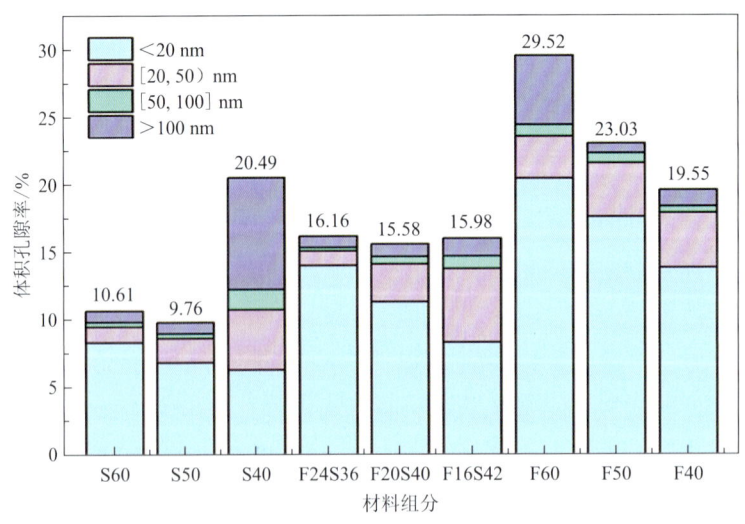

图 4.9　不同粉煤灰掺量水化浆体的孔结构分布
F20S40 表示粉煤灰掺量为 20%，矿渣掺量为 40%

4.2.2　对粉煤灰-水泥基复合胶凝材料性能的影响规律

1. 抗压强度与抗折强度

水泥-粉煤灰二元胶凝体系胶砂的抗压强度发展规律见图4.10（a）。由图4.10（a）可知，随着粉煤灰掺量的增加，胶砂的抗压强度呈现下降趋势，尤其是在早期阶段。此外，胶砂的抗压强度随龄期的延长而增加，且粉煤灰掺量越大，长龄期的抗压强度增长率越高。至90天龄期时，掺粉煤灰的胶砂的抗压强度呈现出超越纯水泥胶砂抗压强度的趋势。

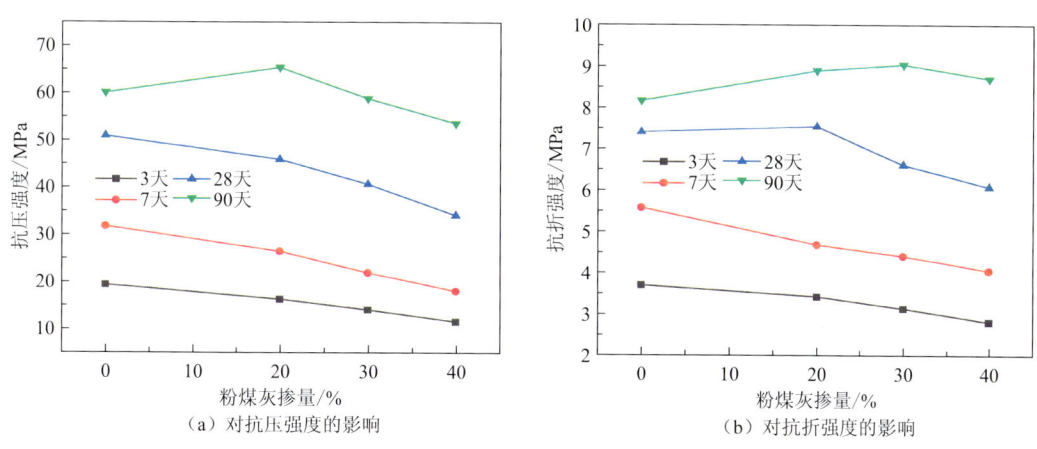

图4.10　粉煤灰掺量对胶砂强度的影响

水泥的抗拉强度显著低于其抗压强度，这主要是由于在拉伸荷载作用下，裂缝更容易扩展。抗拉强度是水工混凝土的一项关键性能指标，因此，粉煤灰对水泥抗折强度的影响可以间接反映出其对混凝土抗拉强度的影响。水泥-粉煤灰二元胶凝体系胶砂的抗折强度发展规律见图4.10（b）。粉煤灰的加入导致胶砂的早期抗折强度降低，且随着粉煤灰掺量的增加，早期抗折强度的降低幅度增大。然而，由于粉煤灰的二次水化反应，掺粉煤灰的胶砂在后期阶段的抗折强度增长较快。

未掺粉煤灰的中热硅酸盐水泥的90天强度相对于28天强度的增长率在126.3%～129.2%，而掺不同粉煤灰后，随粉煤灰掺量的增加，强度增长率大幅提高。40%粉煤灰掺量时，强度增长率在165.9%～169.4%（图4.11）。这说明粉煤灰对水化浆体的后期强度增长贡献率高，且不同粉煤灰对强度的贡献差异较大，作为功能材料应用时，应对粉煤灰的品质进行优选，并控制关键技术参数以获得良好的混凝土性能改善效果。

脆性系数，即抗压强度与抗折强度的比值，用于表征胶砂的脆性特征。水泥-粉煤灰二元胶凝体系胶砂脆性系数的试验结果如图4.12所示。随着胶凝材料水化的进行，养护时间延长，胶砂的脆性系数逐渐增大。粉煤灰的掺入降低了胶砂的脆性系数，且随掺量

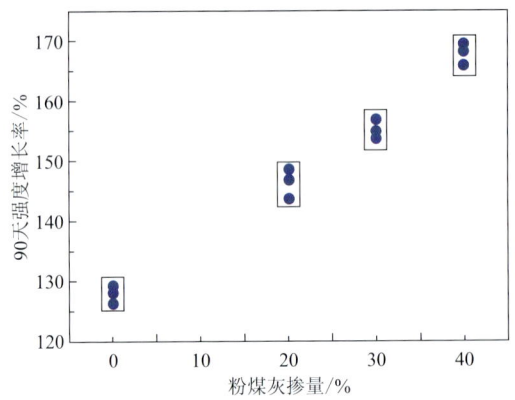

图 4.11 不同粉煤灰掺量下胶砂强度的增长率

增大,脆性系数呈现逐渐下降的趋势。胶砂的抗折破坏主要取决于胶砂与硬化体之间界面过渡区的相对抗拉强度。粉煤灰的掺入能够排出界面过渡区中的许多较大孔隙,使其结构更为均匀;同时,粉煤灰的火山灰效应得以发挥,与 $Ca(OH)_2$ 反应生成 C-S-H 凝胶或水化铝酸钙,从而提高了界面过渡区的相对抗拉强度。

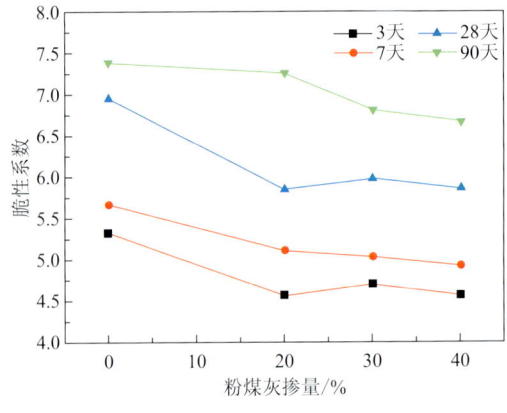

图 4.12 粉煤灰对脆性系数的影响

2. 抗裂性

粉煤灰是燃煤电厂的工业废弃料,不同电厂的粉煤灰在物理特性和化学成分上存在显著差异,这导致粉煤灰在改善混凝土性能方面表现出较大的差异性。要将粉煤灰作为功能材料用于水工混凝土,首先需要研究粉煤灰主要技术指标对混凝土性能的影响规律,以期为粉煤灰在混凝土中的选择和应用提供科学依据,主要包括粉煤灰的细度、烧失量、需水量比、SO_3 质量分数、碱质量分数等因素对水泥抗裂性的影响。

粉煤灰细度对水泥净浆开裂时间的影响如图 4.13(a)所示[48]。在试验细度范围内,硬化浆体的开裂时间随粉煤灰细度的增大而增加。依据我国现行标准《用于水泥和混凝土中的粉煤灰》(GB/T 1596—2017),I 级与 II 级粉煤灰的细度均低于水泥。在水泥水化早期,粉煤灰的化学活性还没有发挥作用,因此,考虑粉煤灰细度对水泥抗裂性的影响时,应着重考虑其物理效应。研究表明,粉煤灰细度对干缩的影响并不显著。Burrows等[49]在研究水泥抗裂性时发现,粗磨水泥中含有大量未水化的水泥颗粒,这些颗粒将众多不稳定水化产物的微小单元转变为稳定的质点核,从而减少了水泥水化产物中连续尺度状的水化凝胶。类似地,细度较大的粉煤灰可能对水泥抗裂性更有利。

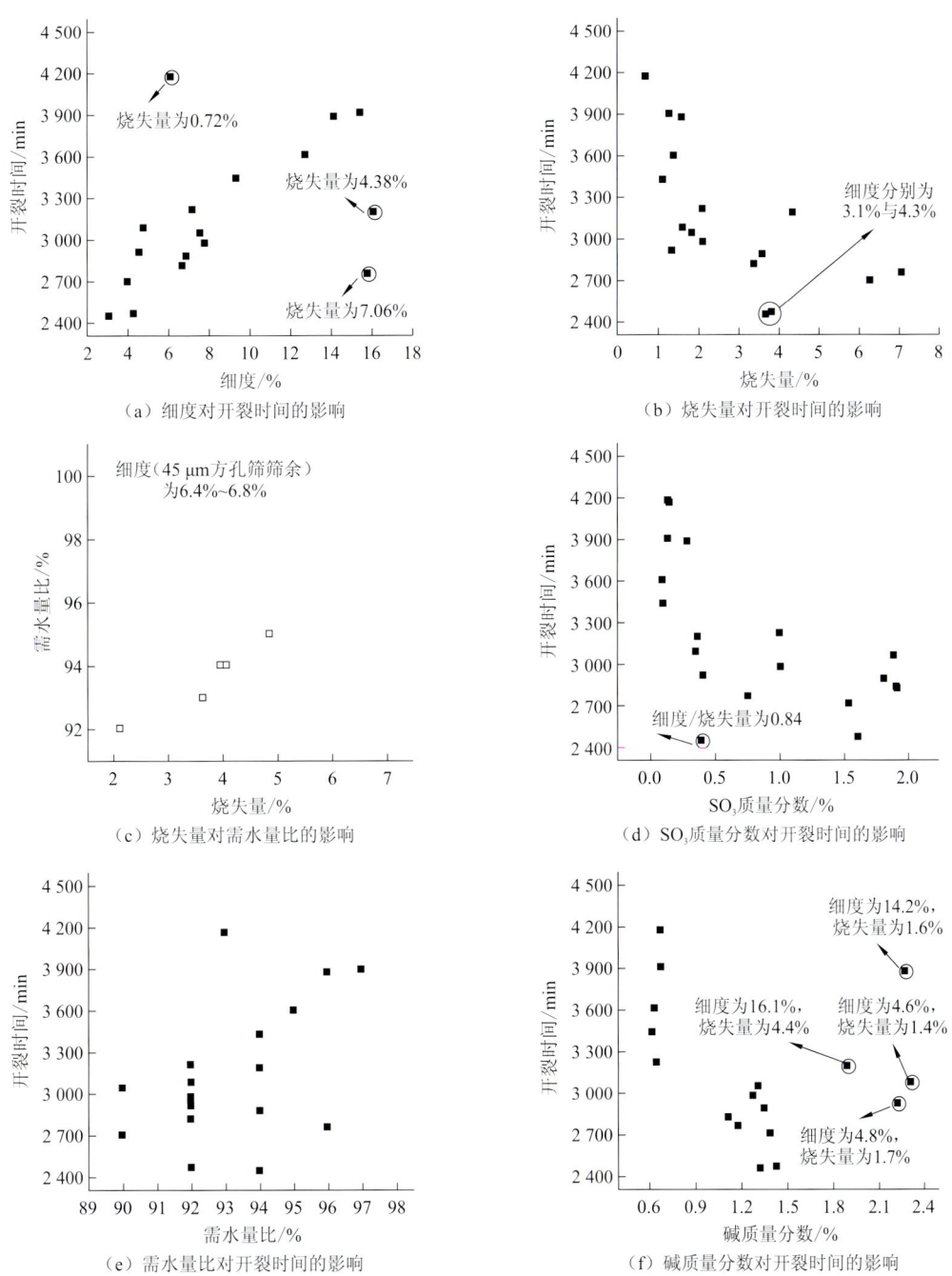

图 4.13 细度、烧失量、SO_3 质量分数、需水量比、碱质量分数对水泥净浆开裂时间的影响[48]

粉煤灰烧失量对水泥净浆开裂时间的影响如图 4.13（b）所示。随着粉煤灰烧失量的增加，硬化浆体的开裂时间逐渐缩短。由于碳粒粗大且多孔，容易吸水，所以烧失量较大的粉煤灰通常具有较大的需水量比[图 4.13（c）]。当这类粉煤灰掺入混凝土中时，往往会增加新拌混凝土的用水量，使混凝土的泌水量增多，干缩率增大，从而降低了强度和耐久性。因此，为了提高掺粉煤灰混凝土的抗裂性，应适当控制粉煤灰的烧失量。

粉煤灰 SO_3 质量分数对水泥净浆开裂时间的影响见图 4.13（d）。由图 4.13（d）可见，随着粉煤灰中 SO_3 质量分数的增加，硬化浆体的开裂时间逐渐缩短。我国现行国家标准《用于水泥和混凝土中的粉煤灰》（GB/T 1596—2017）和行业标准《水工混凝土掺用粉煤灰技术规范》（DL/T 5055—2024）均规定粉煤灰中 SO_3 的质量分数不得超过 3%，这一规定主要是考虑到过多的 SO_3 可能使水泥混凝土中生成延滞性的 AFt，进而引发体积膨胀的破坏作用。

粉煤灰需水量比对水泥净浆开裂时间的影响如图 4.13（e）所示。粉煤灰需水量比对硬化浆体开裂时间的影响不明显。粉煤灰需水量比在客观上反映了粉煤灰掺入后对混凝土用水量和拌和物流动性的影响，但最终影响混凝土的强度及耐久性。

图 4.13（f）给出了粉煤灰碱质量分数对水泥开裂时间的影响。随着粉煤灰碱质量分数的增加，硬化浆体的开裂时间有逐渐缩短的趋势。受细度与烧失量等其他因素的影响，这种趋势不太显著。理查德·W·伯罗斯[50]对 104 种混凝土面板进行了 53 年的调查研究，结果表明碱能促进水泥的收缩开裂，其原因可能是高碱质量分数使水泥的水化产物趋向凝胶化而不是结晶化，从而干燥收缩增加，加速了开裂的发展。

目前，我国现行粉煤灰分级标准的主要技术要求是细度、烧失量与需水量比。从上述试验结果来看，粉煤灰的烧失量、碱质量分数及 SO_3 质量分数越低，掺入粉煤灰的水泥浆体的抗裂性越佳；适当增加粉煤灰的细度对提升水泥抗裂性具有积极作用。尽管粉煤灰的需水量比与水泥抗裂性（采用圆环法）之间的关系不甚显著，但其对混凝土的用水量及长期性能存在影响。因此，粉煤灰的品质控制应首要关注烧失量和需水量比，而对细度的要求不宜过于严格；同时，鉴于碱质量分数对水泥抗裂性的不利影响，应予以适当限制。

4.2.3　Ⅰ级粉煤灰的功能调控机理

1. 对水泥基材料的功能化影响机理

粉煤灰因其火山灰活性，能够与水泥水化过程中释放的 $Ca(OH)_2$ 发生缓慢的"二次反应"，在表面形成低钙型水化产物。这些水化产物能够与水泥水化凝胶牢固结合，细化微孔结构，从而增强后期强度，并提升混凝土的抗渗性和耐久性。除了火山灰效应之外，粉煤灰还展现出了颗粒形态效应和微集料效应等特性，在混凝土中引发了一系列特殊的物理功能，包括粉煤灰的减水能力、增加浆体体积、调节凝胶量和胶凝水化过程、填充浆体孔隙及与水泥水化的协同效应等。这些功能共同促使掺粉煤灰混凝土的物理化学作用达到动态平衡，从而优化混凝土性能并提升质量。

（1）颗粒形态效应产生减水势能。粉煤灰颗粒多呈球形，粒径很小，表面比较光滑，这种球形小颗粒通称为"微珠"，将其掺入混凝土中，犹如滚珠，可提高混凝土的和易性，减少用水量。

（2）火山灰效应产生活化势能。粉煤灰的主要化学成分是 SiO_2、Al_2O_3 和 Fe_2O_3，受到水泥水化生成的 $Ca(OH)_2$ 或外加激发剂的激发，发生火山灰反应，生成类似水泥水化的 C-S-H 凝胶，使浆体水化凝胶胶结产生力学强度。

（3）微集料效应产生致密势能。粉煤灰的颗粒很小，在混凝土中可起微集料作用，充填到微小的孔隙中，同时表面水化生成凝胶体（水化成核作用）。孔隙由物理充填和水化反应产物充填共同作用，比单独的物理充填效果好，使混凝土更加致密。

基于以上三种效应，粉煤灰可从以下几个方面改善混凝土的性能。

（1）减少混凝土的用水量，增加和易性，减少泌水；特别是 I 级粉煤灰，有"固体减水剂"或"矿物减水剂"之称。

（2）提高密实性和抗渗能力。

（3）减少收缩。

（4）降低水化热温升，减小混凝土内部温升带来开裂的风险。

（5）改善混凝土的耐久性。掺有粉煤灰的混凝土，持续水化能力强、后期强度增长多，密实性显著提高，从而提高了抵御自然环境侵蚀的能力，包括抗裂、抗化学侵蚀、抗硫酸盐侵蚀、抑制碱骨料反应等。

2. 对水泥基材料的水泥化学影响

I 级粉煤灰的化学成分通常包含较高比例的 Al_2O_3，在粉煤灰掺量高的情况下，无疑会提升胶凝材料中铝元素的含量。铝元素对水泥基材料的水化产物有显著影响，其晶胞配位方式主要有 IV 配位、V 配位和 VII 配位，分别表示为 Al[IV]、Al[V] 和 Al[VI]。具体而言，Al[IV] 主要位于 C-S-H 凝胶的桥接四面体和配对四面体中，Al[V] 位于 C-S-H 凝胶的夹层，而 Al[VI] 则存在于 AFt、AFm 和 TAH 中。

Al[VI]-AFt、Al[VI]-AFm、Al[VI]-TAH 的生成和转化与 Al^{3+}、SO_4^{2-} 的相对浓度密切相关，可以通过固体核磁技术对 Al 进行追踪、测试。Cui 等[51]采用固体核磁技术分析了 Al 相速凝剂对超高性能混凝土体系 Al[VI] 的影响，发现水化初期形成大量 AFt，并随水化进行，水泥中石膏消耗殆尽、Al 相逐渐溶出，其转化成更稳定的 AFm 与 TAH。此外，粉煤灰含有大量的 Al_2O_3、很少的 SO_3，硅酸盐水泥与粉煤灰的混合导致 AFt 的含量减少，AFm 的含量增加。而且，AFt 的形成可能取决于粉煤灰的反应活性、Al_2O_3 含量及 C-S-H 凝胶对 Al 的吸收[52]。Al 相还可能会被 C-S-H 凝胶吸收，取代 C-S-H 凝胶中 Si—O 链的 Si，存在于桥接四面体和配对四面体中[53-55]，从而改变 C-S-H 凝胶微结构，影响胶凝材料宏观性能。

粉煤灰在环境温度下的反应速率较慢，只有经过较长的水化时间（≥7 天），粉煤灰的火山灰活性才能被激发，$Ca(OH)_2$ 相对于硅酸盐水泥的含量才会减少。与纯水泥相比，早期的 $Ca(OH)_2$ 含量甚至略有增加，这是因为粉煤灰的填充效应加速了水泥熟料的水化。

粉煤灰的这种缓慢反应是硅酸盐水泥-粉煤灰混合物的最初水化产物[C-S-H 凝胶、$Ca(OH)_2$、AFt 和 AFm 固溶相]与纯硅酸盐水泥体系相同的原因。提高温度有利于加速粉煤灰的早期水化并提升火山灰反应活性。

4.3　Ⅰ级粉煤灰对三峡工程大坝混凝土性能的影响

4.3.1　对混凝土单位用水量的影响

在三峡二期工程中，由于采用了人工骨料，混凝土的单位用水量较高。因此，在混凝土配合比选择试验阶段，面临Ⅰ级粉煤灰供应不足的情况，从各电厂提供的Ⅱ级粉煤灰中，选择了质量较为优越的重庆电厂粉煤灰，其品质接近Ⅰ级粉煤灰的标准。大坝混凝土主要包括大坝基础、内部结构、水位变化区及水上水下外部混凝土（该混凝土也用于永久船闸地面工程、厂房等部位）。在大坝混凝土配合比试验中，采用了二级配混凝土，并在常规的水胶比 0.40～0.65 范围内，对中热水泥掺入了 0、20%、30%、40%、50%的粉煤灰，进行了混凝土单位用水量、强度、极限拉伸值和抗冻等性能的试验，单位用水量的试验结果详见表 4.4。

表 4.4　粉煤灰掺量、水胶比对混凝土单位用水量的影响　　　　（单位：kg/m^3）

粉煤灰掺量	水胶比						平均值
	0.40	0.45	0.50	0.55	0.60	0.65	
0	138.0	138.5	140.0	140.5	142.5	143.0	140.4
20%	138.0	139.0	139.5	140.0	140.5	140.5	139.6
30%	140.5	139.5	139.5	139.5	139.5	139.0	139.5
40%	141.0	141.0	140.0	139.0	139.0	139.5	139.9
50%	144.0	142.5	142.0	140.5	140.0	138.0	141.2
平均值	140.3	140.1	140.2	139.8	140.3	140.0	140.1

大体积混凝土一般选用 3～5 cm 甚至更小的坍落度，一方面可以减少混凝土单位用水量，使胶凝材料用量最少（但不低于 140 kg/m^3），达到低水化热温升的效果，另一方面低坍落度混凝土不易产生离析和泌水，对混凝土的强度均匀性和耐久性有利。为了保证混凝土的抗冻性和拌和物的和易性，所有混凝土均掺用引气剂。ZB-1 减水剂的掺量为 0.5%。配合比试验中均按 3～5 cm 坍落度和 4%～5%的含气量进行控制。砂率方面，以 0.55 水胶比、不掺粉煤灰的混凝土为基准（二级配，砂率为 37%），水胶比每增减 0.05，相应增减 1%砂率，掺粉煤灰的混凝土再减 1%砂率。

从表 4.4 可以看出：①掺重庆电厂Ⅱ级粉煤灰（需水量比为 95.5%）0～50%，对混凝土单位用水量基本没有影响；②水胶比在 0.40~0.65 范围内时，其变化对混凝土的单位用水量基本没有影响。如果以二级配与四级配混凝土单位用水量之差 35 kg/m³ 推算，在用 ZB-1 减水剂和 II 级粉煤灰条件下，四级配混凝土单位用水量将在 110 kg/m³ 左右，和国内其他水利水电工程人工骨料混凝土单位用水量 85~100 kg/m³ 相比要高 10~25 kg/m³。这与花岗岩人工骨料的晶粒粗大，破碎后表面粗糙且粒形不佳有关。因此，进一步降低混凝土单位用水量，是优化三峡工程人工骨料混凝土配合比的关键。

4.3.2 对混凝土强度及抗裂性能的影响

1. 对混凝土强度的影响

水胶比与粉煤灰掺量对混凝土抗压强度的影响，如表 4.5 所示。根据试验结果，利用最小二乘法建立了中热水泥混凝土抗压强度与水胶比、粉煤灰掺量的相关关系。可以看出，混凝土抗压强度与水胶比呈负相关关系，且与粉煤灰掺量呈负相关关系。水胶比对混凝土抗压强度的影响随龄期的增长而增强，而粉煤灰掺量对混凝土抗压强度的影响则随龄期的增长而减弱，这表明粉煤灰的火山灰活性在后期逐渐得到发挥。

表 4.5　水胶比、粉煤灰掺量对混凝土抗压强度的影响　　　　　（单位：MPa）

龄期	粉煤灰掺量	水胶比						相关关系
		0.40	0.45	0.50	0.55	0.60	0.65	
28 天	0	37.4	34.6	27.8	25.9	24.0	21.7	$R_{压28} = 17.0C/W - 0.32F - 2.83$, $R^2 = 0.951$, $S = 2.6$
	20%	33.2	30.6	25.1	23.3	21.5	18.6	
	30%	30.7	26.2	21.1	19.8	18.3	15.0	
	40%	25.0	22.6	18.0	16.1	14.5	13.1	
	50%	19.1	17.3	13.6	11.1	10.2	9.4	
90 天	0	46.9	41.5	34.6	32.0	29.9	24.8	$R_{压90} = 23.6C/W - 0.25F - 9.16$, $R^2 = 0.949$, $S = 3.0$
	20%	44.9	40.3	33.0	30.2	25.8	23.1	
	30%	44.0	39.4	32.2	27.7	23.8	20.1	
	40%	40.3	36.2	28.7	24.8	20.8	17.7	
	50%	32.3	29.2	22.8	19.0	15.1	13.1	

注：$R_{压28}$、$R_{压90}$ 分别为混凝土 28 天、90 天龄期的抗压强度；C/W 为水胶比；F 为粉煤灰掺量；R^2 为相关系数；S 为标准差。

由表 4.5 中数据进一步计算出 90 天龄期混凝土抗压强度的增长率，结果见表 4.6。可以看出，中热水泥不掺粉煤灰的混凝土，90 天抗压强度增长率随水胶比的增大总体呈降低趋势，即使掺入粉煤灰，90 天抗压强度增长率仍总体呈现降低的趋势。这一现象似乎与抗压强度增长率随水胶比增大而增大的常规规律相悖。此外，中热水泥的平均抗压强度增长率随粉煤灰掺量的增加而提升，这可能与粉煤灰潜在活性逐渐被激发，消耗

Ca(OH)$_2$,形成致密的 C-S-H 凝胶有关。

表 4.6 混凝土抗压强度增长率 ($R_{压90}/R_{压28}$) （单位：%）

粉煤灰掺量	水胶比						平均值
	0.40	0.45	0.50	0.55	0.60	0.65	
0	125	120	124	124	125	114	122
20%	135	132	131	130	120	124	129
30%	143	150	153	140	130	134	142
40%	161	160	159	154	143	135	152
50%	169	169	168	171	148	139	161

2. 对混凝土抗裂性能的影响

抗拉强度和极限拉伸值是衡量混凝土抗裂性能的关键指标。测定混凝土抗拉强度通常采用轴心抗拉强度试验和劈裂抗拉强度试验两种试验方法。在国内的轴心抗拉强度和极限拉伸值试验中，一般采用断面尺寸为 100 mm×100 mm、长 600 mm 的大八字试件进行轴心抗拉强度试验，而劈裂抗拉强度试验则常用边长为 150 mm 的立方体试件。轴心抗拉强度试验过程较为复杂，容易受到偏心效应的影响，试验结果的离散性较大，因此通常更倾向于采用劈裂抗拉强度试验进行测试。在轴心抗拉强度试验中，通过电阻应变仪、杠杆引伸仪或位移传感器等设备，可以同时测得试件断裂时的极限拉伸应变，即极限拉伸值。混凝土作为一种脆性材料，其抗拉强度较低，通常为抗压强度的 5%~10%。低标号混凝土的这一比值较高，而高标号混凝土的这一比值较低。对于大坝混凝土，其极限拉伸值通常在 $1.0×10^{-4}$ 左右。

三峡工程大坝混凝土采用极限拉伸值作为抗裂指标。混凝土轴心抗拉强度试验结果及轴心抗拉强度与粉煤灰掺量、水胶比的相关关系见表 4.7，极限拉伸值试验结果见表 4.8，混凝土轴心抗拉强度和极限拉伸值的增长率（90 天/28 天）见表 4.9。

表 4.7 水胶比、粉煤灰掺量对混凝土轴心抗压强度的影响 （单位：MPa）

龄期	粉煤灰掺量	水胶比						相关关系
		0.40	0.45	0.50	0.55	0.60	0.65	
28 天	0	2.40	2.26	2.12	1.94	1.77	1.54	
	20%	2.23	2.00	1.89	1.72	1.54	1.43	$R_{拉28} = 0.996C/W - 0.0135F + 0.099$,
	30%	2.00	1.95	1.76	1.61	1.28	1.06	$R^2 = 0.882$, $S = 48$
	40%	1.95	1.78	1.63	1.48	1.23	1.03	
	50%	1.76	1.62	1.45	1.20	0.89	0.36	

续表

龄期	粉煤灰掺量	水胶比						相关关系
		0.40	0.45	0.50	0.55	0.60	0.65	
90天	0	2.68	2.44	2.30	2.16	2.02	1.77	
	20%	2.71	2.32	2.17	2.06	1.80	1.81	$R_{拉90}=0.991C/W-0.011\,8F+0.514$,
	30%	2.18	2.05	1.94	1.86	1.63	1.50	$R^2=0.756$,$S=48$
	40%	2.39	2.12	2.01	1.86	1.71	1.63	
	50%	1.91	1.78	1.62	1.48	1.21	1.05	

注：$R_{拉28}$、$R_{拉90}$ 分别为混凝土28天、90天龄期的轴心抗拉强度。

表4.8 水胶比、粉煤灰掺量对混凝土极限拉伸值的影响　　（单位：10^{-4}）

龄期	粉煤灰掺量	水胶比						相关关系
		0.40	0.45	0.50	0.55	0.60	0.65	
28天	0	1.11	1.06	1.00	0.93	0.87	0.80	
	20%	1.02	0.96	0.90	0.88	0.82	0.75	$\varepsilon_{p28}=0.312C/W-0.006\,2F+0.412$,
	30%	0.91	0.88	0.85	0.84	0.72	0.60	$R^2=0.882$,$S=0.079$
	40%	0.91	0.83	0.83	0.81	0.71	0.68	
	50%	0.86	0.76	0.71	0.65	0.51	0.36	
90天	0	1.01	1.05	1.04	0.99	0.95	0.83	
	20%	1.06	1.04	0.99	0.98	0.90	0.84	$\varepsilon_{p90}=0.266C/W-0.003\,8F+0.547$,
	30%	0.92	0.90	0.88	0.89	0.81	0.64	$R^2=0.648$,$S=0.129$
	40%	0.97	1.01	0.98	0.88	0.82	0.78	
	50%	0.88	0.84	0.80	0.72	0.66	0.64	

注：ε_{p28} 为混凝土28天龄期的极限拉伸值；ε_{p90} 为混凝土90天龄期的极限拉伸值。

表4.9 混凝土轴心抗拉强度和极限拉伸值增长率（90天/28天）　　（单位：%）

项目	粉煤灰掺量	水胶比						平均值
		0.40	0.45	0.50	0.55	0.60	0.65	
轴心抗拉强度	0	112	108	108	111	114	115	111
	20%	122	116	115	120	117	127	119
	30%	109	105	110	116	127	142	118
	40%	123	119	123	126	139	158	131
	50%	109	110	112	123	136	—	118
	平均值	115	112	114	119	127	135	120

续表

项目	粉煤灰掺量	水胶比						平均值
		0.40	0.45	0.50	0.55	0.60	0.65	
极限拉伸值	0	91	99	104	106	109	104	102
	20%	104	108	110	111	110	112	109
	30%	101	102	104	106	113	107	105
	40%	107	122	118	109	115	115	114
	50%	102	111	113	111	129	—	113
	平均值	101	108	110	109	115	109	109

表 4.7～表 4.9 中的试验和计算结果表明，混凝土轴心抗拉强度、极限拉伸值也与水胶比、粉煤灰掺量有着较好的相关性，其规律表现为：①混凝土的轴心抗拉强度和极限拉伸值与粉煤灰掺量和水胶比的关系同抗压强度一样，随粉煤灰掺量的增加总体呈降低趋势，随水胶比的增大总体呈减小趋势；②混凝土的轴心抗拉强度与极限拉伸值随龄期增长总体呈增加趋势；③90 天龄期混凝土的极限拉伸值、轴心抗拉强度增长率均随水胶比和粉煤灰掺量的增大总体呈增加趋势；④中热水泥混凝土 90 天极限拉伸值增长率平均为 109%，轴心抗拉强度增长率平均为 120%；⑤极限拉伸值和轴心抗拉强度增长率比抗压强度增长率低（抗压强度增长率平均值在 140%以上）。

混凝土的抗拉强度和极限拉伸值直接影响其抗裂能力与耐久性。一般情况下，提高混凝土的抗拉强度将相应提高极限拉伸值。提高抗拉强度的常见方法是提高抗压强度，因为混凝土的抗压强度与抗拉强度之间存在一定的比例关系。然而，提高混凝土抗压强度往往伴随着水泥用量的增加，从而引起混凝土温度升高，增加了出现温度裂缝的可能性，这往往得不偿失。因此，在采取措施提高混凝土的抗拉强度和极限拉伸值时，需要全面权衡利弊，避免顾此失彼。在混凝土中掺入粉煤灰，尤其是 I 级粉煤灰，可以在减少水泥用量和混凝土发热量的条件下，使抗拉强度和极限拉伸值有所保证、不会显著下降。值得注意的是，影响混凝土极限拉伸值的因素众多，目前尚未找到经济有效的途径来提高其极限拉伸值。此外，混凝土的抗裂性并不完全取决于极限拉伸值，需要综合考虑混凝土的干缩、徐变、自生体积变形、水化热等因素，才能获得最佳的抗裂性。

3. 对混凝土轴心抗拉强度与抗压强度比值的影响

混凝土轴心抗拉强度与抗压强度的比值可以在一定程度上评估混凝土的抗裂性。这一比值与混凝土的强度相关，强度较高的混凝土具有较小的轴心抗拉强度与抗压强度比值，而强度较低的混凝土具有较大的轴心抗拉强度与抗压强度比值。此外，轴心抗拉强度与抗压强度比值也受到骨料种类的影响。

以三峡工程花岗岩人工骨料混凝土为例进行说明，其轴心抗拉强度与抗压强度比值计算结果见表 4.10。可以看出，轴心抗拉强度与抗压强度比值 28 天龄期时随水胶比增加总体呈先增大后减小趋势，在水胶比约为 0.55 时达到最大值，90 天龄期时随水胶比增加总体呈增大趋势。中热水泥混凝土在 28 天的平均轴心抗拉强度与抗压强度比值为 0.077 6，而在 90 天为 0.067 6。

表 4.10 混凝土轴心抗拉强度与抗压强度比值

龄期	粉煤灰掺量	水胶比						平均值
		0.40	0.45	0.50	0.55	0.60	0.65	
28 天	0	0.064 2	0.065 3	0.076 3	0.074 9	0.073 8	0.071 0	0.070 9
	20%	0.067 2	0.065 4	0.075 3	0.073 8	0.071 6	0.076 9	0.071 7
	30%	0.065 1	0.074 4	0.083 4	0.081 3	0.069 9	0.070 7	0.074 2
	40%	0.078 0	0.078 8	0.090 6	0.091 9	0.084 8	0.078 6	0.083 8
	50%	0.092 1	0.093 6	0.106 6	0.108 1	0.087 3	0.038 3	0.087 7
90 天	0	0.057 1	0.058 8	0.066 5	0.067 5	0.067 6	0.071 4	0.064 8
	20%	0.060 4	0.057 6	0.065 8	0.068 2	0.069 8	0.078 4	0.066 7
	30%	0.049 5	0.052 0	0.060 2	0.067 1	0.068 5	0.074 6	0.062 0
	40%	0.059 3	0.058 6	0.070 0	0.075 0	0.082 2	0.092 1	0.072 9
	50%	0.059 1	0.061 0	0.071 1	0.077 9	0.080 1	0.080 2	0.071 6

三峡工程花岗岩人工骨料混凝土的轴心抗拉强度与抗压强度比值约为 7%，较其他工程低约 2%。例如，二滩水电站混凝土的轴心抗拉强度与抗压强度比值为 8.5%~9.5%；三峡一期工程天然骨料混凝土的轴心抗拉强度与抗压强度比值为 8.5%~9.7%。三峡工程花岗岩人工骨料混凝土轴心抗拉强度与抗压强度比值较低的主要原因与闪云斜长花岗岩粗骨料中云母含量高和微裂隙发育等因素有关。

4.3.3 对混凝土抗冻耐久性的影响

混凝土的耐久性，是指混凝土抵抗长期外界因素作用下外部和内部不利影响的能力，是衡量混凝土性能的重要指标。其中，混凝土的抗冻性特指硬化混凝土在水饱和状态下，能够承受多次冻融循环而不破坏，同时不显著降低其强度的性能。通常认为，混凝土的抗冻性是其耐久性的一个代表性指标。普通混凝土在冻融循环中的破坏主要是由于内部空隙和毛细孔隙中的水结冰时产生的膨胀压与渗透压的疲劳作用。当疲劳应力超过混凝土的抗拉强度时，混凝土会出现微裂纹。在反复的冻融作用下，这些微裂纹会逐渐增多和扩大，使混凝土强度降低，表面出现疏松剥落，直至完全破坏。

影响混凝土抗冻性的因素众多，但在原材料一定的情况下，混凝土的含气量和水胶比是影响大坝混凝土抗冻性的主要因素。大坝混凝土的最优含气量与骨料的最大粒径有关，为了便于施工质量控制，三峡工程还规定了湿筛混凝土的含气量要求。硬化混凝土的气泡结构性质可以通过气泡间距系数来表征。一般认为，为了保证混凝土的抗冻性，其气泡间距系数应不超过 250 μm。然而，硬化混凝土的气泡间距系数难以测量，尤其是人工测读的结果可靠性较差，采用显微图像分析设备可以提高测试结果的可靠性。但在实际工程中，振捣后混凝土的含气量更常用于混凝土质量控制。在混凝土含气量基本相同的情况下，混凝土中气泡的平均尺寸和间距系数随着水胶比的增大而增大，同时水泥浆体中可冻水的百分率也相应增加，从而使混凝土抗冻性显著下降。因此，水胶比也是影响混凝土抗冻性的关键因素。为了确保三峡主体工程混凝土具有抗风化耐久性，主体工程的所有混凝土均掺用引气剂，并严格控制混凝土的含气量，以提升混凝土的抗冻性，相应地提高混凝土的耐久性，同时改善混凝土的施工和易性。

混凝土抗冻性试验通常采用《水工混凝土试验规程》(SL/T 352—2020)中的快冻法，将相对动弹性模量降至 60%和重量损失率超过 5%作为评定冻融破坏的标准，并进行试件外观的定性描述。28 天抗冻性试验结果（表 4.11）表明，当混凝土含气量在 5%左右时，随着粉煤灰掺量的增加，混凝土的相对动弹性模量和重量损失率总体呈增加趋势，抗冻性能有所下降。例如，使用葛洲坝水泥厂生产的中热硅酸盐水泥（简称葛洲坝中热水泥），在掺入 20%~40%粉煤灰且水胶比不大于 0.55 的情况下，混凝土的抗冻标号均能达到 D300。然而，混凝土在冻融后表面出现剥蚀，露出石子，在较高水胶比时尤其明显。

表 4.11　葛洲坝中热水泥混凝土抗冻性试验结果（28 天）

配合比编号	水胶比	粉煤灰掺量/%	坍落度/cm	含气量/%	冻融次数	相对动弹性模量/%	重量损失率/%	表面剥蚀状态
葛中 40-0		0	5.1	5.2	300	98.6	0.03	表面基本完好
葛中 40-20	0.40	20	3.9	4.5	300	98.3	0.37	砂浆剥落，露出骨料
葛中 40-40		40	4.5	4.8	300	92.8	2.10	砂浆剥落，露出骨料
葛中 45-0		0	4.8	4.4	300	96.1	0.54	表面基本完好
葛中 45-20	0.45	20	4.5	4.6	300	93.4	1.27	砂浆剥落，露出骨料
葛中 45-40		40	5.3	4.7	300	95.5	0.59	砂浆全部剥落，骨料裸露
葛中 50-0		0	5.4	5.6	300	92.8	0.07	部分砂浆剥落
葛中 50-20	0.50	20	4.7	5.2	300	91.1	1.51	砂浆普遍剥落，局部露石
葛中 50-40		40	4.8	5.4	300	96.4	0.57	砂浆全部剥落，大部分露石
葛中 55-0		0	5.0	5.0	300	91.1	0.22	部分砂浆剥落
葛中 55-20	0.55	20	4.8	4.8	300	89.0	3.09	砂浆普遍剥落，露石
葛中 55-40		40	4.8	4.7	300	89.0	2.76	砂浆全部剥落，露石，有掉角

续表

配合比编号	水胶比	粉煤灰掺量/%	坍落度/cm	含气量/%	冻融次数	相对动弹性模量/%	重量损失率/%	表面剥蚀状态
葛中 60-0		0	4.6	3.7	65	60.0	0.25	部分砂浆剥落
葛中 60-20	0.60	20	3.0	4.7	150	60.1	0.43	部分砂浆剥落，缺棱
葛中 60-40		40	4.0	4.0	25	60.1	0.50	部分砂浆剥落
葛中 65-0		0	3.7	3.2	50	62.1	0.07	砂浆全部剥落，缺棱掉角
葛中 65-20	0.65	20	4.1	5.2	150	60.3	2.10	砂浆全部剥落，部分骨料脱落
葛中 65-40		40	3.5	4.0	150	60.0	2.80	砂浆剥落，普遍露石

注：葛中 40-20 表示采用葛洲坝中热水泥，水胶比为 0.40，粉煤灰掺量为 20%。

4.3.4　I 级粉煤灰在三峡工程中的应用效果

在表 4.12 中，详细记录了我国 2000 年及之前已建工程使用粉煤灰及混凝土配合比情况。观察数据可知，粉煤灰掺量普遍低于 30%。特别值得注意的是，三峡工程在大规模应用 I 级粉煤灰方面取得了显著成就，其大坝内部混凝土中的粉煤灰掺量高达 45%，这在 200 m 级高坝中尚属首次。这一创举不仅促进了 I 级粉煤灰在我国水利水电工程中的应用，而且起到了示范作用。

试验结果进一步显示，三峡大坝外部及水位变化区混凝土的胶凝材料用量均维持在 180 kg/m³ 以上。当胶凝材料用量为 180 kg/m³ 时，混凝土内 $Ca(OH)_2$ 的质量浓度介于 15.6～35 kg/m³；当胶凝材料用量增至 250 kg/m³ 时，$Ca(OH)_2$ 的质量浓度介于 21.6～48 kg/m³。这些数据充分证明了三峡工程混凝土的非贫钙特性，并展现了其卓越的耐久性能。粉煤灰掺量对混凝土中 $Ca(OH)_2$ 质量浓度的具体影响，可参考图 4.14。

表 4.12　2000 年及之前已建工程使用粉煤灰及混凝土配合比情况

工程名称	级配	水胶比	粉煤灰最大掺量/%	单位用水量/(kg/m³)	水泥品种	骨料品种	年份
三门峡水电站	四	0.80	41.6	114	纯大坝，矿渣	—	1960
西津水电站	四	0.80	35.3	113	400 普通	—	1964
丹江口水电站	四	0.75	17.4	108	矿渣	天然	1974
池潭水电站	三	0.65	20.2	100	矿渣		1980
大黑汀水电站	四	0.60	22.2	108	矿渣大坝		1980
潘家口水电站	四	0.65	20.1	110	矿渣大坝	—	1985
龙羊峡水电站	四	0.53	30	85	大坝	天然	1988
紧水滩水电站	四	0.55	20	102	—		1988

续表

工程名称	级配	水胶比	粉煤灰最大掺量/%	单位用水量/(kg/m³)	水泥品种	骨料品种	年份
故县水电站	四	0.45	20	98	425 矿渣大坝	—	1992
东江水电站	四	0.50	14.8	91	大坝	—	1993
东风水电站	四	0.50	29.9	82	525 硅酸盐	灰岩	1995
东西关水电站	四	0.61	39.9	90	425 普通	—	1996
二滩水电站	四	0.45	30	85	525 硅酸盐	正长岩	1999
三峡工程	四	0.55	45	81	42.5 中热	花岗岩	2000

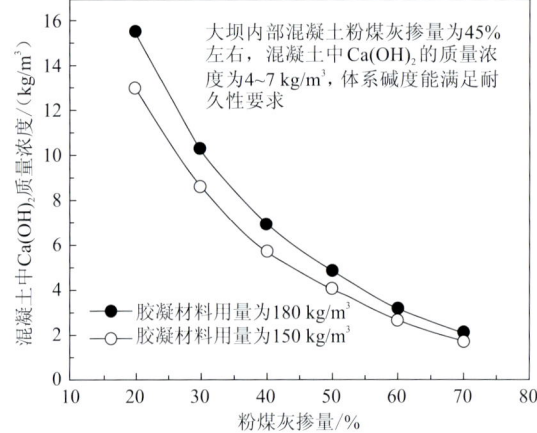

图 4.14 粉煤灰掺量对混凝土中 $Ca(OH)_2$ 质量浓度的影响

第 5 章

化学外加剂

外加剂是混凝土五大组分之一，其用量虽小，但显著影响着混凝土性能（尤其是工作性能）和成本，进而影响建设质量与施工进度。因此，外加剂的选择是混凝土配合比设计的重要内容之一。三峡工程采用花岗岩人工骨料方案，混凝土单位用水量较天然骨料及其他岩石的人工骨料混凝土高；同时，在保证施工和易性的前提下，应满足浇筑仓面大、施工强度高、运输距离长的要求，外加剂优选的重要性与困难突出。

5.1 水工大体积混凝土对外加剂的技术要求

5.1.1 外加剂的定义与分类

国家标准《混凝土外加剂术语》（GB/T 8075—2017）对混凝土外加剂的定义如下："混凝土外加剂是混凝土中除胶凝材料、骨料、水和纤维组分以外，在混凝土拌制之前或拌制过程中加入的，用以改善新拌混凝土和（或）硬化混凝土性能，对人、生物及环境安全无有害影响的材料。"混凝土外加剂的分类方法很多，主要包括：①根据混凝土外加剂作用、功能分类；②根据外加剂化学成分和性质分类；③根据对混凝土作用的时间分类。按照《混凝土外加剂术语》（GB/T 8075—2017）中的分类方法，根据主要功能混凝土外加剂可分为：

（1）改善混凝土拌和物流变性能的外加剂，如各种减水剂和泵送剂等；

（2）调节混凝土凝结时间、硬化过程的外加剂，如缓凝剂、早强剂、促凝剂和速凝剂等；

（3）改善混凝土耐久性的外加剂，如引气剂、防水剂和阻锈剂等；

（4）改善混凝土其他性能的外加剂，如膨胀剂、防冻剂和着色剂等。

按化学成分和性质分类，外加剂可分为：

（1）无机盐类外加剂，包括早强剂、防冻剂、速凝剂、膨胀剂、防水剂、发气剂等；

（2）有机物类外加剂，这类外加剂占混凝土外加剂的绝大部分，种类极多。其中，大部分属于表面活性剂的范畴，有阴离子型、阳离子型、非离子型及高分子型表面活性剂等，如木质素磺酸盐减水剂、萘磺酸甲醛缩合物减水剂等。

不同品种化学外加剂的功能与技术指标不同。例如，①普通减水剂是一种在保持混凝土坍落度一致的条件下减少拌和用水量的外加剂，减水率≥8%；②高效减水剂是一种在保持混凝土坍落度一致的条件下大幅度减少拌和用水量的外加剂，减水率≥14%；③高性能减水剂是比高效减水剂具有更高减水率、更好坍落度保持性能、较小干燥收缩，且具有一定引气性能的减水剂，减水率≥25%；④引气剂是一种在搅拌混凝土过程中能引入大量均匀分布、稳定而封闭的微小气泡的外加剂，有利于提升混凝土抗冻耐久性；⑤速凝剂是一种能使混凝土迅速凝结硬化的外加剂；⑥膨胀剂是一种能使混凝土产生一定体积膨胀的外加剂。

由于不同外加剂的作用机制不同，当联合使用时，相容性试验是很有必要的。例如，增稠剂与减水剂联合使用时,甲基纤维素醚基增稠剂可以吸附在水泥颗粒的表面活性基团上,并与聚羧酸高性能减水剂(polycarboxylate ester/ether based superplasticizers,PCEs)进行竞争性吸附。而且,不同类型的 PCEs 的组成(有效分散体)也有变化。例如,甲基丙烯酸酯、烯丙基醚是 PCEs 的主要成分,前者对水泥流动性影响较大,后者对硅粉流动性影响较大,烯丙基醚基 PCEs 通常用于高掺硅粉(10%~25%)混凝土中,如应用于超高性能混凝土中,这与普通混凝土不同[56],但需开展相容性试验。

5.1.2 常用外加剂的作用机理

1. 减水剂

我国混凝土减水剂主要经历了三个阶段的发展:①以木质素磺酸盐减水剂为代表的第一代普通减水剂阶段;②以萘系减水剂为代表的高效减水剂阶段;③以 PCEs 为代表的高性能减水剂阶段。

1)木质素磺酸盐减水剂

木质素磺酸盐减水剂属于阴离子表面活性剂,其空间结构类似于足球网状结构,其分子结构式如图 5.1 所示。木质素的英文名称为 lignin,由拉丁文 lignum 衍生而来,意为木材。木质素磺酸盐减水剂主要通过将生产纸浆的废液和氧化钙中和,并经浓缩干燥后得到,其中木质素磺酸盐主要为钙盐、钠盐、镁盐等。三峡工程一期项目原设计方案使用了木质素磺酸钙减水剂。

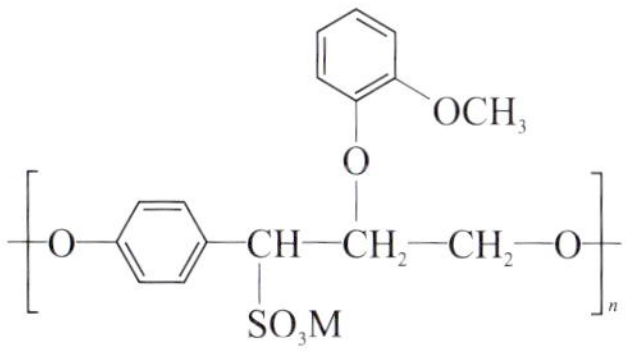

图 5.1 木质素磺酸盐减水剂分子结构式[57]

M 可为 Na^+、H^+ 及其他基团

木质素磺酸盐减水剂主要靠电荷排斥力增加混凝土流动性,木质素磺酸盐减水剂加入混凝土中后,其憎水基团定向吸附于水泥颗粒表面,亲水基团指向水溶液,组成了单分子或多分子的吸附膜,使水泥颗粒因表面相同电荷相互排斥。在电性斥力的作用下,水泥-水体系处于相对稳定的悬浮状态(双电层电位提高),并且水泥在加水初期所形成的絮凝状结构分散解体,将絮凝状凝聚体内的游离水释放出来,从而增加了流动性,达到了减水的目的。但是电荷排斥力受颗粒距离限制,当距离很近时排斥力很大,当距离较远时排斥力较小。因此,木质素磺酸盐减水剂的减水率较低(8%~10%),达不到高性能混凝土的要求,限制了其大规模应用。

2）萘系减水剂

萘系减水剂是一种阴离子表面活性剂，是工业萘、浓硫酸、甲醛经过磺化、缩合而成的聚合物（聚 β-萘磺酸盐），分子结构式见图 5.2。

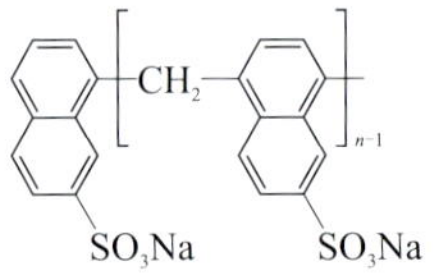

图 5.2　萘系减水剂分子结构式[57]

萘系减水剂的减水作用机理可总结归纳为以下几个方面：①静电斥力效应。水泥颗粒加水后形成絮凝结构，包裹部分自由水，导致水泥和易性降低。减水剂分子可吸附在絮凝结构表面，极性亲水基团的电离使整个絮凝结构带同种电荷，产生电荷排斥力，使絮凝结构破坏，释放出其中包裹的自由水，提升浆体流动性。在一定范围内，萘系减水剂的相对分子质量越大，包含的磺酸基越多，吸附在水泥颗粒表面的扩散层越厚，减水剂的分散效果越好。②空间位阻效应。萘系减水剂在水泥颗粒表面的吸附形式包括卧式吸附、尾式吸附和环式吸附。其中，卧式吸附的空间位阻最小，主要因为静电斥力起到分散水泥颗粒的作用；相反，尾式吸附和环式吸附的空间位阻较大，尾式吸附更甚，主要是因为空间位阻作用使水泥颗粒分散[57-58]。③水膜润滑效应。萘系减水剂可以降低水泥颗粒固液界面能，吸附在水泥絮凝结构表面的磺酸基由于有较强的亲水性，在水泥颗粒表面可形成一层稳定的、具有一定强度的水膜。该水膜不仅可以起到分散水泥的作用，而且可以在水泥颗粒的相对运动中起到润滑作用，使混凝土的流动性更大。

萘系减水剂对混凝土性能的提升效果显著，与混凝土适应性良好，且生产工艺简单、成熟，是一种比较理想的高效减水剂。此类减水剂在我国开发、生产较早，经过长期的发展与积累已具备较为成熟的工艺条件。但萘系减水剂仍有不足之处，如配制的混凝土的坍落度经时损失大、与不同品种水泥的适应性差、使用的原材料工业萘和甲醛对环境与人体有害等。萘系减水剂含有大量亲水基团磺酸基（—SO_3^-），其主要依靠静电斥力作用减水，减水率在 18%～30%，极难达到超高减水率与高性能减水效果。

3）PCEs

PCEs 根据其主链结构可分为两种：①以丙烯酸或甲基丙烯酸为主链，并接枝不同聚合程度的聚醚；②以马来酸酐为主链，接枝不同聚合程度的聚醚，其聚醚的聚合程度相较于以丙烯酸为主链的 PCEs 低[59]。以丙烯酸或甲基丙烯酸为主链的 PCEs 的分子结构式如图 5.3 所示。

目前，PCEs 的作用机理主要为双电层的静电排斥作用（DLVO 理论，即 Derjaguin-Landau and Verwey-Overbeek theory）与空间位阻作用等。①DLVO 理论。DLVO 理论是一种关于胶体（溶胶）稳定性的理论，是带电胶体溶液理论的经典解释，结合了范德瓦尔斯力和双反离子层引起的静电斥力效应，认为溶胶能否稳定主要取决于胶粒之间相互作用的位能。根据 DLVO 理论，PCEs 对水泥颗粒的分散作用可描述为：水泥颗粒与水接触后，其表面的硅酸盐溶解出 Ca^{2+}，进入液相，排布后形成离子双电层。加入 PCEs 后，PCEs 上带负电的官能团（—COO⁻、—SO_3^- 等）与水泥颗粒表面的 Ca^{2+} 相结合吸附在水泥颗粒表面，使水泥颗粒带上同种电荷，产生静电斥力，同时扩大离子双电层厚度，使水泥颗粒之间的排斥范围增大，浆体流动度增加[60]。②空间位阻作用。空间位阻作用主要来源于 PCEs 的侧链提供的空间位阻，水泥颗粒表面吸附的 PCEs 在水泥颗粒表面形成吸附层，水泥颗粒运动会使吸附层发生重叠而产生排斥，使得水泥浆体处于稳定状态。并且带有羧酸基团的主链和聚醚侧链构成梳形分子结构，使其具有明显的空间位阻作用，其在水泥颗粒上的吸附模型见图 5.4[59]。

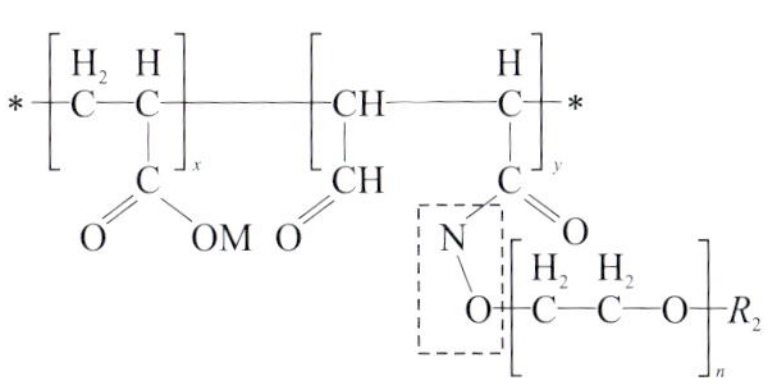

（a）以丙烯酸为主链的PCEs 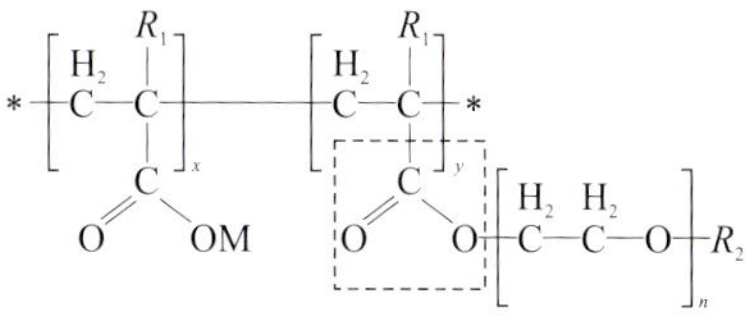　　　　（b）以甲基丙烯酸为主链的PCEs

图 5.3　以丙烯酸或甲基丙烯酸为主链的 PCEs 的分子结构式[59]

R_1=H 或 CH_3；R_2=H 或 CH_3

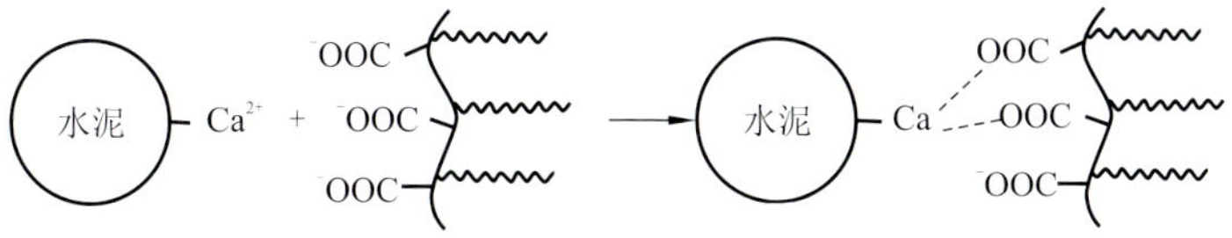

图 5.4　梳形分子结构的 PCEs 在水泥颗粒上的吸附模型[59]

一般认为，高效减水剂的分散减水机理主要是静电斥力作用，而 PCEs 对水泥颗粒良好的分散作用主要来源于其支链的空间位阻作用。但对于以马来酸酐为主链的 PCEs 来说，可能空间位阻作用和静电排斥作用的贡献都不容忽视，这是因为马来酸酐会在碱性环境下发生水解从而增加 PCEs 分子主链的羧基数量，提高静电斥力。

相比于萘系减水剂，PCEs 有如下优点：①减水率高。使用较低掺量的 PCEs 即可达到 30%以上的减水率，有的甚至超过 50%，而其掺量通常为胶凝材料总用量的 0.05%～0.5%。②原材料品种选择范围广。PCEs 的分子结构变化自由度大，许多羧酸类聚合物都可以作为其原材料。③相容性好。与水泥、掺合料及其他外加剂的相容性好，混凝土不离析、不泌水，坍落度性能经时损失小。④高适应性。可广泛应用于配制普通混凝土、高强混凝土、高流态混凝土、高耐久性混凝土、大体积混凝土、超高性能混凝土等。⑤为大掺量粉煤灰、矿渣、钢渣等工业废渣在混凝土中的应用提供了技术保障。⑥绿色环保。其合成生产没有甲醛等对环境、人体有害的物质的参与，有利于建筑工程材料的可持续发展。

2. 引气剂

引气剂是一种表面活性剂,具有起泡、乳化分散和浸润等性能。按表面活性剂理论,可将引气剂分为阴离子型、阳离子型、非离子型和两性离子型等类型,但实际工程应用的引气剂大多属于阴离子表面活性剂,且种类有限。因此,引气剂一般根据生产原料进行分类[61-62]。目前国内传统商品引气剂主要为松香类引气剂。松香类引气剂是以松香为主要原料,经过各种改性工艺生产的混凝土引气剂[63]。松香的化学结构复杂,含有松脂酸类、芳香烃类、芳香醇类、芳香醛类及氧化物等。松香的改性方法多达几十种,但只有几种用于松香类引气剂的改性,不同的改性方法得到的松香衍生物的性能不尽相同,改性后引气剂的各种性能都得到了很大提升。

常用的混凝土引气剂基本都属于阴离子表面活性剂,其分子结构由憎水基团和亲水基团组成。憎水基团是由非极性分子组成的长碳链,难溶于水;而亲水基团则易溶于水,并且在分子溶于水解离后会因释放出阳离子而带负电荷。引气剂在混凝土中的作用机理可概括为:在混凝土的搅拌过程中能使其大量包裹微小的气泡,而这些微小气泡又能稳定地存在于混凝土拌和物内。其具体作用机理可总结为界面活性作用、起泡作用与稳泡作用。

1)界面活性作用

引气剂的界面活性作用指引气剂在水中被界面吸附,形成憎水化吸附层,降低界面能,使界面形状显著改变。混凝土拌和过程中会裹入部分气泡,这些气泡尺寸较大且易破碎。添加引气剂后,在水泥-水-空气体系中,引气剂分子很快吸附在各相界面上。在水-空气界面上,憎水基团向空气一面定向吸附;在水泥-水界面上,水泥或其水化粒子与亲水基团吸附,憎水基团背离水泥及其水化粒子,形成憎水化吸附层,并试图靠近空气表面。引气剂的吸附见图 5.5,引气剂在这种多重界面上的吸附作用,显著降低了整个体系的自由能,使混凝土在搅拌过程中容易引入大量的微小气泡[63]。

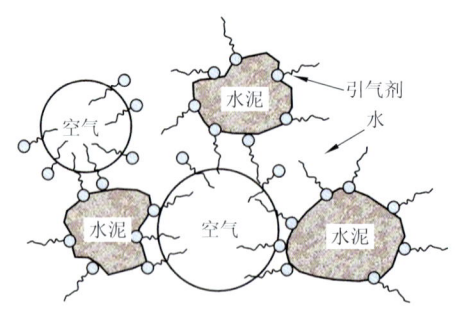

图 5.5 引气剂的吸附示意图[63]

2）起泡作用

引气剂在混凝土中形成的气泡属于溶胶性气泡，彼此独立存在，其周围被水泥、砂浆包裹而不易消失[62]。其具体机理目前还不清晰，对可能原因简单分析如下：普通水溶液中的气泡会很快破碎，主要是因为液体表面有自动缩小的趋势，而起泡是一种界面面积大量增加的过程，在表面张力不变的情况下，必然导致体系自由能的大大增加，是热力学不稳定的系统，从而导致气泡缩小、破灭。但当水溶液中加入引气剂时，由于它能吸附到气-液界面上，降低了界面能，即降低了表面张力，容易起泡，且气泡可稳定存在于体系中。

3）稳泡作用

混凝土拌和会裹入气泡，但气泡很容易破碎，其实气泡的稳定与表面张力并非简单的关系，还取决于一些其他条件，包括在气泡周围形成有一定机械强度和弹性的膜、有适当的泡膜表面黏度和液相介质黏度，以及使泡膜不易流失、泡膜动电电位提高等，对于混凝土这样的多相系统，情况就更复杂了。由于上述作用，掺加引气剂的混凝土在搅拌过程中所形成的气泡大小均匀（直径主要在 20～1 000 μm），自由移动速度小，且相互聚并的可能性较小，大部分可稳定存在于混凝土中[62]。

5.1.3 水工混凝土对外加剂的要求及基本选用原则

1. 水工混凝土对外加剂的要求

外加剂已发展成为拌制混凝土不可缺少的组分，水工混凝土对外加剂的要求主要概括为以下几个方面：

（1）根据施工季节和气温的不同，能够调整混凝土的凝结时间以适应施工需要。例如，夏季要能适当延长凝结时间，以避免出现冷缝，但凝结时间过长会影响施工进度。

（2）具有良好的工作性能，如黏聚性好、泌水少、坍落度损失小等。

（3）减水剂的减水率应达到相关技术标准和工程要求。

（4）减水剂的强度比应达到相关技术标准的要求。当强度比大于 100%时，可以节约水泥，降低胶凝材料用量。

（5）减水剂、引气剂与水泥有良好的适应性。

（6）引气剂应使产生的气泡结构合理、稳定性好，混凝土强度比接近100%。

（7）不应对钢筋有锈蚀作用，如氯离子含量低。

（8）对有碱活性骨料的工程，要求碱含量低。

《水工混凝土外加剂技术规程》（DL/T 5100—2014）中对掺高性能减水剂、高效减水剂、普通减水剂、引气剂、泵送剂、早强剂和缓凝剂混凝土的性能要求见表 5.1。外加剂匀质性指标要求见表 5.2。

表 5.1 掺外加剂混凝土的性能要求

项目	高性能减水剂 早强型	高性能减水剂 标准型	高性能减水剂 缓凝型	高效减水剂 标准型	高效减水剂 缓凝型	普通减水剂 早强型	普通减水剂 标准型	普通减水剂 缓凝型	引气剂	泵送剂	早强剂	缓凝剂
减水率/%	≥25	≥25	≥25	≥15	≥15	≥8	≥8	≥8	≥6	≥15	—	—
泌水率比/%	≤50	≤60	≤70	≤90	≤100	≤95	≤95	≤100	≤70	≤70	≤100	≤100
含气量/%	—	≤2.5	≥+90	<3.0	<3.0	≤2.5	≤2.5	≤3.0	4.5~5.5	≤4.5	—	<2.5
凝结时间差/min 初凝	-90~+90	-90~+120	≥+90	-60~+90	+120	≤+30	0~+90	≥+90	-90~+120	≥+120	-90~+30	≥+210
凝结时间差/min 终凝	—	—	≤60	—	—	≤0	—	—	—	—	—	—
1 h 经时变化量 坍落度/mm	—	≤80	—	—	—	—	—	—	—	≤60	—	—
1 h 经时变化量 含气量/%	—	—	—	—	—	—	—	—	-1.5~1.5	—	—	—
抗压强度比/% 1天	≥180	≥170	—	≥140	—	≥135	≥115	—	≥90	—	≥135	—
抗压强度比/% 3天	≥170	≥160	—	≥130	≥125	≥130	≥115	≥90	≥90	≥115	≥130	≥90
抗压强度比/% 7天	≥145	≥150	≥140	≥125	≥125	≥115	≥110	≥110	≥85	≥110	≥110	≥90
抗压强度比/% 28天	≥130	≥140	≥130	≥120	≥120	≥105	≥110	≥110	—	—	≥100	≥105
收缩率比/% 28天	≤110	≤110	≤110	≤125	≤125	≤125	≤125	≤125	≤125	≤125	≤125	≤125
相对耐久性/%	—	—	—	—	—	—	—	—	≥80	—	—	—

注：除含气量、1 h 经时变化量、相对耐久性外，表中所列数据均为受检混凝土与基准混凝土的差值或比值。凝结时间差性能指标中的"-"号表示提前，"+"号表示延缓。含气量1 h 经时变化量指标中的"-"号表示含气量减少，"+"号表示含气量增加。

表 5.2　外加剂匀质性指标要求

指标	要求
水泥砂浆减水率	应不小于生产厂所提供标样的检测值的 95%
氯离子含量	不超过生产厂控制值
总碱质量分数	非碱性速凝剂应不大于 1.0%， 其他外加剂应不超过生产厂控制值
含固量	$S>25\%$ 时，须控制在（0.95～1.05）S； $S \leqslant 25\%$ 时，应控制在（0.90～1.10）S
含水率	粉状速凝剂应不大于 2.0%。 对于其他外加剂，$W>5\%$ 时，应控制在（0.90～1.10）W； $W \leqslant 5\%$ 时，应控制在（0.80～1.20）W
密度	$D>1.1$ g/cm³ 时，应控制在（$D\pm0.03$）g/cm³； $D \leqslant 1.1$ g/cm³ 时，应控制在（$D\pm0.02$）g/cm³
细度	粉状速凝剂 0.08 mm 方孔筛筛余应小于 15%； 其他外加剂应在生产厂控制范围内
pH	非碱性速凝剂应在 2.0～7.0 范围内； 其他外加剂应在生产厂控制值±1.0 范围内
硫酸钠含量	不超过生产厂控制值
不溶物含量	不超过生产厂控制值

注：表中的 S、W 和 D 分别为含固量、含水率和密度的生产厂控制值。

2. 水工混凝土外加剂选用原则

由于水工混凝土服役环境的复杂化、施工工艺和原材料的多样化、对混凝土要求的高性能化，合理选用外加剂至关重要。根据《水工混凝土外加剂技术规程》(DL/T 5100—2014)的要求，水工混凝土外加剂的选择应符合以下规定：①外加剂应根据工程设计和施工要求选择，并在开工前使用该工程材料进行适应性试验论证，通过试验及技术经济比较确定。当工程所用原材料或混凝土性能要求发生变化时，应再进行适应性试验。②不同品种外加剂复合使用时，应注意其相容性及对混凝土性能的影响，其品种及掺量使用前应通过试验确定。③对大型工程的外加剂论证试验应交经计量认证的检测单位进行。④选用的外加剂产品应由生产单位提供产品说明书、检测报告、产品合格证。⑤为保证水工混凝土抗冻耐久性，引气剂宜选用气泡结构参数合理的品种。

合理选用外加剂是一项繁复而细致的工作，应给予足够的重视，外加剂的掺量应根据使用要求、施工条件、原材料特性等因素，通过试验论证确定。实际施工时，混凝土经过拌和、运输与浇筑入仓，其工作性、凝结性、强度和耐久性可能会与实验室测量结果存在差异，还需要重复外加剂试验。混凝土外加剂选择应综合考虑各种因素，并进行动态调整，以确保混凝土的高性能。

5.1.4 三峡工程选用外加剂的原则及技术要求

1. 三峡工程外加剂优选原则

三峡工程初期使用天然骨料，混凝土用水量矛盾不突出，在使用一般的高效减水剂和Ⅱ级粉煤灰的条件下，四级配混凝土单位用水量只有 80 kg/m³ 左右。但当使用花岗岩人工骨料时，由于骨料粗糙且粒形差，四级配混凝土单位用水量高达 104~110 kg/m³，水泥用量增多，温控难度增大，影响到混凝土成本与耐久性等综合性能。因此，必须采取措施降低花岗岩人工骨料混凝土用水量。选用品质优良、减水率更高的高效减水剂是降低混凝土用水量的重要措施之一。为适应大仓面、高强度浇筑等施工条件，三峡二期工程混凝土使用的减水剂必须具有缓凝、高效减水等综合性能。为了确保三峡工程大坝混凝土的耐久性，还需在混凝土中掺用引气剂以引入结构合理的气泡，使混凝土达到适宜的含气量，因此还必须选用品质优良的引气剂。

为此，中国长江三峡工程开发总公司于 1995 年 10 月召开了"三峡工程混凝土配合比设计技术讨论会"，确定了如下外加剂优选原则：

（1）产品必须符合国家标准要求，并经过技术鉴定。

（2）生产厂家具有一定的生产规模和科学的生产工艺，有完善的质量保证体系，能保证产品质量均匀稳定。

（3）产品曾在大中型水利水电工程中应用过或进行过成功的商业性使用，并取得了良好的技术经济效益。

（4）必须经过三峡工程混凝土原材料的适应性试验，符合工程需要。

（5）价格合理，现场技术服务及时周到。

2. 三峡工程对混凝土外加剂的技术要求

针对花岗岩人工骨料混凝土用水量高、大体积大仓面高强度施工的难题，大坝混凝土配合比设计时，使用优质高效减水剂是解决高用水量问题的主要措施，同时减水剂还应具有适当的缓凝效果以满足大体积大仓面高强度施工的要求，因此，人工骨料混凝土应采用缓凝高效减水剂。缓凝高效减水剂分为两种型号：①混凝土初凝时间差为 2~5 h 的产品，用于低温条件下施工；②混凝土初凝时间差大于 6 h 的产品，用于高温条件下施工。日平均气温 15~20 ℃为转换温度。

三峡工程也有一部分混凝土使用天然砂石料，采用缓凝减水剂即可满足混凝土低用水量的要求。一般用改变掺量的办法调整凝结时间，以满足不同季节混凝土施工的要求。

为了满足三峡工程混凝土耐久性要求，规定有抗冻性要求的混凝土，必须掺用引气剂，并与减水剂联掺使用。

结合三峡工程混凝土原材料的实际情况，在《混凝土外加剂》(GB 8076—1997)(现已作废)技术要求基础上，制定了中国长江三峡工程标准《混凝土用外加剂技术要求及检验（试行）》(TGPS05-1998)，要求掺外加剂混凝土的性能指标符合表 5.3 的要求。

表 5.3 三峡工程混凝土掺外加剂后的性能指标

试验项目		缓凝高效减水剂	缓凝减水剂	引气剂
减水率/%		≥18	≥8	≥6
泌水率比/%		≤100	≤100	≤70
含气量/%		≤3.0	≤3.0	5.0±0.5
凝结时间差/min	初凝	+120~+300	+120~+300	−90~+120
	终凝	>+360		
抗压强度比/%	3 天	≥125	≥100	≥95
	7 天	≥125	≥110	≥95
	28 天	≥120	≥110	≥90
收缩率比/%	28 天	≤125	≤125	≤125
抗冻耐久性（冻融次数）		—	—	≥300
对钢筋的锈蚀作用		应说明对钢筋无锈蚀危害		

注：除含气量与抗冻耐久性外，表中所列数据为掺外加剂混凝土与基准混凝土的差值或比值。凝结时间差指标中"−"号表示提前，"+"号表示延缓。

为满足三峡工程大体积混凝土性能需求，三峡工程混凝土外加剂质量标准在国家标准中一等品的基础上对五项技术指标做了适当调整，并新增了几项检验项目。

（1）减水率。缓凝减水剂和引气剂采用《混凝土外加剂》（GB 8076—1997）（现已作废）中一等品指标，缓凝高效减水剂规定为不小于 18%。对天然骨料混凝土采用满足国家标准一等品指标的缓凝减水剂，即可将混凝土用水量降低至合理范围。对人工骨料混凝土，采用满足国家标准一等品指标的缓凝高效减水剂仍不能解决高用水量矛盾，因此将减水率定为不小于 18%。

（2）含气量。国家标准规定掺缓凝减水剂和缓凝高效减水剂混凝土的含气量分别小于 5.5%和 4.5%。考虑到减水剂引入混凝土中的气泡结构稳定性较差，难以保证混凝土的抗冻性能，为了限制其引入混凝土的气泡数量，使引气剂能够引入一定数量结构合理的气泡，要求缓凝减水剂和缓凝高效减水剂的含气量≤3.0%。实际上，减水剂的含气量≤3.0%也不尽合理，显得偏高。实际外加剂供应中，各厂均按≤2.0%控制。

国家标准规定掺引气剂混凝土的含气量>3%，而三峡工程标准规定为 5.0%±0.5%，这是由于在原材料一定的条件下，混凝土含气量的大小是由引气剂剂量来调整的，当引气剂质量发生大的变化时，要达到相同的含气量，必然引起引气剂剂量的变化，因此，规定相同含气量可以衡量引气剂的质量是否发生大的变化。

最大粒径为 20 mm 的混凝土的最佳含气量应在 6%左右，但在此条件下引气剂的抗压强度比检验结果不稳定。实际检验中，一般控制混凝土含气量为 4.5%~5.0%。

（3）凝结时间差。为满足大体积水工混凝土施工要求，凝结时间差在国家标准基础上有适当延长。缓凝高效减水剂用于低温条件下时，凝结时间差为 2~5 h；用于高温条件下时,凝结时间差大于 6 h。日平均气温 15～20 ℃为转换温度。缓凝减水剂凝结时间差为 2～5 h。

（4）收缩率比。为了减少混凝土的体积收缩,将收缩率比从国家标准的≤130%调整为≤125%。

（5）抗冻耐久性。三峡工程混凝土抗冻标号大部分为 D250,因此引气剂的抗冻耐久性指标采用冻融次数≥300 次。

（6）硫酸钠质量分数。新增硫酸钠质量分数小于 8%的要求,是基于三峡工程对混凝土总碱质量分数的限制提出的。混凝土中的碱除了水泥、粉煤灰等带入外,外加剂带入也是重要来源之一。因此,提出硫酸钠质量分数的限制,可减少混凝土中碱的来源。

（7）不溶物。不溶物是指不溶于水的物质。匀质性指标中增加不溶物的要求,是为了保证外加剂质量的稳定性和有效物含量。

（8）检验项目。在国家标准基础上增加了减水率、含气量、强度比三项作为外加剂出厂验收和检验的内容。这是因为匀质性检验不能完全反映外加剂质量的变化,而减水率、含气量、强度比指标直接反映了外加剂品质的变化对混凝土性能的影响。

中国长江三峡工程开发总公司试验中心（以下简称试验中心）于 1995 年底开始组织中国水利水电科学研究院、长江科学院进行外加剂优选试验。三家单位对 32 种减水剂、7 种引气剂进行了初选、优选和验证试验,其中减水剂涵盖了萘系、多元醇系、木质素磺酸钙、密胺类及其复配产品。

依据《混凝土外加剂》（GB 8076—1997）（现已作废）,对减水剂的减水率、含气量、泌水率比、凝结时间差、坍落度损失、抗压强度比等 6 项关键指标,以及引气剂的减水率、含气量、泌水率比、含气量损失、抗压强度比、收缩率比、相对耐久性指数及起泡能力等 8 项关键指标进行了检测和初步筛选,优选出 R561C、FDN9001、ZB-1A 三种减水剂及文松、CJ4、PC-2 三种引气剂进行后续试验。重点进行了 PC-2 引气剂与三种减水剂的复合试验,同时对 CJ4 和文松引气剂进行了少量平行试验。优选出的减水剂、引气剂品种和厂家见表 5.4。减水剂和引气剂的品质及对混凝土性能的影响将在 5.2 节中详细论述。

表 5.4　优选的减水剂、引气剂品种和厂家

序号	品牌代号	外加剂种类	状态	生产厂家
1	R561C	减水剂	液体	上海麦斯特
2	FDN9001	减水剂	粉状	武钢浩源
3	ZB-1A	减水剂	粉状	浙江龙游
4	文松	引气剂	粉状	美国赫克力士
5	CJ4	引气剂	胶体	武汉葛化
6	PC-2	引气剂	固体	青岛科力

注：上海麦斯特为上海麦斯特建材有限公司,武钢浩源为湖北武钢浩源外加剂厂,浙江龙游为浙江龙游混凝土外加剂厂,美国赫克力士为美国赫克力士公司,武汉葛化为武汉葛化集团有限公司,青岛科力为青岛科力混凝土外加剂有限公司,以下使用简称。

5.2 三峡工程外加剂优选

5.2.1 外加剂品种及品质初选

为降低混凝土用水量，考虑采用减水率更高的高效减水剂。为此，在全国范围内初步选取了 24 个厂家的 30 种减水剂，涵盖了萘系、多元醇系、木质素磺酸钙、密胺类及其复配产品，其中，高效减水剂 14 种、缓凝高效减水剂 9 种、普通减水剂 7 种。同时，为了满足水工混凝土抗冻耐久性要求，需掺引气剂以引入结构合理的气泡使混凝土达到适宜的含气量，为此初步选用了 7 种引气剂。试验中心、中国水利水电科学研究院、长江科学院三家单位根据 5.1.4 小节中所述的外加剂优选原则开展了平行试验研究。

对优选的三种减水剂进行品质检测，见表 5.5。结果表明，三种减水剂的含气量基本相当，但减水率、凝结时间差、泌水率比、抗压强度比等指标差异明显，且受掺量影响显著。

表 5.5 三种减水剂品质检测结果

减水剂品种与掺量	减水率/%	含气量/%	凝结时间差/（h:min）		泌水率比/%	抗压强度比/%		
			初凝	终凝		3 天	7 天	28 天
ZB-1A 与 0.5%	19.5	1.0	4:30	4:27	60	167	175	150
ZB-1A 与 0.7%	23.7	1.2	15:31	16:44	18	191	198	171
FDN9001 与 0.7%	20.0	1.1	13:55	13:38	67	204	179	159
R561C 与 1.25%	19.1	1.0	19:32	21:55	76	190	187	162

注：三种减水剂均为缓凝高效减水剂，其中 R561C 为液体，固形物质量分数为 37.0%。

不同引气剂的气泡特性和表面张力，以及对混凝土性能的影响见表 5.6、表 5.7。结果表明，松脂皂、DH9S、PC-2 起泡能力和泡沫稳定性最好，松香热聚物、CJ4、文松起泡能力次之，AEA202（后来更名为 AIR202）起泡能力较差。AEA202 和 PC-2 满足《混凝土外加剂》（GB 8076—1997）（现已作废）一等品要求，文松满足合格品要求，松香热聚物和 DH9S 除含气量稍大、松脂皂和 CJ4 除泌水率比稍大外，其他检验结果满足合格品要求。在混凝土含气量基本相同的条件下，AEA202 和文松引气剂掺量比其余 5 种要高 1 倍左右。从掺用引气剂提高混凝土抗冻耐久性角度看，7 种引气剂均可有效提高混凝土抗冻性。

表 5.6 不同引气剂气泡特性和表面张力试验结果

试验项目	试验单位	引气剂品种						
		松脂皂	松香热聚物	DH9S	CJ4	AEA202	文松	PC-2
起泡能力/mL	试验中心	342.6	196.3	365.1	235.6	30.0	232.3	350
3 min 剩余泡沫百分数/%		94.5	90	96.8	15.8	0	37	90
消泡时间/min		>60	>60	>60	16	0	40	—

续表

试验项目	试验单位	引气剂品种						
		松脂皂	松香热聚物	DH9S	CJ4	AEA202	文松	PC-2
表面张力/(mN/m)	中国水利水电科学研究院	39.8	38.5	31.2	45.8	45.1	—	
	长江科学院	35.7	38.4	31.5	39.3	47.8		
气泡平均半径/cm	中国水利水电科学研究院	0.011 0	0.008 4	0.011 0	0.010 4	0.013 8	—	
	长江科学院	0.011 5	0.012 9	0.011 8	0.012 7	0.011 1		
气泡间距系数/cm	中国水利水电科学研究院	0.030 0	0.025 0	0.025 0	0.026 7	0.036 2	—	
	长江科学院	0.025 9	0.028 9	0.030 4	0.028 8	0.026 2		

表 5.7 引气剂混凝土试验结果

序号	品种	生产厂家	掺量/‰	减水率/%	含气量/%	泌水率比/%	含气量损失/%		抗压强度比/%				收缩率比/%	相对耐久性指标/%
							30 min	60 min	3 天	7 天	28 天	90 天		
1	松脂皂	水电三局	0.045	7.4	5.2	83	3.8	11.5	94	91	96	91	118	95
2	松香热聚物	水电八局	0.050	7.4	5.8	68	6.9	13.8	90	81	82	95	105	97
3	DH9S	河北省混凝土外加剂厂	0.050	7.9	5.6	76	1.8	8.9	102	99	91	83	111	96
4	CJ4	武汉葛化	0.055	7.9	5.5	89	9.1	9.1	97	91	92	95	106	93
5	AEA202	上海麦斯特	0.120	7.9	5.0	67	6.0	10.0	116	111	106	96	106	96
6	文松	美国赫克力士	0.100	6.4	5.4	66			90	92	91	—	101	93
7	PC-2	青岛科力	0.065	9.0	4.7				102	98	97	95		90.4
《混凝土外加剂》(GB 8076—1997)（现已作废）	一等品	—		≥6	3.5~5.5	≤70			≥95	≥95	≥90	≥90	≤120	≥80
	合格品	—		≥6	3.5~5.5	≤80			≥80	≥80	≥80	≥80		

注：水电三局为中国水利水电第三工程局有限公司，水电八局为中国水利水电第八工程局有限公司。

PC-2 为我国应用较早的引气剂产品，广泛用于港工、水利水电工程；DH9S 生产厂家为水利水电行业生产外加剂的专业厂家，DH9S 广泛用于水利水电工程；CJ4 为武汉葛化产品，运距较近，还应用于湖北高坝洲水电站。三种引气剂的生产厂家均有一定生产规模。因此，初步选择 PC-2、DH9S、CJ4 三种引气剂产品与减水剂联掺进行优选试验。

5.2.2 减水剂和引气剂联掺对混凝土性能的影响

为了解决花岗岩人工骨料混凝土用水量高的问题，进一步开展了外加剂优选试验，系统研究了减水剂和引气剂联掺对花岗岩人工骨料混凝土用水量及性能的影响规律。

试验采用葛洲坝水泥厂生产的 525 中热和 425 低热矿渣水泥,检验结果见表 5.8。采用平圩电厂粉煤灰,细度为 5.2%,烧失量为 1.4%,需水量比达 91%,其品质检验结果达到了《用于水泥和混凝土中的粉煤灰》(GB 1596—91)(现已作废)Ⅰ级粉煤灰的要求。砂子采用下岸溪斑状花岗岩人工砂,细度模数为 2.79,石粉质量分数为 9.6%。石子为古树岭闪云斜长花岗岩碎石。

表 5.8 水泥品质检验结果

水泥品种	细度/%	凝结时间/(h:min)		安定性	抗压强度/MPa			抗折强度/MPa		
		初凝	终凝		3天	7天	28天	3天	7天	28天
525中热矿渣	5.3	2:15	3:28	合格	21.4	38.7	61.9	4.9	6.8	8.2
425低热矿渣	4.8	3:22	5:28	合格	—	20.3	45.8	—	4.7	7.0

1. 单位用水量

混凝土配合比参数及单位用水量试验结果见表 5.9。在混凝土拌和物坍落度 3~5 cm,含气量 4.5%~5.5%范围内,三种减水剂下混凝土平均单位用水量见表 5.10。由此可见,三种减水剂在所采用的掺量条件下,混凝土单位用水量基本相同;425 低热矿渣水泥混凝土平均单位用水量比 525 中热矿渣水泥混凝土平均单位用水量高 2.7 kg/m³,这可能与粉煤灰掺量有关,425 低热、525 中热矿渣水泥混凝土平均粉煤灰掺量分别为 17.5%、30%。

表 5.9 混凝土配合比参数及单位用水量试验结果

序号	水胶比	水泥品种	粉煤灰掺量/%	减水剂		引气剂品种	单位用水量/(kg/m³)			
				品种	掺量/%		中国水利水电科学研究院	长江科学院	试验中心	平均值
1	0.45	525中热矿渣	20	ZB-1A	0.5	PC-2	89	88	91	89
2				FDN9001	0.7	PC-2	88	88	88	88
3				R561C	1.25	PC-2	88	88	92	89
4	0.50		30	ZB-1A	0.5	PC-2	89	87	89	88
5				FDN9001	0.7	PC-2	87	87	88	87
6				R561C	1.25	PC-2	89	87	90	89
7				ZB-1A	0.5	文松	87	87	90	88
8				FDN9001	0.7	文松	87	87	89	88
9				ZB-1A	0.5	CJ4	87	87	90	88
10				FDN9001	0.7	CJ4	85	87	89	87

续表

序号	水胶比	水泥品种	粉煤灰掺量/%	减水剂品种	减水剂掺量/%	引气剂品种	单位用水量/(kg/m³) 中国水利水电科学研究院	长江科学院	试验中心	平均值
11	0.55	525 中热矿渣	40	ZB-1A	0.5	PC-2	89	86	86	87
12	0.55	525 中热矿渣	40	FDN9001	0.7	PC-2	86	86	85	86
13	0.55	525 中热矿渣	40	R561C	1.25	PC-2	83	86	86	85
14	0.50	425 低热矿渣	15	ZB-1A	0.5	PC-2	90	91	93	91
15	0.50	425 低热矿渣	15	FDN9001	0.7	PC-2	86	91	92	90
16	0.50	425 低热矿渣	15	R561C	1.25	PC-2	90	91	94	92
17	0.55	425 低热矿渣	20	ZB-1A	0.5	PC-2	90	90	91	90
18	0.55	425 低热矿渣	20	FDN9001	0.7	PC-2	86	90	90	89
19	0.55	425 低热矿渣	20	R561C	1.25	PC-2	89	90	92	90

表 5.10 不同减水剂不同水泥品种混凝土单位用水量

减水剂名称	掺量/%	单位用水量/(kg/m³) 525 中热矿渣水泥混凝土	425 低热矿渣水泥混凝土
ZB-1A	0.5	88.1	90.8
FDN9001	0.7	87.1	89.2
R561C	1.25	87.7	91.0
平均单位用水量		87.6	90.3

2. 工作性能

对混凝土拌和物开展了泌水率、坍落度损失、含气量损失、凝结时间等性能的检测。由于拌和物性能试验结果受环境因素影响较大，且其本身的试验误差也较大，将三家单位试验结果的平均值（凝结时间除外）列入表 5.11。结果表明：①三种减水剂的泌水率都比较小，总体上 425 低热矿渣水泥比 525 中热矿渣水泥泌水率大。②对于 525 中热矿渣水泥，三种减水剂 1 h 坍落度损失基本相同，对于 425 低热矿渣水泥，ZB-1A 略大于其他两种减水剂。引气剂品种对坍落度损失影响不明显。③对于 525 中热矿渣水泥，三种减水剂的含气量损失基本相同，引气剂品种影响不大。对于 425 低热矿渣水泥，ZB-1A 的含气量损失较大，这与坍落度损失较大也有关系。④三种减水剂均有一定的缓凝效果，对于 525 中热矿渣水泥，ZB-1A 和 FDN9001 的初凝时间均可满足常温条件下的施工要求，R561C 的初凝时间要长些。对于 425 低热矿渣水泥，初凝时间 ZB-1A 略有延长，而 FDN9001 和 R561C 延长约一倍。因此，ZB-1A 对于 525 中热、425 低热矿渣水泥混凝土均有适当的缓凝效果，FDN9001 和 R561C 用于 425 低热矿渣水泥混凝土时，初凝时间长了些。

表 5.11 混凝土拌和物性能试验结果

序号	水胶比与水泥品种	粉煤灰掺量/%	减水剂与引气剂品种	泌水率/%	坍落度	含气量	60 min 损失/% 初凝时间/(h:min)	中国水利水电科学研究院 终凝时间/(h:min)	长江科学院 初凝时间/(h:min)	长江科学院 终凝时间/(h:min)	试验中心 初凝时间/(h:min)	试验中心 终凝时间/(h:min)
4			ZB-1A 与 PC-2	2.6	61	24	10:35	19:17	17:35	22:12	15:25	19:50
5			FDN9001 与 PC-2	2.6	62	26	13:06	20:22	18:11	25:35	21:20	25:15
6			R561C 与 PC-2	0	61	20	23:45	40:13	21:17	28:05	25:10	30:00
7	0.50 与 525 中热矿渣	30	ZB-1A 与 文松	—	62	19	—	—	—	—	—	—
8			FDN9001 与 文松	—	67	27	—	—	—	—	—	—
9			ZB-1A 与 CJ4	—	57*	25*	—	—	—	—	—	—
10			FDN9001 与 CJ4	—	48*	22*	—	—	—	—	—	—
14			ZB-1A 与 PC-2	3.3	67	35	16:10	23:40	22:30	28:05	—	—
15	0.50 与 425 低热矿渣	15	FDN9001 与 PC-2	1.9	57	26	26:29	39:53	41:50	49:40	—	—
16			R561C 与 PC-2	3.1	55	20	27:35	40:17	40:15	47:55	—	—

注：带*者为中国水利水电科学研究院、长江科学院两个单位的试验结果。

3. 抗压强度

三家单位测得的混凝土抗压强度试验结果见表5.12。由于存在系统误差，三家单位的抗压强度结果在数值上有所差异，但抗压强度随龄期的发展规律是一致的。不同减水剂混凝土28天、90天平均抗压强度如表5.13所示。三种减水剂的混凝土28天、90天平均抗压强度基本相同。

表5.12 混凝土抗压强度试验结果

序号	水胶比	减水剂品种	引气剂品种	水泥品种	粉煤灰掺量/%	混凝土抗压强度/MPa								
						中国水利水电科学研究院			长江科学院			试验中心		
						7天	28天	90天	7天	28天	90天	7天	28天	90天
1	0.45	ZB-1A	PC-2		20	17.3	27.4	38.6	17.6	27.2	34.1	21.8	36.9	46.4
2	0.45	FDN9001	PC-2		20	17.3	25.3	36.9	17.3	25.6	31.4	26.2	38.1	51.1
3		R561C	PC-2			16.6	26.4	34.7	16.3	26.5	32.5	20.7	32.9	47.6
4		ZB-1A	PC-2			11.9	20.7	30.6	12.6	20.6	30.0	15.2	25.8	37.8
5		FDN9001	PC-2			15.5	24.7	35.6	7.8	18.1	26.0	18.2	28.8	38.2
6		R561C	PC-2	525中热矿渣		13.4	23.9	30.6	11.8	21.8	30.9	17.0	29.0	41.3
7	0.50	ZB-1A	文松		30	13.7	22.9	33.2	9.2	17.1	25.3	13.3	22.6	36.3
8		FDN9001	文松			13.9	22.2	33.5	9.2	17.0	27.6	16.1	26.9	37.5
9		ZB-1A	CJ4			10.8	17.1	26.9	10.0	17.8	26.6	12.9	22.9	33.9
10		FDN9001	CJ4			13.8	20.2	32.4	9.6	20.1	27.4	17.1	26.2	37.6
11		ZB-1A	PC-2			8.6	15.7	24.8	7.8	13.4	22.6	11.2	19.3	28.8
12	0.55	FDN9001	PC-2		40	9.1	15.6	25.5	6.6	12.1	18.4	10.3	19.2	27.1
13		R561C	PC-2			7.6	14.3	22.5	6.5	13.1	19.9	10.1	17.9	26.8
14		ZB-1A	PC-2			10.0	23.0	30.9	10.8	21.9	28.5	10.1	23.9	33.8
15	0.50	FDN9001	PC-2		15	11.5	24.2	30.8	8.9	22.1	29.1	10.4	26.3	38.2
16		R561C	PC-2	425低热矿渣		9.7	24.7	30.6	6.2	21.3	27.9	9.7	24.2	35.2
17		ZB-1A	PC-2			7.0	15.5	22.5	8.5	15.9	21.4	8.1	20.0	29.2
18	0.55	FDN9001	PC-2		20	8.2	17.1	24.1	7.5	15.6	22.5	8.9	20.2	28.0
19		R561C	PC-2			6.3	16.5	25.7	6.9	14.6	21.2	8.3	20.8	33.9

表 5.13 不同减水剂混凝土平均抗压强度

减水剂	平均抗压强度/MPa	
	28 天	90 天
ZB-1A	21.8	30.7
FDN9001	22.2	30.9
R561C	21.9	30.8

注：数据组数均为 15 组，引气剂品种为 PC-2。

4. 抗冻性能

混凝土抗冻性能试验结果见表 5.14。由表 5.14 可得到如下几点结论：①对于 525 中热矿渣水泥混凝土，水胶比为 0.45、粉煤灰掺量为 20%时，混凝土抗冻性能可达 D300（相当于现行规范中的 F300）；水胶比为 0.50、粉煤灰掺量为 30%时，混凝土抗冻性能可达 D300（F300）；水胶比为 0.55、粉煤灰掺量为 40%时，混凝土抗冻性能可达 D150（F150）。三种减水剂与 PC-2 引气剂联合掺用，525 中热矿渣水泥混凝土抗冻性能无较大差异。从达到相同冻融次数时的相对动弹性模量和重量损失率来看，PC-2 相比于其他两种引气剂效果较好，但差异不明显。②对于 425 低热矿渣水泥混凝土，水胶比为 0.50、粉煤灰掺量为 15%时，抗冻性能可达 D200～D250；水胶比为 0.55、粉煤灰掺量为 20%时，抗冻性能可达 D150。

表 5.14 不同外加剂复合对混凝土抗冻性能的影响

序号	水胶比	水泥品种	粉煤灰掺量/%	减水剂品种	引气剂品种	含气量/%	冻融次数	相对动弹性模量/%	重量损失率/%
1	0.45		20	ZB-1A	PC-2	5.3	300	92.2	2.46
2	0.45		20	FDN9001	PC-2	5.2	300	78.5	2.42
3				R561C	PC-2	4.8	300	79.0	1.54
4		525 中热矿渣		ZB-1A	PC-2	5.1	300	87.5	2.41
5				FDN9001	PC-2	5.3	300	83.6	2.88
6				R561C	PC-2	4.5	300	79.6	4.27
7	0.50		30	ZB-1A	文松	5.1	300	73.7	6.90
8				FDN9001	文松	4.7	300	78.0	2.28
9				ZB-1A	CJ4	5.1	300	79.5	2.94
10				FDN9001	CJ4	4.9	300	85.3	6.07

续表

序号	水胶比	水泥品种	粉煤灰掺量/%	减水剂品种	引气剂品种	含气量/%	冻融次数	相对动弹性模量/%	重量损失率/%
11	0.55	525中热矿渣	40	ZB-1A	PC-2	4.6	150	84.1	2.66
12				FDN9001	PC-2	5.3	150	86.2	2.99
13				R561C	PC-2	4.9	150	87.2	2.48
14	0.50	425低热矿渣	15	ZB-1A	PC-2	5.3	250	74.2	2.06
15				FDN9001	PC-2	5.3	250	81.7	1.31
16				R561C	PC-2	4.9	200	58.5	0.95
17	0.55		20	ZB-1A	PC-2	4.5	150	69.1	1.51
18				FDN9001	PC-2	5.1	150	76.3	1.14
19				R561C	PC-2	5.0	150	57.9	1.04

经对系统的全面优选试验研究，综合比较优选出 ZB-1A、FDN9001、R561C 三种减水剂及 PC-2 引气剂。三种减水剂在 0.5%（ZB-1A）、0.7%（FDN9001）和 1.25%（R561C）的掺量条件下，与 PC-2 引气剂联合掺用，可有效地降低三峡工程花岗岩人工骨料混凝土单位用水量并能满足混凝土耐久性要求。在相同水胶比和粉煤灰掺量条件下，三种减水剂混凝土的单位用水量、强度和耐久性等基本相同。

5.2.3　第三代减水剂的应用研究

随着工程需求的提升，三峡二期工程除了使用 2 种萘系减水剂外，还应用了 5 种第三代减水剂，并采用大坝内部、抗冲磨混凝土配合比进行了系统对比研究。

试验采用华新水泥股份有限公司生产的 42.5 中热水泥、襄樊电厂生产的 I 级粉煤灰、下岸溪人工砂和碎石，品质检验结果见表 5.15～表 5.18，分别满足三峡工程标准《混凝土用水泥技术要求及检验（试行）》（TGPS03-1998）、《混凝土用粉煤灰技术要求及检验》（TGPS04-1998）、《混凝土用细骨料质量标准及检验》（TGPS02-1998）、《混凝土用粗骨料质量标准及检验》（TGPS01-1998）的技术要求。外加剂采用三峡工程使用的萘系减水剂 JM-IIC、ZB-1A，第三代减水剂样品［包括江苏苏博特新材料股份有限公司（以下简称苏博特）生产的 JM-PCA、上海麦斯特生产的 Glenium26、山东淄博外加剂厂生产的 NOF-AS、上海市建筑科学研究院（集团）有限公司（以下简称上海建科院）生产的 LEX-9H（R）和意大利马贝集团（以下简称意大利马贝）生产的 X404C］，以及上海麦斯特生产的引气剂 AIR202。外加剂的品质检测结果见表 5.19，各项检测结果基本满足三峡工程标准《混凝土用外加剂技术要求及检验（试行）》（TGPS05-1998）的技术要求。

表 5.15 水泥品质检验结果

试验编号	比表面积/(m²/kg)	凝结时间/(h:min)		MgO质量分数/%	SO₃质量分数/%	碱质量分数/%	安定性	抗压强度/MPa			抗折强度/MPa		
		初凝	终凝					3天	7天	28天	3天	7天	28天
C-04-141	302	2:03	3:02	4.41	1.54	0.49	合格	13.6	24.4	48.4	3.2	4.9	7.3
《混凝土用水泥技术要求及检验（试行）》（TGPS03-1998）	≥250（宜250~300）	≥1:00	≤12:00	3.5~5.0	≤3.5	≤0.6	合格	≥12.0	≥22.0	≥42.5	≥3.0	≥4.5	≥6.5

表 5.16 粉煤灰品质检验结果

试验编号		细度/%	烧失量/%	需水量比/%	SO₃质量分数/%	碱质量分数/%
F-04-011		2.4	1.6	89	0.70	1.42
《混凝土用粉煤灰技术要求及检验》（TGPS04-1998）	优质品	≤12	≤5.0	≤91	≤3.0	≤1.5
	合格品	≤12	≤5.0	≤95	≤3.0	≤1.7

表 5.17 人工砂品质检验结果

试验编号	细度模数	饱和面干表观密度/(kg/m³)	吸水率/%	坚固性/%	石粉质量分数/%	有机物含量
S-04-007	2.52	2 620	1.1	21.0	10.7	合格
《混凝土用细骨料质量标准及检验》（TGPS02-1998）	2.6±0.2	≥2 550	≤6	<25.0	10~14	合格

表 5.18 人工碎石检验结果

试验编号	粒径/mm	饱和面干表观密度/(kg/m³)	吸水率/%	针片状颗粒质量分数/%	压碎指标/%	有机物含量
G-04-004	5~20	2 660	0.74	1.8	10.5	合格
	20~40	2 660	0.42	0.6	—	—

表 5.19 外加剂品质检测结果

试验编号	外加剂品种	掺量	减水率/%	含气量/%	凝结时间差/min		泌水率比/%	抗压强度比/%		
					初凝	终凝		3天	7天	28天
F199-201	JM-IIC	0.8%	21.4	1.2	+1 571	+1 641	72.0	178	222	179
F226-227	ZB-1A	0.8%	19.0	1.6	+1 148	+1 123	29.7	161	193	150

续表

试验编号	外加剂品种	掺量	减水率/%	含气量/%	凝结时间差/min 初凝	凝结时间差/min 终凝	泌水率比/%	抗压强度比/% 3天	抗压强度比/% 7天	抗压强度比/% 28天
F187	JM-PCA	0.8%	21.4	1.0	+382	+396	19.4	213	220	167
F8485	Glenium26	0.6%	22.4	1.2	+105	+155	55.5	177	170	145
F190-191	NOF-AS	0.6%	23.8	2.0	+407	+488	51.0	217	213	171
F256	LEX-9H（R）	0.8%	22.9	1.8	+531	+558	43.0	207	214	172
F215-216	X404C	0.6%	21.9	1.0	+293	+288	88.0	194	229	186
F76-77	AIR202	1.5×10^{-4}	7.1	4.1	+13	+3	79.4	98	102	93

1. 水泥抗裂性能

对优选出的不同品种的减水剂进行水泥净浆抗裂性试验，对比分析了不同减水剂对水泥净浆早期抗裂性的影响规律，为减水剂的优选提供依据。采用 42.5 中热水泥，固定水灰比为 0.20，成型圆环约束试件。将成型好的试件放置在水泥恒温箱中养护，24 h 后脱模并移至干缩室（控制温度为 20℃±2℃，相对湿度为 60%±5%），观测试件出现裂缝的时间。试验结果见表 5.20、图 5.6。由结果可知，掺萘系减水剂的水泥净浆开裂时间均在 2 h 以内，而第三代减水剂在 2 h 以上，最长可达 8 h 以上，表明第三代减水剂水泥净浆的抗裂性优于萘系减水剂。对于所选择的 5 种第三代减水剂，基于水泥抗裂性能优劣的排序为：NOF-AS（8 h 28 min）＞LEX-9H（R）（8 h 12 min）＞JM-PCA（3 h 40 min）＞X404C（3 h 6 min）＞Glenium26（2 h 45 min）。

表 5.20 减水剂水泥净浆抗裂性试验结果

序号	水泥生产厂家与品种	减水剂生产厂家	减水剂品种	掺量/%	水灰比	水泥净浆开裂时间/（h:min）
1	四川双马水泥股份有限公司与42.5中热	浙江龙游	ZB-1A	0.60	0.20	1:50
2		苏博特	JM-IIC	0.60	0.20	1:52
3		山东淄博外加剂厂	NOF-AS	0.55	0.20	8:28
4		苏博特	JM-PCA	0.70	0.20	3:40
5		意大利马贝	X404C	0.60	0.20	3:06
6		上海麦斯特	Glenium26	0.60	0.20	2:45
7		上海建科院	LEX-9H（R）	0.60	0.20	8:12

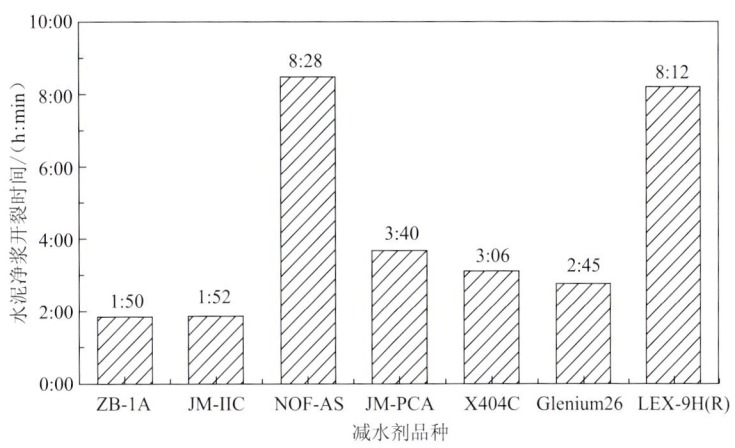

图 5.6　掺不同减水剂时水泥净浆开裂时间柱状图

2. 新拌混凝土性能

萘系减水剂 JM-IIC、ZB-1A 的掺量为 0.60%，控制坍落度、含气量，以相应混凝土配合比拌和物单位用水量为基础，固定单位用水量，调整第三代减水剂掺量，使混凝土拌和物达到基本相同的工作性能，以比较混凝土拌和物各项性能。

1）坍落度损失

采用大坝内部、抗冲磨混凝土配合比进行试拌，控制混凝土拌和物的坍落度基本相当。比较萘系减水剂与第三代减水剂对混凝土坍落度损失的影响，结果见表 5.21 和图 5.7、图 5.8。结果表明：①对于大坝内部混凝土，水胶比为 0.50，掺萘系减水剂 ZB-1A、JM-IIC 时 30 min 坍落度损失分别为 38.1%、35.5%，60 min 分别为 42.4%、51.6%；掺第三代减水剂时混凝土坍落度损失 30 min 介于-8.0%~41.9%，60 min 介于-5.0%~50.0%。其中，X404C 减水剂坍落度损失出现负值，JM-PCA、NOF-AS 减水剂混凝土坍落度损失均小于萘系减水剂，表明该品种减水剂混凝土保塑性优于萘系减水剂，Clenium26、LEX-9H（R）减水剂混凝土坍落度损失与萘系减水剂基本相当。②对于大坝抗冲磨混凝土，水胶比为 0.33，掺萘系减水剂 JM-IIC、ZB-1A 时混凝土坍落度损失 30 min 分别为 37.5%、48.9%，60 min 分别为 55.0%、66.0%；掺第三代减水剂时混凝土坍落度损失 30 min 介于-36.5%~33.3%，60 min 介于-18.2%~49.0%，混凝土坍落度损失均低于萘系减水剂。

表 5.21　掺不同外加剂时混凝土坍落度损失试验结果

序号	水胶比	粉煤灰掺量/%	减水剂		AIR202 掺量/10^{-4}	单位用水量/(kg/m³)	含气量/%	坍落度/cm 和坍落度损失/%		
			品种	掺量/%				0	30 min	60 min
1	0.50	45	JM-IIC	0.6	1.5	83	5.9	6.2 和 0	4.0 和 35.5	3.0 和 51.6
2			ZB-1A	0.6	1.4		5.4	6.6 和 0	4.5 和 38.1	3.8 和 42.4

续表

序号	水胶比	粉煤灰掺量/%	减水剂 品种	减水剂 掺量/%	AIR202 掺量/10⁻⁴	单位用水量/(kg/m³)	含气量/%	坍落度/cm 和坍落度损失/% 0	30 min	60 min
3	0.50	45	JM-PCA	0.7	1.4	83	6.0	5.3 和 0	4.0 和 24.5	3.6 和 32.1
4			Glenium26	0.6	1.4		6.3	5.5 和 0	4.0 和 27.3	3.0 和 45.5
5			NOF-AS	0.45	1.4		5.8	3.6 和 0	2.8 和 22.2	2.2 和 38.9
6			LEX-9H（R）	0.6	1.4		6.5	6.2 和 0	3.6 和 41.9	3.1 和 50.0
7			X404C	0.6	1.5		5.0	6.2 和 0	6.7 和-8.0	6.5 和-5.0
8	0.33	20	JM-IIC	0.6	1.5	120	4.6	4.0 和 0	2.5 和 37.5	1.8 和 55.0
9			ZB-1A	0.6	1.5		5.0	4.7 和 0	2.4 和 48.9	1.6 和 66.0
10			JM-PCA	0.7	1.5		4.3	4.9 和 0	3.3 和 32.7	2.5 和 49.0
11			Glenium26	0.6	1.5		5.6	4.7 和 0	4.4 和 6.4	4.0 和 14.9
12			NOF-AS	0.5	1.5		5.2	3.6 和 0	2.4 和 33.3	2.0 和 44.4
13			LEX-9H（R）	0.6	1.4		6.4	4.5 和 0	4.0 和 11.1	2.7 和 40.0
14			X404C	0.6	1.5		3.9	5.5 和 0	7.5 和-36.5	6.5 和-18.2

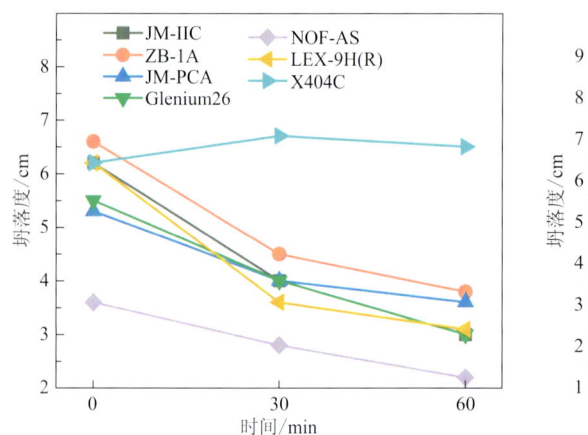 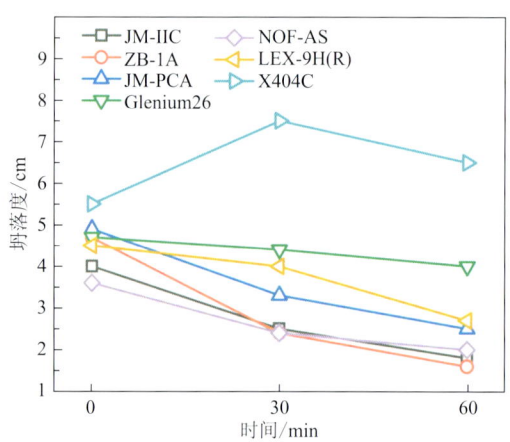

图 5.7　0.50 水胶比、45%粉煤灰掺量的坍落度　　图 5.8　0.33 水胶比、20%粉煤灰掺量的坍落度

综上所述，掺第三代减水剂 JM-PCA、NOF-AS、X404C 的大坝内部混凝土坍落度损失均低于萘系减水剂，掺 Glenium26、LEX-9H（R）减水剂的大坝内部混凝土坍落度损失与萘系减水剂基本相当；而掺第三代减水剂的抗冲磨混凝土坍落度损失均小于萘系减水剂。

2）泌水率

大坝内部、抗冲磨混凝土拌和物泌水率试验结果见表5.22和图5.9。由此可以看出：①对于大坝内部混凝土，在单位用水量一定，拌和物坍落度、含气量基本相当的条件下，除萘系减水剂 ZB-1A 混凝土泌水率（18.3%）偏大外，其他萘系减水剂和第三代减水剂混凝土拌和物泌水率均在 8.4%～13.9%波动，差异不明显。②相比于大坝内部混凝土，抗冲磨混凝土拌和物泌水率明显减小；掺萘系减水剂和第三代减水剂的抗冲磨混凝土拌和物泌水率基本相当，几乎不泌水。

表5.22 混凝土拌和物泌水率试验结果

序号	水胶比	粉煤灰掺量/%	减水剂品种	掺量/%	单位用水量/(kg/m³)	坍落度/cm	含气量/%	泌水率/%
1	0.50	45	ZB-1A	0.6	83	6.6	5.4	18.3
2			JM-IIC	0.6		6.2	5.9	10.0
3			NOF-AS	0.45		3.6	5.8	13.6
4			JM-PCA	0.7		5.3	6.0	10.3
5			X404C	0.6		6.2	5.0	13.9
6			Glenium26	0.6		5.5	6.3	8.4
7			LEX-9H（R）	0.6		6.2	6.5	10.9
8	0.33	20	ZB-1A	0.6	120	4.7	5.0	1.0
9			JM-IIC	0.6		4.0	4.6	0.2
10			NOF-AS	0.5		3.6	5.2	1.1
11			JM-PCA	0.7		4.9	4.3	0.5
12			X404C	0.6		5.5	3.9	1.3
13			Glenium26	0.6		4.7	5.6	0.8
14			LEX-9H（R）	0.6		4.5	6.4	0.0

综上所述，相比于萘系减水剂 JM-IIC、ZB-1A，第三代减水剂对改善混凝土拌和物泌水没有表现出明显优势。

3. 硬化混凝土性能

试验采用大坝基础混凝土配合比，掺不同品种和掺量减水剂的混凝土性能试验结果见表5.23。

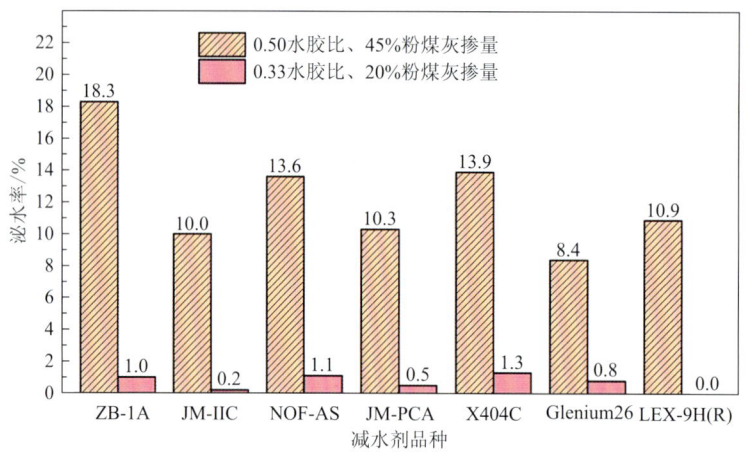

图 5.9 不同减水剂品种下混凝土泌水率

（1）抗压强度、劈拉强度。采用第三代减水剂时混凝土 7 天抗压强度为 11.3～14.0 MPa，28 天抗压强度为 20.5～24.8 MPa，90 天抗压强度为 31.9～36.5 MPa。JM-PCA 抗压强度最低，X404C 抗压强度最高。除 X404C 外，与萘系减水剂相比，其他几种减水剂混凝土抗压强度均不同程度降低。除 JM-PCA 劈拉强度较低外，其他几种减水剂混凝土 7 天劈拉强度与萘系减水剂基本相当。除 X404C 28 天与 90 天劈拉强度、LEX-9H（R）90 天劈拉强度略高外，其他与萘系减水剂基本相当。

（2）极限拉伸值。第三代减水剂混凝土 28 天极限拉伸值为 1.03×10^{-4}～1.12×10^{-4}，平均值为 1.07×10^{-4}，而萘系减水剂的平均值为 0.95×10^{-4}；90 天极限拉伸值为 1.08×10^{-4}～1.31×10^{-4}，平均值为 1.16×10^{-4}，而萘系减水剂的平均值为 1.06×10^{-4}。第三代减水剂混凝土极限拉伸值高于萘系减水剂，所以采用第三代减水剂对混凝土抗裂是有利的。

（3）抗压弹性模量。第三代减水剂混凝土 28 天与 90 天抗压弹性模量试验结果与萘系减水剂基本相当。

（4）抗渗性。第三代减水剂混凝土渗水高度为 49.2～59.3 mm，平均值为 54.1 mm，而萘系减水剂的平均值为 66.7 mm，渗水高度小于萘系减水剂，说明其抗渗性好于萘系减水剂，且所有减水剂混凝土抗渗标号均大于 W10。

为进一步论证第三代减水剂对大坝内部、基础、结构、抗冲磨混凝土性能的影响，采用第三代减水剂 JM-PCA 进行混凝土性能试验，结果见表 5.24。结果表明，采用 JM-PCA 减水剂配制的上述部位混凝土的各项性能均满足相应部位混凝土设计要求。

第 5 章 化学外加剂

表 5.23 第三代减水剂与萘系减水剂混凝土性能对比试验结果

试验编号	浇筑部位	水胶比	粉煤灰掺量/%	减水剂品种与掺量/%	AIR202掺量/10^{-4}	单位用水量/(kg/m³)	坍落度/cm	含气量/%	抗压强度/MPa 7天	28天	90天	劈拉强度/MPa 7天	28天	90天	极限拉伸值/10^{-4} 28天	90天	抗压弹性模量/GPa 28天	90天	抗冻结果 冻融次数	质量损失率/%	相对动弹性模量/%	抗渗结果 渗水高度/mm	抗渗等级评定
F326	基础	0.50	35	ZB-1A 与 0.6	1.3	92	6.2	5.8	13.3	23.7	35.7	1.10	1.70	2.52	1.11	1.12	22.8	29.1	—	—	—	68.3	>W10
F327		0.50	35	JM-IIC 与 0.6	1.3	92	5.0	4.8	13.1	24.3	37.5	1.10	1.65	2.48	0.78	1.00	23.9	29.8	250	1.99	64.15	65.0	>W10
F329		0.50	35	NOF-AS 与 0.5	1.1	92	4.7	6.0	12.1	22.3	33.6	1.07	1.73	2.59	1.12	1.12	24.1	29.3	300	1.60	89.40	49.2	>W10
F330		0.50	35	Glenium26 与 0.6	1.2	92	5.2	6.1	12.3	23.4	33.3	1.04	1.71	2.61	1.07	1.08	24.1	29.2	300	1.33	90.02	50.8	>W10
F331		0.50	35	X404C 与 0.6	1.4	92	6.2	4.8	14.0	24.8	36.5	1.14	1.97	2.85	1.03	1.14	23.3	29.2	300	1.56	86.60	53.7	>W10
F332		0.50	35	LEX-9H(R) 与 0.6	1.0	92	5.5	6.0	11.6	22.3	34.7	1.05	1.72	2.87	1.04	1.15	23.2	28.0	300	1.29	91.10	57.3	>W10
F328		0.50	35	JM-PCA 与 0.7	1.3	92	6.3	6.0	11.3	20.5	31.9	0.95	1.68	2.55	1.07	1.31	22.4	28.9	300	1.71	90.72	59.3	>W10

表 5.24 JM-PCA 减水剂对大坝混凝土影响的试验结果

试验编号	浇筑部位	水胶比	粉煤灰掺量/%	减水剂掺量/%	AIR202掺量/10^{-4}	单位用水量/(kg/m³)	坍落度/cm	含气量/%	抗压强度/MPa 7天	28天	90天	劈拉强度/MPa 7天	28天	90天	极限拉伸值/10^{-4} 28天	90天	抗压弹性模量/GPa 28天	90天	抗冻结果 冻融次数	质量损失率/%	相对动弹性模量/%	抗渗结果 渗水高度/mm	抗渗等级评定
F333	内部	0.50	45	0.7	1.3	83	6.0	6.2	10.7	20.3	32.5	0.94	1.56	2.32	1.04	1.12	22.8	29.2	300	1.50	89.95	64.8	>W10
F328	基础	0.50	35	0.7	1.3	92	6.3	6.0	11.3	20.5	31.9	0.95	1.68	2.55	1.07	1.31	22.4	28.9	300	1.71	90.72	59.3	>W10
F334	结构	0.45	20	0.7	1.1	95	4.9	6.0	19.5	35.0	47.4	1.64	2.37	3.12	1.23	1.36	26.1	31.1	300	0.79	89.97	30.8	>W10
F335	抗冲磨	0.33	20	0.7	1.5	120	5.9	5.0	34.4	52.4	67.2	2.44	3.16	4.22	1.40	1.39	30.0	34.2	300	0.45	92.28	9.2	>W10

5.3 三峡工程对外加剂行业发展的影响

三峡工程共浇筑 2 700 多万 m³ 混凝土，外加剂的需求量巨大，极大地激励了国内外加剂市场的稳定增长，显著推动了外加剂性能的提升及应用技术的发展，主要表现在以下几个方面。

（1）促进了外加剂的更新换代。基于工程需要，外加剂品种及品质均发生了质的飞跃。更新换代过程为木质素磺酸钙减水剂→普通萘系减水剂（减水率 12%）→高效萘系减水剂（减水率＞18%）→PCEs→联掺优质引气剂，混凝土用水量大幅度降低，混凝土拌和性能、力学性能、耐久性等进一步提高，保障了混凝土质量。同时，在实践中提出了外加剂的应用技术，如大坝采用萘系减水剂，高标号混凝土采用 PCEs，该技术思路在大中型水利水电工程建设中一直沿用至今。

（2）提出了根据不同混凝土确定不同含气量的理念。通过控制引气剂掺量，引入不连通的大量微小气泡，从而调控混凝土中的含气量。根据不同部位抗冻耐久性要求，针对性地提出不同部位混凝土的含气量要求，如抗冲磨混凝土含气量 3.5%～4.5%、大坝及其他混凝土含气量 4.5%～5.5%。

（3）提出了外加剂的性能指标要求。三峡工程提出了明确的掺外加剂混凝土的性能指标要求，详情见表 5.3。

（4）明确了外加剂采购要求。三峡工程混凝土使用的外加剂主要有缓凝高效减水剂、缓凝减水剂、引气剂与泵送剂。为了保证外加剂质量，对产品采购进行了规定：①生产厂家必须具有一定的生产规模和科学的生产工艺，有完善的质量保证体系，能保证产品的质量和稳定性；②产品曾在大中型水利水电工程中应用，并取得了良好的技术经济效益；③产品通过正式鉴定；④产品质量满足国家标准和行业标准的技术规定；⑤价格合理。

第 6 章

高耐久性大坝混凝土配合比设计及性能

三峡工程是当今世界最大的水利枢纽工程，三峡大坝是中国首座200 m级混凝土重力坝，混凝土是大坝主体材料，其高抗裂性、高耐久性是大坝长寿命安全运行的根本。但建设之前，中国大坝混凝土遵循以强度为主的传统设计理念，难以兼顾抗裂性、耐久性，导致高混凝土坝普遍存在开裂、渗漏现象，严重时危及大坝安全。并且已有原材料品质低、配制技术差，导致制备的大坝混凝土用水量高、水泥用量大，严重影响抗裂性、耐久性，工程高质量建设面临巨大挑战。

三峡工程大坝混凝土面临如下几个关键技术难题：一是，超大浇筑体积与浇筑强度对混凝土温升防裂、耐久性与强度等多目标协调要求很高；二是，由于资源不断消耗与工程造价等，水工混凝土骨料的选择很受限制，三峡大坝一期工程采用天然骨料，二期工程采用花岗岩人工骨料，有碱活性之嫌，需要杜绝混凝土碱骨料反应的发生；三是，经破碎加工的花岗岩人工骨料颗粒表面粗糙，粒形较差，对混凝土单位用水量有显著影响，如何有效降低混凝土单位用水量、提升混凝土抗裂性和耐久性存在巨大挑战。

针对200 m级混凝土重力坝抗裂性、耐久性关键技术难题，提出了耐久性主导的设计理念，研制了微膨胀中热硅酸盐水泥，开发了Ⅰ级粉煤灰功能化应用技术和高耐久性大坝混凝土制备技术，形成了高耐久性大坝混凝土，保障了三峡大坝的高质量建成。本章总结了由三峡工程大坝混凝土建设形成的高耐久性大坝混凝土设计理念、设计原则与配合比设计方法，并综合分析了大坝混凝土性能，为世界坝工建设提供了参考。

6.1　大坝混凝土配合比设计理念

混凝土的耐久性是指在内部驱动与外部环境多因素作用下，混凝土在设计使用年限内保持其良好性能的能力，它是由材料本身特性和所在服役环境决定的，裂缝、质量损失、强度降低等都是耐久性下降的表现。

根据以往工程经验认为混凝土的力学性能、抗冻性能、抗渗性能等与强度直接相关，即混凝土强度越高，其抗风化、抗渗透、抗侵蚀的能力越好。但其干缩变形、弹性模量、脆性也相应提高，易出现开裂，耐久性下降。由于对混凝土材料的耐久性认识不够，耐久性不足给许多国家尤其是发达国家造成了巨大损失，而且这种损失仍呈日益上升之势。因此，长期以来混凝土的耐久性都是水泥混凝土科学界和工程界最为关注的问题之一，世界各国混凝土材料科研工作者一直致力于提升混凝土结构的耐久性，延长混凝土工程的运行寿命，同时保证混凝土具有足够的强度以安全承受荷载作用。强度与耐久性密切相关，其本质上与混凝土内部微结构有关，对于充分密实的混凝土，水胶比和孔隙率越低，混凝土强度越高，同时，孔隙率越低，抗渗性能越高，相应的耐久性越好。在混凝土中使用高效减水剂、活性矿物掺合料等，可以降低混凝土用水量、孔隙率，改善孔结构，从而提升混凝土的强度与耐久性，配制高性能混凝土。

大坝用混凝土与常规混凝土的性能需求有所不同，其具有大体积、不加筋、长期接触水等特点，水泥水化放热量积聚在混凝土内部不易消散，易产生温度裂缝，固有"无坝不裂"之说。裂缝与渗漏会进一步引发混凝土溶蚀，加速水侵蚀等，尤其是当混凝土坝承受高水压力时，会危及大坝安全。此外，一方面鉴于大坝安全对保障国家水安全、能源安全的重要性，对大坝混凝土耐久性要求高，另一方面水电站一般地处偏远山区，建设条件复杂，服役环境严酷，且大坝混凝土长期承受较大水压力（尤其是高坝），因此大坝混凝土对强度要求不高，但对抗裂性、耐久性等要求较高。大坝混凝土抗裂性和耐久性是本领域长期致力于攻克的科学技术难题，揭示强度、抗裂性、耐久性的根本影响因素，优化强度-抗裂性-耐久性多目标协同作用，需发展耐久性主导的设计理念、设计方法，并进行原材料与混凝土配制技术的创新。

三峡工程的建设举世瞩目，针对混凝土施工速度快、全年连续施工、大坝温控防裂与混凝土结构耐久性更高的要求，率先确立了耐久性主导的大坝混凝土配合比设计新理念，发展了大坝混凝土长期耐久性设计理论。并基于混凝土抗裂性与耐久性关键影响因素，如温升变形、孔结构与化学膨胀反应等，建立具体的混凝土设计原则，引导大坝混凝土耐久性主动设计。耐久性主导的设计理念在后续乌东德水电站、白鹤滩水电站等的高坝混凝土中推广应用，成为我国现代大坝混凝土设计的基本指导原则，引领了行业进步。

6.2 配合比设计方法

6.2.1 配合比设计基本原则

由于水工建筑物工程量大，结构体积大，长期与环境水接触，坝体上游面水位变化幅度大，受干湿循环、冻融循环的破坏作用，过流面受悬移质、推移质及高速水流的冲刷磨损、气蚀，所以水工混凝土与其他行业混凝土在性能要求上有较大区别，混凝土配合比设计时所考虑的因素较多。水工混凝土配合比设计的特点在于除了考虑混凝土所需的强度外，还需考虑导热性、耐久性、施工性能和料场骨料平衡等问题。

混凝土配合比设计要在满足设计要求的强度、表观密度、耐久性与施工和易性的条件下，尽量使水泥用量少。设计混凝土配合比时，应遵循以下原则：

（1）根据工程要求、结构形式、施工条件和原材料情况，配制既满足工作性能、强度与耐久性等要求又经济合理的混凝土，确定各种材料的用量。

（2）合理选择水泥品种及强度等级。

（3）在满足工作性能要求的前提下，应选用较小的单位用水量。

（4）在满足强度、耐久性及其他要求的前提下，选用合适的水胶比。

（5）应选取最优砂率，即所选最优砂率在保证混凝土拌和物具有良好的黏聚性并达到要求的工作性能的条件下用水量最小、拌和物密度较大。

（6）为降低水泥用量及改善和易性，应掺用优质掺合料（粉煤灰等）和外加剂。

（7）选用较大的骨料最大粒径和骨料用量。根据建筑物结构的断面、钢筋布置的稠密程度及施工设备等情况，应尽可能选用较大的骨料最大粒径和较大的骨料用量。

（8）选择较好的骨料级配。骨料级配（包括粗、细骨料各自的级配和砂率）对混凝土的密实性及和易性有较大的影响。

（9）经济性，尽量降低混凝土单价。

混凝土除满足结构要求的强度外，必须满足耐久性要求。一般而言，强度足够的大体积内部混凝土，在通常的情况下都是耐久的。在这种情况下，强度是选择水胶比的主要根据。但当并不需要很高的强度，却因环境条件比较恶劣而要求混凝土具有较高的耐久性时，对耐久性的要求是选择水胶比的主要根据。这时，为了满足耐久性要求，往往规定了水胶比的最大允许值。可以根据建筑物的类型和使用条件，参照有关规范选择水胶比。

混凝土的耐久性与其内部毛细孔隙大小及分布状态有关。而毛细孔隙大小及分布状态与用水量和胶凝材料的水化程度有关。混凝土用水量多，其内部毛细孔隙就多，外部侵蚀性介质（如含有害物的水或气体）渗透至其内部的可能性就会增加，对混凝土的耐久性不利。

在保证混凝土强度、耐久性的前提下，施工和易性也是配合比设计需要考虑的原则之一。

和易性是混凝土拌和物满足施工要求的重要技术性能，它对施工质量有直接的影响。工作性能好的混凝土在施工过程中骨料抗分离性好，泌水少，可获得较高的混凝土强度和耐久性。一个设计适当的配合比必须易于浇筑并能用现有设备振捣密实，易于施工，离析和泌水应降至最小。如果工程需要，应当增加砂浆用量、重新设计配合比来改善工作性能，而不是用单纯增加用水的方法来改善工作性能。用水量增加不仅会降低混凝土强度和耐久性，还会使混凝土拌和物容易离析，因此在满足和易性要求的前提下，尽量降低混凝土的用水量，保持水灰比不变，用水量越少，水泥用量也越少。

在施工许可的条件下，选用尽可能小的坍落度，坍落度越小，用水量越少；骨料最大粒径越大，用水量也越少。同时，骨料的级配好，空隙率小，粗细骨料的比例即砂率合适，混凝土的用水量也少。因此，在施工许可的条件下，应选用较小的坍落度，以及最大粒径较大的粗骨料和最佳的骨料级配以减少混凝土的用水量。

当砂、石骨料和胶凝材料种类不变时，影响和易性的主要因素是用水量、浆骨比、砂率、外加剂品种与剂量。若施工要求调整和易性时，应遵循以下原则：

（1）增加用水量应保持水灰比不变。

（2）浆骨比是水泥浆（或胶材浆液）与骨料之比。增大浆骨比即增加浆液浓度，可以增加拌和物的黏聚性，增加坍落度。

（3）用增减砂率来调整拌和物的稠度。在一定范围内用增减砂率来调整坍落度是有效的。

（4）为了获得理想的和易性，而用水量又不增加时，采用品质优良的外加剂，特别是减水剂，就能达到目的。

在单位体积混凝土中，粗骨料的体积最大，因此，粗骨料的体积密实性直接关系到混凝土的空隙率。混凝土粗骨料的空隙率越小，充填空隙的水泥砂浆用量越少。为了达到最佳的粗骨料体积密实性，应选择粗骨料的最佳级配，使其空隙率减小。

在给定体积的粗骨料或者在骨料级配相近或较好的粗骨料中，粗骨料的最大粒径越大，其表面积和空隙率越小，包裹和充填的水泥砂浆量越少，在同样的用水量条件下，能够获得较好的和易性。但是粗骨料的最大粒径应根据结构物断面尺寸、钢筋间距及施工工艺条件和要求来选定。根据水工建筑物设计的规范要求，混凝土粗骨料最大粒径应不大于结构物断面最小尺寸的 1/4，不大于钢筋最小净距的 3/4，不大于板厚的 1/2。另外，在选择粗骨料最佳级配时，要尽量兼顾骨料开采加工与使用量的关系，使利用率最高，弃料最少。

在满足强度、耐久性及施工和易性要求的前提下，保证可以获得优良工程质量后，降低混凝土成本就是要考虑的问题，所以经济性也是混凝土配合比设计应遵循的基本原则。

混凝土的组成材料中，水泥的用量较少，但成本最高。在满足混凝土技术要求的条件下，应尽量减少水泥的用量，这样不仅可以降低混凝土成本，还可以降低混凝土的水化热温升，从而避免或减少温度变化引起的混凝土开裂。为了减少水泥用量，可用合适的掺合料（如粉煤灰等）取代部分水泥，使用适当的外加剂、较小的坍落度，以及最大粒径较大的骨料和最佳砂率。对于水利水电工程大体积混凝土来说，使用量最多的还是骨料，要降低工程费用，应尽量就地取材。当有天然骨料且其能满足要求时，应优先使用天然骨料；如果得不到合适的天然骨料，应就地开采加工人工骨料。无论是天然骨料，还是人工骨料，都要尽量提高其利用率，减少弃料。配合比设计的经济性还与施工所要求的质量控制指标有关。

很明显，改变混凝土一种组分的用量时必定会影响其他组分的用量。例如，在 1 m³ 混凝土中，减少水泥用量就必定会增加骨料用量。在一定的材料和一定的工程（即结构类型和施工方法已定）条件下，配合比设计受用水量、水灰比和砂率等诸多因素控制。改变混凝土配合比的一个参数，会对混凝土两种互相影响的性能产生相反的作用。例如，增加混凝土的用水量，虽然会增加混凝土的流动性但会降低混凝土的强度。事实上，混凝土的和易性由两个重要部分组成，即稠度（易于流动）和黏性（抵抗离析）。当增加用水量时两者恰恰受到相反的影响，流动性增加的同时黏性减小。

6.2.2 高耐久性大坝混凝土配制难题

20 世纪 90 年代前，中国的大坝混凝土设计以强度为主导，且当时的胶凝材料体系与混凝土配制技术比较滞后，混凝土用水量高、水泥用量大，严重影响抗裂性、耐久性，导致坝体开裂、渗漏等现象屡见不鲜。裂缝与渗漏会进一步引发混凝土溶蚀、加速水侵蚀等，尤其当混凝土坝承受高水压力时，会危及大坝安全，亟须进行设计方法、原材料与配制技术的创新。

高耐久性大坝混凝土设计制备的概念策略框架见图 6.1，主要包括：大坝混凝土特征与性能需求、存在的不足、科学技术挑战、高抗裂性和高耐久性大坝混凝土设计理论、材料研发与混凝土配制、获得的大坝混凝土等，下面介绍大坝混凝土配制的关键难题。

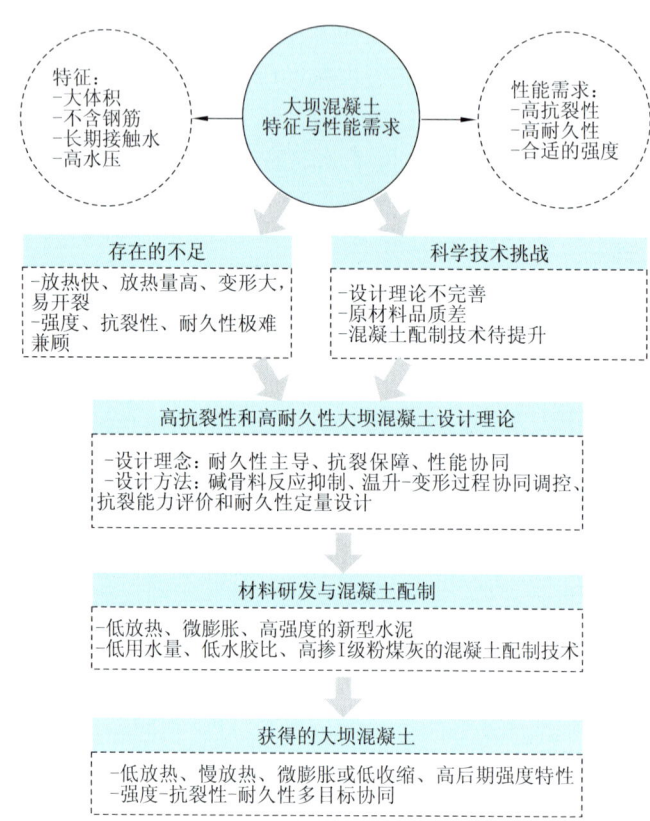

图 6.1　高耐久性大坝混凝土设计制备的概念策略框架

1. 强度与裂缝

混凝土强度的增加依赖水与胶凝材料中的水泥之间的化学反应，形成大量 C-S-H 凝胶、$Ca(OH)_2$、AFt 等水化产物，包裹于砂石表面形成坚硬的水泥石材料，以提供强度。水泥水化会消耗大量水与水泥熟料，造成自身体积收缩、干缩等变形，混凝土易形成裂缝，这是由于其抗拉伸性能较差。水泥水化反应会产生热量，混凝土和骨料排出热量的能力很弱，如果没有排热措施，混凝土内部温度可达 50～70℃，造成内部初始膨胀，且在内外混凝土之间形成温度差，使未加筋的大体积混凝土形成大量温度微裂缝，并可能进一步发展成宏观裂缝。必须控制这些裂缝的发展，以避免结构开裂、渗漏和出现耐久性问题[5, 64-65]。混凝土强度与水泥含量呈现一定的正相关关系，其配制强度越高，水泥含量一般越高，并形成大量水化热，混凝土温控防裂难度很大。因此，大体积混凝土配合比的研究是一种平衡过程，设计目标是提供足够强度的同时形成较低水化热，以减少混凝土早期温升裂缝与收缩变形等。

目前缓解强度与温升变形矛盾的常用方案是降低早期水化热和人工冷却，可尝试使用中热水泥或低热水泥，并掺入适量矿物掺合料等以降低混凝土早期水化热。获得低放热、抗裂性好且强度高的混凝土配合比是不易的。首先，研究水泥的化学性能与制造工艺，以找到控制强度与放热的关键参数；其次，进行大量配合比研究，优化骨料堆积，在保证强度的同时，使之具有低水泥用量、低用水量与适宜的工作性能；再次，进行大量实验室测试，以获得材料硬化后性能与大体积混凝土热学性能；最后是工程现场的施工质量与温控防裂保障。

2. 强度-抗裂性-耐久性多目标协同

混凝土耐久性与微结构密切相关，尤其是孔结构（孔隙率与孔径分布），这是由于强度与耐久性具有相似趋势，混凝土抗裂性与温升变形、自生体积收缩、干缩等密切相关。高抗裂性一般需要适当降低水泥用量以降低水化热，但可能会削弱微结构性能，进而影响耐久性与强度，这具有一定的相互矛盾性。并且，若水泥用量大幅度减少，虽然会降低水化放热，但水泥浆强度很低，其承受内部拉应力的能力也会下降，也可能不利于防裂。此外，大坝混凝土要想获得高耐久性与强度，一般需要适当降低水胶比与单位用水量来获得致密基体，但这可能会导致水泥用量增加，影响温控防裂，进而不利于高抗裂性。

大坝混凝土强度-抗裂性-耐久性多目标协同设计极其复杂，彼此相互影响，是复杂的平衡过程，需加强影响机制研究与突破，并在耐久性主导的大坝混凝土设计理念与方法的指导下，构建材料研发技术与混凝土配制技术。

6.2.3 三峡工程大坝混凝土配合比设计

三峡工程突破传统设计理念，将耐久性作为混凝土设计、制备、施工全过程的主导控制指标，协同力学、变形、热学等性能，形成了一套高耐久性大坝混凝土设计理念与设计方法，以指导高耐久性大坝混凝土设计、制备。三峡工程大坝混凝土配制过程中，形成了"低用水量、低水胶比、高掺Ⅰ级粉煤灰"的配制技术，确定了混凝土原材料及混凝土总碱量，以及抑制碱骨料反应的控制措施，明确了配合比参数选择范围，引导了大坝混凝土耐久性主动设计。

1. 三峡工程大坝混凝土配合比设计采用的创新性技术

（1）基于以耐久性为主导的配制理念，三峡工程混凝土考虑了全粒径配合比设计思路，既包括粉体材料的颗粒相容，又重视粗细骨料的级配填充。水泥和粉煤灰胶凝粉体材料的颗粒性能指标见表6.1。Ⅰ级粉煤灰对混凝土主要发挥颗粒形态效应、火山灰效应和微集料效应。Ⅰ级粉煤灰颗粒较细，可以改善胶凝材料的颗粒级配，使填充胶凝材料孔隙的水量减少，因而也降低了混凝土用水量。Ⅰ级粉煤灰水化反应的表面积比Ⅱ级粉煤灰大，火山灰反应更充分。

表 6.1　胶凝粉体材料的颗粒性能指标

项目	细度/%	表观密度/(kg/m³)
中热水泥	3.7	3 200
Ⅰ级粉煤灰	8.2	2 400

为提高混凝土密实性，配合施工过程中的塔带机长距离输送，减少四级配混凝土的粗骨料分离，经过粗细骨料级配、砂率调整，以及石粉含量的优化等一系列研究，形成了"降低特大石比例、调整最大骨料粒径、控制超径、降低砂率"等混凝土配合比调控技术措施，提出了适用于塔带机浇筑的混凝土控制指标。

（2）采用有微膨胀性质的中热水泥，降低混凝土收缩变形与温升变形。在混凝土配合比试验中发现，有部分混凝土出现了收缩，且现场也出现类似情况。为解决这一问题，利用水泥中方镁石后期水化体积膨胀的特点，来补偿混凝土降温阶段的体积收缩，根据试验资料、国内研究成果及其他工程经验，提出中热水泥熟料 MgO 质量分数宜控制在 3.5%～5.0%范围。从三峡二期工程开始，混凝土使用的就是这种中热水泥。通过室内校核试验发现，混凝土均为微膨胀型。这项措施对减少混凝土裂缝具有重要意义。

（3）在混凝土中掺用优质Ⅰ级粉煤灰，以减少用水量并降低温度。将粉煤灰作为大坝混凝土的掺合料在国内外已是成功的经验，在国内过去主要应用Ⅱ、Ⅲ级粉煤灰，目的在于节约水泥，并改善混凝土施工和易性。而三峡工程采取了常用措施后花岗岩人工骨料混凝土单位用水量仍高达 110 kg/m³（四级配）。为减少混凝土单位用水量、提高大坝混凝土的耐久性，三峡工程采用具有固体减水剂之称的Ⅰ级粉煤灰，并首次将Ⅰ级粉煤灰作为功能性材料规模化掺用。

Ⅰ级粉煤灰微珠的质量分数在 90%以上，小于 10 μm 颗粒的质量分数为 40%，硅铝氧化物的质量分数高达 80%左右，因而具有较高的活性，由于Ⅰ级粉煤灰颗粒细、烧失量低、需水量比小，在混凝土中掺 20%Ⅰ级粉煤灰的减水率可达 10%，掺 40%Ⅰ级粉煤灰的减水率可达 14%左右。

三峡工程混凝土掺Ⅰ级粉煤灰可大大改善混凝土的和易性，因为Ⅰ级粉煤灰中的微珠在混凝土中起"轴承"作用，易于振捣，粉煤灰掺量越多，所需振捣时间越短，这对胶凝材料用量少的人工骨料大坝混凝土来说更为重要。增加了混凝土的密实性就是提高了混凝土的耐久性。

掺Ⅰ级粉煤灰的混凝土利用其活性高的特点和水泥水化产物生成稳定的、具有一定强度的物质，避免了由 $Ca(OH)_2$ 结晶产生的内应力，使混凝土各种性能在后期还能得到继续发展。掺Ⅰ级粉煤灰，还能抑制碱骨料反应，改善混凝土体积变形的稳定性；节约水泥效果更明显，可进一步降低混凝土的温升，有利于防止温度裂缝；有明显的减水作用，大大减少了混凝土干缩，从而减小了干缩应力，避免出现和减少干缩裂缝。因此，选用Ⅰ级粉煤灰是三峡工程的一项重大举措。

（4）坚持选用品质优良的高效减水剂。在混凝土中是选用高效减水剂还是选用普通减水剂主要是根据混凝土减水和综合性能的需要，而不只是根据强度的需要，不能片面地认为只有高强混凝土才需要掺高效减水剂。例如，在大坝混凝土中以内部混凝土强度最低，而内部混凝土由于对温升的严格要求，希望胶材用量不能过高，否则温控和耐久性难以过关，要控制胶材用量，必须把用水量减到合理的范围。对于三峡工程花岗岩人工骨料混凝土而言，只有掺高效减水剂才能达到有效减水的目的。但在外加剂优选及混凝土配合比选择试验中，大量试验结果均表明，即使采用达到国家标准一等品要求的高效减水剂（减水率在 14%左右），混凝土单位用水量仍不理想，四级配混凝土单位用水量仍在 100 kg/m^3 以上。在进一步优选外加剂之后，确定了品质更好、减水率更高的高效减水剂（减水率达 20%左右），混凝土单位用水量才有明显降低，通过与引气剂和 I 级粉煤灰的联合掺用，可使四级配混凝土单位用水量降到 85 kg/m^3 左右，有效地解决了花岗岩人工骨料混凝土用水量高的难题。为此，中国长江三峡工程开发总公司（现已更名为中国长江三峡集团有限公司）已明确提出，只有减水率在 18%以上，且其他品质满足国家标准一等品要求的高效减水剂才可用于大坝及电站厂房人工骨料混凝土。这是降低混凝土用水量的一个非常重要的措施，为配制高性能大坝混凝土奠定了基础。

（5）基于骨料堆积密实、粉煤灰、外加剂对混凝土拌和物的减水效能规律及叠加减水机理，提出了"全粒径填充密实+I 级粉煤灰+高效/高性能减水剂+引气剂"多路径叠加减水方法，解决了花岗岩人工骨料混凝土用水量高的难题，改善了混凝土性能，推动了 I 级粉煤灰功能性、规模化应用。

（6）坚持在混凝土中掺引气剂，以提升耐久性并降低单位用水量。这是提高混凝土耐久性、抗裂性和工作性能的一项重要措施。由于在混凝土中掺了引气剂，优选出的混凝土配合比不但满足设计对抗冻耐久性的要求，而且大部分混凝土都能满足国内有关规范最高的 300 次冻融循环要求。通过优选混凝土配合比的试验研究发现，不掺引气剂的混凝土，即使水胶比降至 0.35，抗冻耐久性也很低，难以达到设计要求。由此可见，在混凝土中掺引气剂是保证三峡工程大坝混凝土耐久性和使用寿命的重要措施。

（7）坚持采用降低水胶比、增加粉煤灰掺量的技术路线，以降低混凝土孔隙率与优化孔径分布。众所周知，水胶比是影响混凝土强度和耐久性的重要因素。水胶比越大，混凝土孔隙率越大，强度越低，耐久性越差。从混凝土内部孔结构分析，混凝土强度和耐久性不仅与孔隙率有关，更重要的是与孔径的大小、孔形和孔的排列方向关系更大。混凝土中孔径大于 200 nm 的为多害孔，孔径为(50, 200] nm 的为有害孔，孔径为(20, 50] nm 的为少害孔，孔径小于 20 nm 的为无害孔。掺粉煤灰的作用是可细化、匀化混凝土孔结构，可使有害孔变为少害孔，少害孔变为无害孔，特别是掺 I 级粉煤灰，由于其微珠效应和减水效果，改善混凝土孔结构的作用更为突出。增加粉煤灰掺量可以明显提高混凝土后期性能。优化出的混凝土配合比均能满足设计提出的混凝土性能指标要求，说明这一技术路线是可行的。与大水胶比、少粉煤灰掺量相比，采用小水胶比、大粉煤灰掺量在经济上也会有好处。

（8）严格限制原材料的碱质量分数和混凝土总碱质量浓度，以杜绝碱骨料反应破坏的发生。由于对三峡工程混凝土耐久性特别重视，为防止出现类似于法国桑本坝建成 50

年后发生的碱骨料反应破坏，对三峡工程水泥和混凝土中的碱质量分数进行了严格控制，中热水泥熟料碱质量分数不得超过 0.5%，水泥碱质量分数不得超过 0.6%。采用天然骨料、花岗岩人工骨料配制的混凝土总碱质量浓度应分别小于 2.0 kg/m³ 与 2.5 kg/m³。中热水泥熟料碱质量分数限值已严于国家标准要求，混凝土中碱质量分数限值与国外相比也是严格的。上述限制可以确保三峡工程大坝混凝土不会发生危害性碱骨料反应，保证了三峡工程混凝土的长寿命。

（9）部分混凝土设计龄期优化。在水工混凝土中适量掺加粉煤灰等矿物掺合料，一方面可以减少水泥用量，从而降低混凝土早期温升速度和混凝土最高温度，减小水工混凝土开裂风险；另一方面，可以使水泥水化反应的产物更稳定，提高混凝土耐久性。但是，掺粉煤灰混凝土的早期强度略低，后期强度发展加快，如果按照不掺粉煤灰混凝土的 28 天设计龄期，为满足混凝土早期强度的配制要求，需要降低水胶比，增加水泥用量，这会提高工程成本，还会造成后期强度的过大富余。

水工混凝土建筑物结构类型多，同一建筑物不同部位的性能指标要求不同，掺粉煤灰混凝土的强度设计龄期主要根据建筑物类型和具体承载时间确定。同时，为了充分利用粉煤灰的后期性能优势，在保证设计要求的条件下，三峡工程部分混凝土由 28 天延长至 90 天设计龄期，获得了较好的技术经济效果。相关成果纳入标准《粉煤灰混凝土应用技术规范》(GB/T 50146—2014)、《水工混凝土掺用粉煤灰技术规范》(DL/T 5055—2024)。

不同粉煤灰掺量的混凝土抗压强度和抗压强度增长率见图 6.2、图 6.3，与未掺粉煤灰的混凝土相比，掺粉煤灰的混凝土 28 天龄期之前的抗压强度较低，90 天龄期抗压强度差距减小，180 天龄期抗压强度基本接近，这主要得益于粉煤灰的持续火山灰活性，另外来源于粉煤灰的水化产物更致密和对混凝土内部孔隙的改善，随着水化的进行，在有足够 $Ca(OH)_2$ 补充和潮湿条件下，掺粉煤灰的混凝土仍能有较大的抗压强度增长。粉煤灰掺量越大，后期抗压强度增长越多，粉煤灰的后期水化弥补了水泥后期抗压强度增长率低的问题，起到了时空互补作用。

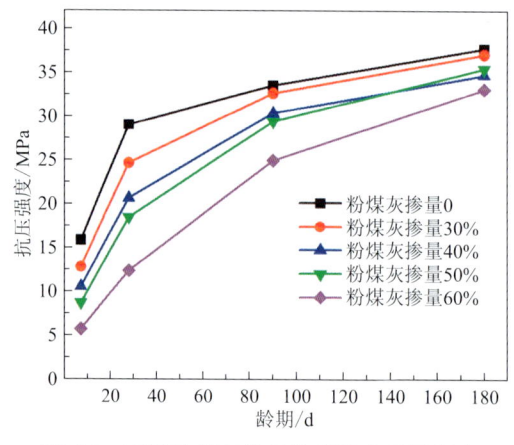

图 6.2　不同粉煤灰掺量的混凝土抗压强度

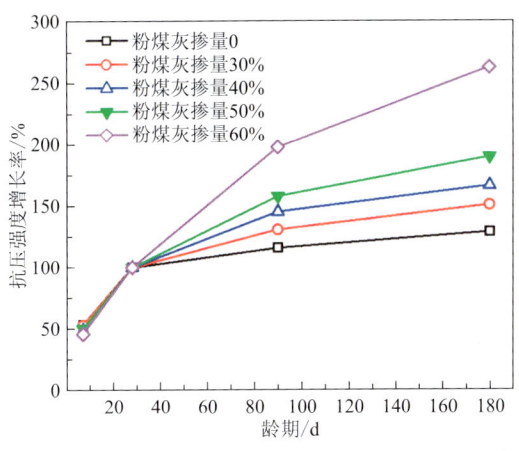

图 6.3 不同粉煤灰掺量的混凝土抗压强度增长率

三峡工程通过优化部分混凝土设计龄期,充分利用了粉煤灰抗压强度后期增长优势,保障了抗冻、抗渗及抗碳化等耐久性能,不仅满足了工程技术要求,还减少了胶材用量,降低了工程经济成本。同时,针对掺粉煤灰混凝土的早期抗压强度略低的情况,注意配套合适的养护制度,以保证大掺量粉煤灰混凝土抗压强度的长期发展。

对于板、梁、柱等结构尺寸较小,且要求尽早承受荷载的结构混凝土,其本身掺合料掺量较小,28 天龄期之后强度增长幅度较小,因此这类混凝土采用 28 天龄期强度进行配合比设计是合适的。但对于部分结构尺寸较大、施工期及实际承载龄期较长、受力时间较晚的混凝土,如果采用 28 天龄期强度进行配合比设计,则会出现混凝土水泥用量偏高、混凝土温升速度较快且峰值较高的情况,进而导致混凝土裂缝较多的不利后果。此时就可以充分利用掺矿物掺合料(如粉煤灰、磷渣粉、火山灰质材料等)混凝土的后期强度,采用 90 天、180 天甚至更长龄期的强度进行配合比设计。对于掺有没有活性或活性不高的矿物掺合料(如石灰石粉等)的混凝土,由于其 28 天龄期之后强度增长幅度较小,宜采用 28 天龄期强度进行配合比设计。

2. 高耐久性大坝混凝土设计方法

在高耐久性大坝混凝土设计新理念与三峡工程混凝土配合比设计创新性技术的指导下,总结并建立高耐久性大坝混凝土设计方法,包括碱骨料反应抑制方法、温升-变形过程协同调控方法、抗裂能力评价方法与耐久性定量设计方法,以完善高耐久性大坝混凝土设计理论。

1)碱骨料反应抑制方法

为了防止混凝土产生碱骨料反应破坏,对混凝土碱含量提出要求,通过碱溶出量测试可知(图 6.4),水泥、减水剂、引气剂、粉煤灰最大碱溶出量可计算为 100%、100%、100% 与 20%。结合大量试验研究与工程应用效果,提出了"双控高掺"碱骨料反应抑制方法,即原材料碱含量控制、混凝土总碱量控制与高掺粉煤灰等活性组分。

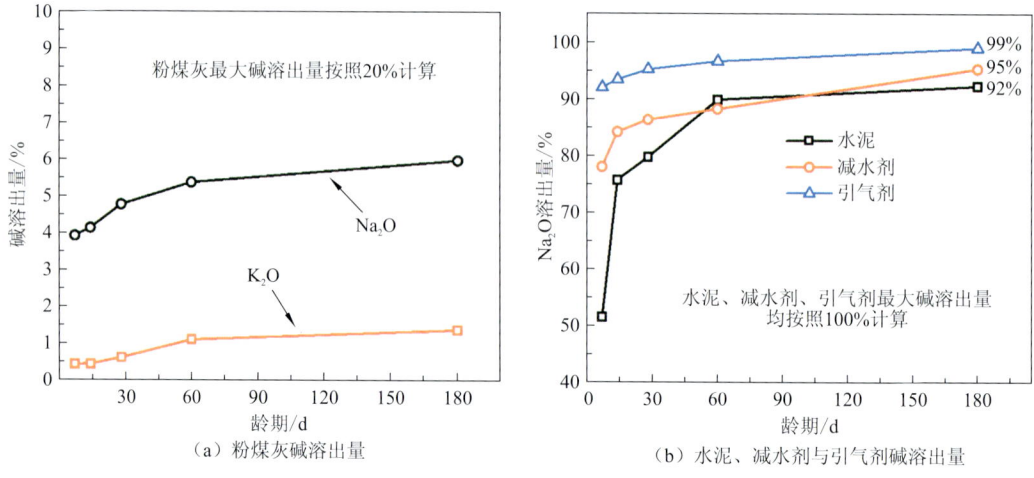

图 6.4 混凝土原材料碱溶出量

2）温升-变形过程协同调控方法

在温降收缩产生的拉应力作用下，大坝混凝土很容易产生微裂缝，导致坝体开裂、渗漏，大幅加速外部环境破坏，削弱坝体承载力。为此，基于混凝土温升-变形性能研究，证实胶凝材料放热历程调控方法与增膨减缩方法可有效协同调控混凝土温升-变形过程。

第一，胶凝材料放热历程调控方法。其可通过改变水泥中的矿物组成与粒径细度来改善水泥放热性能，水化热的减少可通过减少 C_3A 与增加 C_4AF、减少 C_3S 与增加 C_2S 来实现。此外，水化放热也受水泥细度、水化温度和水灰比的影响，但影响程度较小。粉煤灰等矿物掺合料被证实可有效降低混凝土早期水化热与收缩变形，以低放热、慢放热为目标，采取水泥源头降热复掺粉煤灰等优质活性掺合料的放热历程调控方法，指导胶凝材料体系放热历程调控，获得协同热学、力学等性能的中热水泥+高掺粉煤灰胶凝材料体系，见图 6.5（a）与（b）。

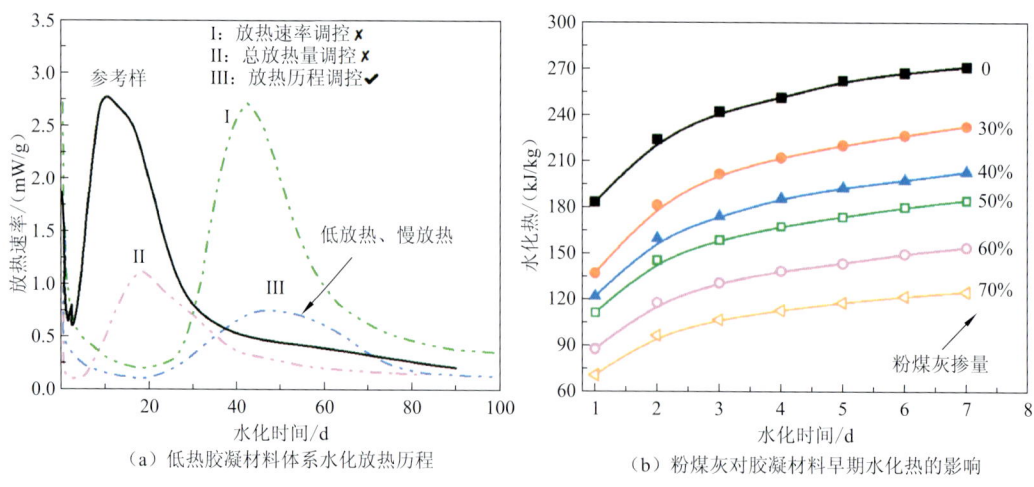

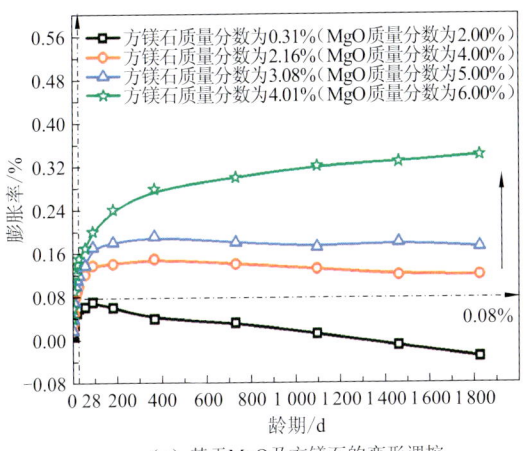

（c）基于MgO及方镁石的变形调控

图6.5 微膨胀胶凝材料体系放热-变形历程调控

第二，基于膨胀源的定向增膨减缩方法。实际工程中完全通过温度控制是无法避免混凝土开裂的，混凝土以各种方式发生收缩变形，如温降变形、自生体积收缩、干缩、徐变等，还和基体抗裂能力有关。为了尽可能多地修复裂缝，可在水泥中添加膨胀源，利用增膨减缩思路，制备微膨胀特性混凝土。MgO具有水化过程缓慢、水化产物稳定、持久膨胀等特性，与水工大体积混凝土长期温降和体积收缩过程相匹配。基于水泥膨胀源及其水化膨胀特性、规律与作用机制研究，形成MgO及方镁石质量分数和尺寸的定向增膨减缩方法，可实现大坝混凝土膨胀量、膨胀历程的可控设计[图6.5（c）]。与上面形成的中热水泥+高掺粉煤灰胶凝材料体系，形成具有低温升、微膨胀特性的低热高镁胶凝体系，可协同调控混凝土温升-变形过程。

3）抗裂能力评价方法

混凝土是一种脆性材料，其抗拉强度远小于抗压强度，当基础约束和内外温差较大时，大体积混凝土很容易产生裂缝。混凝土开裂是很多因素综合影响的结果，如绝热温升、干缩、徐变等，其中大坝混凝土水胶比一般较大（水胶比为0.45~0.7），干燥收缩对其变形影响较大。

Nevilile[66]建立了基于经验的混凝土干缩变形模型：

$$S_c = S_p(1-g)^n \tag{6.1}$$

式中：S_c与S_p分别为混凝土与浆体的干缩变形；g为骨料的体积占比；n为估测值，取1.2~1.7，与骨料和浆体弹性模量有关。但式（6.1）的物理意义不明确，郑丹等[67]在此基础上考虑骨料粒径和含量、浆体和骨料的弹性模量与收缩变形等因素提出了修正后的模型，见式（6.2）与式（6.3）。

$$S_c = \frac{(S_p - S_g)(\lambda + 1)}{\lambda + (1+g)/(1-g)} + S_g \tag{6.2}$$

$$\lambda = E_p / E_g \tag{6.3}$$

式中：S_g 为骨料干缩变形；E_p、E_g 分别为浆体与骨料的弹性模量。

大坝混凝土本身的抗裂性能不仅受各种变形影响，还与自身的抗拉强度、极限拉伸值、拉伸弹性模量、热学性能等特性有关，李文伟和理查德·W·伯罗斯[5]、李文伟等[68]提出了基于等效体积变形的混凝土抗裂能力评价方法，见式（6.4）。

$$D_{eq} = w_1\varepsilon_p + w_2 R_L C_c + w_3 G - w_4 \alpha T_r - w_5 \varepsilon_s \tag{6.4}$$

式中：D_{eq} 为混凝土抗裂能力指数，10^{-6}；ε_p 为混凝土极限拉伸值，10^{-6}；R_L 为混凝土轴向拉伸强度，MPa；C_c 为混凝土徐变度，10^{-6}/MPa；G 为混凝土自生体积变形（膨胀取正，收缩取负），10^{-6}；T_r 为混凝土绝热温升，℃；α 为混凝土线膨胀系数，10^{-6}℃$^{-1}$；ε_s 为混凝土干缩率，10^{-6}；$w_1 \sim w_5$ 为权重值，由具体混凝土配合比确定。

水泥温升越低，D_{eq} 越大，混凝土抗裂能力越高；水泥膨胀变形越大，D_{eq} 越大，混凝土抗裂能力越高，见图 6.6。基于等效体积变形的混凝土抗裂能力评价方法，可以指导大坝混凝土高抗裂设计。

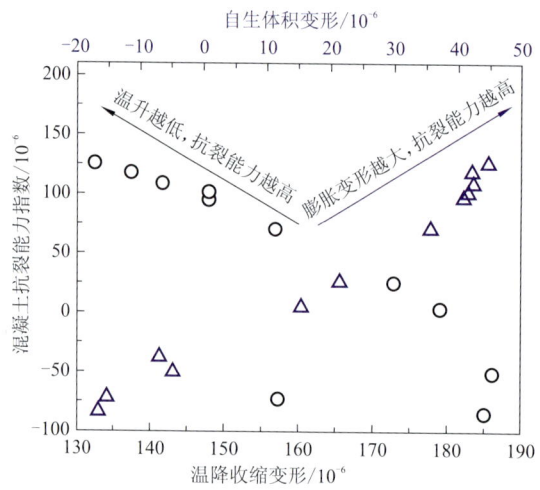

图 6.6 混凝土抗裂能力指数与自生体积变形、温降收缩变形的关系

4）耐久性定量设计方法

大坝混凝土长期接触水，其外部环境作用通常与水相关，如冻融循环、温度湿度交变循环、溶蚀等，大量实验室研究与工程实践表明，混凝土耐久性与孔结构（孔隙率与孔隙分布）直接相关，本节提出孔结构耐久因子新概念并将其作为耐久性定量设计指标，孔结构耐久因子的计算方法见式（6.5）。

$$P = \beta_1 P_1 + \beta_2 P_2 + \beta_3 P_3 \tag{6.5}$$

式中：P 为孔结构耐久因子；P_1 为孔径<20 nm 的孔占比；P_2 为孔径为 20~50 nm 的孔占比；P_3 为孔径>50 nm 的孔占比；$\beta_1 \sim \beta_3$ 为权重值。

由试验与计算可知，混凝土孔结构耐久因子 P 与电通量呈现出近似线性的正相关关系，见图 6.7，且当电通量不大于 1 000 C 时，可认为混凝土具有优异耐久性，即 $P \geqslant 4.5$。这样就建立起了大坝混凝土耐久性与孔结构的定量关系，并提出了高耐久性定量设计指标，可指导高耐久性混凝土微结构设计。

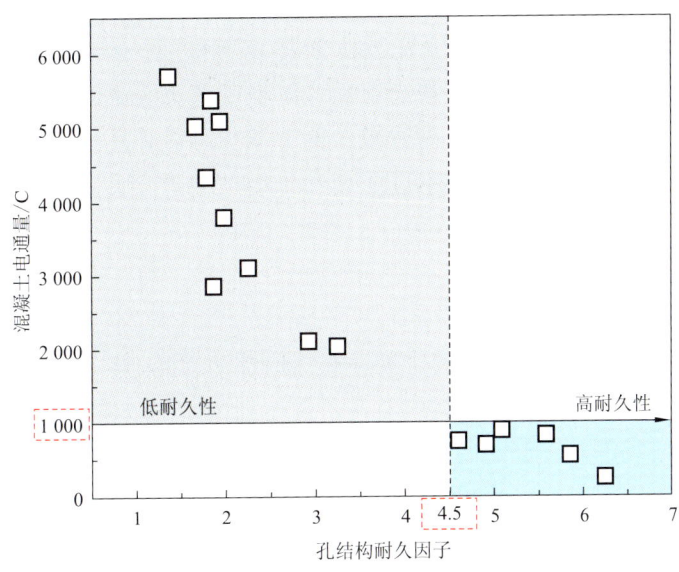

图 6.7　孔结构耐久因子与电通量的关系

3. 原材料相容性问题

混凝土配合比设计除了考虑混凝土强度、耐久性之外，还应注重其工作性能，水泥等胶凝材料与减水剂的相容性是影响混凝土工作性能的重要因素。水泥与外加剂的相容性不好可能是外加剂、水泥品质的原因，也可能是由使用方法不当造成的，或者是由几种因素共同作用引起的。在实际工作中，若不能分析出确切原因，容易引起各方的争议。

1）水泥与外加剂相互作用

外加剂也是制备先进水泥基材料的关键材料和重要的技术手段，其不仅能显著提高混凝土的力学性能，还能大幅度提高混凝土的抗渗性，改善混凝土材料的耐久性。在混凝土高性能化过程中，化学外加剂对混凝土高性能化所起的作用是不可替代的。

长期以来，外加剂的研究和应用极大地推动了混凝土技术的进步，促进了建筑施工技术的现代化进程。但对外加剂作用机理等基础理论的研究一直落后于应用实践。随着新品种外加剂的出现和应用的普及，许多问题得不到合理的解释，如外加剂与水泥之间的各种物理化学现象及水泥与外加剂的适应性问题等。

外加剂与水泥相互作用的基础是外加剂在水泥颗粒上发生了吸附现象，吸附改变了水泥颗粒的表面电特征、表面水化膜层和水化速率等一系列表面物理化学性质。以高效减水剂为例，根据现有的研究，高效减水剂吸附在水泥颗粒上后通过如下一个或几个方面对水泥起到分散塑化作用。①水泥颗粒表面吸附外加剂后使水泥颗粒带有相同的负表面电位，表面电位绝对值增加，水泥颗粒表面产生的静电斥力使固体颗粒分散；②外加剂吸附层产生的立体空间位阻作用使水泥颗粒分散；③破坏水泥浆体中的絮凝结构，释放出其中的水分使自由水量增加；④改变水化产物的形貌等有助于水泥混凝土流动性的改善；⑤搅拌水的表面张力减小引起水泥颗粒分散/引气作用；⑥在水泥颗粒表面形成一层润滑膜；⑦溶入搅拌水的钙离子被捕捉后，降低了钙离子的浓度，抑制了阿利特的水化。水泥粒子的分散可以说是由高效减水剂中承担分散作用的成分吸附在水泥粒子表面而产生的静电斥力、高分子吸附层的相互作用产生的立体斥力及水分子的润湿作用引起的。

2）胶凝材料与外加剂的适应性

高效减水剂与混凝土各组成材料之间存在适应性的问题，其中水泥受到的影响最大。水泥的适应性是指将外加剂掺入水泥中看是否能达到预期的效果，如果能达到则为适应性好，反之则为适应性差。普遍认为，减水剂的减水机理主要是提高颗粒相互之间的空间排斥能力，将其掺入水泥中，其吸附在水泥颗粒的表面，会在水泥颗粒表面产生一系列的反应，这些反应会使水泥颗粒间的凝聚力减小，起到分散水泥颗粒的作用，在加水初期使水泥释放出凝聚体内的游离水，从而达到减水的目的。水泥和高效减水剂的适应性与水泥熟料矿物中 C_3A 的多少、总碱量、细度、硫酸钙的形态及掺量有很大关系。水泥中 C_3A 含量越少、初凝时间越长，水泥与高效减水剂的适应性越好。

一般来说，粉煤灰细度越小，与高效减水剂的相容性越好。这是因为粉煤灰具有较好的活性效果，细度越小的粉煤灰玻璃微珠越多，其流动性会越好。同时，粉煤灰越细，比表面积就越大，它的堆积密度也随之增大，因而可置换出更多的填充水。比表面积越大，对高效减水剂起的载体作用越大，能降低其饱和点，从而使水泥与高效减水剂的相容性得到较大的改善。虽然较细的粉煤灰会对水泥与高效减水剂的相容性起到较好的作用，但若粉煤灰的细度太小，会给相容性带来负效应。这是因为细度很小的粉煤灰拥有较大的比表面积，使得颗粒的吸附能力增强，形成絮状结构的趋势增大，会给水泥与高效减水剂的相容性带来影响。高效减水剂在水泥中掺量的饱和点受水泥细度的影响，水泥细度越细，比表面积越大，则其达到饱和点所需的高效减水剂掺量越多。

引气剂也是水工混凝土常用的外加剂之一。混凝土的原材料对引气剂的含气量影响较大，不同的水泥品种及用量均使含气量产生差别，复合型水泥使含气量降低较大；水灰比减小到一定程度，水泥用量增加到一定程度时，新拌混凝土会变黏稠，也会使含气量降低；砂子种类影响含气量大小，人工机制砂粗糙的表面、多棱角、石粉含量等特点会使用水量提高，含气量降低，引气剂掺量需增加几倍以上；粉煤灰的质量影响含气量的大小，有的劣质粉煤灰会大大降低含气量，要想满足含气量的设计指标，必须增加引气剂的掺量，这是施工中常用的办法之一。

6.3　三峡工程大坝混凝土性能

由于三峡工程的重要性，混凝土性能试验由中国水利水电科学研究院和长江科学院两家单位共同承担平行试验，中国长江三峡工程开发总公司（现已更名为中国长江三峡集团有限公司）对试验结果进行分析。系统研究了三峡工程混凝土力学、变形、热学及耐久性的发展规律，配制出抗冻指标最高达 F1250 的高耐久性混凝土，并全面提升了混凝土性能，保障了三峡大坝的"千年大计"。

6.3.1　早期工作性能

1. 拌和物用水量

新拌混凝土和易性的好坏直接关系到施工的难易程度和施工质量，三峡工程混凝土自二阶段起均有良好的和易性，适于施工作业，能满足施工质量的要求。三峡工程各阶段混凝土单位用水量变化见图 6.8。

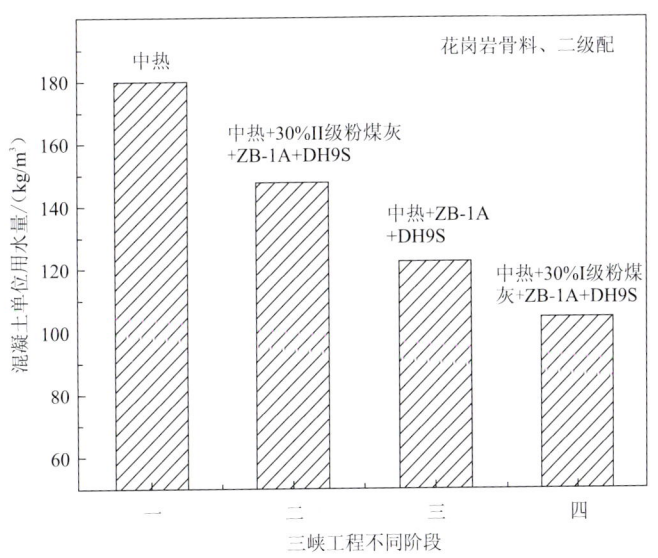

图 6.8　三峡工程各阶段混凝土单位用水量变化

通过采用优质 I 级粉煤灰、高效/高性能减水剂、优质引气剂联掺的多路径叠加减水方法，混凝土易于振捣成型；在粉煤灰的解絮及吸附作用与微气泡的界面张力作用下，混凝土的黏聚性得到改善，其结构更趋均匀、稳定、不离析，并且保水性较好，基本上不泌水。

2. 热学性能

混凝土热学性能包括混凝土的绝热温升、比热容、导温系数、导热系数。热物理性能对大体积混凝土十分重要，是坝体温度应力和裂缝控制计算的重要参数，混凝土绝热温升与配合比关系很大，是优化混凝土配合比的重要根据之一，其他热物理性能与混凝土所用材料的性能有关，特别是与用量占混凝土80%左右的骨料关系很大，混凝土配合比对热物理性能也有一定影响。

对于大坝混凝土，在满足设计指标的条件下，力求混凝土具有较小的绝热温升以避免产生温度裂缝，影响混凝土耐久性。影响混凝土绝热温升的因素很多，主要是胶凝材料用量和水泥品种。大坝混凝土的热学性能试验结果见表6.2。

表6.2 大坝混凝土的热学性能试验结果（平均值）

编号	工程部位	混凝土标号	水泥品种	水胶比	水泥用量/(kg/m³)	粉煤灰用量/(kg/m³)	绝热温升/℃	比热容/[J/(kg·℃)]	导温系数/(10⁻³ m²/h)	导热系数/[kJ/(m·h·℃)]
1	内部	$R_{90}150$		0.55	99	53	19.9	910	2.59	6.23
2	水位变化区	$R_{90}250$		0.50	134	34	23.4	919	2.68	6.13
4	基础	$R_{90}200$	葛中热	0.50	116	50	21.4	907	2.98	6.73
6	内部	$R_{90}150$		0.50	98	66	20.4	850	2.98	6.55
9	水位变化区	$R_{90}250$		0.45	128	55	22.9	903	3.02	6.79
10	基础	$R_{90}200$	葛低热	0.50	146	26	22.4	903	3.00	6.85
11	内部	$R_{90}150$		0.50	128	43	19.0	929	3.05	7.24

注：葛中热、葛低热分别表示葛洲坝水泥厂生产的中热水泥、低热水泥。

结果表明，大坝内部中热水泥混凝土绝热温升平均为20.2℃，基础为21.4℃，水位变化区平均为23.2℃，这种趋势与混凝土中水泥用量是相吻合的。如果将1号和6号与11号相比（后者用的是低热水泥），中国水利水电科学研究院试验结果中低热水泥28天绝热温升比中热水泥低，长江科学院试验结果相反，低热水泥28天绝热温升高于1号而与6号持平。

总地来讲，大坝内部混凝土28天绝热温升20℃左右、基础混凝土28天绝热温升21℃左右还是比较低的，有利于温控。4号和10号是两个基础混凝土配合比，后者是用低热水泥拌制的，这两种混凝土，长江科学院与中国水利水电科学研究院的试验结果，都是低热水泥28天绝热温升高于中热水泥，相差幅度在0.8～1.2℃，如果从绝热温升考虑4号（用中热水泥）优于10号（用低热水泥），因为基础混凝土对温度的要求也是严格的；2号和9号是水位变化区混凝土，两者用的都是中热水泥，因为9号混凝土水泥用量比2号要少6 kg/m³，粉煤灰用量多21 kg/m³，从理论上分析，9号混凝土绝热温升应与2号基本持平。混凝土绝热温升是坝体温度应力和裂缝控制计算的重要参数，但不是唯一参数，除绝热温升外还要考虑混凝土的强度和弹性模量等参数，在早期由于混凝土弹性模量低，在一定温差条件下温度应力也不会大，特别是在混凝土还没有拆模并处于升温阶段时一般不会产生裂缝。

混凝土导热系数偏大，热膨胀系数相应偏小，主要由花岗岩骨料的影响所致。与其他花岗岩骨料工程如大岗山水电站、金沙水电站相比，三峡工程大坝混凝土绝热温升低，有利于提高工程结构的抗裂能力，如图6.9所示。

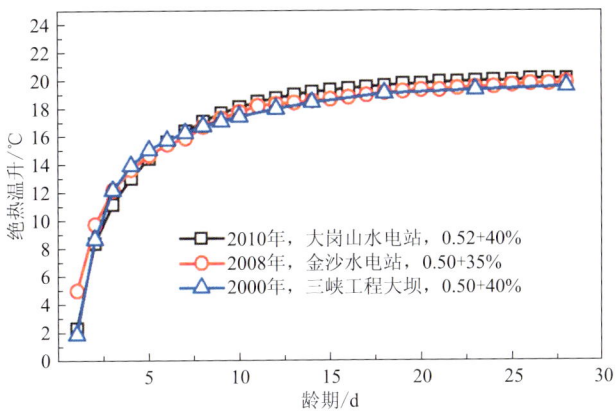

图 6.9 花岗岩骨料工程混凝土绝热温升对比

0.52+40%表示 0.52 水胶比和 40%粉煤灰掺量

6.3.2 力学性能

1. 强度时变规律

两个试验单位得到的大坝混凝土抗压强度和抗压强度增长率平均值见表 6.3，为了便于按相同水胶比和不同粉煤灰掺量对抗压强度增长率和拉压强度比进行分析，整理成表 6.4，这样可以明显地看出粉煤灰掺量对抗压强度及其增长率的影响。不同粉煤灰掺量、不同龄期混凝土抗压强度与水胶比的关系见图 6.10。

表 6.3 大坝混凝土抗压强度和抗压强度增长率（平均值）

编号	工程部位	混凝土标号	水胶比	粉煤灰掺量/%	抗压强度/MPa				劈拉强度/MPa				抗压强度增长率/%			
					7天	28天	90天	180天	7天	28天	90天	180天	7天	28天	90天	180天
1	内部	$R_{90}150$	0.55	35	12.0	18.5	25.8	32.2	0.68	1.23	1.80	2.56	64.9	100	139.5	174.1
6			0.50	40	13.0	21.2	30.1	38.9	0.85	1.43	2.37	2.86	61.3	100	142.0	183.5
7			0.50	45	12.0	20.8	27.9	38.2	0.77	1.36	1.77	2.69	57.7	100	134.1	183.7
11			0.50	25	9.2	22.2	30.6	36.8	0.59	1.52	1.98	2.34	41.4	100	137.8	165.8
26			0.50	40	13.8	21.8	32.5	41.2	0.79	1.44	2.23	2.96	63.3	100	149.1	189.0
2	水位变化区	$R_{90}250$	0.50	20	18.1	27.6	37.9	43.3	1.25	1.77	2.85	2.96	65.6	100	137.3	156.9
8			0.45	20	21.7	30.5	40.4	46.3	1.40	2.09	2.95	2.92	71.1	100	132.5	151.8
9			0.45	30	18.8	28.0	38.4	46.6	1.09	1.93	2.59	—	67.1	100	137.1	166.4
3	水上、水下外部	$R_{90}200$	0.50	25	16.2	24.9	33.5	40.7	1.13	1.75	2.60	2.95	65.1	100	134.5	163.5
27			0.50	30	13.9	24.8	33.8	40.8	0.90	1.73	2.38	3.08	56.0	100	136.3	164.5
4	基础	$R_{90}200$	0.50	30	15.3	23.7	33.9	40.6	1.04	1.64	2.48	3.05	64.6	100	143.0	171.3
5			0.50	35	13.6	21.0	30.8	36.1	0.96	1.59	2.35	2.64	64.8	100	146.7	171.9
10			0.50	15	10.9	21.8	32.1	34.8	0.78	1.71	2.46	2.76	50.0	100	147.2	159.6

表 6.4 大坝混凝土抗压强度和拉压强度比

编号	水胶比	粉煤灰掺量/%	水泥品种	抗压强度/MPa				抗压强度增长率/%				拉压强度比/%			
				7天	28天	90天	180天	7天	28天	90天	180天	7天	28天	90天	180天
2		20		18.1	27.6	37.9	43.3	65.6	100	137.3	156.9	6.9	6.4	7.5	6.8
3		25		16.2	24.9	33.5	40.7	65.1	100	134.5	163.5	7.0	7.0	7.8	7.2
4	0.50	30	葛中热	15.3	23.7	33.9	40.6	64.6	100	143.0	171.3	6.8	6.9	7.3	7.5
5		35		13.6	21.0	30.8	36.1	64.8	100	146.7	171.9	7.1	7.6	7.6	7.3
6		40		13.0	21.2	30.1	38.9	61.3	100	142.0	183.5	6.5	6.7	7.9	7.4
7		45		12.0	20.8	27.9	38.2	57.7	100	134.1	183.7	6.4	6.5	6.3	7.0
8	0.45	20	葛中热	21.7	30.5	40.4	46.3	71.1	100	132.5	151.8	6.5	6.9	7.3	6.3
9		30		18.8	28.0	38.4	46.6	67.1	100	137.1	166.4	5.8	6.9	6.7	—
10	0.50	15	葛低热	10.9	21.8	32.1	34.8	50.0	100	147.2	159.6	7.2	7.8	7.7	7.9
11		25		9.2	22.2	30.6	36.8	41.4	100	137.8	165.8	6.4	6.8	6.5	6.4
1	0.55	35	葛中热	12.0	18.5	25.8	32.2	64.9	100	139.5	174.1	5.7	6.6	7.0	8.0
26	0.50	40	湖中热	13.8	21.8	32.5	41.2	63.3	100	149.1	189.0	5.7	6.6	6.9	7.2
27		30		13.9	24.8	33.8	40.8	56.0	100	136.3	164.5	6.5	7.0	7.0	7.5

注：湖中热表示湖南石门特种水泥有限公司生产的中热水泥。

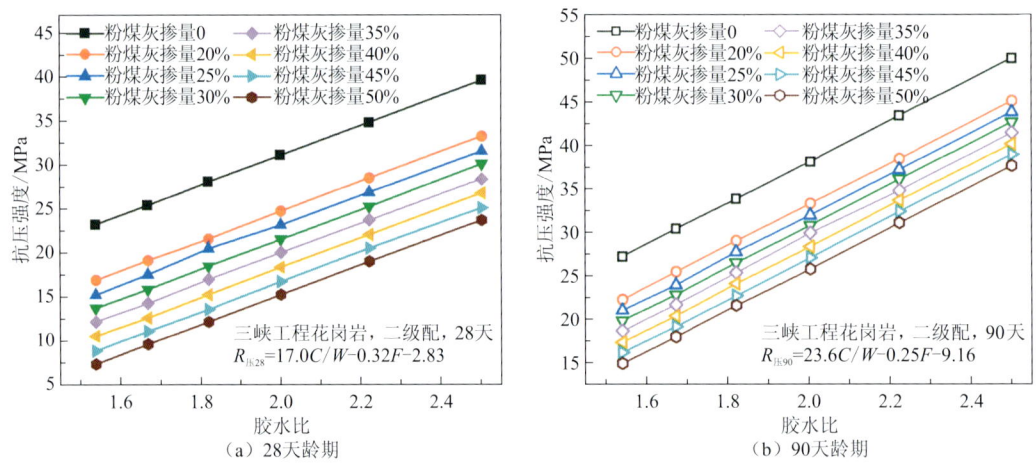

(a) 28天龄期 (b) 90天龄期

图 6.10 粉煤灰掺量对混凝土抗压强度的影响

$R_{压28}$、$R_{压90}$ 分别为养护28天、90天龄期混凝土的抗压强度；C/W 为水胶比；F 为粉煤灰掺量

结果表明：

（1）包括大坝所有部位的13个配合比的混凝土，强度都能满足设计要求，且强度富余较多。

（2）掺20%～45%粉煤灰、水胶比为0.50的葛中热水泥混凝土的抗压强度随粉煤灰掺量的增加总体呈减小趋势，90天抗压强度增长率为134.1%～146.7%，180天抗压强度增长率为156.9%～183.7%，并且粉煤灰掺量为30%～40%时最大。7天与28天拉压强度比随粉煤灰掺量的增加总体呈减小趋势。这说明粉煤灰掺量大，早期强度发展慢，后期强度发展快。

（3）与中热水泥相比，低热水泥混凝土早期强度发展慢，7天与28天拉压强度比小于中热水泥混凝土，后期强度发展与中热水泥差不多。

（4）混凝土早期抗压强度增长率，水胶比小的要大于水胶比大的。例如，水胶比为0.45的葛中热水泥混凝土7天抗压强度平均已达28天的69.1%，而水胶比为0.50的葛中热水泥混凝土平均只有63%。由此看出，水胶比小的高强混凝土对早期强度的影响要小于水胶比大的混凝土。

（5）13个配合比混凝土不同龄期的拉压强度比为5.7%~8.0%，平均为6.9%，显得偏低，这与花岗岩骨料表面形态和云母含量有关。拉压强度比7天平均为6.5%，28天为6.9%，90天为7.2%，随龄期延长而略有增大，这是由于粉煤灰28天以后逐渐水化，与水泥水化产物$Ca(OH)_2$起作用，生成C-S-H凝胶，减少了$Ca(OH)_2$晶体含量。

不同工程部位混凝土的抗压强度随龄期的发展趋势见图6.11。由室内强度试验结果可见，在90天设计龄期，大坝内部、水位变化区及基础部位的混凝土满足强度要求，且抗压强度富余系数大，后期增长率高。

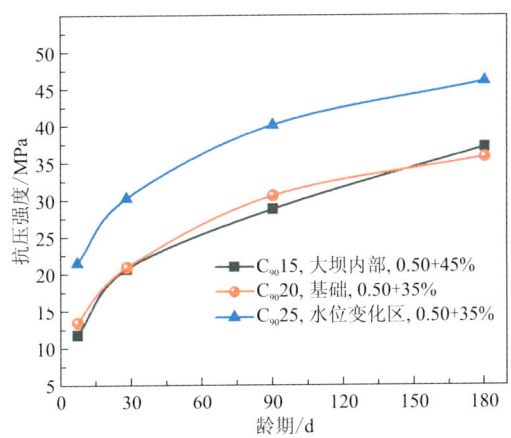

图6.11 混凝土抗压强度随龄期的发展趋势

$C_{90}15$表示混凝土标准养护90天龄期的强度等级为C15；0.50+45%表示水胶比为0.50，粉煤灰掺量为45%

2. 抗压强度时变模型

影响混凝土抗压强度的因素众多，有原材料品种、配合比参数，以及龄期、养护条件、使用环境等。因此，难以建立一种数学模型来准确预测不同时空中的混凝土抗压强度，已有混凝土抗压强度时变模型各有优缺点，多用水胶比关系或混凝土孔隙率等单一因素来预测，而忽略其他因素。

由于水工混凝土对耐久性要求的不断提高，混凝土的组分不断增多，设计龄期不断延长，且骨料最大粒径有继续增大的趋势，有必要在分析已有混凝土抗压强度时变模型的基础上，提出适用于水工混凝土特性的抗压强度时变模型。本书在总结已有成果的基础上，考虑水泥品种和用量、胶凝材料水化特性及砂石骨料、含气量的影响，推导出了适用于水工大体积混凝土的抗压强度时变模型，并通过对不同原材料及配合比下抗压强度的积累，对模型中的参数进行了标定。

1）砂浆抗压强度模型的建立

（1）水泥及掺合料水化过程假定。

根据水工混凝土常用水泥的组分及水化特点，假设水化度随时间的变化可用双曲线函数拟合：

$$d(t) = \frac{t^{B_1}}{t^{B_1} + B_2} \tag{6.6}$$

式中：t 为水化时间；B_1、B_2 为与水泥相关的常数，与水泥中的化学成分和矿物成分有关。与已有模型弗朗索瓦·德拉拉德（Francois de Larrard）的假设相比，这个模型的优点在于水泥及矿物掺合料的水化度随时间的变化是有极限的，并无限趋近于100%，这样计算基相强度时，基相强度不会趋于无穷大。

另外，假定矿物掺合料的水化基本上独立于水泥（即在现有的掺量范围内，水泥水化过程中的石灰浓度总是饱和的），矿物掺合料的活性应受控于火山灰的反应活性，而不受控于水泥水化的石灰析出率。

$$d_s(t) = 1 - De^{-K_2 t} \tag{6.7}$$

式中：$d_s(t)$ 为矿物掺合料水化度；D、K_2 为与火山灰活性有关的参数。

（2）假设水泥浆体的微观结构为网络结构。

采用与弗朗索瓦·德拉拉德类似的假设，水泥浆体的微观结构呈网络结构，两个孔隙之间的C-S-H凝胶呈长棒状或平板状，破坏机理为长棒或平板发生弯折，凝胶的弹性模量不随时间变化，考虑网络结构是随水泥的水化逐渐形成的，砂浆强度（f_{cp}）和弹性模量的增加源于网络结构刚度的增加，这样任一时刻砂浆的强度可表达如下：

$$f_{cp} = \frac{\pi^2}{324} E_s \phi^3 \tag{6.8}$$

$$\phi = \frac{1.6 V_c}{V_c + V_w + V_a} \tag{6.9}$$

式中：E_s 为水泥浆体的弹性模量；V_c 为水泥的绝对体积；V_w 为拌和水的绝对体积；V_a 为空气的绝对体积。

考虑到各种因素造成的不确定性，可以确定砂浆强度和水泥浆浓度之间存在下述关系：

$$f_{cp} \propto \left(\frac{1.6 V_c}{V_c + V_w + V_a} \right)^h \tag{6.10}$$

这里指数假设为 h，在弗朗索瓦·德拉拉德中假设 $h=3$，另外通过试验统计分析证明 $h=2.85$，由于对水化过程的假设不同，在本模型中，h 的取值可能会不同。

（3）砂浆抗压强度模型的确定。

由于假设了掺合料的水化仅受控于其火山灰活性，与水泥的特性无关，水泥、掺合料通过叠加影响砂浆强度，对强度的影响相互之间不交叉，砂浆的强度可用式（6.11）、式（6.12）来描述：

$$f_{cp}(t) = B_3 d(t) \left(\frac{1.6 V_c}{V_c + V_w + V_a} \right)^h + K d_s(t) \left(\frac{1.6 V_c}{V_c + V_w + V_a} \right)^h \quad (6.11)$$

$$f_{cp}(t) = B_3 \frac{t^{B_1}}{t^{B_1} + B_2} \left\{ \frac{1.6(1-a_c)\rho_s \rho_w}{(1+a)[(1-a_c)\rho_s \rho_w + \beta \rho_c \rho_s + a_c \rho_c \rho_w]} \right\}^h \\ + K_1(1 - D e^{-K_2 t}) \left\{ \frac{1.6 a_c \rho_c \rho_w}{(1+a)[(1-a_c)\rho_s \rho_w + \beta \rho_c \rho_s + a_c \rho_c \rho_w]} \right\}^h \quad (6.12)$$

式中：B_3 为与水泥有关的常数；a_c 为掺合料掺量；a 为含气量；β 为水胶比；K_1 为与掺合料特性有关的常数；h 为砂浆强度与水泥浆浓度之间的特征关系值；ρ_s 为砂子的相对密度；ρ_c 为水泥的相对密度；ρ_w 为水的相对密度。

2）砂浆抗压强度模型参数标定

表 6.5 为不同粉煤灰掺量砂浆的抗压强度数据，用来标定砂浆抗压强度模型中的参数，标定结果见表 6.6。

表 6.5 不同粉煤灰掺量砂浆的抗压强度

编号	胶凝材料用量/%		水胶比	抗压强度/MPa				
	水泥	粉煤灰		7天	28天	90天	180天	360天
S1	100	0	0.50	28.7	47.1	63.7	67.5	72.8
S2	80	20	0.50	19.2	34.6	55.2	68.6	73.2
S3	70	30	0.50	17.2	30.0	49.3	63.0	66.5
S4	40	60	0.50	6.4	12.4	23.4	40.3	48.8
S5	80	20	0.50	20.3	35.2	55.9	65.3	—
S6	70	30	0.50	17.5	29.0	50.0	61.6	—
S7	40	60	0.49	7.3	12.3	25.6	43.8	—

表 6.6 砂浆抗压强度模型参数标定

编号	砂浆抗压强度模型参数						
	B_3/MPa	B_1	B_2	K_1/MPa	K_2	D	h
S1	151.6	0.58	6.91	119.2	0.01	1.28	0.91
S2~S4	151.1	0.65	7.92	61.7	0.00 54	1.27	0.84
S5~S7	150.0	0.63	7.35	63.9	0.00 58	1.26	0.81

结果表明，假定水泥的水化不受掺合料的影响，那么水泥品种不变，水化过程参数相对固定，而 B_3 的取值决定水泥水化的最终强度，本组试验中推定的水泥最终强度为 98 MPa。D、h 的取值也相对稳定，应通过更多的试验数据进行不断校正。掺合料的水化性能是由 K_1、K_2 决定的，K_1 决定其最终的水化强度，K_2 决定其水化速度，掺入粉煤灰，$K_1 = 62.8$ MPa，$K_2 = 0.005\ 6$。

3）混凝土抗压强度模型的建立

按弗朗索瓦·德拉拉德的假设，骨料几何参数对强度的影响可用最大浆体厚度表征，即混凝土强度 $f_c \propto \mathrm{MPT}^{-r}$（MPT 为最大浆体厚度，$r$ 为常数），且

$$\mathrm{MPT} = D_g \left(\sqrt[3]{\frac{g^*}{g}} - 1 \right) \tag{6.13}$$

式中：D_g 为骨料最大粒径；g^* 为骨料堆积密实度；g 为单位体积混凝土中骨料的体积。

混凝土的强度与最大浆体厚度成反比，这一点似乎与实际不符，如通过减少混凝土的骨料，使混凝土向砂浆过渡时，混凝土的最大浆体厚度逐渐变大，而强度也不断增加。从这一点看，在一定范围内，混凝土的强度应与最大浆体厚度成正比，骨料的最大粒径应与混凝土的强度成反比。通过对弗朗索瓦·德拉拉德假设的修正，可以假设 $f_c \propto D_g^{-r}$ 且 $f_c \propto \mathrm{MPT}^r$，综合以上考虑，骨料几何参数对强度的影响可以表达为

$$f_c \propto \left(\sqrt[3]{\frac{g^*}{g}} - 1 \right)^r \tag{6.14}$$

骨料与浆体的黏结特性主要通过骨料的化学成分影响水泥及掺合料的凝结硬化，从而影响与砂石骨料间的黏结能力，可以假设这种黏结特性主要是由砂的化学特性决定的。因为砂的比表面积大，水泥包裹砂形成砂浆，水泥浆与砂的接触面占主要地位，骨料化学成分的影响主要由砂化学成分的影响决定，比表面积较小的粗骨料主要以几何参数和骨料的浓度来影响混凝土的强度。粗骨料的化学成分对混凝土强度影响较小，这在只更换粗骨料品种的强度试验中得到了验证。

考虑粗骨料几何参数和砂化学成分对混凝土抗压强度的影响后，混凝土抗压强度模型可表示如下：

$$f_{cm}(t) = \left(B_3 \frac{t^{B_1}}{t^{B_1} + B_2} \left\{ \frac{1.6(1-a_c)\rho_s\rho_w}{(1+a)[(1-a_c)\rho_s\rho_w + \beta\rho_c\rho_s + a_c\rho_c\rho_w]} \right\}^h + K_1(1-De^{-K_2 t}) \left\{ \frac{1.6a_c\rho_c\rho_w}{(1+a)[(1-a_c)\rho_s\rho_w + \beta\rho_c\rho_s + a_c\rho_c\rho_w]} \right\}^h \right) \left(\sqrt[3]{\frac{g^*}{g}} - 1 \right)^r \tag{6.15}$$

其中，$f_{cm}(t)$ 为考虑骨料最大粒径的强度，B_1、B_3、K_1、K_2 为表征水泥、掺合料强度发展特性的有关参数，可参考胶砂试验中的有关参数取值，骨料黏结特性和对水化参数的影响可用 B_2、D 来表征。对于混凝土而言，h 近似取 1 时，强度预测的准确性提高。

4）混凝土抗压强度模型参数标定

用中热水泥掺粉煤灰的混凝土抗压强度试验结果对参数进行标定，混凝土抗压强度模型可相应简化为

$$f_c(t) = \left(\begin{matrix} 150\dfrac{t^{0.615}}{t^{0.615}+B_2} \left\{ \dfrac{1.6(1-a_c)\rho_s\rho_w}{(1+a)[(1-a_c)\rho_s\rho_w + \beta\rho_c\rho_s + a_c\rho_c\rho_w]} \right\}^h \\ + K_1(1-De^{-K_2 t}) \left\{ \dfrac{1.6\alpha\rho_c\rho_w}{(1+a)[(1-a_c)\rho_s\rho_w + \beta\rho_c\rho_s + a_c\rho_c\rho_w]} \right\}^h \end{matrix} \right) \left(\sqrt[3]{\dfrac{g^*}{g}} - 1 \right)^r \quad (6.16)$$

需要标定的参数包括 B_2、D、r，其他参数可采用胶砂试验中标定的参数。混凝土性能试验配合比及抗压强度见表 6.7，混凝土抗压强度模型参数标定见表 6.8，预测值与试验值之间的关系见图 6.12。

表 6.7　混凝土性能试验配合比及抗压强度

编号	水胶比	粉煤灰掺量/%	单位用水量/(kg/m³)	砂率/%	抗压强度/MPa				
					7 天	28 天	90 天	180 天	360 天
P41	0.50	30	93	32	20.9	25.9	39.4	46.9	53.8
P21	0.45	20	94	32	29.3	38.7	48.6	54.5	59.6
PC1	0.30	10	110	35	53.5	66.5	71.2	80.7	81.7

注：二级配骨料，中石：小石＝60：40，$g^* = 1\,859$ kg/m³。

表 6.8　混凝土抗压强度模型参数标定

编号	掺合料品种	混凝土抗压强度模型参数				
		B_2	K_1/MPa	K_2	D	r
P41、P21、PC1	粉煤灰	1.12	63.0	0.0056	2.56	0.13

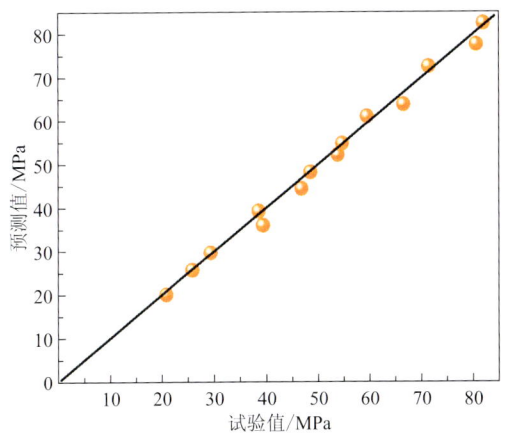

图 6.12　混凝土抗压强度预测值与试验值之间的关系

标定结果表明：

（1）在混凝土中，混凝土强度与水泥浆浓度成正比，这与传统的混凝土强度与水胶比 C/W 成正比不同，与费力特（Féret）水泥浆浓度强度模型类似，但指数由 2 变为 1。

（2）r 表征的是骨料用量对混凝土强度的影响，可近似取 0.13，这说明对于水工大体积混凝土而言，只要骨料能均匀分散在混凝土中，骨料的尺寸对混凝土强度的影响就很小，主要的影响因素是混凝土中骨料的多少，与水泥浆浓度对应，可定义为骨料的相对浓度。骨料用量对混凝土强度的影响因子见表 6.9，可以看出，当砂浆将骨料撑开至 1%体积时，可获得的混凝土强度为砂浆强度的 40%，撑开至 5%体积时，可获得的混凝土强度为砂浆强度的 52%，以后每增加 5%，可获得的混凝土强度增加 1%~6%，从经济的角度考虑，砂浆在填充了骨料的空隙后，对骨料的撑开程度以在 5%以内为宜，但对于大多数混凝土而言，为了满足施工要求，砂浆对骨料的撑开程度要达到 30%左右，甚至更高，此时混凝土的强度为砂浆强度的 70%左右。两个极端的例子是：当骨料没有被完全撑开，而仅有砂浆的填充作用时，混凝土不产生强度；当对骨料的撑开程度大于等于 87.5%时，砂浆中的骨料对砂浆强度不再产生影响，此时混凝土的强度按砂浆强度取值。

表 6.9　骨料用量对混凝土强度的影响因子

g^*/g	1.01	1.02	1.03	1.04	1.05	1.10	1.15	1.20	1.25	1.30	1.35
砂浆强度	1	1	1	1	1	1	1	1	1	1	1
混凝土强度	0.40	0.45	0.48	0.50	0.52	0.58	0.61	0.64	0.66	0.68	0.69

6.3.3　变形性能

1. 极限拉伸值和弹性模量

极限拉伸值和弹性模量是水工大体积混凝土的重要特性。极限拉伸值大小直接显示了混凝土抗裂的能力，从提高混凝土抗裂能力考虑，希望混凝土的极限拉伸值大些，弹性模量小些。

大坝混凝土极限拉伸值和弹性模量试验结果见表 6.10。采用葛中热水泥，水胶比为 0.50 时，不同粉煤灰掺量混凝土极限拉伸值、弹性模量与龄期的关系见图 6.13。可以看出，混凝土的极限拉伸值都能满足设计要求，大部分还相当高，并且随着试验龄期的增长而提高，90 天龄期极限拉伸值较 28 天增长 7%~12%。

表6.10 大坝混凝土极限拉伸值和弹性模量试验结果（平均值）

编号	水胶比	粉煤灰掺量/%	工程部位	设计指标	极限拉伸值/10^{-6}			弹性模量/GPa		
					7天	28天	90天	7天	28天	90天
1	0.55	35	内部	$R_{90}150$，D150，S8，$\varepsilon_{p28}=7.0\times10^{-5}$，$\varepsilon_{p90}=7.5\times10^{-5}$	60.0	76.0	89.0	17.7	22.9	27.3
6	0.50	40			68.0	78.0	87.0	18.6	25.3	29.1
7	0.50	45			62.5	75.0	83.0	17.4	24.7	29.4
11	0.50	25			61.0	78.5	89.0	15.9	22.6	28.5
26	0.50	40			64.5	78.5	81.5	18.3	24.8	30.6
2	0.50	20	水位变化区	$R_{90}250$，D250，S10，$\varepsilon_{p28}=8.0\times10^{-5}$，$\varepsilon_{p90}=8.5\times10^{-5}$	74.5	91.0	101.0	20.9	28.4	30.1
8	0.45	20			72.5	91.5	105.0	23.4	31.2	33.2
9	0.45	30			64.0	86.5	100.5	22.9	31.1	31.8
3	0.50	25	水上、水下外部	$R_{90}200$，D250，S10，$\varepsilon_{p28}=8.0\times10^{-5}$，$\varepsilon_{p90}=8.5\times10^{-5}$	67.0	90.0	99.5	19.8	26.7	29.2
27	0.50	30			69.5	86.0	95.5	19.8	26.7	30.9
4	0.50	30	基础	$R_{90}200$，D150，S10，$\varepsilon_{p28}=8.0\times10^{-5}$，$\varepsilon_{p90}=8.5\times10^{-5}$	70.0	82.5	88.5	20.2	27.3	29.1
5	0.50	35			68.0	80.0	86.5	19.1	25.8	28.1
10	0.50	15			64.5	80.5	93.5	16.2	26.0	27.2

注：$R_{90}150$表示标准养护90天的抗压强度标准值为150 kg/cm²；D150表示混凝土抗冻等级，表示混凝土试块在150次冻融循环后，抗压强度下降不超过25%，质量损失不超过5%；S8表示混凝土抗渗等级，表示混凝土试块可以抵抗8 kg/cm²的静水压力；ε_{p28}、ε_{p90}分别为标准养护28天、90天的极限拉伸值。

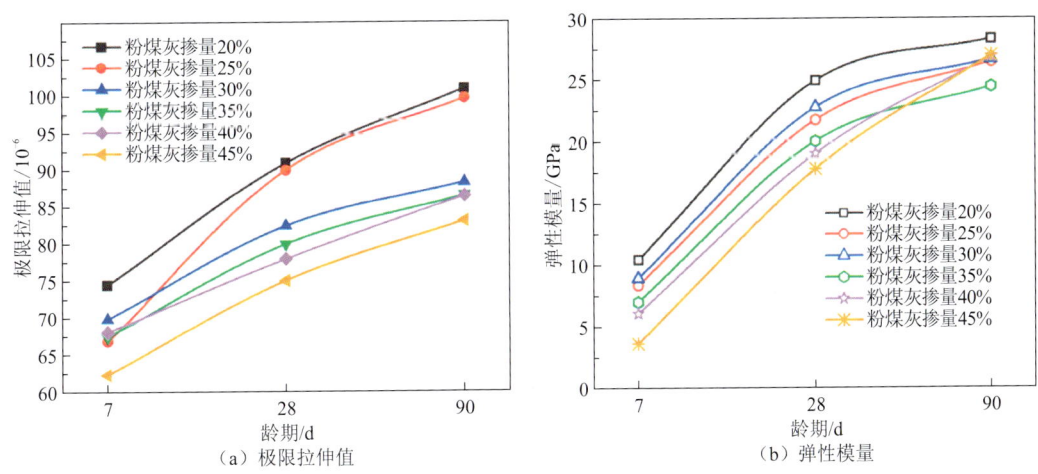

图6.13 不同粉煤灰掺量混凝土极限拉伸值、弹性模量与龄期的关系

把试验数据按相同水胶比、不同粉煤灰掺量重新组合列入表6.11，此数据为长江科学院与中国水利水电科学研究院平行测试的平均值。不同工程部位、水胶比的混凝土极限拉伸值、弹性模量随龄期的发展曲线见图6.14。可以看出，在水胶比相同的条件下，随粉煤灰掺量的增加，极限拉伸值有降低的趋势。对同一使用部位进行对比，如6号、7

号与 11 号相比,低热水泥混凝土早期极限拉伸值低些,28 天可赶上中热水泥。强度高的混凝土极限拉伸值一般要高于强度低的混凝土。

表 6.11 混凝土的极限拉伸值和弹性模量试验结果(平均值)

编号	水胶比	粉煤灰掺量/%	水泥品种	极限拉伸值/10^{-6}			弹性模量/GPa		
				7 天	28 天	90 天	7 天	28 天	90 天
2		20		74.5	91.0	101.0	20.9	28.4	30.1
3		25		67.0	90.0	99.5	19.8	26.7	29.2
4	0.50	30	葛中热	70.0	82.5	88.5	20.2	27.3	29.1
5		35		68.0	80.0	86.5	19.1	25.8	28.1
6		40		68.0	78.0	87.0	18.6	25.3	29.1
7		45		62.5	75.0	83.0	17.4	24.7	29.4
8	0.45	20	葛中热	72.5	91.5	105.0	23.4	31.2	33.2
9		30		64.0	86.5	100.5	22.9	31.1	31.8
10	0.50	15	葛低热	64.5	80.5	93.5	16.2	26.0	27.2
11		25		61.0	78.5	89.0	15.9	22.6	28.5

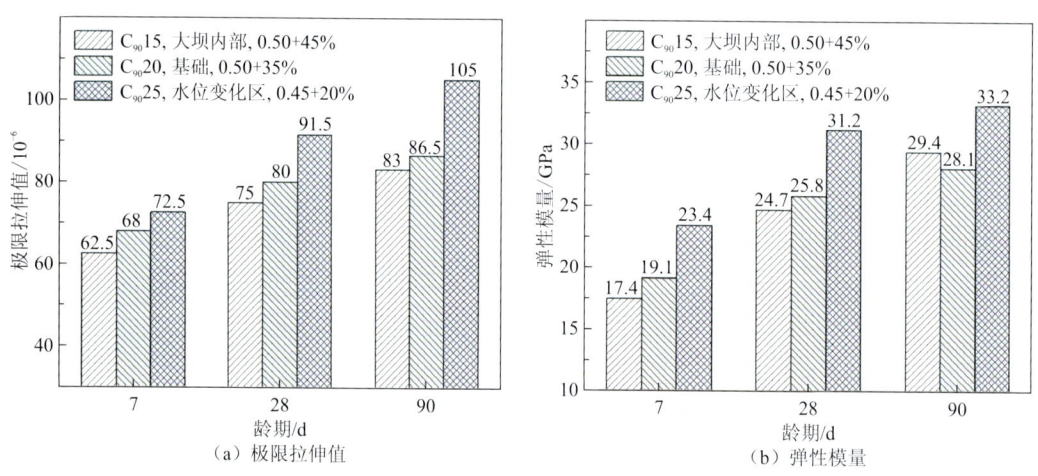

图 6.14 不同工程部位、水胶比的混凝土极限拉伸值、弹性模量随龄期的发展曲线

混凝土弹性模量随强度的提高而增加,混凝土中掺粉煤灰,会影响混凝土的强度,同时会影响弹性模量,只是影响程度不同而已。从表 6.10 可以看出,$R_{90}150$ 混凝土 7 天弹性模量平均为 17.6 GPa,90 天则为 29.0 GPa,而 $R_{90}200$、$R_{90}250$ 混凝土 7 天和 90 天弹性模量分别为 19.0 GPa、22.4 GPa 和 28.9 GPa、31.7 GPa,可以明显地看出,混凝土的弹性模量随强度的增加呈增加趋势。表 6.11 也显示出随粉煤灰掺量增加 28 天以前的

弹性模量有降低的趋势，到 90 天，由于掺粉煤灰混凝土的强度得到发展，弹性模量非常接近。同一标号混凝土，中热和低热水泥对弹性模量的影响没有显著的区别，如 6 号、7 号和 11 号弹性模量十分接近。

2. 干缩变形

混凝土的干缩变形是由混凝土中的水分损失引起的，因此，干缩与混凝土用水量有关。在其他条件相同的情况下，混凝土用水量越少，它在干燥过程中所失去的水越少，因而干缩率越小。三峡工程大坝混凝土由于使用了高效减水剂和 I 级粉煤灰，室内试验人工骨料混凝土的单位用水量已降至 85 kg/m³ 左右，这对减小混凝土的干缩率十分有利。

大坝混凝土干缩试验结果见表 6.12，将干缩试验资料按粉煤灰掺量多少列于表 6.13，数据均为长江科学院与中国水利水电科学研究院平行测试的平均值。从表 6.12 中结果可知，大坝各部位混凝土的干缩率并不大，并且混凝土的干缩率随胶凝材料用量的增加而增加。例如，大坝内部、基础和水位变化区混凝土，平均胶材用量分别为 162.6 kg/m³、167.0 kg/m³ 和 178.0 kg/m³，而对应的 180 天干缩率为 3.662×10^{-4}、3.967×10^{-4} 和 3.991×10^{-4}。试验数据验证了混凝土的干缩率与胶凝材料用量成正比。另外，由于 I 级粉煤灰有减水作用，掺量越多，减水越多，干缩率越小。

表 6.12 大坝混凝土干缩试验结果（平均值）

编号	工程部位	水胶比	粉煤灰掺量/%	水泥品种	混凝土干缩率/10^{-6}					
					3 天	7 天	28 天	60 天	90 天	180 天
1	内部	0.55	35	中热	31.1	70.4	235.5	317.5	352.5	385.5
6		0.50	40		35.0	70.9	237.0	305.0	327.5	358.9
7		0.50	45		32.5	74.5	247.0	308.0	326.5	354.0
11		0.50	25	低热	31.5	81.9	294.0	352.5	365.0	391.7
26		0.50	40		27.5	72.6	222.0	288.5	311.5	341.0
2	水位变化区	0.50	20	中热	46.0	99.4	296.0	355.0	379.0	411.6
8		0.45	20		48.5	104.3	303.5	368.5	395.0	401.9
9		0.45	30		44.0	101.8	273.5	343.0	368.5	376.5
3	水上、水下外部	0.50	25	中热	50.0	93.7	285.5	353.5	375.0	405.1
27		0.50	30		36.5	71.9	217.0	292.5	370.5	343.5
4	基础	0.50	30	中热	40.0	82.9	257.0	324.0	358.0	389.4
5		0.50	35		44.0	89.2	278.5	340.0	359.0	386.7
10		0.50	15	低热	35.0	86.8	261.5	327.0	387.5	411.4

表 6.13 混凝土干缩试验结果（平均值）

编号	水胶比	水泥品种	粉煤灰掺量/%	单位用水量/(kg/m³)	混凝土干缩率/10^{-6}					
					3 天	7 天	28 天	60 天	90 天	180 天
2	0.50	葛中热	20	85.5	46.0	99.4	296.0	355.0	379.0	411.6
3			25	84.8	50.0	93.7	285.5	353.5	375.0	405.1
4			30	83.5	40.0	82.9	257.0	324.0	358.0	389.4
5			35	82.3	44.0	89.2	278.5	340.0	359.0	386.7
6			40	81.5	35.0	70.9	237.0	305.0	327.5	358.9
7			45	80.3	32.5	74.5	247.0	308.0	326.5	354.0
8	0.45	葛中热	20	84.5	48.5	104.3	303.5	368.5	395.0	401.9
9			30	82.0	44.0	101.8	273.5	343.0	368.5	376.5
10	0.50	葛低热	15	87.0	35.0	86.8	261.5	327.0	387.5	411.4
11			25	85.0	31.5	81.9	294.0	352.5	365.0	391.7

中国水利水电科学研究院与长江科学院的试验结果完全证实了上述规律。例如，表 6.13 中 2~7 号，混凝土单位用水量随粉煤灰掺量的增加而减少，混凝土的干缩率也呈减小趋势。粉煤灰掺量由 20%增至 45%，相应的单位用水量由 85.5 kg/m³ 降至 80.3 kg/m³，180 天干缩率则由 4.116×10^{-4} 递减到 3.540×10^{-4}。粉煤灰掺量增加了 25%，单位用水量减少了 5.2 kg/m³，干缩率相应减少了 5.76×10^{-5}。这是掺 I 级粉煤灰改善混凝土性能的重要方面之一，体现了 I 级粉煤灰的材料改性作用，也是粉煤灰掺合料与其他火山灰掺合料的重要差别。另外，在相同部位以 180 天干缩率的平均值来分析，低热水泥混凝土干缩率最大，大坝内部混凝土低热水泥较中热水泥干缩率最大相差约 5.1×10^{-5}，基础混凝土最大相差约 2.5×10^{-5}。

3. 自生体积变形

混凝土的自生体积变形对大坝混凝土的抗裂性能有着不可忽视的影响。根据以往的试验资料和大坝观测资料，混凝土自生体积变形有单纯膨胀、单纯收缩、先胀后缩和先缩后胀等几种形式，从防止大体积混凝土出现裂缝出发，希望混凝土是微膨胀型的，利用微膨胀产生的预压应力，补偿混凝土温降收缩，防止或减少大体积混凝土产生裂缝。共进行了 11 个配合比的混凝土自生体积变形试验，试验结果见表 6.14，由于自生体积变形测试结果具有一定的离散性且是混凝土性能最重要的参数之一，将长江科学院与中国水利水电科学研究院平行测试数据均给出。

第6章 高耐久性大坝混凝土配合比设计及性能

表 6.14 混凝土自生体积变形试验结果

编号	工程部位	混凝土标号	水泥品种	水胶比	粉煤灰掺量/%	自生体积变形/10^{-6}											
						中国水利水电科学研究院						长江科学院					
						1天	7天	28天	90天	180天	365天	1天	7天	28天	90天	180天	365天
1	内部	R$_{90}$150	葛中热	0.55	35	4.8	7.7	8.4	13.5	14.2	17.2	3.1	6.8	6.6	7.0	9.3	10.6
6	内部	R$_{90}$150	葛中热	0.50	40	2.0	2.0	2.5	7.3	6.3	0.8	4.5	10.4	11.5	17.0	12.2	11.0
7	内部	R$_{90}$150	葛中热	0.50	45	0.7	4.2	4.2	5.3	5.1	0.4	2.4	7.1	5.0	8.5	6.8	0.6
11	内部	R$_{90}$150	葛低热	0.50	25	2.6	5.8	19.5	17.6	7.4	7.0	17.2	27.3	49.0	74.0	72.1	65.5
2	水位变化区	R$_{90}$250	葛中热	0.50	20	2.0	2.0	2.2	3.6	9.9	11.3	7.7	15.7	24.1	32.1	37.1	38.5
8	水位变化区	R$_{90}$250	葛中热	0.45	20	4.3	5.7	−0.8	−2.0	−2.1	2.6	4.5	5.8	−11.1	−18.0	−13.1	−8.8
9	水位变化区	R$_{90}$250	葛中热	0.45	30	7.9	11.2	8.2	7.9	3.7	2.8	4.9	14.2	18.6	24.3	25.3	21.8
3	水上、水下外部	R$_{90}$200	葛中热	0.50	25	5.3	4.0	−0.9	−1.2	−1.9	1.9	1.3	6.8	0.5	−5.2	−0.9	0.6
4	基础	R$_{90}$200	葛中热	0.50	30	5.3	6.2	6.5	7.8	11.0	16.0	2.6	9.5	16.5	28.2	31.2	30.4
5	基础	R$_{90}$200	葛中热	0.50	35	4.6	6.7	5.3	−3.4	−7.2	−16.0	3.3	9.6	11.1	13.8	15.4	15.1
10	基础	R$_{90}$200	葛低热	0.50	15	2.3	8.3	8.5	2.0	−1.5	4.6	16.3	24.3	40.0	61.3	73.8	75.5

在使用葛中热水泥的试验中，水胶比为 0.50 时有 20%~45%六个粉煤灰掺量。将这六个编号的混凝土自生体积变形试验结果一并绘入图 6.15，从趋势来看，膨胀量随粉煤灰掺量的增大而减小。其他五个编号混凝土的自生体积变形绘入图 6.16。

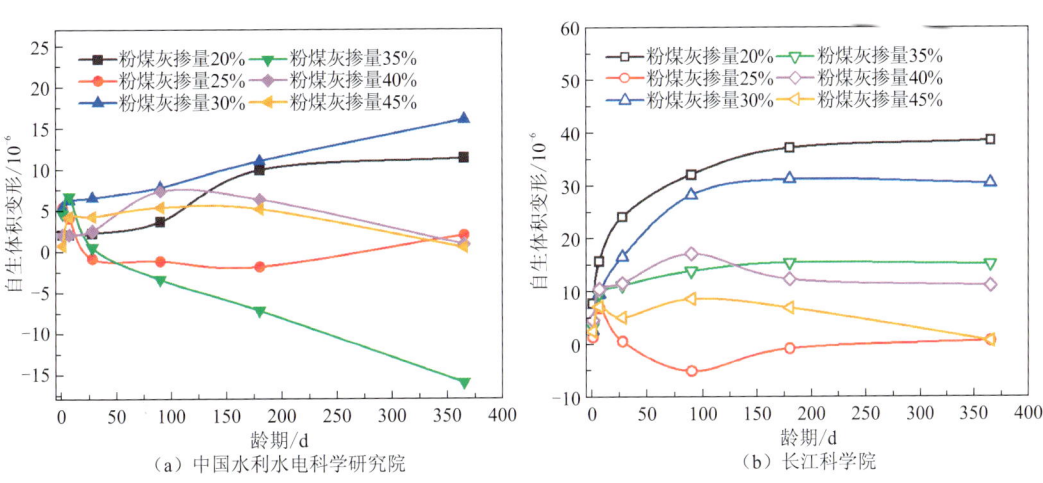

图 6.15 不同粉煤灰掺量的混凝土自生体积变形

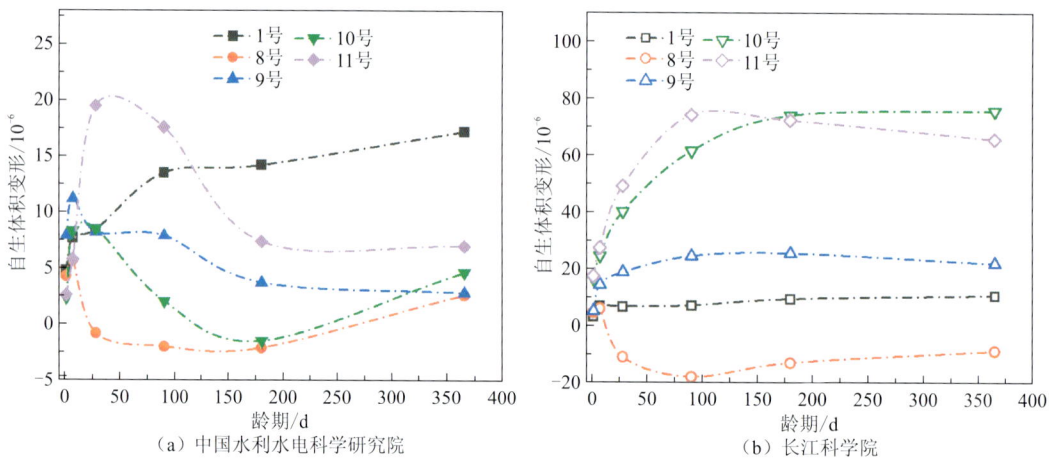

图 6.16 混凝土自生体积变形发展曲线

从试验结果看出，11 个配合比的混凝土大部分是微膨胀型的，只有 3 号和 8 号混凝土，两个单位得出的结果都是先胀后缩，且收缩量不大。5 号和 10 号混凝土中国水利水电科学研究院试验结果是先胀后缩，长江科学院试验结果是一直膨胀。长江科学院试验资料中 10 号和 11 号混凝土使用低热水泥，MgO 质量分数不到 2%，膨胀量高达 6.0×10^{-5}～7.2×10^{-5}，如此大的膨胀量在三峡工程已经使用低热水泥的混凝土中并未观测到，需进一步核实。试验中心做了校核试验，用的低热水泥熟料含 4.02% MgO，膨胀量在 4.7×10^{-5} 以内，膨胀曲线已趋于平缓。

4. 徐变

混凝土的徐变与其强度和所含凝胶体数量有密切关系，一般情况下，混凝土强度高，徐变就小。掺 30%粉煤灰的混凝土早期强度低，徐变较大，到晚龄期，粉煤灰水化比较完全，强度逐渐提高，徐变也相应变小，与掺 20%粉煤灰的混凝土相差无几，所以说掺粉煤灰对混凝土徐变的影响主要反映在混凝土强度上。凝胶体数量直接影响混凝土在长期荷载下的变形能力。一般情况下，混凝土中凝胶体数量越多，徐变越大。

共进行了 8 个配合比的混凝土徐变试验，试验结果见表 6.15 和表 6.16。

这 8 种混凝土都掺用了不同数量的粉煤灰，共有三种水胶比。掌握粉煤灰和水胶比对徐变的影响，有利于掌握徐变规律和正确使用粉煤灰。从中国水利水电科学研究院试验资料可以看出，在 28 天以前加载，掺 30%粉煤灰混凝土的徐变总体上大于掺 20%粉煤灰混凝土的徐变，随着加荷龄期的推迟，粉煤灰逐渐参加了水化反应，两种粉煤灰掺量混凝土的徐变差别在减小，到晚龄期加载时两种粉煤灰掺量混凝土的徐变基本相同。如果将大坝内部混凝土 1 号和 6 号进行对比，水胶比大的混凝土，总体上徐变也大。

徐变试验资料主要在大坝混凝土温控计算时应用，也可在选择混凝土配合比时作为参考，选择具有较大徐变的混凝土，对减少混凝土裂缝是有利的。

表 6.15 大坝混凝土徐变试验结果汇总表（中国水利水电科学研究院）

编号	工程部位	水泥品种	水胶比	粉煤灰掺量/%	胶材用量/(kg/m³)	加荷龄期/d	徐变度/(10⁻⁶/MPa)													
							1天	3天	5天	7天	10天	15天	30天	45天	60天	75天	90天	120天	150天	180天
1	内部	中热	0.55	35	151	7	13	23	26	29	34	36	38	41	41	43	45	46	48	48
						28	10	13	14	15	18	19	22	23	25	26	27	27	28	29
						90	7	8	10	10	11	12	14	15	16	16	17	18	19	19
						180	3	4	4	5	7	7	8	8	9	10	10	11	12	13
2	水位变化区	中热	0.50	20	174	7	11	17	22	26	30	34	37	39	41	42	43	44	45	46
						28	6	9	10	15	15	17	20	22	24	26	26	28	28	28
						90	6	7	9	11	11	12	15	16	18	19	20	20	20	21
						180	5	5	6	7	7	8	10	11	11	12	13	13	14	14
4	基础	中热	0.50	30	168	7	14	22	27	30	34	38	44	48	48	51	52	54	55	56
						28	9	13	15	16	17	20	23	25	26	27	28	29	30	31
						90	6	8	8	9	10	10	13	14	15	17	17	19	19	21
						180	4	5	6	6	7	7	9	10	10	11	11	12	13	14
6	内部	中热	0.50	40	162	7	8	15	18	23	34	35	39	41	42	44	45	47	47	49
						28	7	10	12	14	16	17	19	21	21	23	24	26	28	28
						95	4	6	8	9	9	11	12	13	14	14	15	16	16	17
						180	3	3	4	4	6	7	7	8	9	9	10	10	10	12

续表

编号	工程部位	水泥品种	水胶比	粉煤灰掺量/%	胶材用量/(kg/m³)	加荷龄期/d	徐变度/(10^{-6}/MPa)													
							1天	3天	5天	7天	10天	15天	30天	45天	60天	75天	90天	120天	150天	180天
8	水位变化区	葛中热	0.45	20	191	7	11	17	22	23	25	27	30	33	34	36	36	37	38	39
						28	6	8	9	10	12	14	16	19	19	20	21	22	23	24
						90	4	6	7	8	9	10	12	13	15	17	18	18	19	20
						180	4	5	5	6	6	6.8	8	9	9	10	10	11	12	13
9	水位变化区	葛中热	0.45	30	182	7	9	17	25	29	32	35	40	43	45	46	47	50	51	54
						28	7	11	15	16	18	20	24	27	27	28	30	31	32	33
						90	7	9	9	10	11	12	15	16	18	19	19	21	22	23
						180	5	7	7	8	8	8	11	11	13	13	14	15	15	16
10	基础	葛低热	0.50	15	170	7	17	28	33	37	40	44	49	52	54	54	55	56	57	58
						28	8	10	13	14	15	17	21	22	23	24	25	25	26	27
						90	5	6	7	8	9	9	12	12	12	13	14	14	17	18
						180	4	5	5	6	7	7	8	9	10	10	11	11	12	13
11	内部	葛低热	0.50	25	170	7	10	16	22	25	27	31	34	37	38	39	40	41	41	42
						28	6	9	11	12	13	15	17	18	19	20	20	21	22	23
						90	6	7	7	8	9	9	10	12	12	13	13	14	14	15
						180	4	5	5	6	6	8	9	10	10	10	10	11	12	12

第6章 高耐久性大坝混凝土配合比设计及性能

表 6.16 大坝混凝土徐变试验结果汇总表（长江科学院）

编号	工程部位	水泥品种	水胶比	粉煤灰掺量/%	胶材用量/(kg/m³)	加荷龄期/d	徐变度/(10⁻⁶/MPa)													
							1天	3天	5天	7天	10天	15天	30天	45天	60天	75天	90天	120天	150天	180天
1	内部	葛中热	0.55	35	151	7	20	27	32	35	39	40	46	50	51	52	53	55	55	56
						28	7	11	13	14	16	17	20	22	24	24	25	26	27	27
						90	5	5	5	6	7	8	9	9	10	11	11	12	13	13
						180	3	4	4	5	5	6	7	8	8	8	9	9	9	10
2	水位变化区	葛中热	0.50	20	174	7	10	14	16	18	18	19	23	25	26	27	28	29	30	30
						28	7	9	10	11	12	13	15	17	18	19	20	21	22	23
						90	5	7	8	8	9	10	11	12	13	14	14	15	16	16
						180	4	5	6	6	6	7	8	8	9	9	10	11	11	11
4	基础	葛中热	0.50	30	168	7	12	16	19	21	22	23	26	29	29	31	31	33	34	34
						28	9	12	13	14	15	16	18	20	21	22	22	24	24	25
						90	6	8	9	9	10	10	12	13	14	14	14	15	16	16
						180	4	4	5	5	6	6	7	8	8	8	9	10	10	10
6	内部	葛中热	0.50	40	162	7	13	20	25	27	29	32	36	39	40	41	41	42	44	45
						28	8	11	12	13	15	16	19	21	22	23	23	24	26	26
						90	3	4	4	5	6	6	7	8	8	9	9	10	11	11
						180	3	3	4	4	4	5	6	6	7	7	7	7	8	8

续表

编号	工程部位	水泥品种	水胶比	粉煤灰掺量/%	胶材用量/(kg/m³)	加荷龄期/d	徐变度/(10⁻⁶/MPa)													
							1天	3天	5天	7天	10天	15天	30天	45天	60天	75天	90天	120天	150天	180天
8	水位变化区	葛中热	0.45	20	191	7	10	13	16	18	19	21	23	25	26	27	27	28	28	29
						28	6	7	9	9	10	10	12	14	15	15	15	16	17	18
						90	3	5	5	6	6	7	8	9	10	10	11	11	12	12
						180	3	4	4	5	5	5	5	5	6	7	8	8	9	9
9	水位变化区	葛中热	0.45	30	182	7	12	18	21	23	25	27	30	31	32	34	34	34	35	35
						28	6	7	9	11	11	12	14	18	17	18	19	20	20	21
						90	3	4	5	6	7	7	8	9	9	10	10	10	11	11
						180	2	3	3	3	3	4	5	5	5	5	6	6	6	7
10	基础	葛低热	0.50	15	170	7	17	23	26	28	30	33	36	38	39	40	41	43	43	43
						28	9	10	12	13	13	15	17	18	19	20	20	20	21	21
						90	6	7	8	8	9	9	11	12	12	13	13	14	14	14
						180	3	4	4	4	5	5	6	6	6	6	7	8	8	9
11	内部	葛低热	0.50	25	170	7	12	18	22	24	26	28	32	34	35	36	36	37	37	37
						28	7	9	10	11	12	13	15	16	16	17	17	18	18	18
						90	4	5	5	6	6	7	7	8	9	9	9	10	10	10
						180	3	3	4	4	4	5	6	6	7	7	7	8	8	9

综合徐变试验结果，可得出以下结论：

（1）在早龄期加载时，掺 30%粉煤灰混凝土的徐变总体上比掺 20%粉煤灰混凝土的徐变大；在晚龄期加载时，粉煤灰掺量对混凝土徐变的影响变小，但仍是粉煤灰掺量大的徐变大。

（2）在粉煤灰掺量相同时，总体上水胶比大的混凝土徐变大。

（3）大坝同样部位的混凝土，总体上徐变与水胶比成正比。

6.3.4 耐久性

1. 抗冻和抗渗性

混凝土抗冻和抗渗性是耐久性的重要体现，三峡大坝对耐久性的要求十分严格，在混凝土配合比选择试验中，就已经注意到了混凝土耐久性要求，并相应采取了掺引气剂和严格控制水胶比的措施。使硬化混凝土气泡间距系数小于 0.025 cm，有助于提高混凝土抗冻耐久性，见图 6.17。

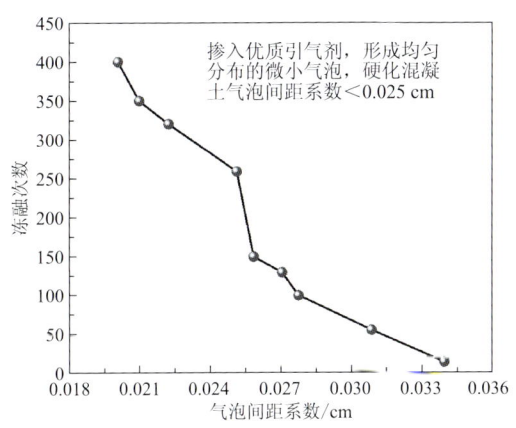

图 6.17 硬化混凝土气泡间距系数与冻融次数的关系

按照当时的试验方法和评定标准，抗冻和抗渗试验结果列于表 6.17。由抗渗的试验结果可以看出，所选用的 13 种大坝混凝土抗渗标号全部满足设计要求，混凝土抗渗等级均大于 S10，说明混凝土抗渗能力较强。混凝土抗冻试验结果显示，大坝不同部位的混凝土基本上都满足设计的抗冻要求，只有 11 号用低热水泥配制的混凝土，不同单位之间的试验结果相差较大。试验数据还表明，选择适当的引气剂和水胶比，粉煤灰掺量即便高达 45%，混凝土抗冻标号也能达到 D250。

受试验条件和试验设备限制，一般抗冻试验只需达到设计要求即可，但三峡工程有意选取了几组混凝土做到冻融破坏为止，见表 6.18 和图 6.18。结果表明，配制出的三峡工程混凝土，最高可抵抗 1 250 次冻融循环，抗渗等级达 W16，具有高抗冻、高抗渗的耐久性。

表 6.17 混凝土抗冻和抗渗试验结果

编号	工程部位	水胶比	粉煤灰掺量/%	设计指标	28 天抗冻试验 长江科学院 冻融次数	28 天抗冻试验 长江科学院 重量损失率/%	28 天抗冻试验 长江科学院 相对动弹性模量/%	28 天抗冻试验 长江科学院 评定标号	28 天抗冻试验 中国水利水电科学研究院 冻融次数	28 天抗冻试验 中国水利水电科学研究院 重量损失率/%	28 天抗冻试验 中国水利水电科学研究院 相对动弹性模量/%	28 天抗冻试验 中国水利水电科学研究院 评定标号	28 天抗渗试验 长江科学院 渗水高度/cm	28 天抗渗试验 长江科学院 评定标号	28 天抗渗试验 中国水利水电科学研究院 渗水高度/cm	28 天抗渗试验 中国水利水电科学研究院 评定标号
1	内部	0.55	35		250	4.2	60.3	D250	150	2.03	93.1	>D150	8.2	>S10	1.2	>S10
6	内部	0.50	40		250	3.2	79.0	>D250	150	1.30	91.8	>D150	2.3	>S10	1.8	>S10
7	内部	0.50	45	$R_{90}150$, D150, S8, $\varepsilon_{p28}=7.0\times10^{-5}$, $\varepsilon_{p90}=7.5\times10^{-5}$	250	4.3	76.5	>D250	150	1.11	95.3	>D150	11.0	>S10	1.0	>S10
11	内部	0.50	25		200	1.8	56.3	D150	50	0.43	53.3	<D50	8.5	>S10	3.1	>S10
26	内部	0.50	40		250	3.5	82.8	>D250	150	1.90	87.4	>D150	14.0	>S10	2.5	>S10
2	水位变化区	0.50	20		250	1.7	88.7	>D250	300	2.50	90.7	>D300	8.7	>S10	2.5	>S10
8	水位变化区	0.45	20	$R_{90}250$, D250, S10, $\varepsilon_{p28}=8.0\times10^{-5}$, $\varepsilon_{p90}=8.5\times10^{-5}$	250	2.5	88.3	>D250	300	2.00	88.7	>D300	5.5	>S10	1.1	>S10
9	水位变化区	0.45	30		250	2.0	84.6	>D250	300	1.80	92.5	>D300	3.5	>S10	1.4	>S10
3	水上、水下外部	0.50	25		250	2.0	89.4	>D250	200	0.63	96.2	>D200	8.0	>S10	1.4	>S10
27	水上、水下外部	0.50	30	$R_{90}200$, D250, S10, $\varepsilon_{p28}=8.0\times10^{-5}$, $\varepsilon_{p90}=8.5\times10^{-5}$	250	2.2	91.0	>D250	200	2.50	90.2	>D200	3.0	>S10	1.6	>S10
4	基础	0.50	30		250	2.7	89.0	>D250	200	2.90	66.0	>D200	6.0	>S10	1.3	>S10
5	基础	0.50	35	$R_{90}200$, D150, S10, $\varepsilon_{p28}=8.0\times10^{-5}$, $\varepsilon_{p90}=8.5\times10^{-5}$	250	3.8	85.2	>D250	200	2.75	93.0	>D200	3.8	>S10	1.6	>S10
10	基础	0.50	15		250	1.7	71.7	>D250	200	2.90	79.5	>D200	8.0	>S10	2.0	>S10

表6.18　冻融破坏为止的混凝土抗冻和抗渗试验结果

设计要求	抗冻试验			抗渗试验		
	冻融次数	相对动弹性模量/%	抗冻等级	水压/MPa	渗水高度/mm	抗渗等级
$C_{90}15$, F100, W8	250	76.5	>F250	0.8	98	>W8
$C_{90}20$, F150, W10	300	88.7	>F300	1.0	39	>W10
$C_{90}25$, F250, W10	250	85.2	>F250	1.6	99	>W16
C40, F250, W10	1250	67.1	F1250	1.3	30	>W13

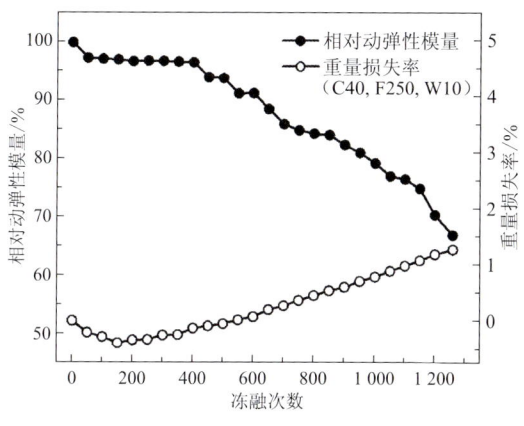

图6.18　混凝土抗冻性能试验曲线

2. 抗裂性能及断裂能

混凝土的抗裂性能是耐久性的一个重要方面。三峡工程通过采用大掺量Ⅰ级粉煤灰、优质外加剂及内含4%左右MgO的中热水泥，改善了大坝混凝土的变形性能，使之具有微膨胀、低热性及体积稳定性，从而提高了混凝土的抗裂性能，表现在混凝土极限拉伸值满足设计要求、干缩变形较小、绝热温升低等方面。

三峡工程花岗岩人工骨料、长江天然骨料混凝土弹性模量统计值和《水工混凝土结构设计规范》(SL 191—2008)采用的弹性模量见表6.19。由表6.19可知，花岗岩人工骨料混凝土弹性模量比设计取值低3%～4%，比天然骨料低9%～22%，混凝土抗压强度越低，混凝土弹性模量低的幅度越大。大坝混凝土抗压强度多在40 MPa以内，花岗岩人工骨料混凝土的低弹性模量特性对混凝土抗裂性能是有利的，特别是对大坝混凝土更为有利。

表6.19　混凝土抗压强度与弹性模量的关系

弹性模量	抗压强度/MPa						
	15	20	25	30	40	50	60
规范中弹性模量采用值/GPa	22.0	25.5	28.0	30.0	32.5	34.5	36.0
天然骨料混凝土弹性模量/GPa	27.2	30.1	32.2	33.7	35.9	37.3	38.3
花岗岩人工骨料混凝土弹性模量/GPa	21.2	24.4	26.8	28.8	31.6	33.5	35.0

断裂能是混凝土承受拉伸荷载，裂缝扩展单位面积所需要的能量，是混凝土抗裂性能的重要表征。影响混凝土断裂能的因素有很多，在原材料已经确定的条件下，影响断裂能的主要因素是混凝土的抗拉强度。混凝土抗拉强度越高，其断裂能越大。断裂能的试验结果见表6.20，表中10号和11号混凝土使用低热水泥，其余混凝土全使用中热水泥，长江科学院与中国水利水电科学研究院试验结果有些差别。为便于分析，取其平均值作为依据。从断裂能试验结果看出，同样是内部混凝土（1号和6号）和水位变化区混凝土（2号、8号、9号），小水胶比、高粉煤灰掺量比大水胶比、低粉煤灰掺量断裂能和断裂韧度较好；当水胶比相同（8号和9号）时，粉煤灰掺量不同对断裂能的影响并不显著；同为内部、基础混凝土时，低热水泥混凝土的断裂能和断裂韧度较中热水泥低。根据断裂能试验结果，可以得出以下两点结论：

（1）在强度基本相同的条件下，应选用水胶比小、粉煤灰掺量高的混凝土配合比，不宜选用水胶比大、粉煤灰掺量低的混凝土配合比。

（2）仅考虑断裂能，中热水泥的性能优于低热水泥。

表 6.20 混凝土断裂能试验结果

编号	工程部位	水胶比	水泥用量 /(kg/m³)	粉煤灰用量 /(kg/m³)	混凝土标号	水泥品种	长江科学院		中国水利水电科学研究院		平均值	
							断裂能 /(N/m)	断裂韧度 /(MN/m^{3/2})	断裂能 /(N/m)	断裂韧度 /(MN/m^{3/2})	断裂能 /(N/m)	断裂韧度 /(MN/m^{3/2})
1	内部	0.55	99	53	$R_{90}150$	中热	90.6	0.306	89.8	0.254	90.2	0.280
2	水位变化区	0.50	134	34	$R_{90}250$	中热	99.7	0.246	94.5	0.276	97.1	0.261
4	基础		116	50	$R_{90}200$	中热	93.3	0.365	106.0	0.286	99.7	0.326
6	内部		98	66	$R_{90}150$	中热	109.3	0.376	100.2	0.250	104.8	0.313
8	水位变化区	0.45	153	38	$R_{90}250$	中热	99.8	0.433	98.9	0.270	99.4	0.352
9	水位变化区		128	55	$R_{90}250$	中热	95.1	0.354	104.3	0.292	99.7	0.323
10	基础	0.50	146	26	$R_{90}200$	低热	83.7	0.278	104.6	0.272	94.2	0.275
11	内部		128	43	$R_{90}150$	低热	78.4	0.283	100.2	0.235	89.3	0.259

在施工现场特别是高温季节还采取了一系列温控措施，三峡工程混凝土裂缝得到了有效控制，混凝土裂缝条数少，无贯穿性裂缝出现。截至2000年12月的统计资料显示，三峡工程大坝混凝土产生的Ⅱ类以上裂缝为每1万 m³ 混凝土0.171条，产生的Ⅲ类以上裂缝为每1万 m³ 混凝土0.048条，低于每1万 m³ 混凝土0.5条的控制指标要求。

3. 抗碳化性能

三峡工程混凝土有一部分是结构混凝土，必须考虑混凝土的碳化和钢筋锈蚀问题。优化的三峡工程结构混凝土水胶比均不大于0.45，粉煤灰掺量均不大于20%，碳化试验结果见表 6.21。

表 6.21 混凝土碳化试验结果

混凝土标号	水胶比	粉煤灰掺量/%	碳化深度/mm			
			3 天	7 天	14 天	28 天
$R_{28}250$	0.45	20	3.1	5.6	7.7	12.6
$R_{28}500$	0.30	0	0	0	0	0

室内碳化试验结果表明，28 天最大的碳化深度仅为 1.26 cm，大致相当于自然环境中 50 年的碳化深度，而三峡工程混凝土保护层厚度一般约为 10 cm。从保护层厚度及碳化的速率看，三峡工程结构混凝土具有优良的抗碳化性能。

6.4 全级配大坝混凝土的配合比及性能

6.4.1 全级配大坝混凝土的配合比

对三峡工程大坝内部、基础、水位变化区三个部位的混凝土进行研究，均为四级配混凝土，要求混凝土坍落度为 3～5 cm，含气量为 3%～5%。混凝土配合比及每方材料用量见表 6.22。

表 6.22 全级配大坝混凝土配合比及每方材料用量

编号	浇筑部位	水胶比	粉煤灰掺量/%	砂率/%	外加剂掺量		坍落度/cm	含气量/%	胶材用量/(kg/m³)		骨料用量/(kg/m³)			
					ZB-1A/%	DH9S/10^{-4}			水泥	粉煤灰	砂子	(5,20] mm	(20,40] mm	(40,80] mm	(80,150] mm
QS1	水位变化区	0.45	30	26	0.5	0.60	3.8	4.6	132.3	56.7	557.2	329.3	330.5	497.5	497.5
QS2							3.6	4.3							
QS3							4.7	4.2							
QJ1	基础	0.50	35	27	0.5	0.65	4.9	4.5	109.2	58.8	583.8	327.2	328.9	495.2	495.2
QJ2							2.6	4.2							
QJ3							2.9	4.2							
QN1	内部	0.55	40	28	0.5	0.70	3.3	4.6	91.8	61.2	608.6	324.9	326.1	491.0	491.0
QN2							3.0	4.1							
QN3							5.9	4.9							

从表 6.22 中可见，拌制过程中混凝土坍落度控制在 2.6～5.9 cm，混凝土含气量控制在 4.1%～4.9%。

6.4.2 全级配大坝混凝土的性能

1. 力学性能

全级配大试件和湿筛小试件的抗压强度、劈拉强度试验结果列于表6.23。

表6.23 全级配大坝混凝土和湿筛二级配混凝土的抗压强度、劈拉强度试验结果和比较

(a) 抗压强度

部位	项目	龄期		
		7天	28天	90天
基础	D	19.4	27.3	33.9
	S	16.7	24.6	32.8
	D/S	1.16	1.11	1.03
内部	D	—	21.4	27.1
	S	—	18.1	24.9
	D/S	—	1.18	1.09
水位变化区	D	—	34.6	38.0
	S	—	34.0	45.2
	D/S	—	1.02	0.84
比值总平均	D/S	1.06		

(b) 劈拉强度

部位	项目	龄期		
		7天	28天	90天
基础	D	1.06	1.46	1.96
	S	1.26	1.78	2.34
	D/S	0.84	0.82	0.84
内部	D	—	1.27	1.61
	S	—	1.30	1.97
	D/S	—	0.98	0.82
水位变化区	D	—	1.94	2.52
	S	—	2.37	2.86
	D/S	—	0.82	0.88
比值总平均	D/S	0.86		

注：D代表全级配大坝混凝土，试件尺寸为45 cm×45 cm×45 cm；S代表湿筛二级配混凝土，试件尺寸为15 cm×15 cm×15 cm。

1）抗压强度

对于大试件和小试件的抗压强度，基础混凝土7～90天抗压强度比值为1.03～1.16，

内部混凝土 28 天和 90 天抗压强度比值分别为 1.18 和 1.09，水位变化区混凝土 28 天和 90 天抗压强度比值分别为 1.02 和 0.84，也就是说，除水位变化区混凝土 90 天抗压强度外，全级配大坝混凝土抗压强度均高于湿筛二级配混凝土抗压强度约 10%，且随着龄期的增加，比值有减小趋势。

2）劈拉强度

对于全级配大坝混凝土 45 cm 立方体大试件与湿筛二级配混凝土 15 cm 立方体小试件的劈拉强度，基础混凝土 7~90 天劈拉强度比值为 0.82~0.84，内部混凝土 28 天和 90 天劈拉强度比值分别为 0.98、0.82，水位变化区混凝土 28 天和 90 天劈拉强度比值分别为 0.82、0.88，全级配大坝混凝土劈拉强度均低于湿筛二级配混凝土劈拉强度约 14%。

3）混凝土弹性模量

全级配大坝混凝土 $\phi 45\ cm \times 90\ cm$ 与湿筛二级配混凝土 $\phi 15\ cm \times 30\ cm$ 的弹性模量比值，基础混凝土 7 天、28 天、90 天分别为 1.09、1.12、1.16。全级配大坝混凝土弹性模量为 21.0~35.0 GPa，比湿筛二级配混凝土的弹性模量大，见表 6.24 和图 6.19。

表 6.24 基础混凝土弹性模量

项目		龄期		
		7 天	28 天	90 天
弹性模量/GPa	D	21.0	30.2	35.0
	S	19.3	27.0	30.2
比值	D/S	1.09	1.12	1.16

注：D 代表全级配大坝混凝土，试件尺寸为 $\phi 45\ cm \times 90\ cm$；S 代表湿筛二级配混凝土，试件尺寸为 $\phi 15\ cm \times 30\ cm$。

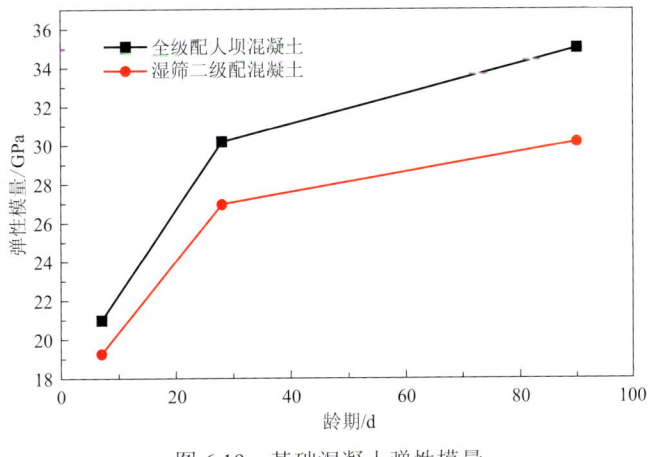

图 6.19 基础混凝土弹性模量

全级配大坝混凝土的弹性模量比湿筛二级配混凝土的弹性模量大 9%~16%，随龄期增加，比值增大。分析原因可能是全级配大坝混凝土中石料含量多，灰浆少，刚度大，而且随龄期增加，混凝土硬度加大，变形能力减小。

2. 收缩与变形性能

1）极限拉伸

混凝土的抗拉强度、极限拉伸值、弹性模量见表 6.25 和图 6.20～图 6.22。

表 6.25　混凝土的抗拉强度、极限拉伸值、弹性模量试验结果

项目		抗拉强度			极限拉伸值			弹性模量 $E_{0.5}$			弹性模量 E_c		
		试验值/MPa		比值 D/S	试验值/10^{-6}		比值 D/S	试验值/GPa		比值 D/S	试验值/GPa		比值 D/S
		D	S		D	S		D	S		D	S	
龄期	28 天	1.19	1.91	0.62	43	77	0.56	36.31	29.86	1.22	30.13	24.92	1.21
	90 天	2.10	3.43	0.61	58	97	0.60	47.33	41.76	1.13	36.35	33.39	1.09

注：$E_{0.5}$ 为 0.5 倍破坏荷载的弹性模量，E_c 为破坏荷载的弹性模量。D 代表全级配大坝混凝土，试件尺寸为 45 mm×45 mm×225 mm；S 代表湿筛二级配混凝土，试件尺寸为 10 mm×10 mm×60 mm。

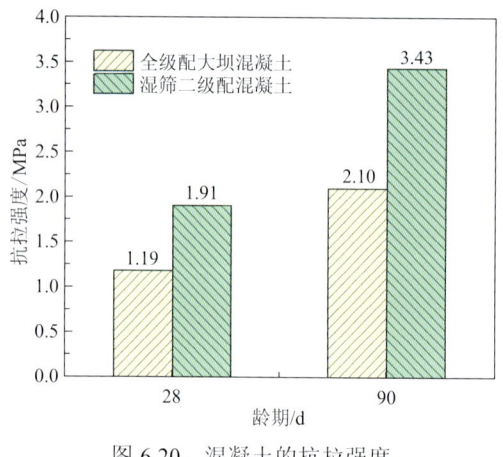

图 6.20　混凝土的抗拉强度

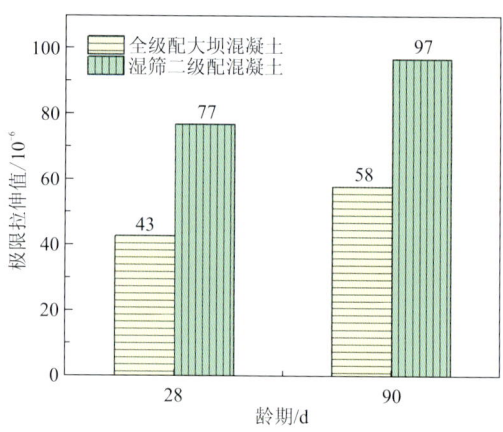

图 6.21　混凝土的极限拉伸值

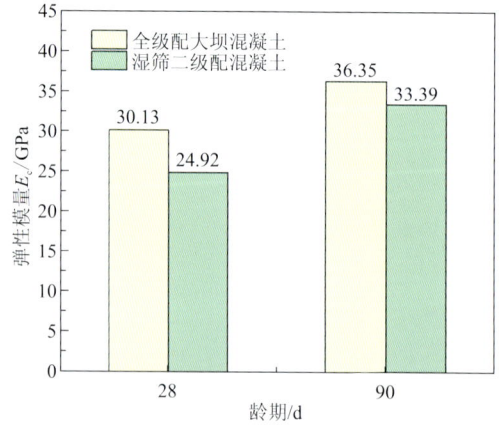

图 6.22　混凝土的弹性模量 E_c

极限拉伸试验结果表明：①全级配大坝混凝土的抗拉强度比湿筛二级配混凝土的小，为湿筛二级配混凝土的 61%～62%，而用劈裂法获得的大小试件劈拉强度的比值为 0.82～0.84；②全级配大坝混凝土的极限拉伸值小，为湿筛二级配混凝土的 56%～60%；③全级配大坝混凝土的弹性模量略大，为湿筛二级配混凝土的 1.09～1.22 倍（偏大 9%～22%）。

2）干缩

混凝土的干缩率结果见表 6.26 和图 6.23，全级配大坝混凝土的干缩率随时间推移缓慢增加，180 天干缩率为 1.043×10^{-4}，为湿筛二级配混凝土干缩率的 30%。

表 6.26 混凝土的干缩率

项目			龄期								
			3 天	7 天	15 天	30 天	45 天	60 天	90 天	120 天	150 天	180 天
干缩率	试验值 /10^{-6}	D	9.2	16.0	30.6	47.9	61.4	71.6	82.5	92.0	100.1	104.3
		S	31.8	79.9	163.7	259.9	297.1	325.8	336.1	345.2	348.3	350.6
	比值	D/S	0.29	0.20	0.19	0.18	0.21	0.22	0.25	0.27	0.29	0.30

注：D 代表全级配大坝混凝土，试件尺寸为 $\phi 45\text{ cm} \times 90\text{ cm}$；S 代表湿筛二级配混凝土，试件尺寸为 $\phi 15\text{ cm} \times 30\text{ cm}$。

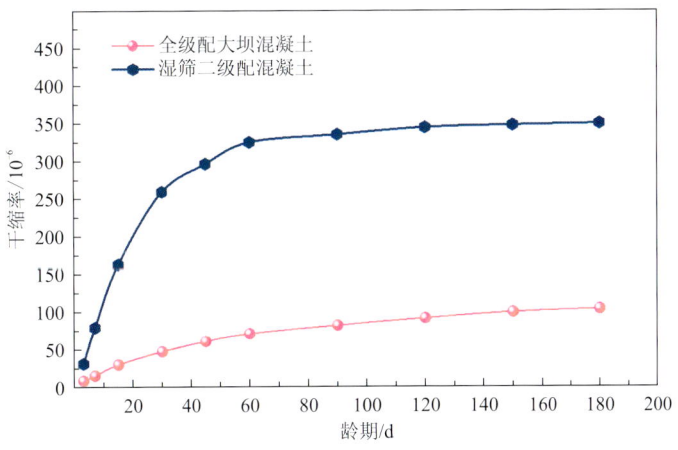

图 6.23 混凝土的干缩率与龄期的关系

全级配大坝混凝土试件大，灰浆率小，干缩率也小，全级配大坝混凝土的干缩率仅为湿筛二级配混凝土的 18%～30%，由于全级配大坝混凝土试件大，内部水分蒸发缓慢，后期干缩率增长稍快，干缩率比值有随龄期延长增大的趋势。

3）自生体积变形

混凝土的自生体积变形用 $G(\tau)$ 表示，单位为微应变（10^{-6}），该混凝土的自生体积变形均为膨胀型，全级配大坝混凝土的自生体积变形比较小，180 天的自生体积变形为

$7.0×10^{-6}$，比湿筛二级配混凝土的自生体积变形小得多，为湿筛二级配混凝土的 30%，结果见表 6.27 和图 6.24。

表 6.27　混凝土自生体积变形结果

项目			龄期					
			15 天	30 天	60 天	90 天	120 天	150 天	180 天
自生体积变形	试验值/10^{-6}	D	0.9	1.1	1.82	3.4	5.6	5.6	7.0
		S	8.1	8.2	10.5	14.2	19.0	21.7	23.4
	比值	D/S	0.11	0.13	0.17	0.24	0.29	0.26	0.30

注：D 代表全级配大坝混凝土，试件尺寸为 $\phi 45\,cm×90\,cm$；S 代表湿筛二级配混凝土，试件尺寸为 $\phi 20\,cm×60\,cm$。

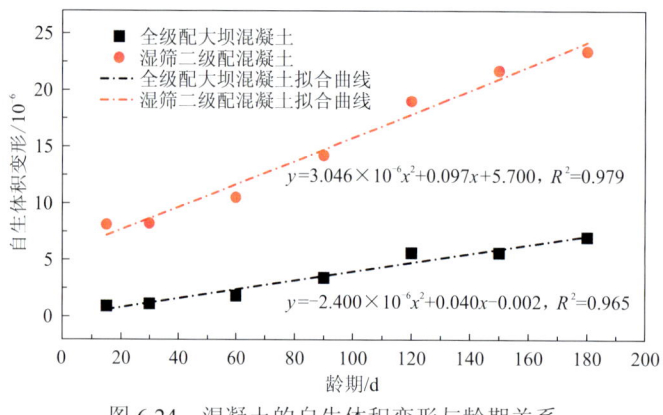

图 6.24　混凝土的自生体积变形与龄期关系

4）徐变

（1）全级配大坝混凝土的徐变。

混凝土的徐变度为徐变变形扣除补偿变形后，单位应力作用下的徐变，用 $C(t,\tau)$ 表示，单位为 $10^{-6}/MPa$。各加荷龄期徐变试验结果见表 6.28 和图 6.25。

表 6.28　全级配大坝混凝土徐变度实测值　　　　　　　　（单位：$10^{-6}/MPa$）

加荷龄期	持荷时间										
	3 天	7 天	10 天	15 天	30 天	45 天	60 天	90 天	120 天	150 天	180 天
7 天	16.60	18.73	20.95	21.66	24.63	26.96	27.16	29.31	30.68	31.20	31.80
28 天	12.10	12.70	13.00	13.60	14.79	15.96	16.25	18.33	18.75	19.48	19.93
90 天	6.46	7.64	7.94	8.45	9.65	10.32	11.14	14.10	14.52	15.33	15.50

各加荷龄期的徐变度随持荷时间的延长而增大，随加荷龄期的推迟而减小，对于 7 天、28 天和 90 天龄期加荷的试件，持荷到 180 天时的徐变度分别是 $3.180×10^{-5}/MPa$、$1.993×10^{-5}/MPa$ 和 $1.550×10^{-5}/MPa$。

(2) 湿筛二级配混凝土的徐变。

湿筛二级配混凝土的徐变试验结果见表 6.29 和图 6.26。

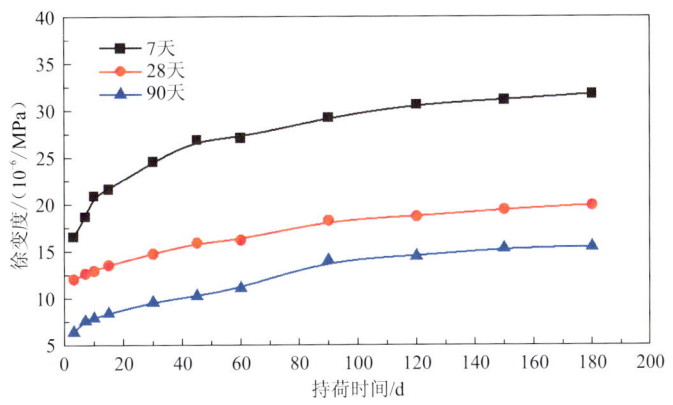

图 6.25　全级配大坝混凝土各加荷龄期徐变度曲线

表 6.29　湿筛二级配混凝土徐变度实测值　　　　　（单位：10^{-6}/MPa）

加荷龄期	持荷时间											
	1天	3天	7天	10天	15天	30天	45天	60天	90天	120天	150天	180天
7天	16.46	24.47	33.79	36.31	40.40	45.57	48.19	50.74	51.25	53.43	54.46	55.53
28天	8.09	11.66	15.38	16.67	17.74	21.68	23.95	23.96	26.17	28.73	29.62	31.06
90天	3.97	5.29	6.65	7.36	8.12	10.39	11.50	12.61	13.85	15.46	16.19	16.63

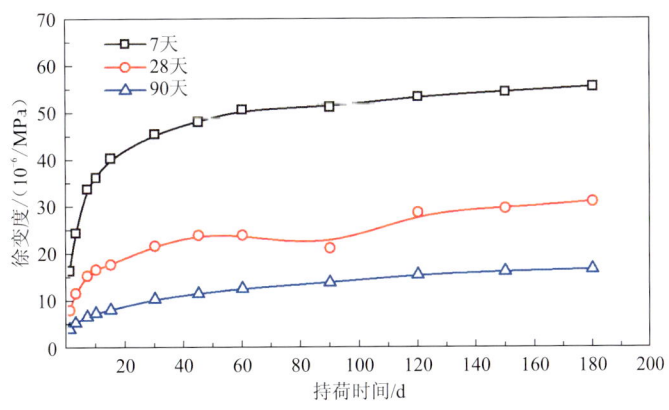

图 6.26　湿筛二级配混凝土各加荷龄期徐变度曲线

(3) 全级配大坝混凝土徐变与湿筛二级配混凝土徐变的比较。

a. 7 天加荷龄期徐变的比较。

全级配大坝混凝土 7 天加荷龄期的徐变度较小，为湿筛二级配混凝土徐变度的 54%～57%，见表 6.30 和图 6.27。

表 6.30　7 天加荷龄期徐变的比较

项目			持荷时间							
			7 天	15 天	30 天	60 天	90 天	120 天	150 天	180 天
徐变度	试验值 /(10^{-6}/MPa)	D	18.73	21.66	24.63	27.16	29.31	30.68	31.20	31.80
		S	33.79	40.40	45.57	50.74	51.25	53.43	54.46	55.53
	比值	D/S	0.55	0.54	0.54	0.54	0.57	0.57	0.57	0.57

注：D 代表全级配大坝混凝土，试件尺寸为 ϕ20 cm×60 cm；S 代表湿筛二级配混凝土，试件尺寸为 ϕ15 cm×45 cm。

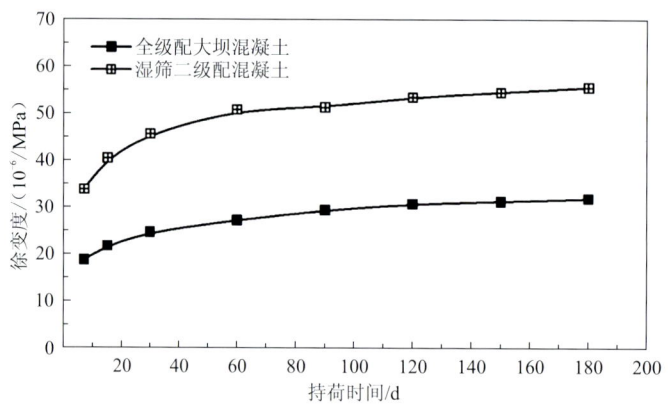

图 6.27　7 天加荷龄期徐变的比较曲线

b. 28 天加荷龄期徐变的比较。

结果见表 6.31 和图 6.28，28 天加荷龄期的徐变度仍比湿筛二级配混凝土的小，但比 7 天加荷龄期的比值大一些，为湿筛二级配混凝土的 64%～83%。

表 6.31　28 天加荷龄期徐变的比较

项目			持荷时间							
			7 天	15 天	30 天	60 天	90 天	120 天	150 天	180 天
徐变度	试验值 /(10^{-6}/MPa)	D	12.70	13.60	14.79	16.25	18.33	18.75	19.48	19.93
		S	15.38	17.74	21.68	23.96	26.17	28.73	29.62	31.06
	比值	D/S	0.83	0.77	0.68	0.68	0.70	0.65	0.66	0.64

注：D 代表全级配大坝混凝土，试件尺寸为 ϕ20 cm×60 cm；S 代表湿筛二级配混凝土，试件尺寸为 ϕ15 cm×45 cm。

c. 90 天加荷龄期徐变的比较。

试验结果见表 6.32 和图 6.29，全级配大坝混凝土的徐变度已与湿筛二级配混凝土的徐变度相近，其比值平均为 0.98，基本接近 1.0，分析原因可能是湿筛二级配混凝土（长龄期）中的凝胶体结晶，强度增长比全级配大坝混凝土快，徐变度迅速减小，从各加荷龄期的比值看，随加荷龄期的推迟，比值增大。

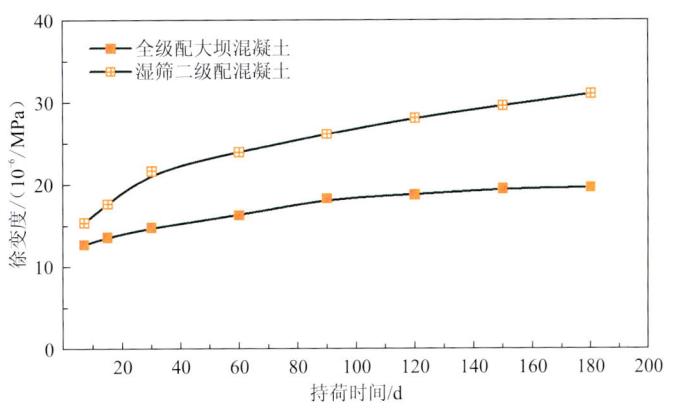

图 6.28　28 天加荷龄期徐变的比较曲线

表 6.32　90 天加荷龄期徐变的比较

	项目		持荷时间							
			7 天	15 天	30 天	60 天	90 天	120 天	150 天	180 天
徐变度	试验值 /(10^{-6}/MPa)	D	7.64	8.45	9.65	11.14	14.10	14.52	15.33	15.50
		S	6.65	8.12	10.39	12.61	13.85	15.46	16.19	16.63
	比值	D/S	1.15	1.04	0.93	0.88	1.02	0.94	0.95	0.93

注：D 代表全级配大坝混凝土，试件尺寸为 $\phi 20$ cm×60 cm；S 代表湿筛二级配混凝土，试件尺寸为 $\phi 15$ cm×45 cm。

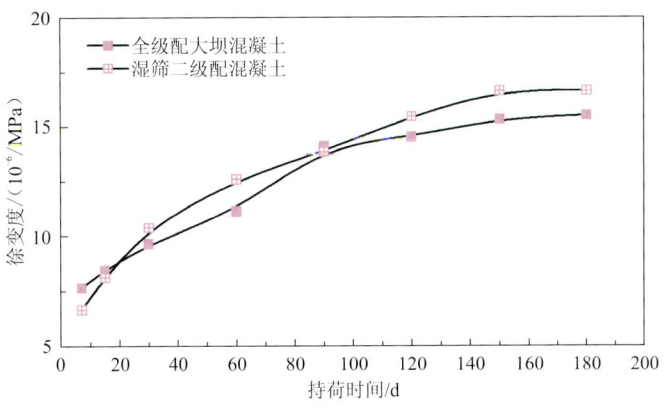

图 6.29　90 天加荷龄期徐变的比较曲线

d. 混凝土徐变的增长速度。

以持荷 180 天为准，各加荷龄期持荷到 180 天不同试件的徐变增长速度见表 6.33 和图 6.30。

表 6.33 混凝土徐变的增长速度 （单位：%）

项目	加荷龄期	持荷时间								
		3天	7天	15天	30天	60天	90天	120天	150天	180天
全级配大坝混凝土（D）	7天	52	59	68	77	85	92	96	98	100
	28天	61	64	68	74	82	92	94	98	100
	90天	42	49	55	62	72	91	94	99	100
湿筛二级配混凝土（S）	7天	44	61	73	82	91	92	96	98	100
	28天	38	50	57	70	77	84	92	95	100
	90天	32	40	49	62	76	83	93	97	100

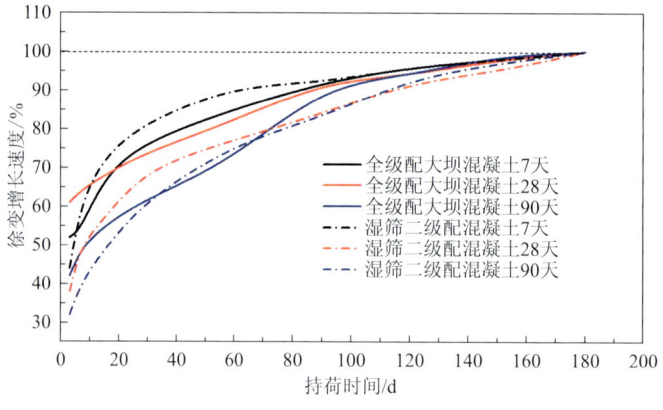

图 6.30 混凝土徐变的增长速度曲线

全级配大坝混凝土持荷 3 天的徐变度为持荷 180 天徐变度的 42%～61%，湿筛二级配混凝土持荷 3 天的徐变度为持荷 180 天徐变度的 32%～44%。给定某一加荷龄期的徐变度，可用徐变增长速度曲线估计不同时间的徐变度。

3. 抗渗性能

抗渗试验结果见表 6.34，大小试件均满足抗渗标号 S8 的要求，但是全级配大坝混凝土渗水高度大，相对渗透能力强，为湿筛二级配混凝土相对渗透能力的 6.1 倍，这是由于全级配大坝混凝土中胶材较少，骨料多，骨料与水泥浆之间的过渡带薄弱环节多，容易形成通道，渗透能力比湿筛二级配混凝土的渗透能力大，抗渗能力弱。

表 6.34 混凝土的抗渗试验结果

项目	试件尺寸/cm	抗渗标号	渗水高度/cm	相对渗透系数/(10^{-11} m/s)
全级配大坝混凝土（D）	ϕ45×45	>S8	18.7	5.70
湿筛二级配混凝土（S）	ϕ18×15	>S8	8.0	0.93
比值（D/S）	—	—	2.3	6.1

第 7 章

大坝混凝土施工现场保障技术

三峡工程大坝混凝土具有超大浇筑体积与超高浇筑强度，工程高质量施工对新拌混凝土的工作性能、含气量、温度与整体均匀性等早期指标有很高要求，并应掌握拌和、运输、入仓、振捣全过程新拌混凝土性能的变化规律，对骨料级配、砂率、石粉质量分数等参数进行反馈调控，创建现场混凝土配合比全过程动态调控技术与质量控制体系。聚焦三峡工程大坝混凝土施工性能保障技术，本章介绍三峡工程大坝混凝土施工质量保障体系、现场配合比动态调控与施工典型问题及解决方案，保障所配制的高耐久性大坝混凝土的有效实施。

7.1 三峡工程大坝混凝土施工质量保障体系

7.1.1 混凝土施工质量管理

1993 年举世瞩目的三峡工程开始建设，三峡工程混凝土量巨大，要求快速、连续、高强度施工，并秉承着"千年大计、质量第一"的理念，混凝土施工控制具有十分重要的现实意义。大坝混凝土施工应用了新材料、新工艺、新技术与新设备，采用微膨胀中热硅酸盐水泥、大掺量Ⅰ级粉煤灰、减水剂与引气剂联用、耐久性主导的混凝土配合比设计、二次风冷骨料技术、塔带机为主的施工方案等，对于保证所配制的高耐久性大坝混凝土的有效实施极为重要。

大坝混凝土施工全过程是从两个同步进行的流程开始的，一个流程是混凝土浇筑的仓面准备，另一个流程是混凝土生产及运输。当上述两个流程汇集到一起时，便形成了混凝土的浇筑流程。大坝混凝土施工主要由如下四大节点构成。

节点1 仓面准备：主要包括测量放样、模板加工、模板安装、钢筋加工、钢筋安装、埋件产品检验、埋件安装、机电预埋件、终检开仓证等。

节点2 混凝土生产及运输入仓：主要包括砂石料生产、原材料温控、混凝土拌和、预冷混凝土、机口检测、混凝土运输入仓等。

节点3 混凝土浇筑：主要包括仓面资源配置、混凝土平仓振捣、仓面喷雾保湿、覆盖养护、施工缝面处理（冲毛）等。

节点4 混凝土温控防裂：主要包括混凝土喷雾养护、覆盖保护、初期通水冷却（消减坝内最高温升）、二期通水冷却、缺陷查处和单元评定等。

上述混凝土"一条龙"施工以原材料准备→混凝土拌和→运输入仓→平仓振捣→养护覆盖→通水冷却为主线，每一步都会影响到混凝土施工质量，关系到施工进度、浇筑强度、资源配置等方面的均衡施工，并直接影响坝体安全与耐久性。

质量是产品的生命。同样，质量也是工程的生命。由于水利水电工程多建在江河之上，一旦失事，后果不堪设想，加强水利水电工程建设的质量管理十分重要。混凝土坝是世界坝工界中最常用、最经典的主流坝型。由于水利水电工程具有工程条件复杂、施工技术要求高、建设周期长、施工中不确定性因素多、施工质量控制难度较大等特点，混凝土坝的质量及安全问题时有暴露，严重制约了水利水电工程建设事业的健康发展[69]。

大坝混凝土属于大体积混凝土，由于原材料、地形地质、水文气象、施工工艺、操作方法、技术措施等，在大坝混凝土施工过程中常常出现质量问题，如混凝土强度等级偏低，出现气泡、麻面、蜂窝、孔洞、露筋、裂缝、施工冷缝、泌水现象，表面水泥浆过厚，大坝混凝土抗压强度、抗渗和抗冻标号及保证率不能达到设计要求，浇筑坝段出现串区和外漏等。

大坝混凝土施工质量控制是一项系统工程，施工质量要按照有关规程（规范、标准）、招投标文件及设计要求进行全过程控制，建立完善的质量管理和保证体系，通过对原材料、配合比、拌和、运输、浇筑、温控防裂、养护和保护等各工序的质量控制，及时掌握质量动态信息，保证混凝土质量。当混凝土施工质量不能满足要求时，应及时分析原因，提出改进措施。混凝土存在质量缺陷的，应根据其对水工建筑物可靠性的影响，采取必要的处理措施[70]。

水利水电工程建设施工过程中，政府有关质量监督部门定期对工程质量进行巡视检查，工程重大节点（如下闸蓄水安全鉴定、工程竣工验收等）组织专家对工程质量进行评价。水工混凝土施工质量控制和工程验收主要依据《水工混凝土施工规范》（SL 677—2014 或 DL/T 5144—2015）、《水利水电建设工程验收规程》（SL 223—2008）、《水电工程验收规程》（NB/T 35048—2015）和具体工程制定的质量保证体系进行。

三峡工程大坝混凝土施工质量控制本着高标准、严要求的原则，根据已有的国家标准、部颁行业标准、三峡工程设计的部分特殊要求及三峡工程的施工特点，中国长江三峡工程开发总公司（现已更名为中国长江三峡集团有限公司）组织编制了中国长江三峡工程质量评定的标准体系。至今已有90余个质量控制标准汇编成册并予以实施，涉及混凝土原材料检测、配合比设计、施工质量控制等方面[71]。

建立质量管理机构及责任制。从原材料、加工制造、储存运输直到施工，建立层层责任制，并由参建各方组成三峡工程质量管理委员会，负责组织协调和指导，提出"零质量事故"管理目标。

建立质量事故处理程序、质量奖惩制度和单元质量评定制度。从1993年开工到2002年底，共评定135 107个单元工程，全部合格，优良率达81.06%。

建立质量检查逐级把关制度。原材料出厂检查由中国长江三峡工程开发总公司委托有资格的机构按照规定标准进行，执行出厂合格证签发制。钢结构及机组设备制造过程由中国长江三峡工程开发总公司委托有资格的国内外监造机构进行驻厂检查，定期向中国长江三峡工程开发总公司报告质量状况。运输过程实行到站检查、入关检查和现场检测制度。中国长江三峡工程开发总公司材料试验中心、测量中心、安全监测中心、金属结构检测中心按有关规程实行归口检查制度。

国务院三峡建设委员会还专门成立国务院三峡枢纽工程质量检查专家组，对三峡工程的施工质量定期进行权威检查和评价。完整的质量监督体制对及时消除质量隐患、提高工程质量、争创一流工程起到了保证作用。

7.1.2 混凝土施工机械方案

针对三峡工程大坝混凝土浇筑施工工程量大、强度高等特点，分析塔带机、大型塔机等方案的优缺点，形成了适用于三峡工程大坝混凝土的组合施工方案。

1. 混凝土浇筑施工特点

三峡工程建设方案为"一级开发，一次建成，分期蓄水，连续移民"，三峡工程主体建设按施工导流划分为三个施工期，分期投入运行，总工期为17年。一期工程5年（1993～1997年），主要目标是在一期围堰保护下开挖右岸导流明渠，修建一座碾压混凝土纵向围堰，同时在左岸进行主体建筑物基础开挖，并完成两岸准备工程的建设。二期工程6年（1998～2003年），主要目标是在二期围堰保护下修建左岸大坝和左岸电站厂房，在2003年完成左岸电站第一批水轮发电机组的安装、并网发电，建成双线连续五级船闸，并投入运行。三期工程6年（2004～2009年），主要目标是在三期围堰保护下修建右岸大坝和右岸电站厂房，完成两岸电站所有水轮发电机组的安装，并投入运行。

三峡工程混凝土量巨大，总量约2 804万 m^3，约为当时世界上最大的巴西伊泰普水电站的2.5倍，大坝混凝土约1 610万 m^3。其中，二期工程是三峡工程的核心，也是混凝土浇筑的高峰期，混凝土总量约 $1.23×10^7 m^3$（包括碾压混凝土 $4.62×10^5 m^3$，特种混凝土约 $5×10^5 m^3$）。一期工程是准备期，混凝土方量少，三期工程虽有一定的混凝土方量，但基本上是二期工程的延续。

大坝混凝土分三个阶段施工，施工高峰为第二阶段。大坝混凝土施工的主要特点总结如下[72]。

（1）工程量巨大、工期紧，要求高强度、连续施工。初步设计中大坝混凝土总量为1 608万 m^3，其中第二阶段大坝混凝土总量约为1 200万 m^3，施工工期为45个月。

（2）大坝结构复杂，施工难度大。大坝布置泄洪、排（冲）沙、排漂、引水压力管道等共计105条孔道，且泄洪坝段三层孔道错落布置，钢筋密集，混凝土等级多，金属结构和设备安装等穿插进行。

（3）混凝土温控难度大。大坝混凝土多为大体积混凝土，必须进行严格的温度控制；其高强度、连续施工的特性，决定了高温季节也要照常施工，从而给预冷混凝土生产、现场温控提出了高难度要求。

（4）质量要求高。三峡大坝为枢纽工程的核心建筑物，"千年大计，国运所系"，一流工程须达到一流质量。

（5）施工干扰因素多，管理协调难度大。大坝和厂房均分标切块划片施工，标段多，施工队伍多，施工设备多，增加了组织协调与管理的难度。

2. 混凝土浇筑方案选择

针对上述施工特点，为做到有序、高效施工，确保工程质量，对施工方案进行了充分的研究，曾经比较了缆索起重机方案、皮带机配塔式起重机方案（塔带机方案）、高架门机方案和大型塔机方案，最后集中比较塔带机方案与大型塔机方案。

（1）塔带机方案。采用皮带机供料线与塔带机配合浇筑，并布置三条栈桥配合施工（即在大坝上、下游各布置一条高程为 50.00 m 的栈桥，在大坝下游面布置一条高程为 120.00 m 的栈桥）。大坝高程 120.00 m 以下的混凝土，采用塔带机浇筑，高程 50.00 m 栈桥上的高架门（塔）机配合施工；大坝高程 120.00 m 以上的混凝土，主要采用高程 120.00 m 栈桥上的大型门（塔）机施工。

该方案的优点在于：生产效率高，造价较低；工厂化施工，质量安全有保证。缺点是：浇筑四级配混凝土时存在骨料分离、砂浆损失现象；预冷混凝土在运输过程中温度回升快；难以适应同一仓号内不同等级、不同级配混凝土的快速变换要求；属于国内混凝土浇筑的重大革新，尚缺乏设计和施工技术与管理经验；高程 120.00 m 以上施工仍需要其他设备。

（2）大型塔机方案。布置四条栈桥，于坝前、坝后、厂坝间布置三条高程为 50.00 m 的栈桥，并在大坝下游面布置一条高程为 120.00 m 的栈桥。大型塔机先安装在高程 50.00 m 栈桥，将大坝混凝土浇筑到高程 120.00 m，再转移到高程 120.00 m 栈桥，将大坝浇筑到坝顶高程 185.00 m。

该方案的优点在于：起吊高度高，起重量大，工作范围广；塔机为自升式，安装容易，工期短；高塔架低栈桥，工程量小，费用低，安装速度快，且大部分布置在坝后，可回收利用；大型塔机可用于安装栈桥，一机多用；国外已有类似塔机，技术上可行。缺点是：虽有类似塔机，但仍不满足三峡工程大坝混凝土浇筑的参数要求，且国内外尚无设计、制造和运行成功的先例；大型塔机塔架高，平稳性较门机差；需要两次架设栈桥和起重机，对混凝土施工进度有一定的影响。

在大量的咨询、调研、交流的基础上，按照适应三峡大坝施工特点、保证施工质量和进度、缩短工期、设备配置既可浇筑混凝土又能进行金属结构安装、设备技术先进、稳定可靠、便于管理的原则，最后确定大坝施工采用以塔带机为主，以大型门（塔）机及缆机为辅的施工方案，三峡大坝施工机械布置见图 7.1（a）。

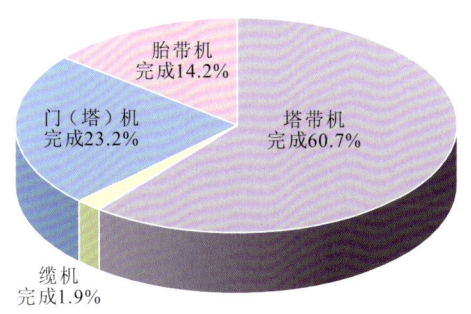

（a）三峡大坝施工机械布置实景　　　　　　（b）浇筑完成比例

图 7.1　三峡大坝施工机械布置与浇筑完成比例

塔带机将大型塔机与皮带机有机结合,既有塔机的功能,又融合了皮带机的特点,它将混凝土水平、垂直运输及仓面布料功能融为一体,与混凝土供料线配合使用,实现了混凝土从拌和楼到仓面的工厂化、一条龙施工。三峡大坝施工机械浇筑完成比例见图 7.1(b),其中塔带机完成 60.7%,实际浇筑完成量为 856.35 万 m^3。塔带机的显著特点是:供料连续性好、强度高,具有仓面布料功能,利于安全文明施工。它简化了生产环节,大大地提高了生产效率,实现了平浇法施工。塔带机的使用采用"一楼一带一机"配套作业模式,即一条供料线对应一座拌和楼及一台塔带机。为发挥其供料均匀、连续、高强的特性,采取了优化混凝土原材料及配合比、合理配置仓面施工资源、改进浇筑工艺等措施,形成了一套适合塔带机混凝土浇筑的方法和工艺。

7.2　三峡工程大坝混凝土现场配合比动态调控

通过全面质量监控与调整,阐明了拌和、运输、入仓、振捣全过程新拌混凝土性能的变化规律,对骨料级配、砂率、石粉质量分数等参数进行了反馈调控,创建了现场混凝土配合比全过程动态调控技术,施工现场见图 7.2。为系统了解三峡工程大坝混凝土从拌和楼出机口经过运输到达仓面并振捣过程中性能的情况,分别在 1999 年、2001 年、2003 年对同一拌和系统、同一配合比、同一车混凝土在出机口与施工仓面进行抽样对比试验。为确保可比性和试验精度,检测所用的成型振捣器、含气量测定仪、测温计等均为相同型号且经过率定的仪器。

图 7.2　三峡工程大坝混凝土从拌和楼到施工仓面的质量动态调控示意图

7.2.1　混凝土拌和物性能变化

出机口和仓面混凝土拌和物性能的差异与运输方式、环境条件、运输距离及运输时间等因素有关。一般运输距离长、运输时间长、环境温度高的混凝土温度回升较多,坍落度损失较大。

第 7 章 大坝混凝土施工现场保障技术

试验中心 1999 年对 79 m 高程拌和系统生产、浇筑的泄洪坝段混凝土进行了抽检，检测项目有温度、坍落度、含气量等。出机口与入仓混凝土拌和物性能检测统计结果见表 7.1。

表 7.1 出机口与入仓混凝土拌和物抽检结果统计（1999 年）

检测项目	取样地点	检测次数	平均值	最大值	最小值	入仓与出机口平均值之差	相对出机口变化率/%
温度/℃	出机口	31	8.9	13.3	4.8	1.5	16.9
	入仓	31	10.4	14.6	5.3		
坍落度/cm	出机口	31	7.1	18.0	1.0	-2.7	-38.0
	入仓	31	4.4	14.9	0.7		
含气量/%	出机口	31	4.5	6.4	2.5	-0.7	-15.6
	入仓	31	3.8	5.4	2.4		

表 7.1 的结果显示，出机口温度平均值为 8.9 ℃，入仓温度平均值为 10.4 ℃，入仓温度较出机口温度平均回升 1.5 ℃；出机口坍落度平均值为 7.1 cm，入仓坍落度平均值为 4.4 cm，入仓坍落度比出机口坍落度平均损失 2.7 cm；出机口混凝土含气量平均值为 4.5%，入仓含气量平均值为 3.8%，入仓含气量比出机口含气量平均降低 0.7%。

试验中心 2003 年对右岸 84 m 高程拌和系统及 150 m 高程拌和系统生产、浇筑的右岸地下厂房进水口、右岸厂房坝段、右岸厂房段混凝土进行了抽检，检测项目有温度、坍落度、含气量等。混凝土拌和物检测统计结果见表 7.2。

表 7.2 出机口与入仓混凝土拌和物抽检结果统计（2003 年）

检测项目	取样地点	控制值	检测次数	平均值	最大值	最小值	入仓与出机口平均值之差	相对出机口变化率/%
温度/℃	出机口	≤7	29	5.8	8.0	3.0	1.0	17.2
	入仓	—	29	6.8	12.0	3.0		
	出机口	≤10	10	8.5	11.0	6.0	1.1	12.9
	入仓	—	9	9.6	12.5	6.0		
	出机口	≤14	2	12.0	14.0	10.0	1.5	12.5
	入仓	—	2	13.5	15.5	11.5		
坍落度/cm	出机口	3～5	14	5.3	8.3	4.0	-1.7	-32.1
	入仓	—	14	3.6	6.0	1.6		
	出机口	5～7	21	6.9	9.0	5.0	-2.9	-42.0
	入仓	—	21	4.0	6.5	2.0		

续表

检测项目	取样地点	控制值	检测次数	平均值	最大值	最小值	入仓与出机口平均值之差	相对出机口变化率/%
坍落度/cm	出机口	7~9	4	7.9	11.0	5.9	-2.6	-32.9
	入仓	—	4	5.3	9.1	3.1		
	出机口	9~11	1	9.6	—	—	-5.4	-56.3
	入仓	—	1	4.2				
坍落度平均值/cm	出机口	—	40	6.5	入仓加权平均坍落度-出机口加权平均坍落度=-2.5 cm			-38.5
	入仓	—	40	4.0				
含气量/%	出机口	4~6	38	4.9	5.8	3.5	-0.8	-16.3
	入仓	—	39	4.1	5.7	2.5		

表 7.2 的结果显示，入仓温度较出机口温度回升 1.0~1.5℃；出机口坍落度加权平均值为 6.5 cm，入仓坍落度加权平均值为 4.0 cm，入仓坍落度比出机口坍落度平均损失 2.5 cm，损失率为 38.5%；出机口混凝土含气量平均值为 4.9%，入仓混凝土含气量平均值为 4.1%，入仓含气量比出机口含气量平均降低 0.8%，降低率为 16.3%。

7.2.2 混凝土强度变化

混凝土在拌和楼拌和完成，经运输、浇筑、振捣后入仓，强度会随之产生变化，影响因素较多，如原材料整体均匀性、温度、湿度、振捣工艺等。试验中心检测了三峡工程出机口与仓面的混凝土强度，如装入模具后，均采用 ϕ25 mm×250 mm 小软轴插入式高频振捣棒振捣 15 s，抹平试件表面，用塑料薄膜和湿麻袋覆盖，放置 24 h 拆模，然后放入标准养护室养护到 28 天龄期进行抗压强度检验。同一组出机口和仓面混凝土均取自同一车混凝土。

1999 年出机口与入仓混凝土 28 天抗压强度统计结果见表 7.3，结果显示，$C_{90}20$ 入仓混凝土的抗压强度比出机口的高 2.1~3.6 MPa，$C_{90}25$ 与 $C_{90}40$ 入仓混凝土的抗压强度比出机口的略低。

表 7.3 出机口与入仓混凝土 28 天抗压强度统计结果（1999 年）

混凝土设计指标	取样地点	检测次数	平均值/MPa	最大值/MPa	最小值/MPa	入仓与出机口平均值之差/MPa	相对出机口变化率/%
$C_{90}20$, F150, W10	出机口	15	18.5	22.3	15.3	2.1	11.4
	入仓	15	20.6	24.5	16.5		
$C_{90}20$, F250, W10	出机口	10	25.0	29.8	20.4	3.6	14.4
	入仓	10	28.6	32.4	25.5		

续表

混凝土设计指标	取样地点	检测次数	平均值/MPa	最大值/MPa	最小值/MPa	入仓与出机口平均值之差/MPa	相对出机口变化率/%
C$_{90}$25, F250, W10	出机口	3	37.6	40.8	33.6	-1.3	-3.5
	入仓	3	36.3	38.0	33.3		
C$_{90}$40, F250, W10	出机口	3	50.3	59.3	45.0	-2.1	-4.2
	入仓	3	48.2	52.4	45.9		

2003年出机口与入仓混凝土强度统计结果见表7.4，结果显示，入仓混凝土28天抗压强度比出机口的高0.9～8.5MPa，入仓混凝土90天抗压强度比出机口的高2.0～5.4MPa；入仓混凝土劈拉强度与出机口的基本相同。出机口和入仓混凝土强度试验结果表明，入仓混凝土强度总体上比出机口有所提高，这可能与混凝土正常运输过程中混凝土水分蒸发、含气量损失有关。

表7.4 出机口与入仓混凝土强度统计结果（2003年）

混凝土设计指标	检测类别	取样地点	龄期/d	检测次数	平均值/MPa	最大值/MPa	最小值/MPa	入仓与出机口平均值之差/MPa	相对出机口变化率/%
C25, F150, W10	抗压强度	出机口	28	25	36.6	42.5	30.4	2.4	6.6
		入仓		25	39.0	47.7	30.3		
	劈拉强度	出机口	28	23	2.60	3.14	1.81	0.08	3.1
		入仓		24	2.68	3.04	2.28		
C35, F250, W10	抗压强度	出机口	28	1	48.6	—	—	8.5	17.5
		入仓		1	57.1	—	—		
	劈拉强度	出机口	28	1	3.51	—	—	0.06	1.7
		入仓		1	3.57	—	—		
C$_{90}$20, F150, W10	抗压强度	出机口	28	8	23.5	29.3	20.2	0.9	3.8
		入仓		8	24.4	31.8	20.4		
		出机口	90	2	40.0	41.9	38.1	2.0	5.0
		入仓		2	42.0	44.4	39.5		
	劈拉强度	出机口	90	1	2.91	—	—	-0.03	-1.0
		入仓		1	2.88	—	—		
C$_{90}$20, F250, W10	抗压强度	出机口	28	1	24.7	—	—	3.2	13.0
		入仓		1	27.9	—	—		

续表

混凝土 设计指标	检测 类别	取样 地点	龄期 /d	检测 次数	平均值 /MPa	最大值 /MPa	最小值 /MPa	入仓与出机口 平均值之差/MPa	相对出机口 变化率/%
$C_{90}20$, F250, W10	抗压 强度	出机口	90	1	34.4	—	—	2.0	5.8
		入仓		1	36.4	—	—		
$C_{90}25$, F250, W10	抗压 强度	出机口	28	2	33.9	35.1	32.6	1.8	5.3
		入仓		2	35.7	37.2	34.2		
		出机口	90	1	47.7	—	—	5.4	11.3
		入仓		1	53.1	—	—		
	劈拉 强度	出机口	90	1	3.48	—	—	0.3	8.6
		入仓		1	3.78	—	—		

7.2.3 混凝土含气量和抗冻性能变化

混凝土施工配合比参数是通过室内低频振捣台成型试件的性能确定的。室内试验条件与施工条件有一定差别，特别是拌和设备、振捣设备、振捣时间的差别最为突出。工程施工中混凝土拌和物经高频振捣器振捣后，含气量一般都会减小，振捣时间越长，含气量减小越多。本小节对混凝土在仓面经高频振捣器振捣后，含气量的减小是否会对混凝土抗冻性能有不利影响进行了系统研究。

1）出机口与仓面振后混凝土含气量比较试验

试验中心 2001 年在三峡二期工程混凝土施工现场进行了出机口与仓面振后混凝土拌和物含气量的对比检测，其结果列于表 7.5。出机口与仓面振后混凝土含气量不完全对应，仅有 3 个是对应的。

表 7.5 三峡二期工程出机口与仓面振后混凝土拌和物含气量抽检结果

序号	浇筑部位 及高程	混凝土 设计指标	水胶比	级配	测试时间		振后含气量 /%	振捣 方式	振捣时间 /s	出机口 含气量/%
					日期	时：分				
1	左岸非溢流坝段 11 甲及 121.5～123.0 m	$C_{90}15$,F100,W4	0.55	四	8 月 22 日	8:50	2.4	人工	70	—
2						9:20	2.2	机械	60	—
3						9:25	2.8	人工	60	—
4		$C_{90}30$,F250,W10	0.45	三	8 月 22 日	9:55	2.9	人工	60	4.9
5						10:00	2.9	人工	60	—

续表

序号	浇筑部位及高程	混凝土设计指标	水胶比	级配	测试时间 日期	测试时间 时：分	振后含气量/%	振捣方式	振捣时间/s	出机口含气量/%
6		$C_{90}25,F250,W10$（富浆）	0.50	三	8月23日	8:54	3.4	人工	60	6.0
7						9:00	2.8	人工	70	—
8	左岸厂房坝段 12-1 乙-64 及 124.6～126.6 m	$C_{90}25,F250,W10$（结构）	0.50	三	8月23日	9:15	2.9	人工	70	—
9						9:25	2.5	人工	65	
10						9:35	3.0	人工	60	
11						9:45	4.0	人工	60	
12						9:55	3.5	人工	60	
13	永久船闸 V 闸室中隔墩北 6 及 74.0～76.0 m	$C_{90}25,F150,W8$	0.45	三	8月24日	9:10	3.6	人工	60	5.5
14						9:20	2.3	人工	80	
15						9:30	2.5	人工	80	
16		$C_{90}15,F150,W6$	0.55	三	8月24日	9:35	2.9	人工	60	
17						9:45	2.7	人工	60	

各拌和系统实验室所检测的出机口混凝土拌和物从拌和楼卸料口下至输送皮带上抽取，或者从自卸汽车上抽取，与出机口含气量相比，振捣后的混凝土含气量损失 1.9%～2.6%，平均值为 2.2%。

2）仓面振前与振后混凝土含气量比较

2001 年进行了仓面振前与振后含气量抽检，其结果列于表 7.6。由于混凝土拌和物在振捣时处于流动状态，振后的测点不一定是振前同一点，个别测点振后混凝土含气量大于振前。另外，振后混凝土样取自浇筑面下 20～30 cm 处，取样部位靠上，混凝土含气量比下部高。因此，振后相比于振前混凝土含气量损失较小，最大值仅 0.8%。

表 7.6　三峡二期工程仓面振捣前后混凝土拌和物含气量抽检结果

序号	浇筑部位及高程	混凝土设计指标	水胶比	级配	测试时间 日期	测试时间 时：分	仓面含气量/% 振前	仓面含气量/% 振后	振后含气量损失/%	振捣方式	振捣时间/s
1		$C_{90}15,F100,W8$	0.55	三	9月4日	8:50	3.4	3.0	0.4	机械	120
2	左岸厂房坝段 12-2 甲-67 及 134.4～134.68 m					9:05	4.6	4.1	0.5	机械	120
3						9:30	3.9	3.2	0.7	机械	120
4		$C_{90}20,F250,W10$	0.50	三	9月4日	10:05	3.8	3.1	0.7	机械	120
5						10:15	3.0	3.4	−0.4	人工	60
6						10:30	3.9	3.7	0.2	人工	80

续表

序号	浇筑部位及高程	混凝土设计指标	水胶比	级配	测试时间 日期	测试时间 时:分	仓面含气量/% 振前	仓面含气量/% 振后	振后含气量损失/%	振捣方式	振捣时间/s
7		$C_{90}15,F100,W8$	0.55	四	9月10日	9:35	3.7	3.7 3.6	0.0 0.1	机械+人工	120
8	左岸厂房坝段 12-1 甲-64 及 125.4~127.3 m					8:50	3.3	3.4	-0.1	机械	80
9		$C_{90}30,F250,W10$	0.45	三	9月10日	9:00	3.8	3.3	0.5	人工	60
10						9:15	3.7	3.5	0.2	机械	80
11						9:25	3.9	3.3	0.6	机械+人工	60
12	左岸非溢流坝段 11 甲及 123.0~125.0 m	$C_{90}30,F250,W10$	0.45	三	9月3日	8:45	2.8	2.6	0.2	人工	120
13					9月11日	8:45	4.1	4.0	0.1	人工	120
14						15:00	4.1	3.9	0.2	机械	80
15	左岸非溢流坝段 13 甲及 124.0~126.0 m	$C_{90}15,F100,W6$	0.55	四	10月8日	15:10	5.1	4.8	0.3	机械+人工	80
16						15:30	4.5	4.3	0.2	机械	80
17						16:00	5.8	5.0	0.8	人工	80

注：左岸厂房坝段为 5 号顶带机入仓，左岸非溢流坝段 11 甲为胎带机入仓，左岸非溢流坝段 13 甲为高架门机入仓；振捣机械为振捣台车，人工振捣方式为人工操作的振捣器振捣。

3）仓面振后混凝土含气量检测结果统计分析

表 7.5 与表 7.6 中检测仓面振后的混凝土拌和物含气量共 35 次，检测结果统计列于表 7.7。

表 7.7 仓面振后混凝土含气量抽检结果统计

次数	平均值/%	最大值/%	最小值/%	均方差/%
35	3.3	5.0	2.2	0.67

振捣 60~120 s 时间，振后的混凝土拌和物含气量为 2.2%~5.0%，平均值为 3.3%。

表 7.5 和表 7.6 的结果还表明，当混凝土拌和物入仓含气量大时，振后的混凝土含气量也大；振捣时间越长，含气量损失越大，即振后含气量越小；机械振捣较人工振捣含气量损失大。也就是说，入仓振捣后混凝土拌和物的含气量与出机口含气量有关，出机口的含气量越大，运输及振捣后的混凝土含气量和延时损失后的保留值越大；反之，出机口的含气量越小，混凝土含气量最终值越小。因此，为保证混凝土建筑物具有优良的耐久性，合理控制混凝土拌和物出机口的含气量是关键，三峡工程混凝土拌和物出机口含气量按标准要求上限控制较宜。

4）仓面振前与振后抽检混凝土抗冻性能比较试验

2001年分别抽取了左岸非溢流坝段11甲（$C_{90}30$，F250，W10）和左岸非溢流坝段13甲（$C_{90}15$，F100，W8）两部位入仓振捣前后的混凝土，进行混凝土抗冻性能测试，其中100 mm×100 mm×400 mm试件均采用人工剔除大于30 mm骨料、人工插捣方式成型。入仓振捣前后的混凝土抗冻试验结果见表7.8。

表7.8 仓面振捣前后混凝土抗冻试验结果

编号	工程部位及高程	混凝土设计指标	水胶比	级配	粉煤灰掺量/%	单位用水量/(kg/m³)	含气量/%	次数	相对动弹性模量/%	重量损失率/%	备注
S322	左岸非溢流坝段11甲及123.0~125.0 m	$C_{90}30$,F250,W10	0.45	三	20	104	2.8	100	58.83	-0.27	振前
S323							2.6	100	47.06	-0.02	振后
S331	左岸非溢流坝段11甲及125~127.0 m	$C_{90}30$,F250,W10	0.45	三	20	104	4.1	250	82.41	0.07	振前
S332							4.0	250	78.22	0.06	振后
S367	左岸非溢流坝段13甲及124.0~126.0 m	$C_{90}15$,F100,W8	0.55	四	40	85	5.8	300	81.31	3.29	振前
								350	78.61	5.05	
S368							5.0	300	83.60	3.76	振后
								350	81.09	5.44	

表7.8的结果表明，入仓混凝土拌和物的含气量大小直接影响混凝土抗冻性能，当振前与振后含气量<3%时，抗冻标号<F100；当入仓混凝土含气量>4.0%时，振捣对混凝土抗冻性能无明显影响，抗冻标号均>F250。

7.2.4 粗骨料级配和砂率及石粉质量分数反馈与调整

为了满足三峡工程大坝混凝土大规模、高强度施工要求，采用了以塔带机为主的浇筑方式，由于在三峡工程之前国内外尚无利用塔带机浇筑四级配混凝土的先例，针对三峡工程塔带机高强度、快速运输四级配大坝混凝土过程中出现的粗骨料分离和泌水等问题，通过现场试验，系统研究了原材料质量波动、特大石比例、粗骨料粒径、砂率、下料高度等因素对混凝土性能的影响规律，提出了与塔带机浇筑相适应的配合比主要参数和相应的施工工艺。

1）大坝混凝土粗骨料级配的调整

塔带机输送四级配混凝土过程中，存在粗骨料严重分离的现象。为了减少粗骨料分离，施工中如果改用三级配混凝土浇筑，将导致混凝土胶凝材料用量的大幅度提高，不利于温控和成本控制。为了解决该问题，专门研究了降低特大石比例、减小特大石最大粒径等措施对减少粗骨料分离的效果，同时利用试验研究了粗骨料级配调整对混凝土和易性、胶凝材料用量及混凝土强度的影响。

（1）拌和及运输过程中粗骨料级配的变化。

拌和及运输过程中粗骨料级配的变化通过拌和前粗骨料级配、拌和后粗骨料级配及经皮带机运输后粗骨料级配的变化来反映。拌和前粗骨料级配为理论级配扣除超逊径后的级配，拌和后粗骨料级配及运输后粗骨料级配是拌和或运输 3 m³ 混凝土（$C_{90}15$），再经冲洗筛分后的实际级配。试验共进行了两次，两次试验结果基本一致。粗骨料级配变化见表 7.9（第二次结果）。

表 7.9 拌和及运输前后粗骨料级配变化

项目	理论级配	拌和前粗骨料级配	拌和后粗骨料级配	运输后粗骨料级配	前后变化值
(80, 150] mm 质量分数/%	20	20.2	18.5	18.3	-1.9
(40, 80] mm 质量分数/%	30	29.8	32.2	32.9	+3.1
(20, 40] mm 质量分数/%	30	28.1	30.4	29.6	+1.5
(5, 20] mm 质量分数/%	20	21.9	18.9	19.2	-2.7
总质量/（kg/m³）	1 570	1 562	1 546	1 514	
质量损失/（kg/m³）		0	16	32（48）	
质量损失率/%		0	1.03	2.1（3.07）	
折合砂率/%		0	0.7	1.5（2.2）	

注：前后变化值是指运输后的值与拌和前的值的差值；括号内数字为相对于拌和前的变化。

表 7.9 的结果表明：①经拌和及运输后粗骨料级配略有变化，特大石和小石比例略有减少，大石和中石比例略有增加。②经拌和及运输后粗骨料总质量有所减少，即拌和过程中粗骨料减少 16 kg/m³，运输过程中粗骨料减少 32 kg/m³，相对于拌和前总计减少 48 kg/m³。③减少的粗骨料以粗砂形式混入砂浆中，相当于拌和过程增加砂率 0.7%，运输过程增加砂率 1.5%，总计增加砂率 2.2%。

粗骨料级配及质量变化表明，由于粗骨料的破碎，增加了砂子颗粒，整个粗骨料表面增大，需要更多的胶材浆液去包裹砂子、砂浆再包裹粗骨料。再加上经拌和、运输后偏离了最佳级配，这些都会在一定程度上使入仓混凝土的和易性变差，粗骨料分离，从而产生泌水。

（2）粗骨料级配对密度的影响。

不同粗骨料级配松散密度与振实密度试验结果见表 7.10，结果显示，在给定的粗骨料级配组合条件下，粗骨料的松散密度与振实密度均变化较小，振实空隙率在 29.2%～30.7%。

表 7.10 不同粗骨料级配松散密度与振实密度试验结果

方案	级配组合/%				松散密度/(kg/m³)	振实密度/(kg/m³)	松散空隙率/%	振实空隙率/%
	特大石((80, 150] mm)	大石((40, 80] mm)	中石((20, 40] mm)	小石((5, 20] mm)				
1	30	30	20	20	1 601	1 833	39.4	30.3
2	25	30	22.5	22.5	1 626	1 862	38.4	29.2
3	25	30	30	15	1 607	1 846	39.1	29.8
4	25	35	25	15	1 611	1 842	39.0	30.0
5	20	45	20	15	1 597	1 826	39.5	30.6
6	30	30	20	20	1 659	1 892	39.2	30.7

注：1～5 为下岸溪粗骨料；6 为古树岭粗骨料。

（3）不同粗骨料级配对混凝土单位用水量和强度的影响。

粗骨料级配对混凝土单位用水量和强度影响的试验结果见表 7.11，结果显示，在混凝土拌和物坍落度和含气量基本相同的条件下，混凝土单位用水量和密度差异较小，粗骨料级配变化对混凝土拌和物和易性和强度基本没有影响。

表 7.11 粗骨料级配对混凝土单位用水量和强度的影响

方案	粗骨料级配比例（特大石：大石：中石：小石）	单位用水量/(kg/m³)	砂率/%	坍落度/cm	含气量/%	密度/(kg/m³)	抗压强度/MPa	
							7 天	28 天
1	30∶30∶20∶20	90	28	5.4	5.4	2477	17.9	28.7
2	25∶30∶22.5∶22.5	90	28	4.6	5.1	2487	18.7	29.6
3	25∶30∶30∶15	90	28	5.6	5.3	2457	17.4	28.5
4	25∶35∶25∶15	88	28	4.0	5.1	2480	18.0	30.3
5	20∶45∶20∶15	88	28	5.6	5.4	2482	18.8	30.8

注：试验固定水胶比为 0.55，粉煤灰掺量为 40%。

2）大坝混凝土砂率调整

为了解决塔带机输送四级配混凝土过程中存在的粗骨料分离严重问题，施工配合比采用了较大的砂率，但仓面混凝土浮浆和泌水较多，使新老混凝土层间存在 5～10 cm 厚的砂浆层。为了提高大坝混凝土的整体均匀性，通过现场试验对施工配合比的砂率进行了调整。

砂率优选试验的常用方法有最大坍落度法和最小用水量法，但用这两种方法判断砂率的大小不够直观。本次试验采用密度桶振实法，即每次拌和 48 L 混凝土拌和物，刮干净拌和机中的砂浆，将拌和物全部装入 50 L 的密度桶中，放在振动台上振实，观察密度桶中混凝土表面砂浆的富余程度。最佳砂率的判别准则为，混凝土拌和物的和易性良好，振实后表面略有石子外露。

最佳砂率试验采用大坝内部四级配混凝土配合比，水胶比为 0.55，粉煤灰掺量为 40%，砂率为 23%~29%；水上、水下外部三级配混凝土配合比，水胶比为 0.50，粉煤灰掺量为 30%，砂率为 25%~33%。坍落度控制在 5~7 cm，掺 0.7%高效减水剂 ZB-1A，引气剂 DH9S 掺量按含气量在 4%~6%控制。混凝土拌和物出机后观察混凝土的和易性，测试坍落度和含气量。再将不同砂率的混凝土装入 50 L 密度桶，放在振动台上分别振动 30 s 和 60 s 后测定振实密度并观察表面粗骨料外露情况。试验结果见表 7.12 和图 7.3。

表 7.12 不同砂率的混凝土试验结果

试验编号	粗骨料名称	水胶比	粉煤灰掺量/%	级配	砂率/%	单位用水量/(kg/m³)	坍落度/cm	含气量/%	60 s 振实密度/(kg/m³)	28 天抗压强度/MPa	28 天劈拉强度/MPa
1	下岸溪	0.55	40	四	29	86	7.5	5.1	—	22.3	1.30
2	下岸溪	0.55	40	四	27	84	7.2	4.9	2 422	22.0	1.69
3	下岸溪	0.55	40	四	25	82	6.0	4.8	2 443	22.3	1.42
4	下岸溪	0.55	40	四	23	80	6.3	4.2	2 433	23.9	1.46
5	古树岭	0.50	30	三	33	99	5.7	5.0	2 406	29.3	2.10
6	古树岭	0.50	30	三	31	97	7.0	5.3	2 420	30.3	2.00
7	古树岭	0.50	30	三	29	95	6.5	5.3	2 441	27.0	1.86
8	古树岭	0.50	30	三	27	92	6.7	5.2	2 445	24.7	1.88
9	古树岭	0.50	30	三	25	89	5.8	4.6	2 463	26.9	1.81
10	下岸溪	0.50	30	三	29	95	6.7	5.7	2 379	27.5	1.75
11	下岸溪	0.50	30	三	27	92	5.1	4.7	2 400	26.6	1.75

（a）砂率23%，振动30 s　（b）砂率23%，振动60 s　（c）砂率25%，振动30 s　（d）砂率25%，振动60 s

（e）砂率27%，振动30 s　（f）砂率27%，振动60 s　（g）砂率29%，振动30 s　（h）砂率29%，振动60 s

图 7.3 四级配混凝土振动时间与砂率的关系

不同砂率的混凝土试验结果表明，混凝土单位用水量随砂率减小而降低。在保持坍落度、含气量基本相同的条件下，每降低2%砂率，混凝土单位用水量减少2～3 kg/m³。

当砂率减少时，混凝土拌和物的振实密度有增大趋势，抗压强度基本相同，劈拉强度有降低趋势。劈拉强度的降低与混凝土中浆体含量降低有关。

四级配混凝土在振动30 s后，砂率为27%和25%时有少量粗骨料外露，砂率为23%时粗骨料外露较多；在振动60 s后，砂率为27%和25%时混凝土拌和物表面有个别粗骨料外露，砂率为23%时有少量粗骨料外露；砂率为23%时，混凝土和易性良好。

三级配混凝土砂率为29%和27%，振动时间为30 s时，基本上无粗骨料外露，砂率为25%时粗骨料外露较多；振动时间为60 s时，除砂率25%有少量粗骨料外露外，其他砂率均无粗骨料外露；砂率为25%时，混凝土和易性良好。

在相同条件下，古树岭和下岸溪人工碎石混凝土单位用水量基本一致。

三级配混凝土拌和物振实密度：用古树岭人工碎石时为2 440 kg/m³左右；用下岸溪人工碎石时为2 400 kg/m³左右。由于古树岭人工碎石密度大于下岸溪人工碎石，两者空隙率接近，在相同砂率条件下，混凝土振实密度前者高于后者。

因此，水胶比为0.55的四级配混凝土，砂率可从原28%～29%降低至25%～26%；水胶比为0.50的三级配混凝土，砂率可从原33%降低至27%～28%。砂率降低后，混凝土和易性良好，且单位用水量降低，振实密度增大。

混凝土砂率应结合现场施工情况确定，通过施工进行验证和调整，室内试验只给出了一个合适的范围参考值。特别是塔带机输送混凝土，不能只靠提高砂率来减少粗骨料分离，应采取综合措施减少粗骨料分离。

3）石粉质量分数对混凝土性能的影响

人工砂中云母质量分数试验测试结果见表7.13。试验采用了两批砂样，一批为2003年初生产的人工砂，石粉质量分数为14.0%，另一批为2003年12月生产的人工砂，石粉质量分数为12.0%。

表7.13 人工砂粒径范围与云母质量分数的关系

项目	人工砂粒径范围/mm			
	0～0.08	0～0.16	0～0.315	0～5
2003年初人工砂中云母质量分数/%	3.5	3.0	2.0	2.0
2003年12月人工砂中云母质量分数/%	2.0	2.0	1.6	1.5

由表7.13可以看出：①人工砂中云母主要集中在石粉中，0.315～5 mm粒径组几乎不含云母；②在2003年12月的砂样中，由于限制了石粉的掺入量，人工砂中云母

明显减少。

云母是混凝土中的有害成分，混凝土用砂技术标准中严格限制了云母质量分数。云母强度低，在加工过程中云母破碎后汇集到石粉中，使得花岗岩石粉对混凝土性能的影响有别于其他岩石产生的石粉。因此，生产花岗岩人工砂时产生的石粉是否对混凝土性能有利需通过试验论证。

为了系统研究人工砂石粉质量分数对混凝土性能的影响，试验中心先后进行了三批试验。总体试验结果表明，石粉质量分数从 3% 增加到 22%，对混凝土抗压强度、劈拉强度、抗冻性、抗渗性无明显影响。但是石粉质量分数增加，对混凝土单位用水量、引气剂掺量及固定胶材用量条件下的干缩性能、轴心抗拉强度和极限拉伸值有不利影响。

（1）石粉质量分数对混凝土单位用水量、引气剂掺量的影响。

试验固定胶材用量，在相近坍落度（或 VC 值）和含气量条件下，石粉质量分数对混凝土单位用水量和引气剂掺量的影响见表 7.14。

表 7.14 石粉质量分数对混凝土单位用水量和引气剂掺量的影响

试验编号	混凝土种类	胶材用量/(kg/m³)	人工砂石粉质量分数/%	引气剂及掺量/10^{-4}	单位用水量/(kg/m³)	坍落度或 VC 值	含气量/%
E124	常态混凝土（二级配）	224	0	DH9S 及 0.70	112	6.3 cm	4.6
E125			5	DH9S 及 0.75	112	6.3 cm	5.2
E126			10	DH9S 及 0.75	114	6.0 cm	4.9
E127			15	DH9S 及 0.75	116	6.6 cm	4.8
E128			20	DH9S 及 0.85	119	6.2 cm	4.4
E270	碾压混凝土（三级配）	178	7	AIR202 及 6.0	88	6.6 s	4.5
E265			13	AIR202 及 6.7	89	7.4 s	3.8
E271			19	AIR202 及 7.3	91	6.4 s	3.8
E272			25	AIR202 及 7.7	93	7.5 s	3.7

注：VC 值指在规定的振动台上将碾压混凝土振动到合乎标准的时间。

由试验结果可见，在相同和易性条件下，随石粉质量分数增加，混凝土单位用水量增加，引气剂掺量也相应增加。石粉质量分数每增加 3%，单位用水量增加约 1 kg/m³。

（2）石粉质量分数对混凝土轴心抗拉强度、极限拉伸值及干缩率的影响。

混凝土轴心抗拉强度、极限拉伸值及干缩率试验结果见表 7.15。

表 7.15 石粉质量分数对混凝土轴心抗拉强度、极限拉伸值及干缩率的影响

试验编号	混凝土种类	胶材用量/(kg/m³)	人工砂石粉质量分数/%	轴心抗拉强度/MPa 28天	轴心抗拉强度/MPa 90天	极限拉伸值/10⁻⁶ 28天	极限拉伸值/10⁻⁶ 90天	干缩率/10⁻⁶ 28天	干缩率/10⁻⁶ 90天
E124	常态混凝土（二级配）	224	0	2.07	2.96	95	114	178	251
E125			5	2.22	3.03	99	95	—	—
E126			10	2.02	2.85	96	109	231	284
E127			15	1.98	2.68	87	105	—	—
E128			20	1.75	2.75	75	104	258	284
E270	碾压混凝土（三级配）	178	7	2.11	2.76	89	90	264	265
E265			13	2.07	2.74	87	93	284	304
E271			19	1.85	2.69	82	90	280	347
E272			25	1.58	2.55	64	90	274	282

由试验结果可以看出，随着石粉质量分数的增加，混凝土 28 天、90 天轴心抗拉强度总体呈下降趋势，28 天极限拉伸值也总体呈下降趋势，干缩率总体呈增大趋势。因此，从抗裂性看，三峡工程花岗岩人工砂的石粉质量分数不宜过高。

（3）人工砂石粉质量分数对混凝土泌水的影响。

试验采用三峡工程目前浇筑量最大的基础混凝土配合比，即水胶比为 0.50，粉煤灰掺量为 35%，四级配骨料比例为 30∶30∶20∶20，调整人工砂石粉质量分数为 10.7%、12.0%（其中 0.08 mm 以下为 4.1%）、14.0%、16.0%及 12.0%（其中 0.08 mm 以下为 3%，占总石粉量的 25%），通过混凝土试拌，最终得到坍落度、含气量（振捣时间为 25 s）。检测混凝土拌和物泌水，试验结果见表 7.16。

表 7.16 人工砂石粉质量分数对四级配混凝土泌水影响的试验结果

石粉质量分数/%	单位用水量/(kg/m³)	ZB-1A 掺量/%	AIR202 掺量/10⁻⁴	坍落度/cm	含气量/%	泌水历时/min 开始出现	泌水历时/min 总历时	泌水率/%	抗压强度/MPa 28天	抗压强度/MPa 90天
10.7	85	0.6	1.4	4.3	5.1	180	750	1.90	29.5	45.8
12.0（0.08 mm 以下为 4.1）	85	0.6	1.4	3.0	5.5	210	720	2.36	32.1	46.8
14.0	86	0.6	1.4	4.0	5.5	240	690	1.77	31.2	46.5
16.0	86	0.6	1.4	3.2	5.0	—	—	0.00	31.3	47.1
12.0（0.08 mm 以下为 3）	85	0.6	1.4	2.6	4.3	305	575	0.80	31.9	48.4

从表 7.16 可以看出，四级配混凝土开始出现泌水的历时随人工砂石粉质量分数的增加而延长，混凝土泌水率有减小趋势。由此可见，人工砂石粉质量分数在 10%～16%范围内，人工砂石粉质量分数越高，对减少混凝土泌水越有利。

根据上述试验结果,《混凝土用细骨料质量标准及检验》(TGPS02-1998)在修订时,将人工砂石粉质量分数由 10%～17%修改为 10%～14%,不仅有效控制了人工砂石粉质量分数的波动范围,而且改善了混凝土性能。

7.3　三峡工程大坝混凝土施工典型问题及解决方案

三峡工程大坝混凝土施工过程中会遇到很多问题,如混凝土凝结异常、仓面泌水与浮浆、混凝土表面存在大量气泡等,每个问题都有其内在原因,在抽查、统计、分析原因、试验研究的基础上形成解决方案,才能保障混凝土高质量施工。

7.3.1　混凝土凝结异常

2001 年 5 月上旬,79 m 高程拌和系统生产、浇筑的泄洪坝段的混凝土部分仓号出现凝结异常现象,存在早期强度普遍偏低的问题(其他拌和系统生产的混凝土基本正常)。参建各方对此均给予了高度重视,在原材料检验、拌和系统检查、仓位检查及钻芯取样、混凝土性能检测等方面,做了大量调查研究和试验工作,取得了宝贵的第一手资料,中国长江三峡工程开发总公司还主持召开了专家咨询会,同时对其原因进行了试验研究和微观分析,并对如何避免类似情况的出现提出了预防措施,以进一步确保三峡工程混凝土质量。

1. 混凝土凝结异常现象

1) 混凝土凝结异常的部位

2001 年 5 月 6 日由 79 m 高程拌和系统生产的混凝土在泄洪坝段共浇筑 10 个仓号,2 天后在对仓面进行现场巡视检查时发现 5 月 6 日 22:00 收仓的泄洪坝段 4 号下块左墩(96 m 高程)仓面施工缝在高压水冲毛后出现与以前不同的局部坑状现象,这可能由混凝土早期强度偏低所致,随即对其他几个仓位进行普查,发现 6 个仓号的混凝土存在类似的问题,特别是泄洪坝段 15 号上块(112.19 m 高程)局部混凝土基本无强度,浇筑后第 6 天从仓内挖取的混凝土在室内还可以振捣成型。

事发 6 天后的检查中又发现,浇筑 1～3 天的个别仓位仍存在局部混凝土缓凝和早期强度偏低现象。

事发 7 天时与 79 m 高程拌和系统用同样水泥的 90 m、120 m 高程拌和系统生产的混凝土未见异常,因此将 79 m 高程拌和系统的缓凝高效减水剂 JG-3 更换为 ZB-1A 后继续生产,前两天未发现异常情况,之后发现局部也存在缓凝现象。

基于上述情况,5 月 17 日以后 79 m 高程拌和系统停止生产,并且前一阶段由 79 m 高程拌和楼供料的所有仓位停止上升,进行全面检查。有问题的部分仓号情况如表 7.17 所示。

表 7.17 有问题的部分仓号情况

工程部位及高程	混凝土标号	问题
泄 15 上-57 仓号及 112.19 m	C30、C_{90}30	6 天局部未凝
泄 21 中-49 仓号及 126.5～128.5 m	C_{90}15、C_{90}20、C_{90}30、C40	强度偏低
泄 9 下-52 仓号及 96.0～98.0 m	C30	—
泄 14 下-47 仓号右及 101.0～103.0 m	C30	3 天拆模时粘模板,强度偏低
泄 11 下-56 仓号及 101.0～104.0 m	C30	—
左导 6-41 仓号及 84.2～86.2 m	C25	—
泄 4 下-62 仓号及 94.0～96.0 m	C40、C_{90}30	3～4 天局部未凝
泄 15 中	—	方量 1 100 m³ 24 h 以后用脚踩会留有凹痕
泄 13 上	—	混凝土发软
泄 8 中	—	混凝土局部缓凝
泄 10 中	—	混凝土局部缓凝
泄 9 下	—	24 h 未能脱模,试验中心取样
泄 17 中	—	24 h 未能脱模,水利部长江水利委员会监理取样

注:工程部位中泄指泄洪坝段,左导指左岸导墙,右指右墩,上指上块,中指中块,下指下块。

2)混凝土凝结异常时间及早期强度

现场发现的混凝土凝结异常一般表现为 2～3 天不凝或强度偏低,严重的表现为 5～6 天不凝,对于严重缓凝的混凝土已做挖除处理(如泄洪坝段 15 号上块事故门槽、泄洪坝段 13 号上块事故门槽、泄洪坝段 4 号下块左墩)。

试验中心在要挖除处理的泄 15 上-57 仓号内挖取了 6 天未凝的混凝土样,按照碾压混凝土试验的方法,成型了 10 cm×10 cm×10 cm 的试件 2 块,混凝土表面泛浆情况比较好,约 19 h 混凝土已硬化。其中,有 1 块试件底部约 2 cm 未振密实,该块成型后 1 天(实际浇筑混凝土龄期已是 7 天)的强度是 0.3 MPa,另一块试件混凝土表面泛浆情况良好,成型后 7 天(实际浇筑混凝土龄期已是 14 天)的强度为 18.0 MPa,强度偏低。

此段时间,出机口抽取的混凝土部分试样也出现了 24～36 h 无法拆模的现象,说明混凝土未凝结,早期强度低,从而影响拆模。出机口抽取的部分混凝土(C_{90}30,F250,W10)试样各龄期抗压强度情况见表 7.18。

表 7.18 79 m 高程拌和系统出机口抽取的部分混凝土试样的抗压强度试验结果

试验编号	取样时间	工程部位	外加剂品种及掺量	抗压强度/MPa					备注
				3 天	7 天	14 天	15 天	28 天	
S167	2001-05-17	泄 9 下-53 仓号	ZB-1A 及 0.6%	—	—	—	—	38.6	24 h 后脱模困难
S165	2001-05-15	泄 2 下-64 仓号	ZB-1A 及 0.6%	11.3	—	—	—	33.9	
S162	2001-05-11	泄 10 中-68 仓号	JG-3 及 0.6%	—	22.0	—	—	41.3	24 h 后脱模困难
S155	2001-05-03	泄 9 上-61 仓号	JG-3 及 0.6%	—	—	—	32.0	38.5	

3）其他工程部位情况

此段时间内三峡工程除 120 m 高程栈桥 C50 钢纤维混凝土于 5 月 17 日上午发现 5 月 15 日 22:35 开仓、5 月 16 日白班收仓的约 1.5 m³ 混凝土未凝结，到 18 日上午已凝结，混凝土凝结时间略有延长外，另外几座拌和楼（90 m、120 m、98.7 m、82 m 高程）生产的混凝土基本正常。试验中心在 120 m 高程栈桥仓号取样，在室内按碾压混凝土试验方法成型，试件在常温下也于次日正常凝结；试件在 50℃温度条件下养护 24 h 后又在常温下养护 24 h，抗压强度达到 45.4 MPa，标准条件养护的试件 28 天抗压强度为 62.3 MPa。120 m 高程栈桥 C50 钢纤维混凝土配合比如下：水灰比为 0.33，水泥用量是 485 kg/m³，钢纤维掺量为 1%（体积比），不掺粉煤灰，外加剂 ZB-1A 掺量为 1.2%。过去做过 ZB-1A 超掺量混凝土试验，当 ZB-1A 掺量为 1.2%时，混凝土凝结时间在 30～40 h 应属基本正常范围，强度可以正常发展。

120 m 高程拌和系统约 1.5 m³ 混凝土凝结时间延长，除与外加剂掺量有较大关系外，还可能与水泥质量的变化有关，据了解清江隔河岩升船机渡槽也出现过混凝土凝结异常现象，其使用的水泥同时也在三峡工程 79 m、90 m、120 m 高程拌和系统使用。

2．初步调查分析

1）79 m 高程拌和系统检查

根据监理提供的资料，79 m 高程拌和系统的保养、检修按规定每月进行 1～2 次，每次 16 h 左右。最近已实施的 4 次检修完成后，运行单位、监理对检修工作进行了复检，检修项目的检查质量均合格。水泥和粉煤灰由不同储存罐分别通过不同的风管向拌和楼供料，不存在发生串料的条件。

搅拌楼校秤每月进行一次，如果检修时动过秤斗，必须校秤。最近的校秤显示各称量器校秤结果未发现异常，对 A1（外加剂）秤进行校秤，并对两栋楼再次全面进行了静态与动态校秤。

此后，设备监理再次对搅拌楼微机称量精度打印记录、搅拌机叶片、外加剂称量装置、管道、阀门等进行了全面检查。除 2 号楼 A1、A2（外加剂）精称气动球阀有渗漏（不影响精度）已更换外，均未发现异常现象。各秤的称量精度均满足规范要求。湖北省自动化研究所股份有限公司对拌和楼的微机控制过程进行现场观察，认为称量、卸料及拌和流程均正常，称量系统无异常。

对历史资料进行仔细分析，均未发现任何问题。对混凝土配料单及出机口拌和物的检查也表明，混凝土配料单正确无误，出机口混凝土坍落度、含气量、外加剂掺量及混凝土用水量均在正常控制范围之内。在此段时间内，除混凝土取样成型的试件个别脱模期延长外，当日混凝土拌制过程中，目测未发现出机口混凝土拌和物异常现象。

2）原材料检测

泄洪坝段混凝土使用的是葛洲坝水泥厂生产的中热水泥，2000 年、2001 年第一季度及 4 月、5 月水泥检测结果显示,除个别水泥水化热略超标和 1 组水泥 3 天抗压强度略偏低外,其余水泥品质满足三峡工程标准《混凝土用水泥技术要求及检验(试行)》(TGPS03-1998) 的技术要求,但水泥凝结时间、SO_3 质量分数变化较大。整体上 SO_3 质量分数在逐步下降,4 月、5 月有一半水泥抽检样的 SO_3 质量分数小于 1.4%,且最低值出现过 1.02% 和 1.04%。葛洲坝水泥厂和华新水泥股份有限公司中热水泥 SO_3 质量分数的统计结果见表 7.19。

表 7.19 中热水泥 SO_3 质量分数检测结果统计

水泥厂家	检测单位	统计时段	检测次数	最大值/%	最小值/%	平均值/%
葛洲坝水泥厂	葛洲坝水泥厂	2000 年 1~12 月	1 598	2.74	1.19	1.70
		2001 年 1 月 1 日~4 月 20 日	368	2.05	1.12	1.53
		2001 年 4 月 21 日~5 月 11 日	81	1.85	1.09	1.42
	试验中心	2000 年 1~12 月	71	2.16	1.23	1.63
		2001 年 1~3 月	25	2.22	1.14	1.51
		2001 年 4~5 月	11	1.76	1.02	1.39
华新水泥股份有限公司	华新水泥股份有限公司	2000 年 1~12 月	160	1.82	1.22	1.57
		2001 年 1 月 1 日~4 月 20 日	25	1.82	1.46	1.65
	试验中心	2000 年 1~12 月	27	1.84	1.42	1.64
		2001 年 1~3 月	9	2.01	1.46	1.69
		2001 年 4~5 月	6	1.66	1.50	1.56

赴葛洲坝水泥厂对生产工艺及质量控制做了粗略调查,发现中热水泥熟料的化学成分及矿物组成变化不大,都达到要求,成品水泥质量也符合国家及三峡工程标准要求。水泥中石膏掺量以 SO_3 计,按 1.4%±0.3% 控制。在水泥粉磨过程中,自 2001 年 4 月正式启用高效选粉机,增大水泥粉磨中的通风量,使粉磨过程中水泥温度下降 20 ℃左右(由原来的 70 ℃左右降为 50 ℃左右),其余未见异常。

2001 年 4 月 79 m 高程拌和系统开始使用石门电厂 I 级粉煤灰,试验中心共检测石门电厂的粉煤灰样 4 组,检测结果表明除 1 组粉煤灰样需水量比略超标外,其他粉煤灰样满足《混凝土用粉煤灰技术要求及检验》(TGPS04-1998)要求。

2000 年 9 月~2001 年 5 月抽取 79 m 高程拌和系统使用 JG-3 缓凝高效减水剂的样品 20 组,试验结果见表 7.20。从 20 组匀质性检测结果及 5 组混凝土性能检测结果看,除有 1 组 Na_2SO_4 质量分数略超标,且凝结时间差较大,比 ZB-1A 要长约 500 min 外,其余各项性能均满足三峡工程标准《混凝土用外加剂技术要求及检验(试行)》(TGPS05-1998)的技术要求。

表 7.20 缓凝高效减水剂品质检测结果

编号	取样地点	掺量/%	减水率/%	泌水率比/%	含气量/%	凝结时间差/min 初凝	凝结时间差/min 终凝	抗压强度比/% 3天	抗压强度比/% 7天	抗压强度比/% 28天	收缩率比/%	含水量/%	pH	表面张力/(mN/m)	Na_2SO_4质量分数/%	碱质量分数/%
160	79 m 高程	0.6	24.2	23.4	1.7	+617	+732	158	160	139	96	7.32	8.70	61.5	5.57	9.32
184	79 m 高程	0.6	24.2	—	1.8	—	—	159	181	144	—	7.70	8.10	58.9	5.87	10.40
213	79 m 高程	—	—	—	—	—	—	—	—	—	—	8.92	7.95	61.03	5.87	9.15
217	79 m 高程	—	—	—	—	—	—	—	—	—	—	8.56	8.09	65.70	—	8.25
218	79 m 高程	—	—	—	—	—	—	—	—	—	—	7.26	7.98	65.74	—	8.39
1	79 m 高程	—	—	—	—	—	—	—	—	—	—	8.34	7.53	64.96	5.09	8.16
18	79 m 高程	—	—	—	—	—	—	—	—	—	—	7.44	8.06	64.87	4.93	11.48
20	79 m 高程	—	—	—	—	—	—	—	—	—	—	7.55	8.08	62.83	5.14	8.32
27	79 m 高程	—	—	—	—	—	—	—	—	—	—	8.52	7.84	61.37	6.49	8.43
39	79 m 高程	—	—	—	—	—	—	—	—	—	—	8.34	7.92	56.19	6.22	8.76
45	79 m 高程	0.6	20.0	—	2.0	—	—	138	142	122	—	7.54	8.50	54.5	4.49	8.40
50	79 m 高程	—	—	—	—	—	—	—	—	—	—	7.70	8.23	59.9	7.06	8.01
66	79 m 高程	—	—	—	—	—	—	—	—	—	—	7.38	8.58	60.1	5.96	9.25
67	79 m 高程	—	—	—	—	—	—	—	—	—	—	8.08	8.30	62.8	8.14	8.20
75	79 m 高程	—	—	—	—	—	—	—	—	—	—	7.84	8.42	64.3	4.31	8.84

续表

编号	取样地点	掺量/%	减水率/%	泌水率比/%	含气量/%	凝结时间差/min 初凝	凝结时间差/min 终凝	抗压强度比/% 3天	抗压强度比/% 7天	抗压强度比/% 28天	收缩率比/%	含水量/%	pH	表面张力/(mN/m)	Na₂SO₄质量分数/%	碱质量分数/%
88	79 m 高程	—	—	—	—	—	—	—	—	—	—	7.10	8.43	50.6	4.81	8.16
94	79 m 高程	—	—	—	—	—	—	—	—	—	—	6.65	8.89	54.4	5.02	8.31
96	79 m 高程	—	—	—	—	—	—	—	—	—	—	6.90	8.38	57.22	6.00	8.18
100	79 m 高程	0.6	24.2	22.7	1.1	+620	+645	178	185	148	—	7.72	8.48	63.30	5.44	8.38
103	79 m 高程	0.6	24.2	9.9	1.4	+726	+775	168	176	138	—	6.62	8.83	62.2	5.57	7.96
D107~109	79 m 高程	0.6	24.2	28.2	1.0	+480	+555	182	194	147	—	6.66	6.56	49.8	6.50	7.12
C312~314	ZB-1A 减水剂库房	0.7	25.1	25.8	1.8	+180	+150	172	167	133	—	7.76	8.15	52.6	3.85	9.20
183	90 m 高程	0.6	24.2	52.0	2.2	+189	+170	165	168	139	—	6.90	9.47	62.5	5.84	10.34
107	120 m 高程	0.6	23.7	—	1.1	—	—	175	164	140	—	5.72	10.02	51.0	4.92	7.74
137	90 m 高程	0.6	23.5	—	1.0	—	—	175	167	137	—	5.20	9.74	64.3	3.44	11.07
《混凝土用外加剂技术要求及检验》(试行)(TGPS05-1998)	缓凝高效减水剂	≥18	≤100	≤3.0	+120~+300	>+360	≥125	≥125	≥120	—	—	—	—	<8	—

《混凝土用外加剂技术要求及检验（试行）》（TGPS05-1998）规定，气温在 15 ℃以上时，缓凝高效减水剂初凝时间差大于 6 h。编号 C312～314 凝结时间试验时掺量为 0.7%。

JG-3 减水组分由北京冶建特种材料有限公司设在天津的减水剂合成厂提供，其中工业萘由天津化工厂和河北宣化化工厂提供。JG-3 缓凝组分为黑龙江红旗化工厂提供的木质素磺酸钙。从厂家的检测资料看，JG-3 产品性能基本稳定，符合国家及三峡工程标准要求，未见异常。但在原材料库中没有发现木质素磺酸钙，据厂家说已用完，另见有柠檬酸，据厂家说是用于其他外加剂的。在成品库中也发现了曾经做过凝结时间调整的一批 JG-3，据厂家介绍未运往三峡工程。

3）外加剂安全掺量及相容性试验

为确保工程使用缓凝高效减水剂的安全性，试验中心曾对 ZB-1A、JG-3 进行了安全掺量试验，试验结果见表 7.21。从对比试验可以看出，ZB-1A 的安全掺量范围要大一些，掺量在 0.5%～1.6%时，混凝土强度不受影响，但 JG-3 的安全掺量范围要小得多。1999 年 7 月试验中心在《JG-3 外加剂检测报告》中已经指出，当 JG-3 掺量增加到 0.9%～1.6%时，对混凝土 7 天、28 天抗压强度比有较大的影响，特别是掺量为 1.6%时，混凝土 7 天龄期试件几乎无强度，28 天的抗压强度仅为 7.4 MPa，抗压强度比降至 44%。

表 7.21 缓凝高效减水剂安全掺量试验结果

(a) ZB-1A

ZB-1A 掺量/%	粉煤灰掺量/%	单位用水量/(kg/m³)	坍落度/cm	含气量/%	减水率/%	凝结时间/(h:min) 初凝	凝结时间/(h:min) 终凝	坍落度损失/% 30 min	坍落度损失/% 60 min	抗压强度比/% 7 天	抗压强度比/% 28 天
0.0	30	138	5.8	4.9	0	10:45	15:00	20	39	100	100
0.5	30	111	3.5	4.5	20	—	—	—	—	152	146
0.7	30	105	4.1	5.0	24	25:40	29:00	60	71	146	139
0.9	30	102	3.1	5.1	26					161	148
1.6	30	99	2.0	5.5	28			50	82	151	145

(b) JG-3

试验编号	JG-3 掺量/%	粉煤灰掺量/%	单位用水量/(kg/m³)	坍落度/cm	含气量/%	减水率/%	坍落度损失/% 30 min	坍落度损失/% 60 min	抗压强度比/% 7 天	抗压强度比/% 28 天
B260	0.0	30	136	4.1	5.0	0	10	20	100	100
B277	0.5	30	111	4.4	5.0	18	22	66	144	138
B281	0.6	30	109	4.8	5.3	20	—	—	160	156
B279	0.7	30	107	4.1	5.0	21	3	29	142	140
B282	0.9	30	106	4.2	5.3	22			106	134
B278	1.6	30	104	4.4	5.0	24	5	12	无强度	44

此次出现混凝土凝结异常后，试验中心又对 JG-3 进行了安全掺量试验。试验采用的是 C25，F250，W10（$C_{90}30$，F250，W10）混凝土，水胶比为 0.45，粉煤灰掺量为 20%。因为当时找不到现场已使用的水泥和粉煤灰，所以采用厂家送样做室内试验的 43 号葛洲坝水泥厂中热水泥和阳逻电厂粉煤灰，JG-3 为现场抽样，坍落度控制在 3~5 cm，含气量控制在 4%~5%，试验环境温度为 20 ℃。试验结果见表 7.22。

表 7.22　JG-3 掺量对混凝土性能影响的试验结果

试验编号	JG-3 掺量/%	单位用水量/(kg/m³)	坍落度/cm	含气量/%	抗压强度/MPa					凝结时间/(h:min)	
					3 天	7 天	28 天	90 天	180 天	初凝	终凝
D77	0.6	94	3.5	3.9	16.8	25.7	39.8	48.5	—	19:50	25:20
D78	0.8	93	2.8	3.8	11.5	19.2	30.5	38.1		28:25	35:45
D79	1.0	94	3.3	4.5	1.7（4 天）	14.5	28.2	35.2		32:53	79:30
D80	1.2	93	3.3	4.1	未终凝	21.3	27.5	32.1		31:50	204:00
D81	1.6	93	4.0	4.5	未终凝	11.4	21.0	31.0		34:10	16 天未终凝

此次试验结果与以前基本相同，从表 7.22 可以看出，JG-3 在正常掺量 0.6%条件下，混凝土凝结时间和抗压强度基本正常；随着 JG-3 掺量的提高，初凝时间明显延长，终凝时间延长的幅度更大，甚至 7 天不终凝，混凝土抗压强度受到显著影响。试验结果表明，JG-3 掺量的变化对混凝土性能影响较大，掺量超过 0.8%以后，对混凝土凝结时间和抗压强度有显著的不利影响。

为了解几种原材料之间的适应性，进行了不同批次、不同厂家的外加剂、水泥、粉煤灰不同组合的相容性试验。

2001 年 5 月共做了 5 个葛洲坝水泥厂中热水泥样与 4 个不同时间抽取的外加剂样的水泥净浆凝结时间试验，按照标准方法测定水泥凝结时间，因掺加了减水剂，其实际水灰比在 0.19 左右，可能与混凝土试验有不同的结果，故水泥净浆试验结果仅供参考。但在同一条件下的试验结果表明：①JG-3 对水泥品质的变化比较敏感，对不同批次的水泥有不同的反应，适应性差；②水泥净浆凝结时间 JG-3 比 ZB-1A 延长 300 min；③在掺粉煤灰条件下，水泥凝结时间 JG-3 比 ZB-1A 延长 140~220 min，石门电厂粉煤灰比邹县电厂粉煤灰延长 120~200 min。为了检验不同厂家水泥、粉煤灰与减水剂的适应性，采用华新水泥股份有限公司中热水泥、葛洲坝水泥厂中热水泥，石门电厂粉煤灰、邹县电厂粉煤灰，JG-3、ZB-1A 减水剂，对 C25，F250，W10（$C_{90}30$，F250，W10）混凝土进行适应性试验。水胶比为 0.45，粉煤灰掺量为 20%，三级配，砂率为 29%，试验结果见表 7.23，由表 7.23 可以看出：①掺 JG-3 的混凝土凝结时间比掺 ZB-1A 长 1 倍以上；②掺石门电厂粉煤灰的混凝土凝结时间比掺邹县电厂粉煤灰长 4 h 左右；③JG-3 与葛洲坝水泥厂或华新水泥股份有限公司水泥及石门电厂或邹县电厂粉煤灰组合，混凝土初凝时间在 36 h 及以上，终凝时间在 41 h 以上，凝结时间过长。JG-3 与这几种材料的组合使用对混凝土凝结时间的影响是不利的。

表 7.23 减水剂、水泥、粉煤灰混凝土适应性试验结果

试验编号	减水剂及掺量/%	粉煤灰厂家	水泥厂家	单位用水量/(kg/m³)	坍落度/cm	含气量/%	抗压强度/MPa				凝结时间/(h:min)	
							3天	7天	28天	90天	初凝	终凝
D89	JG-3 及 0.6	石门电厂	葛洲坝水泥厂	100	3.4	5.1	13.1	22.7	38.4	51.8	40:00	45:15
D90	JG-3 及 0.6	石门电厂	华新水泥股份有限公司	100	3.8	4.7	15.2	24.9	37.4	47.5	38:20	42:00
D91	ZB-1A 及 0.6	邹县电厂	华新水泥股份有限公司	98	3.5	5.5	16.1	25.8	36.0	44.3	17:00	20:00
D92	JG-3 及 0.6	邹县电厂	葛洲坝水泥厂	98	2.6	4.6	13.8	24.2	41.4	51.7	36:00	41:20

注：葛洲坝水泥厂中热水泥，2001 年 5 月 19 日在 90 m 高程拌和系统抽样；华新水泥股份有限公司中热水泥，2001 年 5 月 19 日在 98.7 m 高程拌和系统抽样；石门电厂粉煤灰，2001 年 5 月 19 日在 79 m 高程拌和系统 2 号楼取样；邹县电厂粉煤灰，2001 年 5 月 20 日在 90 m 高程拌和系统取样；JG-3 为 100 号样品；ZB-1A 为室内试验用样品。

3. 初步分析结论

通过以上初步调查分析，可以认为：

（1）葛洲坝水泥厂中热水泥品质满足国家和三峡工程标准要求，但凝结时间和 SO_3 质量分数波动较大。

（2）JG-3 缓凝高效减水剂品质符合三峡工程标准要求，但凝结时间差较大，且对水泥品质的变化较为敏感。

（3）室内试验结果表明，对于不同水泥、粉煤灰的组合，掺 JG-3 缓凝高效减水剂的混凝土凝结时间过长。

（4）JG-3 缓凝高效减水剂安全掺量范围较小，掺量超过 0.8%以后，对混凝土凝结时间和抗压强度有显著的不利影响。

（5）减水剂与水泥、粉煤灰的适应性有一定的局限性，引起彼此间不适应的原因，有待进一步的试验分析论证。

4. 专家咨询意见

2001 年 5 月 23~24 日在三峡工程工地召开了泄洪坝段部分仓位混凝土凝结异常问题专家咨询会，专家对此问题的主要咨询意见如下。

（1）工程出现混凝土凝结时间异常情况后，业主、监理、施工及设计四方均予以高度重视，在原材料检验、拌和系统检查、仓位检查及钻芯取样、混凝土性能检测等方面，开展了大量调查研究和试验工作，取得了宝贵的第一手资料，为讨论提供了详细的资料。

（2）水泥、减水剂、粉煤灰三种主要材料的品质均满足三峡工程标准的技术要求。

（3）影响泄洪坝段部分仓位混凝土凝结异常的因素是复杂的，水泥、外加剂和粉煤灰都可能产生影响，如水泥中 SO_3 质量分数偏小、波动偏大，外加剂和粉煤灰的质量波

动等，这些影响有可能还会产生叠加效果。

（4）从现场和室内试验来看，JG-3 对掺粉煤灰的混凝土的适应性较差，室内试验表明 JG-3 掺量超过 0.8%时，其会对掺粉煤灰的混凝土的凝结时间产生明显影响。

（5）对于已经浇筑而且缓凝时间不超过 3 天的混凝土，现场抽样和芯样检测的强度都能满足设计要求，可不必挖除。

（6）为使 79 m 高程拌和系统恢复正常生产，可用尚未出现问题的拌和系统的原材料组合或根据新的试验资料确定原材料组合。

（7）建议：

一，鉴于葛洲坝水泥厂水泥凝结时间波动较大，希望其控制好 SO_3 质量分数，减少波动。

二，加强对原材料质量的控制，减少原材料波动范围。

三，外加剂厂改进产品，提高对三峡工程掺粉煤灰的混凝土的适应性。

四，在条件允许的情况下，适当降低减水剂溶液配制浓度，以减小缓凝高效减水剂掺量误差。

五，加强拌和楼计量工作。

六，为了彻底搞清楚混凝土凝结异常现象还需进一步进行试验研究，如研究水泥中 SO_3 质量分数、熟料矿物结构、粉煤灰种类和掺量及外加剂等相互作用对凝结时间的影响。

7.3.2　仓面泌水与浮浆及坍落度问题

三峡工程大坝混凝土浇筑过程中存在仓面泌水多、收仓面浮浆厚的问题，这一问题一直困扰着参建各方，也引起了质量专家组的重视。仓面泌水多影响混凝土质量的均匀性和施工速度，浮浆厚也影响混凝土质量的均匀性。为了分析仓面泌水多、浮浆厚问题的产生原因，然后根据产生原因采取相应的技术措施，试验中心自 2003 年 10 月以来组织相关单位进行过现场调查工作，先后开展了混凝土运输过程中粗骨料破碎情况的筛分试验、不同外加剂混凝土泌水试验、不同石粉质量分数对混凝土性能的影响试验，并在现场进行了生产性试验。

1. 仓面调研的基本情况

试验中心组织厂坝监理部、大坝和厂房监理站、三期混凝土生产监理站、中国葛洲坝集团有限公司、青云水利水电联营公司、湖北宜昌三峡工程建设三七八联营总公司有关人员于 2003 年对五个浇筑仓面进行了现场调查，并对现场重点调查的仓面泌水情况、浮浆厚度和入仓坍落度问题进行了讨论。

调查了五个仓面，分别为湖北宜昌三峡工程建设三七八联营总公司浇筑的厂房 22 号机 1 区、中国葛洲坝集团有限公司浇筑的厂房 17 号机 2 区和大坝 19-2 甲、青云水利水电联营公司浇筑的大坝 24-2 甲和中国葛洲坝集团有限公司浇筑的厂房 18 号机。各个仓面使用的入仓手段、仓面泌水、浮浆厚度、入仓坍落度等基本情况见表 7.24，无泌水、少量泌水与泌水的施工现场照片见图 7.4。

表 7.24 仓面调研基本情况表

仓面部位	入仓手段	混凝土级配	减水剂	引气剂	水泥厂家	粉煤灰厂家	拌和楼（拌和系统）	浮浆厚度/cm	泌水情况	入仓坍落度/cm	备注
厂房22号机1区	吊罐	C25 三级配	ZB-1A	DH9S	华新水泥股份有限公司	襄樊电厂	84 m 高程	3～5	无	4.5	仓面太小，无代表性
厂房17号机2区	胎带机	—	ZB-1A	DH9S	华新水泥股份有限公司	襄樊电厂	84 m 高程	3 左右	无	—	已收仓1 h
大坝19-2甲	塔带机	C$_{90}$20 三、四级配	JG-3	AIR202	葛洲坝水泥厂	邹县电厂	150 m 高程1号楼	3（8～10）	严重（约1 h 后）	3.0	
大坝24-2甲	胎带机	C$_{90}$20 三、四级配	JG-3	AIR202	华新水泥股份有限公司	华能南京电厂	150 m 高程2号楼	3～5	有泌水，少	3.7	
厂房18号机	胎带机+吊罐	C25 三级配	ZB-1A	DH9S	华新水泥股份有限公司	襄樊电厂	84 m 高程	3～4	基本无	1.0	

（a）厂房 17 号机 2 区，无泌水　　　　（b）大坝 24-2 甲，少量泌水，表层浮浆

（c）大坝 19-2 甲，泌水，表层浮浆

图 7.4　大坝混凝土泌水与浮浆照片

（1）混凝土泌水。

从五个仓面的情况看，用塔带机入仓的大坝19-2甲泌水最为严重（150 m 高程拌和系统生产），仓面随处可见，仓面泌水一般在振捣后 1 h 逐渐严重；胎带机入仓的大坝24-2 甲也有泌水（150 m 高程拌和系统生产），但不严重；胎带机+吊罐入仓的厂房 18 号机（大仓，800 m³）基本无泌水（84 m 高程拌和系统生产）；厂房 22 号机 1 区吊罐入仓，仓面无泌水（84 m 高程拌和系统生产）。从以上泌水情况可以看出：①84 m 高程拌和系统拌制的混凝土比 150 m 高程拌和系统拌制的混凝土泌水少。②150 m 高程拌和系统拌制的混凝土，胎带机比塔带机浇筑的混凝土泌水少。

（2）混凝土浮浆。

五个仓面均分为三个浇筑坯层，顶面浮浆厚度均在 3 cm 以上，个别测点高达 8～10 cm。浮浆过多是一个普遍存在的问题。

（3）入仓坍落度。

大坝混凝土出机坍落度均按3～5 cm 控制，入仓坍落度按3～4 cm 控制；厂房混凝土出机坍落度按5～7 cm 的下限控制，仓面坍落度 1 次为 4.5 cm，另 1 次为 1 cm，但仓面可振性很好。

2．原因分析

（1）混凝土泌水问题。

影响大坝混凝土泌水的主要因素是原材料与入仓手段，原材料中具体影响因素包含拌和及运输过程中粗骨料级配的变化、石粉质量分数、减水剂种类和掺量等，具体如下：①检测结果表明，经拌和及运输后粗骨料级配中特大石和小石比例略有减少，大石和中石比例略有增加，即偏离了最佳级配（表7.9）。这会在一定程度上使入仓混凝土的和易性变差，骨料分离，从而产生泌水。②随人工砂石粉质量分数增加，混凝土泌水率有减小趋势，而开始出现泌水的历时延长（表7.16），在10%～16%范围内，石粉质量分数增加对减少混凝土泌水有利。③减水剂种类对混凝土泌水率影响最大，为此，进行不同减水剂对混凝土泌水率的影响试验。试验采用两种四级配混凝土，即水胶比为 0.55、粉煤灰掺量为40%和水胶比为 0.50、粉煤灰掺量为45%，粗骨料级配为 30∶30∶20∶20。为了改善混凝土泌水情况，外加剂厂家对产品做了部分改进，外加剂采用以下五种组合：①JM-IIC＋AIR202；②JM-IIC＋增稠剂＋AIR202；③内含改性剂 JM-IIC＋AIR202；④ZB-1A＋AIR202；⑤改进型 JG-3＋AIR202。五种外加剂组合条件下，混凝土泌水率试验结果见表7.25，室内试验结果也表明 ZB-1A 泌水率略小于 JG-3。

表7.25 不同减水剂混凝土的泌水率　　　　　　　　　（单位：%）

减水剂	水胶比为0.55、粉煤灰掺量为40%		水胶比为0.50、粉煤灰掺量为45%		平均泌水率
	湿筛混凝土	四级配混凝土	湿筛混凝土	四级配混凝土	
JM-IIC（0.6%）	10.5	6.3	13.8	11.3	10.5
JM-IIC＋增稠剂（0.6%）	11.8	3.6	7.0	4.9	6.8

续表

减水剂	水胶比为0.55、粉煤灰掺量为40%		水胶比为0.50、粉煤灰掺量为45%		平均泌水率
	湿筛混凝土	四级配混凝土	湿筛混凝土	四级配混凝土	
内含改性剂 JM-IIC (0.7%)	4.6	1.5	3.1	0.9	2.5
ZB-1A	9.3	0.7	9.2	3.5	5.7
改进型 JG-3	12.2	2.6	11.1	1.7	6.9
平均泌水率	6.3		6.7		

混凝土入仓时振捣时间也会影响混凝土泌水率，为此，进行不同振捣时间对混凝土泌水率的影响试验。试验采用水胶比为 0.55、粉煤灰掺量为 40%的四级配混凝土，ZB-1A 掺量为 0.6%。四级配混凝土泌水率试验采用 50 L 密度桶，一只桶装入翻拌均匀的混凝土并振捣 25 s，一只桶装入大骨料集中于上部的混凝土（模拟粗骨料分离），振至混凝土泛浆为止（时间 60 s）。不同振捣时间对泌水率影响的试验结果见表 7.26。

表 7.26　不同振捣时间四级配混凝土泌水率

混凝土状况	振捣时间/s	泌水历时/min	泌水率/%
翻拌均匀混凝土	25	440	1.4
大骨料集中于上部的混凝土	60	435	2.2

由表 7.26 可知，大骨料集中于上部的混凝土（模拟粗骨料分离）的振捣时间比翻拌均匀的混凝土的振捣时间长 35 s，泌水历时基本相同，泌水率则明显增大，泌水率由 1.4%增加到 2.2%，泌水率增加 57%。因此，现场粗骨料分离引起的超振，也是泌水多的原因之一。

（2）混凝土浮浆问题。

五个仓面普遍存在浮浆较多问题的原因有两个，一是混凝土砂率偏大，二是仓面有过振现象。室内试验结果表明，四级配混凝土砂率在 24%～25%即可，三级配混凝土在 27%左右。施工使用砂率（三级配混凝土在 29%～31%，四级配混凝土在 26%～27%）高于室内，主要是考虑皮带机运输易导致混凝土离析。另外，小仓面无法使用平仓设备，先用振捣器平仓，再用振捣器振实，造成过振，使浮浆过多。

（3）入仓坍落度问题。

从仓面坍落度实测情况看，大仓面入仓坍落度 1～3 cm 是易于实现的。但由于习惯问题，小仓面无平仓设备、个别情况的骨料级配异常时，仓面要求较大坍落度。

3. 现场试验

为探讨解决仓面混凝土泌水、骨料分离、浮浆现象，组织中国葛洲坝集团股份有限公司三峡工程施工指挥部、青云水利水电联营公司进行了几次现场生产性试验，试验内容包括：胶材用量的调整、配合比调整、拌和时间调整、振捣时间调整等。

从现场试验结果看，拌和时间不宜低于 160 s；振捣时间在 25～30 s 可满足施工要求，泌水及浮浆随振捣时间延长而增多；仅增加胶材用量（如水胶比不变，用水量相应增加）对改善骨料分离、泌水不明显；降低用水量，增加胶材用量至 165 kg/m³ 左右，混凝土施工和易性得到改善，骨料分离、泌水及浮浆减少。

4. 建议采取的技术措施

仓面泌水主要集中在由皮带机输送的 $C_{90}15$ 四级配混凝土，其主要原因与混凝土输送工艺有关，其次为骨料分离引起的超振。仓面浮浆过厚的主要原因是混凝土砂率过高，其次为超振。鉴于以上原因，根据试验结果和分析提出以下建议与措施：

（1）选择适应性强、泌水率比小且实际混凝土配合比泌水率小的外加剂。建议在三峡工程标准的基础上，加严对泌水率比的控制，泌水率比应不大于 60%。

（2）拌和时间不宜低于 160 s。振捣时间应根据来料情况确定，正常情况下 25～30 s 即可。

（3）花岗岩人工砂石粉质量分数宜控制在 10%～14%。

（4）当发生比较严重的泌水时，对于塔带机运输的 $C_{90}15$ 内部混凝土，可用三级配替代四级配，这样可以减少骨料分离，减少超振。在降低砂率的基础上，还应控制总胶材用量不超过 170 kg/m³，达到减少泌水及仓面浮浆厚度的目的。

（5）根据两次现场试验结果，$C_{90}15$ 四级配混凝土配合比可采用 0.50 水胶比、45% 粉煤灰掺量、80～83 kg/m³ 单位用水量、160～166 kg/m³ 总胶材用量，并用于今后的生产。具体配合比见表 7.27。

表 7.27　$C_{90}15$ 四级配混凝土配合比

混凝土设计指标	水胶比	粉煤灰掺量/%	级配	骨料比例				砂率/%	单位用水量/(kg/m³)	胶材用量/(kg/m³)		
				小石	中石	大石	特大石			水泥	粉煤灰	总量
$C_{90}15$, F100, W8	0.50	45	四	20	30	30	20	26～27	83	91	75	166

7.3.3　混凝土表面气泡

混凝土在拌和、运输、泵送过程中会形成各种尺寸的气泡，通常将 100 μm 以上的称为大害泡，(50, 100] μm 的叫中害泡，(20, 50] μm 的叫低害泡或无害泡，20 μm 以下的称有益气泡。需要注意的是，在混凝土施工过程中，混凝土含气量适当，微小气泡在分布均匀且密闭独立条件下，具有一定的稳定性。从混凝土结构理论上来说，这种微小气泡形成的空隙属于毛细孔范围或称无害孔、少害孔，它不但不会降低强度，还会大大提高混凝土的耐久性。

但当混凝土含气量过大,且出现过多大气泡时,会对混凝土产生一定的危害,如降低混凝土强度、削弱混凝土耐腐蚀性能,严重影响混凝土外观的大气泡会使混凝土表面出现蜂窝麻面,三峡工程混凝土施工时就发现存在较多表面气泡。

1. 混凝土表面气泡成因分析试验研究

为定性查明混凝土表面气泡(孔)产生的原因,进行了不同骨料品种、不同外加剂组合和有无粉煤灰条件对混凝土试件表面气泡(孔)状况的影响试验,以优化混凝土配合比,提升混凝土微结构与宏观性能。

1) 试验材料与条件

试验采用的胶材为华新水泥股份有限公司 525 中热硅酸盐水泥、平圩电厂 I 级粉煤灰(需水量比为92%);砂采用下岸溪人工砂(细度模数FM=2.57,石粉质量分数为13.7%)与高家溪天然砂(FM=1.71),石采用下岸溪人工碎石与高家溪天然卵石;外加剂采用ZB-1A 缓凝高效减水剂与 PC-2 引气剂。

试验采用二级配混凝土,水胶比为 0.50,坍落度控制在 4.0~6.0 cm。试验组合见表 7.28。为了定性分析混凝土气泡性质,正常成型试件在振动台振 30 s,插边试件通过用薄钢片(抹刀、刮刀等)对正常成型试件侧面进行插捣(快进慢出,小幅插捣),排出混凝土侧面气泡得到。

表 7.28 混凝土表面气泡成因分析——不同骨料组合试验

试验编号	单位用水量/(kg/m³)	砂率/%	粉煤灰掺量/%	ZB-1A 掺量/%	PC-2 掺量/10⁻⁴	骨料组合 砂	骨料组合 石	坍落度/cm	含气量/%
C94	105	31	20	0.70	0.5	天然	天然	4.6	4.2
C95	110	32	20	0.70	0.5	人工	天然	4.5	3.7
C96	123	35	20	0.70	0.4	天然	人工	5.5	5.1
C97	123	36	20	0.70	0.4	人工	人工	6.1	3.8
C99	130	38	20	0.70	—	人工	人工	5.3	2.3
C100	148	36	20	—	0.9	人工	人工	4.2	3.3
C101	165	38	20	—	—	人工	人工	5.5	0.6
C163	165	38	—	—	—	人工	人工	4.0	0.4
C164	128	36	—	0.70	0.5	人工	人工	4.4	4.0

2) 试验结果分析

不同骨料组合及不同振捣成型方式的试验结果见图 7.5~图 7.7。图 7.5~图 7.7 中上一排试件为正常成型试件，下一排试件为插边试件。

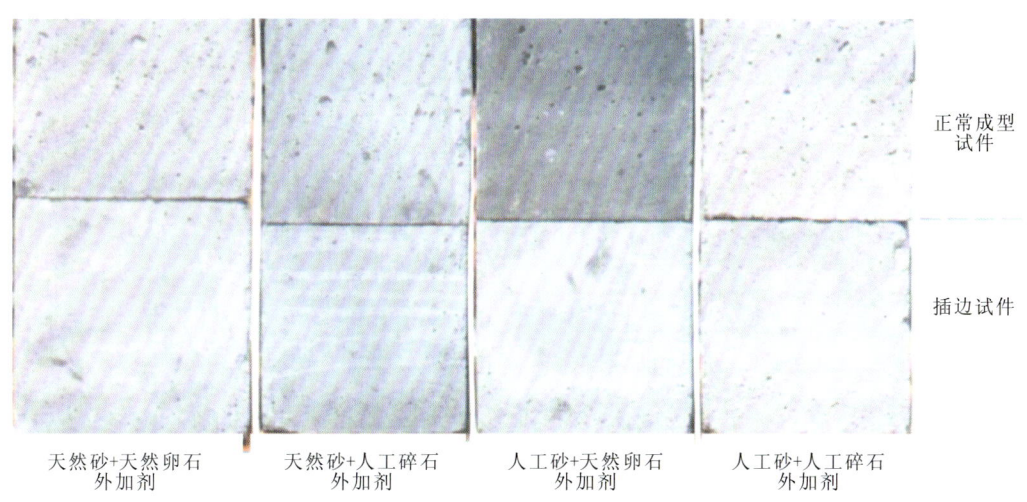

图 7.5　不同骨料组合对混凝土表面气泡的影响

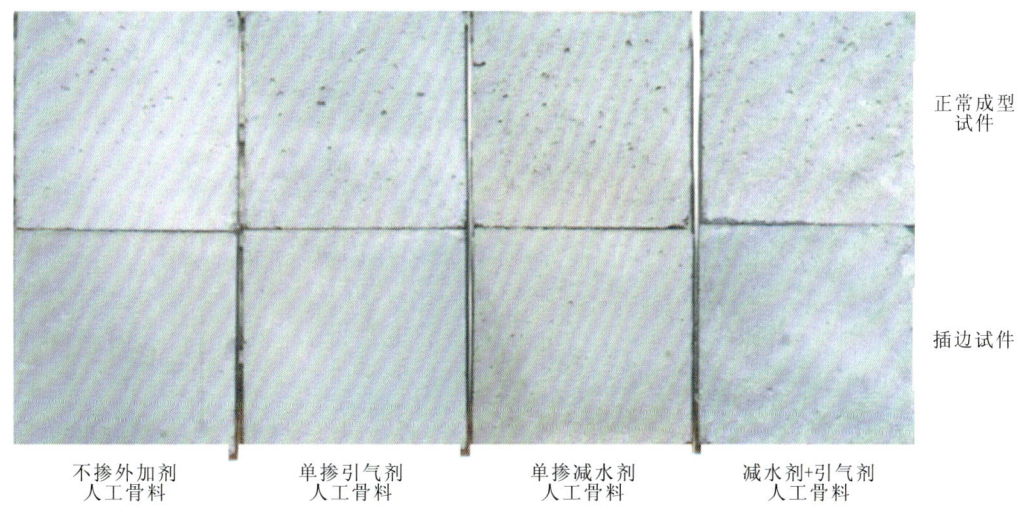

图 7.6　减水剂、引气剂对混凝土表面气泡的影响

不同骨料组合对混凝土表面气泡的影响：天然骨料、人工骨料和天然骨料与人工骨料混合在掺相同外加剂和20%粉煤灰条件下，混凝土试件表面的气泡数量和气泡分布都基本相同（图7.5）。因此，可以认为骨料种类对混凝土表面气泡无明显影响。

减水剂、引气剂对混凝土表面气泡的影响：人工骨料混凝土掺20%粉煤灰条件下（图7.6），不掺外加剂和单掺减水剂或引气剂的试件表面大气泡（直径>3 mm，以下同）数量基本相同，但单掺减水剂或引气剂的试件表面小气泡（直径<1 mm，以下同）数量较多。这说明减水剂、引气剂的使用增加了混凝土表面小气泡的数量，两者联掺后更增加了混凝土表面气泡的数量，特别是显著增加了小气泡的数量。

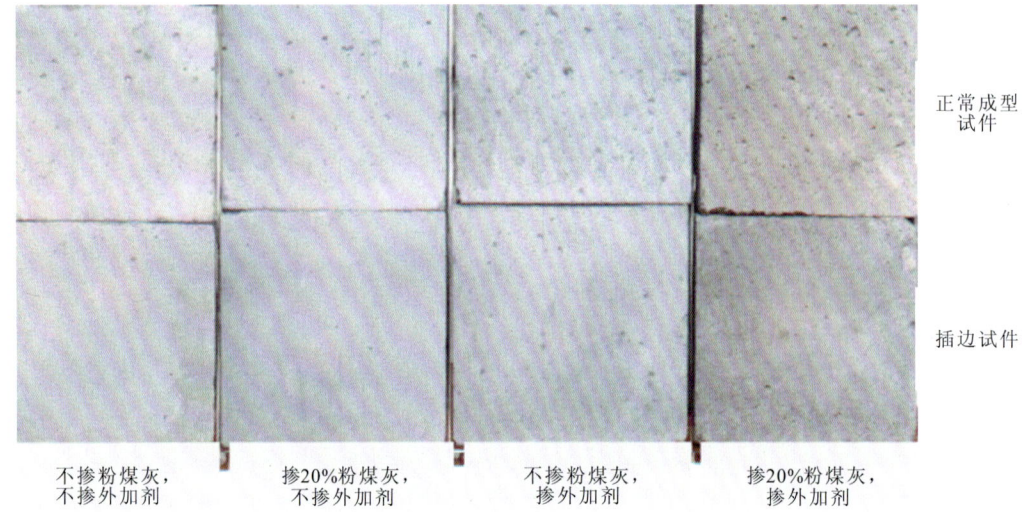

图 7.7 粉煤灰对混凝土表面气泡的影响

粉煤灰对混凝土表面气泡的影响：在人工骨料条件下（图 7.7），不掺外加剂和粉煤灰时，混凝土表面气泡最少（混凝土含气量小）；在掺入粉煤灰后，气泡数量略有增加；不掺粉煤灰，掺减水剂和引气剂时，气泡数量也有所增加，特别是小气泡增加较多；当粉煤灰和外加剂同时掺入时，气泡数量显著增加。这说明掺用粉煤灰后，由于粉煤灰颗粒细，混凝土黏性增加，气泡不易排出。但其对产生表面气泡的影响小于外加剂。

正常成型条件下的气泡分布：由图 7.5～图 7.7 可见，在正常成型条件下，试件表面的气泡分布为上多下少，这说明气泡在正常成型时还没来得及排出。如果延长振捣时间，这一现象将会得到改善，但会影响混凝土内部骨料及水泥分布的均匀性。

试件表面排气对表面状况的影响：成型后再利用抹刀插边方式辅助排气，试件表面不存在大的气泡（直径>3 mm），正常成型的试件表面不同程度地存在大孔径气泡。因此，可以定性认为，试件表面气泡由混凝土中未排出大气泡所致，辅助排气可减少混凝土表面气泡。

3）试验结论

（1）混凝土表面气泡由振捣后未排净的气泡所致。即使不掺粉煤灰、外加剂，试件表面也有一定数量的气泡存在（约为双掺的一半）。未排净的气泡是拌和过程带入混凝土的大气泡，不是由外加剂或粉煤灰的作用生成的。这种气泡也称为截流气泡。

（2）人工骨料和天然骨料对混凝土表面气泡数量无明显影响。

（3）减水剂与引气剂联掺、掺入粉煤灰都不同程度地增加混凝土表面气泡数量。掺入粉煤灰后，因其颗粒细，存在较大的比表面积，浸润水与自由水氢键键合作用使水泥浆体黏度增加，气泡不易排出；减水剂和引气剂联掺使水泥浆体中液相表面张力减小，主要引入的是直径<1 mm 的微小气泡，同时也会带入一些对耐久性起副作用的气泡，增加了需要排出的气泡数量。

（4）用插边等辅助排气方式可减少和消除混凝土表面大的气泡。施工中应加强振捣，并采用模板上增加附着式振捣、使用真空吸水模板、提高模板光洁度及使用脱模剂等单项措施或综合措施解决混凝土表面气泡问题。

2. 减少混凝土表面气泡现场试验报告

继室内进行的混凝土表面气泡成因分析及对策探索之后，试验中心在三峡工程质量总监的亲自指导下又在工地进行了减少混凝土表面气泡的现场试验，试验地点选在湖北宜昌三峡工程建设三七八联营总公司一工区 110 m 平台加工场，共进行了 4 个方案 16 种组合的现场试验，以进一步验证模板表面状况、脱模剂、振捣频率、分层厚度、插边等对混凝土表面气泡的影响，探索在现有原材料和配合比条件下减少混凝土表面气泡的工艺措施。

1）现场试验条件与工艺条件

试验采用施工现场实际使用的混凝土，即 79 m 高程拌和系统生产的二级配 C40 抗冲磨混凝土和 120 m 高程拌和系统生产的四级配 $C_{90}15$ 大坝内部混凝土。每种混凝土拌和方量为 3.2 m³，混凝土配合比及拌和物工作性能检测结果见表 7.29。

表 7.29　混凝土配合比及拌和物工作性能检测结果

混凝土标号	水胶比	粉煤灰掺量/%	单位用水量/(kg/m³)	砂率/%	每立方米混凝土材料用量/(kg/m³)						减水剂及掺量/%	DH9S 掺量/10^{-4}	坍落度/cm	含气量/%
					水泥	粉煤灰	砂子	小石	中石	大石	特大石				
C40	0.30	20	107	32	286	71	644	607	742	—	—	X404C 及 0.8	1.0	6.4	4.5
$C_{90}15$	0.55	40	84	25	92	61	577	341	341	512	512	ZB-1A 及 0.5	1.1	3.8	6.8

120 cm×260 cm 钢模板为未用过的半新模板，清除表面混凝土后模板表面平整干净，用于试验块的长边，视为新模板（以下简称新模板）。端模（堵头）使用 2 块 30 cm×120 cm 钢模板拼成的 60 cm×120 cm 模板，一端表面不清理，一端表面清理，表面不够平整（以下简称旧模板）。

使用两种脱模材料，一种为上海麦斯特生产的水溶性脱模剂，一种为工地使用的柴油。

水溶性脱模剂涂刷工艺：涂刷水溶性脱模剂前，先用棉纱将新模板表面擦干净，再用干净棉纱蘸少量水溶性脱模剂均匀涂在模板上。要求水溶性脱模剂涂层越薄越好（试验时由上海麦斯特驻工地人员亲自涂刷）。

柴油涂刷工艺：用干净棉纱蘸柴油拧干后均匀涂在模板上。

新模板一块涂水溶性脱模剂，一块涂柴油；旧模板均涂柴油。

振捣器采用两种，一种为型号 ZX50、直径 50 mm、长 500 mm 的软轴插入式高频振捣器，振动频率为 12 000 次/min，功率为 1.1 kW，振幅为 1.1 mm；另一种为型号 ZDN100、直径 100 mm、长 515 mm 的佛山 100 振捣器，振动频率为 8 800 次/min，功率为 1.5 kW，振幅为 1.6 mm，质量为 22 kg。

振捣点按梅花形分布，各点间距 35 cm 左右，距模板 10 cm。振捣时间为 30 s，最后一层浇筑完 30 min 后复振 20 s。

分层厚度分层厚 30 cm（共 3 层）和层厚 50 cm（共 2 层）两种情况。

将 1.2 mm 厚白铁皮加工成宽 8 cm、长 60 cm 的插刀沿模板边插捣。

现场试验块为长 2.6 m、高 1 m、宽 0.6 m 的长方体，中间用木板隔成两块。试验块平面示意图见图 7.8。

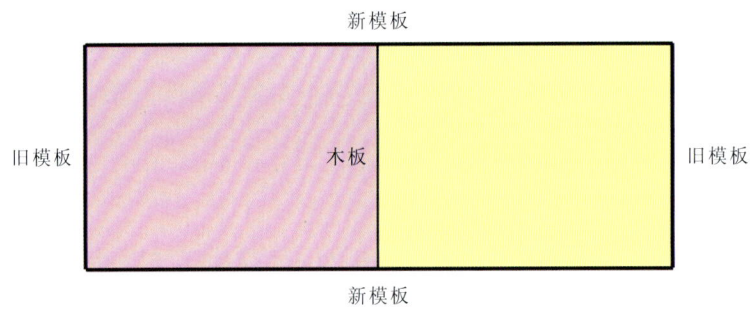

图 7.8　试验块平面示意图

2）试验方案

C40 抗冲磨混凝土：考虑混凝土浇筑分层厚度（30 cm、50 cm）、脱模材料品种（水溶性脱模剂、柴油）、振动频率（软轴插入式高频振捣器、佛山 100 振捣器）、是否插边等四个工艺措施进行试验，共有 8 种组合方案，分层厚度 30 cm、50 cm 的试验方案分别见图 7.9、图 7.10。

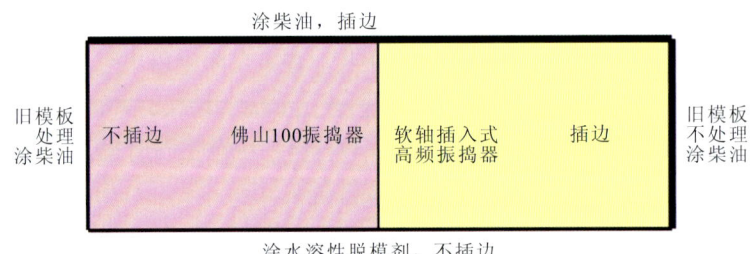

图 7.9　C40 抗冲磨混凝土分层厚度 30 cm 试验方案

图 7.10　C40 抗冲磨混凝土分层厚度 50 cm 试验方案

$C_{90}15$ 大坝内部混凝土：试验方案与 C40 抗冲磨混凝土相同，分层厚度 30 cm、50 cm 的试验方案分别见图 7.11、图 7.12。

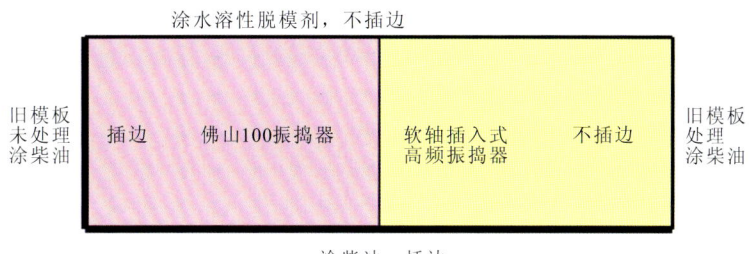

图 7.11　$C_{90}15$ 大坝内部混凝土分层厚度 30 cm 试验方案

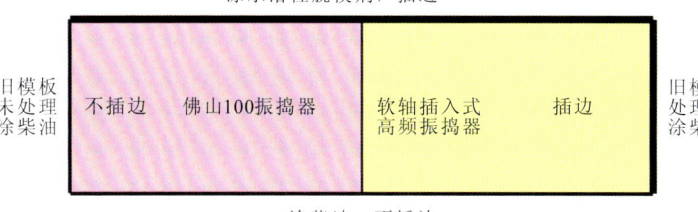

图 7.12　$C_{90}15$ 大坝内部混凝土分层厚度 50 cm 试验方案

3）试验结果及分析

（1）C40 抗冲磨混凝土。

C40 抗冲磨混凝土为二级配混凝土，掺用 X404C 高效减水剂，坍落度较大（6.4 cm），人工装料时有板结现象，振捣时触变性好。含气量（4.5%）高于 3.5%±0.5% 的要求。由于二级配混凝土易于振捣，脱模材料种类的影响不明显，以下仅对分层厚度、是否插边和振动频率三个因素对混凝土表面气泡的影响进行分析。

浇筑分层厚度对表面气泡的影响：30 cm 和 50 cm 分层厚度对混凝土表面气泡影响的试验结果表明，软轴插入式高频振捣器插边或佛山 100 振捣器不插边两种工艺条件下，表面气泡均集中在混凝土上部，且层厚的表面气泡多一些，层薄的表面气泡有所减少，减小浇筑层厚，有利于排气。

插边对混凝土表面气泡的影响：插边对混凝土表面气泡影响的试验结果见图 7.13，可以看到，采用插边振捣方式，一方面可以使表面气泡破裂，另一方面可以将部分气泡引导排出，从而明显地减少混凝土表面气泡。在实际操作中，插边用的插刀刚度要适中，在振捣时插边比较容易。

振动频率对混凝土表面气泡的影响：振动频率对混凝土表面气泡的影响不大。其原因还与振捣器功率、振幅有关，佛山 100 振捣器功率为 1.5 kW，振幅为 1.6 mm，软轴插入式高频振捣器功率为 1.1 kW，振幅为 1.1 mm。尽管软轴插入式高频振捣器频率高，但振动半径不如佛山 100 振捣器，因此综合振捣效果两者差不多。四级配混凝土试验也进一步说明了这个问题。

（a）不插边　　　　　　　　　　　　　　（b）插边

图 7.13　插边对佛山 100 振捣器振捣后混凝土表面气泡的影响（分层厚度 50 cm）

（2）$C_{90}15$ 大坝内部混凝土。

$C_{90}15$ 大坝内部混凝土为四级配混凝土，掺用 ZB-1A 高效减水剂，坍落度为 3.8 cm，含气量（6.8%）高于 5.0%±0.5%的要求。由于四级配混凝土骨料粒径大，软轴插入式高频振捣器的功率小，综合振捣效果与佛山 100 振捣器差不多。以下仅对分层厚度、是否插边和脱模材料品种三个因素对混凝土表面气泡的影响进行分析。

分层厚度、脱模材料对混凝土表面气泡的影响：软轴插入式高频振捣器或佛山 100 振捣器不插边条件下，分层厚度小，又使用了脱模材料时，混凝土表面气泡明显减少。

插边、脱模材料对混凝土表面气泡的影响：振捣时插边及使用脱模材料可以有效地减少混凝土表面气泡。

（3）混凝土表层浮浆问题。

试验过程中发现掺 X404C 的 C40 抗冲磨混凝土表面浮浆和气泡较多（图 7.14），浮浆厚度约 7 cm，而 $C_{90}15$ 大坝内部混凝土表面浮浆较少，浮浆厚度约 3 cm。这说明 C40 抗冲磨混凝土砂率偏大，可适当降低。

 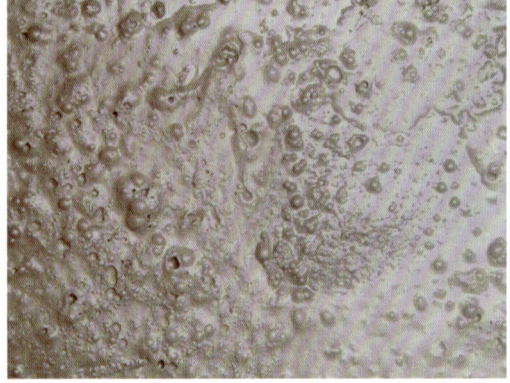

（a）振捣时表面气泡、浮浆　　　　　　　　　　（b）振捣后表面气泡

图 7.14　C40 抗冲磨混凝土表面浮浆、气泡（掺 X404C）

正常成型的混凝土试件与用浮浆层成型的砂浆试件的密度和 28 天抗压强度试验结果见表 7.30。由表 7.30 可见：①砂浆试件的密度比混凝土试件的密度低 10.2%～16.2%（相当于含气量高 10%以上），这主要与浮浆含气量大有关（成型时砂浆中泡沫密布），并且砂浆中无粗骨料；②砂浆试件的抗压强度比混凝土试件的抗压强度低 21.7%～22.4%，其含气量高是抗压强度低的主要原因，也与上部浮浆因泌水水胶比偏大和无粗骨料有关。

表 7.30 混凝土试件与砂浆试件的密度、抗压强度比较

试件种类	C40 抗冲磨混凝土		$C_{90}15$ 大坝内部混凝土	
	密度/(kg/m³)	抗压强度/MPa	密度/(kg/m³)	抗压强度/MPa
正常成型的混凝土试件	2 434（100）	69.1（100）	2 320（100）	15.2（100）
用浮浆层成型的砂浆试件	2 040（83.8）	53.6（77.6）	2 084（89.8）	11.9（78.3）

注：C40 抗冲磨混凝土浮浆成型的 7.07 cm×7.07 cm×7.07 cm 砂浆试件的抗压强度为 50.3 MPa；括号内数据为相对于混凝土试件的百分数。

因此，浮浆过多将对混凝土结构的质量均匀性有较大影响，应降低砂率，减少浮浆厚度，以提高建筑物的质量均匀性。

4）现场试验结语

使用脱模材料、采用插边振捣方式、适当减少混凝土浇筑分层厚度等可使混凝土表面气泡破裂，并有利于引导排出气泡，从而有效地减少混凝土表面气泡。

建议各施工单位积极采取使用脱模材料、插边振捣（垂直）、减小分层厚度等工艺措施，以减少混凝土表面气泡，提高混凝土浇筑质量。

混凝土施工配合比应尽可能减小砂率，以减少表面浮浆厚度，提高坝体整体性能。

第 8 章

大坝混凝土长期性能演变规律及预测模型

大坝混凝土性能劣化是一个渐进过程，深入理解大坝混凝土各项性能的长期演变规律和理论基础，对于准确评估大坝混凝土的健康状况和老化程度，以及预测大坝的使用寿命具有重要的理论指导意义。由于混凝土坝服役寿命较长，往往可达百年甚至更长时间，如胡佛大坝已服役超过 80 年，长期性能演化规律的研究难度较大，且长期以来未受到广大科研人员的重视，所以相关研究成果数量尚少。对混凝土坝耐久性的研究视角逐渐从宏观层面转向微观层面，从短期延伸至长期，为揭示混凝土长期性能的演变规律及其机理提供了新的研究路径。

在三峡工程建设过程中，花岗岩人工骨料的碱活性问题、高掺粉煤灰大坝混凝土的钙含量问题，以及高内含 MgO 水泥混凝土的自生体积变形稳定性问题等成为公众关注的焦点。鉴于此，作者对近 20 年来三峡工程大坝混凝土试件/芯样在标准养护和自然养护条件下的抗压强度、自振频率、抗冻性、碳化深度、体积变形等宏观性能的演变规律进行了跟踪研究。同时，获取了 20 年芯样的微观形貌、水化程度等微结构特征，以期揭示其长期性能的演变机理。

8.1　三峡工程大坝混凝土长期性能

混凝土质量的评定主要是基于室内标准养护条件下设计龄期混凝土的检测结果，但是水工混凝土建筑物通常暴露在自然环境中，受到温度、湿度变化、风吹日晒及周边环境等因素的影响，其实际性能与标准养护条件下的试验结果存在显著差异。

为了准确评估三峡工程大坝混凝土的真实性能，采用三峡工程所使用的原材料，对大坝内部、外部、水位变化区、结构及抗冲磨等部位的混凝土进行了成型。试验中，混凝土试件在预养护 48 h 后拆模，并分别采用标准养护和自然养护两种方式养护至规定龄期。随后，对混凝土的强度、自振频率、冻融性能及碳化性能进行了全面测试。试验工作自 2003 年 4 月开始，持续了近 20 年。

8.1.1　试验条件及方法

1. 原材料

采用葛洲坝水泥厂生产的 525 中热水泥（28 天抗压强度为 63.6 MPa）、鸭河口电厂 I 级粉煤灰（需水量比为 93%）、缓凝高效减水剂 ZB-1A（收缩率比为 128%）、泵送剂 JM-II（收缩率比为 117%）、PC-2 引气剂，以及下岸溪地区的人工砂石骨料。

2. 养护方式

（1）标准养护：试件成型后预养 48 h 脱模，然后将试件放置在标准养护室养护至规定龄期。

(2)自然养护：试件成型后预养 48 h 脱模，然后将试件放置在实验室楼顶露天自然养护至规定龄期。

(3)标准养护+自然养护：试件成型后预养 48 h 脱模，然后将试件放置在标准养护室养护 28 天后移至实验室楼顶露天自然养护至规定龄期。

3. 配合比及拌和物试验结果

本章采用二级配混凝土，基于三峡工程施工配合比参数，针对不同工程部位（包括内部、外部、水位变化区、结构及抗冲磨）设计了不同强度等级的混凝土。试验编号 E98 为泵送混凝土，其坍落度控制在 160～180 mm。其余试件均为常态混凝土，坍落度控制在 30～50 mm。特别地，抗冲磨混凝土的含气量控制在 3.0%～4.0%，而其余混凝土的含气量均控制在 4.5%～5.5%。混凝土配合比参数与拌和物性能试验结果详见表 8.1。

表 8.1 混凝土配合比参数与拌和物性能试验结果

试验编号	工程部位	混凝土设计指标	水胶比	粉煤灰掺量/%	砂率/%	ZB-1A 掺量/%	PC-2 掺量/10^{-4}	单位用水量/(kg/m³)	水泥+粉煤灰用量/(kg/m³)	坍落度/mm	含气量/%
E73	内部混凝土	$C_{90}15$, F100, W10	0.55	40	34	0.6	0.75	114	124+83	45	4.6
E63	外部混凝土	$C_{90}20$, F250, W10	0.50	30	33	0.6	0.75	112	157+67	48	4.9
E65	水位变化区混凝土	$C_{90}25$, F250, W10	0.45	30	32	0.6	0.85	110	171+73	42	4.8
E90	结构混凝土	C25, F250, W10	0.45	20	32	0.6	0.85	110	196+49	30	4.7
E67	抗冲磨混凝土	C35, F250, W10	0.35	20	30	0.6	0.75	120	274+69	32	4.0

8.1.2 三峡工程大坝混凝土长期力学性能

1. 抗压强度

本章分别对试块和芯样进行了抗压强度试验，养护条件对试块抗压强度影响的试验结果见表 8.2，不同养护条件抗压强度随龄期的发展规律见图 8.1。可以看出：①无论是标准养护还是自然养护的混凝土，其抗压强度均呈现出随时间推移增长的趋势，但在 3 年之后，这种增长趋势变得较为缓慢；②各种混凝土的抗压强度在自然养护条件下总体上低于标准养护条件，这表明自然养护对混凝土的性能产生不利影响。

表 8.2 养护条件对试块抗压强度影响的试验结果

试件编号	养护方式	抗压强度/MPa							
		28天	90天	180天	1年	3年	5年	10年	16年
E73-1	标准养护	19	29.9	36.4	43.4	47.2	49.7	51.5	—
E73-2	自然养护	24.6	34.2	37.2	37.8	41.5	40.4	39	44.7
E73-3	标准养护+自然养护	—	36.2	38.9	43.2	44.7	45.1	43.6	54.2
E63-1	标准养护	26.7	39.2	45.9	47.7	57.7	58.7	60.3	55.5
E63-2	自然养护	24.8	36.9	45	46.3	50.2	54.1	52.2	52.7
E63-3	标准养护+自然养护	—	43.6	51	51.4	55	57.5	59.8	58
E65-1	标准养护	34.3	48.6	54.7	58.2	61.2	64.7	64.8	—
E65-2	自然养护	32.4	45.8	51.8	54.2	58.4	58	56	61.1
E65-3	标准养护+自然养护	—	50.2	56.4	57.9	61.3	58.9	57.8	69
E90-1	标准养护	35.1	46.8	51.9	56.1	58.3	60.6	59.5	67.6
E90-2	自然养护	32.7	45.3	46.2	50.1	53.8	54.4	51.4	59.8
E90-3	标准养护+自然养护	—	53.5	55.1	57	54.5	55.4	50.1	63.6

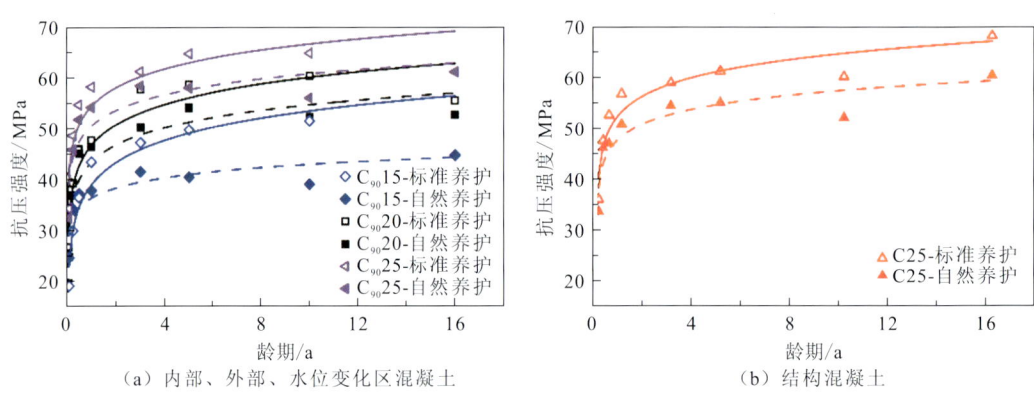

（a）内部、外部、水位变化区混凝土　　　（b）结构混凝土

图 8.1 不同养护条件抗压强度随龄期的发展规律

三峡工程大坝混凝土芯样抗压强度试验共进行了 73 组，各标号混凝土芯样抗压强度试验结果统计见表 8.3。可以看出，各标号混凝土芯样抗压强度试验结果均满足设计要求，且 $C_{90}15$、$C_{90}20$、$C_{90}25$ 混凝土 1 年龄期平均抗压强度分别达到 48.1 MPa、51.8 MPa、54.9 MPa，均比设计强度高出 1 倍以上。从芯样的抗压强度结果来看，三峡工程大坝混凝土仍处于强度发展期。

表 8.3　各标号混凝土芯样抗压强度试验结果统计　　（单位：MPa）

不同龄期	混凝土标号			
	$C_{90}15$	$C_{90}20$	$C_{90}25$	$C_{90}30$
1 年	48.1	51.8	54.9	—
2 年	56.3	60.1	56.6	55.9
3 年	46.2	50.4	61.2	54.1
6 年	51.4	54.1	—	—
19 年	60.5	—	56.3	—
20 年	—	52.4	—	—

2. 自振频率

环境作用下混凝土试件内部会产生微裂纹，这些微裂纹会从表面向内部发展并扩散，导致试件的自振频率与相对动弹性模量降低。借鉴混凝土快速冻融试验方法中评价混凝土损伤程度的相对动弹性模量，来评估混凝土在自然环境作用下的损伤程度。以标准养护条件下各龄期试件的自振频率为基准，同时测得不同自然养护龄期试件的自振频率，并计算自然养护试件在各龄期的相对动弹性模量。两种养护条件下，试件的自振频率测试结果见表 8.4。

表 8.4　不同养护条件下试件的自振频率与相对动弹性模量变化

部位	项目	龄期						
		28 天	90 天	180 天	365 天	1 095 天	1 825 天	3 650 天
外部	标准养护下自振频率/Hz	2 218	2 330	2 383	2 420	2 451	2 461	2 444
	自然养护下自振频率/Hz	2 191	2 303	2 322	2 322	2 338	2 335	2 333
	相对动弹性模量/%	97.62	97.72	94.97	92.06	91.03	90.02	91.12
抗冲磨	标准养护下自振频率/Hz	2 322	2 388	2 440	2 470	2 499	2 489	2 517
	自然养护下自振频率/Hz	2 310	2 364	2 381	2 374	2 374	2 367	2 354
	相对动弹性模量/%	98.97	97.96	95.18	92.34	90.21	90.40	87.43

由表 8.4 可以看出，在标准养护条件下，试件自振频率随龄期延长呈增长趋势，1 年内增长速度较快，1 年后增长速度缓慢；在自然养护条件下，试件自振频率在 3 年内也随龄期增长总体呈增加趋势，3 年后则呈降低趋势；在 28 天龄期时，两种养护条件的试件自振频率基本一致，随龄期的延长，自然养护试件自振频率与标准养护试件自振频率的差距呈拉大趋势，体现出自然环境对试件的损伤逐步显现，随时间的延长，损伤程

度逐渐加大。

在 5 年龄期前,两种混凝土相对动弹性模量基本一致,到 10 年龄期抗冲磨混凝土的相对动弹性模量比外部混凝土低。这说明强度等级高的混凝土耐风化能力较弱,这点从高强混凝土容易开裂角度看是基本一致的,仍需继续检测验证。

8.1.3　三峡工程大坝混凝土长期耐久性能

1. 长期碱骨料反应特性

1）原材料碱含量与混凝土中总碱量

碱是混凝土碱骨料反应的内在因素之一。当混凝土中不含碱或碱含量过低时,通常不会发生碱骨料反应。混凝土碱含量不仅影响碱骨料反应的速率,还会影响反应产物的组成,进而影响其膨胀能力。当碱含量达到一定水平时,随着碱含量的提高,碱骨料反应的膨胀能力会下降,这是因为反应产物的碱硅比增大,碱硅凝胶的黏度降低。

混凝土总碱量指的是水泥、掺合料、化学外加剂、骨料和拌和水中所含碱的总和,其中有效碱是指水化一定龄期后存在于孔溶液中的碱,这部分碱能参与碱骨料反应。研究表明,混凝土中各组分带入的碱并非全部有效碱。对于掺合料而言,硅粉带入的有效碱量为其酸溶碱的量,矿渣带入的有效碱量为其酸溶碱总量的 50%,而粉煤灰带入的有效碱量仅为酸溶碱总量的 17%。下面介绍三峡工程大坝混凝土中水泥、掺合料、化学外加剂、拌和水和骨料中的可溶性碱。

（1）水泥中的可溶性碱。

水泥是混凝土中碱的主要来源,其碱主要以含碱盐的形式存在,如 Na_2SO_4、K_2SO_4、$3K_2SO_4 \cdot Na_2SO_4$、NaC_8A_3 等。随着水泥水化过程的进行,水泥中的碱性物质迅速溶解并进入孔溶液。由于本长龄期试验开始于 20 年前,水泥化学成分分析按照国家标准《水泥化学分析方法》(GB/T 176—1996)(现已作废)进行,结果见表 8.5。其中,K_2O 和 Na_2O 采用原子吸收分光光度法测试,表中 Na_2O、K_2O 的质量分数实际上就是水泥中的总碱质量分数。

表 8.5　水泥化学成分　　　　　　　　　　　　　　　　（单位：%）

水泥品种	CaO 质量分数	SiO_2 质量分数	Al_2O_3 质量分数	Fe_2O_3 质量分数	MgO 质量分数	Na_2O 质量分数	K_2O 质量分数	SO_3 质量分数	烧失量
葛洲坝水泥厂 525 中热水泥	61.63	21.67	4.68	4.80	3.82	0.14	0.42	0.47	0.51
华新水泥股份有限公司 525 中热水泥	61.00	20.00	4.44	5.33	4.88	0.07	0.37	1.51	0.91

用氢氟酸处理以上两种水泥,测出水泥中 K_2O、Na_2O 的总质量分数,列于表 8.6。可以看出,在水泥加水水化过程中,Na_2O 和 K_2O 的溶出量取决于水泥自身 Na_2O 和 K_2O

的质量分数。华新水泥股份有限公司 525 中热水泥，经氢氟酸处理测得 Na_2O 和 K_2O 的总质量分数分别为 0.070%和 0.370%。180 天时，测得浸泡溶液中 Na_2O 和 K_2O 的质量分数分别为 0.065%和 0.360%。随着浸泡时间的增加，溶出量呈增加趋势。

表 8.6　不同浸泡时间水泥溶液中 Na_2O 和 K_2O 质量分数的试验结果　　（单位：%）

水泥品种	项目	龄期					总质量分数
		7 天	14 天	28 天	60 天	180 天	
葛洲坝水泥厂 525 中热水泥	Na_2O	0.034（24.3）	0.045（32.1）	0.047（33.6）	0.053（37.9）	0.068（48.6）	0.140（100）
	K_2O	0.281（66.9）	0.315（75.0）	0.386（91.9）	0.410（97.6）	0.420（100）	0.420（100）
华新水泥股份有限公司 525 中热水泥	Na_2O	0.036（51.4）	0.053（75.7）	0.056（80.0）	0.063（90.0）	0.065（92.9）	0.070（100）
	K_2O	0.161（43.5）	0.209（56.5）	0.307（83.0）	0.330（89.2）	0.360（97.3）	0.370（100）

注：括号中数字为各龄期 Na_2O、K_2O 质量分数占总质量分数的百分比。

（2）掺合料中的可溶性碱。

混凝土中掺入矿渣、粉煤灰等掺合料时，掺合料中的碱也将溶出，但是与水泥中的碱相比，掺合料中溶出的碱对碱骨料反应的促进作用有较大差异。现有试验研究和工程试验结果均表明，矿物掺合料能有效抑制碱骨料反应，但也有研究指出，在掺入高碱粉煤灰且掺量较低的情况下，可能会促进碱骨料反应。

本章选用了平圩电厂、首阳山电厂、华能南京电厂、神头第二电厂、阳逻电厂和华能珞璜电厂共 6 家电厂的粉煤灰进行试验。对六种粉煤灰参照《水泥化学分析方法》（GB/T 176—1996）（现已作废）进行化学成分分析，结果列于表 8.7。表 8.7 中 Na_2O、K_2O 的质量分数实际上就是粉煤灰中的总碱质量分数。

表 8.7　粉煤灰化学成分分析试验结果　　（单位：%）

粉煤灰品种	SiO_2 质量分数	Al_2O_3 质量分数	Fe_2O_3 质量分数	CaO 质量分数	MgO 质量分数	Na_2O 质量分数	K_2O 质量分数	SO_3 质量分数	烧失量
平圩电厂	56.45	31.05	5.55	2.41	1.56	0.72	0.99	0.23	0.40
首阳山电厂	53.86	24.00	10.52	5.11	1.88	0.79	1.55	0.63	1.77
华能南京电厂	50.03	32.11	5.70	5.33	2.22	0.75	1.08	2.00	0.26
神头第二电厂	46.08	39.48	5.72	3.30	1.23	0.40	0.36	0.36	0.59
阳逻电厂	51.36	31.28	6.22	5.36	1.75	0.64	1.22	0.42	1.55
华能珞璜电厂	44.72	25.02	18.52	4.23	1.30	0.69	0.96	1.34	2.43

（3）化学外加剂中的可溶性碱。

化学外加剂通常含有碱金属盐。这些碱金属盐同样可能促进碱骨料反应导致的膨胀，且不同种类的碱金属盐对碱骨料反应的促进作用存在差异。化学外加剂碱质量分数测定参照国家标准《混凝土外加剂》(GB 8076—1997)(现已作废)进行,被测试样品按以下两种方法进行处理。第一种方法是将化学外加剂与水按1:10的比例配制成溶液,并在不同时间点测试溶液中 K_2O 和 Na_2O 的质量分数。第二种方法则是使用氢氟酸对样品进行分解,首先将化学外加剂在高温(800℃)下进行碳化处理,然后用氢氟酸对试样进行分解以制备溶液,并采用原子吸收分光光度法测定溶液中 K_2O 和 Na_2O 的质量分数。测定结果列于表8.8。

表8.8 不同浸泡时间化学外加剂溶液中 Na_2O 和 K_2O 质量分数的试验结果 (单位:%)

化学外加剂品种	项目	龄期					总质量分数
		7天	14天	28天	60天	180天	
ZB-1A	Na_2O	7.96(78.3)	8.59(84.5)	8.59(84.5)	8.80(86.6)	9.70(95.5)	10.16(100)
	K_2O	0.114(73.1)	0.145(92.9)	0.149(95.5)	0.150(96.2)	0.156(100)	0.156(100)
DH9S	Na_2O	3.00(92.3)	3.05(93.8)	3.10(95.4)	3.15(96.9)	3.23(99.4)	3.25(100)
	K_2O	0.004(26.7)	0.004(26.7)	0.007(46.7)	0.013(86.7)	0.013(86.7)	0.015(100)

注:括号中数字为各龄期 Na_2O、K_2O 质量分数占总质量分数的百分比。

可以看出,在 ZB-1A 高效减水剂和 DH9S 引气剂不同浸泡时间下,Na_2O 和 K_2O 的溶出量变化不大。在浸泡初期(7天),Na_2O 和 K_2O 的溶出量与化学外加剂的总碱质量分数基本接近。

(4)拌和水中的可溶性碱。

拌和水中的碱性物质均为水溶性的,因此都能参与碱骨料反应,即拌和水中的碱性物质均可视为有害碱性物质。海水浸泡的骨料和盐碱地区的骨料含有 NaCl 或 KCl,这些盐类能够迅速溶解于混凝土孔溶液中,从而加速碱骨料反应。本章直接用长江水进行混凝土拌和用水的碱质量浓度测定,测试参照国家标准《水泥化学分析方法》(GB/T 176—1996)(现已作废)进行,蒸馏水作为空白试样。K_2O、Na_2O 的测定结果分别为 2.41 mg/L 和 13.47 mg/L。

(5)骨料中的可溶性碱。

我国尚未建立类似的骨料中可溶性碱质量分数的测定方法。为了使试验方法和试验设备更符合我国的实际情况,并确保试验结果的可靠性,本章参照了巴黎皮埃尔和玛丽居里大学(Université Pierre et Marie Curie,UPMC)的方法。其主要步骤为:在测试可溶性 K_2O 时,使用 0.7 mol/L 浓度的 NaOH 溶液进行侵蚀;在测试可溶性 Na_2O 时,使用 0.7 mol/L 浓度的 KOH 溶液进行侵蚀。这两种侵蚀过程均在 80℃的条件下持续 300 h,然后将可溶性碱转换为等当量的 Na_2O。

通过上述探索性试验,对26组三峡工程骨料样品进行了研究。这些样品主要来自古树岭料场(基坑花岗岩)和下岸溪料场,取样方式包括随机取样和定向取样两种。在样品中,SX-101~SX-112、SX-116~SX-119 和 SX-123 属于粗骨料,SX-113~SX-115 和

SX-120～SX-122 为人工砂，SX-124～SX-126 为花岗岩骨料的单矿物样品。粗骨料按照粒径 5～10 mm、10～20 mm 进行分组处理，人工砂直接按照粒径 5～10 mm 筛取所需样品，单矿物样品则按照粒径 0.16～0.63 mm 进行处理。样品清单详见表 8.9。

表 8.9 试验样品一览表

样品编号	取样部位	样品粒径/mm	取样时间
SX-101	基坑花岗岩	5～10	1999 年 2 月
SX-102	基坑花岗岩	10～20	1999 年 2 月
SX-103	基坑花岗岩	5～10	1999 年 8 月
SX-104	基坑花岗岩	10～20	1999 年 8 月
SX-105	基坑花岗岩	5～10	1999 年 10 月
SX-106	基坑花岗岩	10～20	1999 年 10 月
SX-107	基坑花岗岩	5～10	1999 年 11 月
SX-108	基坑花岗岩	10～20	1999 年 11 月
SX-109	基坑花岗岩	5～10	1999 年 12 月
SX-110	基坑花岗岩	10～20	1999 年 12 月
SX-111	下岸溪花岗岩	5～10	1998 年 12 月
SX-112	下岸溪花岗岩	10～20	1998 年 12 月
SX-113	下岸溪人工砂	<5	1999 年 2 月
SX-114	下岸溪人工砂	<5	1999 年 11 月
SX-115	下岸溪人工砂	<5	1999 年 12 月
SX-116	花岗片麻岩	5～10	1999 年 2 月
SX-117	花岗片麻岩	10～20	1999 年 11 月
SX-118	79 m 高程拌和楼（花岗岩）	5～10	1999 年 5 月
SX-119	79 m 高程拌和楼（花岗岩）	10～20	1999 年 5 月
SX-120	79 m 高程拌和楼（人工砂）	5～10	1999 年 5 月
SX-121	人工砂	<5	1999 年 8 月
SX-122	人工砂	<5	1999 年 10 月
SX-123	弱风化花岗岩	5～10	1999 年 12 月
SX-124	黑云母	0.16～0.63	1999 年 2 月
SX-125	石英	0.16～0.63	1999 年 2 月
SX-126	长石	0.16～0.63	1999 年 2 月

对表 8.9 中的试验样品 SX-101～SX-122，按照 UPMC 的方法进行了试验。对上述样品分别进行了氢氟酸溶液处理,按照我国国家标准《水泥化学分析方法》(GB/T 176—1996)

（现已作废）测定样品中 Na_2O 和 K_2O 的总质量分数，结果显示有 Na_2O 和 K_2O 溶出。

（6）混凝土的总碱量。

混凝土中的碱主要来源于其组成材料，包括水泥、掺合料（如粉煤灰等）、化学外加剂、水和骨料等。在这些组成材料中，碱的存在形式各不相同。水泥中的碱一部分以硫酸盐和碳酸盐的形式存在，另一部分则固溶在熟料矿物中。以硫酸盐和碳酸盐形式存在的碱在水泥加水后很快溶解于水中，而固溶在熟料矿物中的碱则随着熟料矿物的水化逐渐溶解于水中，同时，溶解于水中的碱部分被水化产物吸收。对于硅酸盐水泥，其可溶性碱质量分数即总碱质量分数。在计算混凝土的总碱量时，水泥的碱质量分数按 100%计算。

粉煤灰中，Na_2O 和 K_2O 的溶出量随时间的增加而增加。当浸泡至 180 天时 Na_2O 和 K_2O 的溶出量分别达到粉煤灰总碱质量分数的 5.75%和 3.22%。溶解于水中的碱质量分数称为可溶性碱质量分数，通过氢氟酸处理试样所得的结果，即化学分析测定的碱质量分数，被称为总碱质量分数。

ZB-1A 是一种萘系高效减水剂，其中 Na_2SO_4 的质量分数约为 10%，这部分碱性物质不可忽视。化学外加剂中的碱和水中的碱属于可溶性碱。在计算总碱量时，化学外加剂中的碱和水中的碱的质量分数按 100%计算。

花岗岩骨料中含有长石等矿物，这些矿物中含有钾、钠等碱性元素。其中一部分碱性物质可以通过溶剂溶出，参与化学反应，称为可溶性碱。花岗岩骨料中的可溶性碱占骨料总质量的 0.02%～0.038 7%，因此这部分碱性物质不可忽视。花岗岩骨料的总碱质量分数平均为 6.54%。根据试验结果，花岗岩人工砂的可溶性碱质量分数（300 h，80 ℃，KOH/NaOH）平均为 0.050%，可溶性碱与全碱质量的比值为 0.009 2%，花岗岩碎石的可溶性碱质量分数平均为 0.090%，可溶性碱与全碱质量的比值为 0.012%。在计算混凝土的总碱量时，花岗岩骨料中的碱质量分数按可溶性碱质量分数（300 h，80 ℃，KOH/NaOH）的平均值计算。

因此，混凝土中的总碱量和可溶性总碱量可按下式计算：①混凝土中的总碱量＝水泥中的总碱量＋粉煤灰中的总碱量＋化学外加剂中的总碱量＋水中的总碱量＋骨料中的可溶性碱量；②混凝土中的可溶性总碱量＝水泥中的总碱量＋粉煤灰中的可溶性碱量＋化学外加剂中的总碱量＋水中的总碱量＋骨料中的可溶性碱量。

以上两式的不同之处是，计算混凝土中的总碱量时，粉煤灰中的碱质量分数按 100%计，计算混凝土中的可溶性总碱量时，粉煤灰中的碱质量分数按可溶性碱质量分数计，约为 20%。

根据以上两个公式计算的混凝土总碱量及可溶性总碱量被列于表 8.10 中。在计算过程中，水泥以葛洲坝水泥厂 525 中热水泥为基准，粉煤灰则采用平圩电厂 I 级粉煤灰。从计算结果来看，在选定的试验条件下，三峡二期工程混凝土的总碱量范围为 1.99～3.89 kg/m^3，而可溶性总碱量的范围为 1.52～3.04 kg/m^3。进一步细分到不同部位，大坝的基础、内部、外部及结构混凝土的可溶性总碱量均小于 2.00 kg/m^3，只有高强度等级的混凝土的可溶性总碱量达到 2.40～3.04 kg/m^3。因此，可以得出结论：三峡工程大坝混凝土不会发生危害性的碱骨料反应。

第8章 大坝混凝土长期性能演变规律及预测模型

表8.10 混凝土总碱量及可溶性总碱量

编号	部位	混凝土标号	水胶比	级配	粉煤灰掺量/%	减水剂掺量/%	引气剂掺量/%	坍落度/cm	含气量/%	混凝土材料用量/(kg/m³) 水	水泥	粉煤灰	砂	石	总碱量/(kg/m³)	可溶性总碱量/(kg/m³)
1	内部		0.55	四	35	0.7	0.060	3.0	4.8	83.5	99.0	53.0	630	1596	2.25	1.55
6		R₉₀150	0.50	四	40	0.7	0.063	4.0	4.5	82.0	98.5	65.5	605	1610	2.42	1.56
7			0.50	四	45	0.7	0.065	3.2	5.5	81.5	89.5	73.5	605	1609	2.50	1.52
2	水位变化区		0.50	四	20	0.7	0.053	4.0	5.8	84.0	134.5	33.5	607	1613	2.14	1.69
8		R₉₀250	0.45	四	20	0.7	0.053	5.0	5.5	83.0	147.5	37.0	581	1626	2.24	1.75
9			0.45	四	30	0.7	0.058	3.5	4.8	82.0	127.5	54.5	581	1624	2.40	1.77
3	外部		0.50	四	25	0.7	0.055	4.0	5.8	83.5	125.0	42.0	606	1612	2.21	1.66
4		R₉₀200	0.50	四	30	0.7	0.057	3.5	5.5	83.0	116.0	50.0	606	1611	2.29	1.62
5	基础		0.50	四	35	0.7	0.060	4.8	5.0	82.5	107.0	58.0	606	1611	2.46	1.59
12	结构	R₉₀300	0.50	三	0	0.7	0.045	4.0	5.3	106.0	212.0	0.0	663	1457	1.99	1.99
13			0.45	三	20	0.7	0.055	4.5	5.5	98.0	174.5	43.5	642	1477	2.43	1.86
14	预应力	R₂₈500	0.30	二	0	1.2	0.000	10.0	1.0	135.0	450.0	0.0	651	1250	3.04	3.04
15			0.30	二	15	1.2	0.000	8.0	1.0	125.0	354.5	62.5	642	1290	3.49	2.67
16		R₂₈350	0.40	二	0	0.7	0.007	7.0	4.8	125.0	312.5	0.0	664	1288	2.40	2.40
17			0.35	二	20	0.7	0.000	7.5	—	134.0	306.5	76.5	678	1260	3.47	2.46
18	抗冲磨	R₂₈400	0.35	二	0	0.7	0.000	8.0	—	138.0	394.0	0.0	676	1262	2.79	2.79
19			0.30	二	20	0.7	0.000	7.5	—	135.0	360.0	90.0	619	1258	3.89	2.70

2）长期碱骨料反应膨胀特性

在三峡二期工程中，混凝土的粗骨料采用基坑开挖出的闪云斜长花岗岩轧制的碎石，而细骨料则使用下岸溪料场的斑状花岗岩制成的砂。在1958年的长江三峡水利枢纽科学技术研究会议上，提出了三峡工程大坝混凝土碱骨料反应的研究课题。研究结果表明，在低碱环境下，风化砂中的长石钾钠成分不会游离出来参与碱骨料反应，因此得出结论：三峡工程风化砂为非活性骨料。然而，天然砂中含有约2%的燧石，燧石具有一定的活性，属于活性骨料。

20世纪70年代，葛洲坝工程启动，其混凝土骨料主要来源于河漫滩的砂卵石，主要产地为胭脂坝及小溪塔等。这些料场原本是三峡工程勘探的混凝土骨料料场，其中主要活性骨料包括燧石、流纹岩及凝灰岩，同时还含有少量的碳酸盐岩石。试验证明，这些碳酸盐岩石不会引起危害性的碱-碳酸盐反应。

20世纪80年代，对坝基闪云斜长花岗岩进行了长期的碱骨料反应观察研究，这一研究持续至今，已积累了40余年的膨胀反应观测成果。

20世纪90年代初，对白崖山料场的碳酸盐岩石进行了大量的碱骨料反应试验研究，研究结论是碳酸盐岩石可以在工程中使用。

鉴于花岗岩骨料碱活性反应的缓慢性和持续时间长的特点，对花岗岩的碱活性问题进行了广泛的研究，包括地质环境、岩相、化学、变形、微观结构及现场考察等多个方面。考虑到碱骨料反应的复杂性，在试验过程中采用多种方法进行了检验，并结合检验结果综合评定了其碱活性。

（1）砂浆长度法试验长龄期观测结果。

20世纪80年代和90年代，形成了两批砂浆试件，随着三峡二期工程的开工，又形成了一批新的砂浆试件，并对其进行了长期观测。观测结果详见图8.2～图8.4。

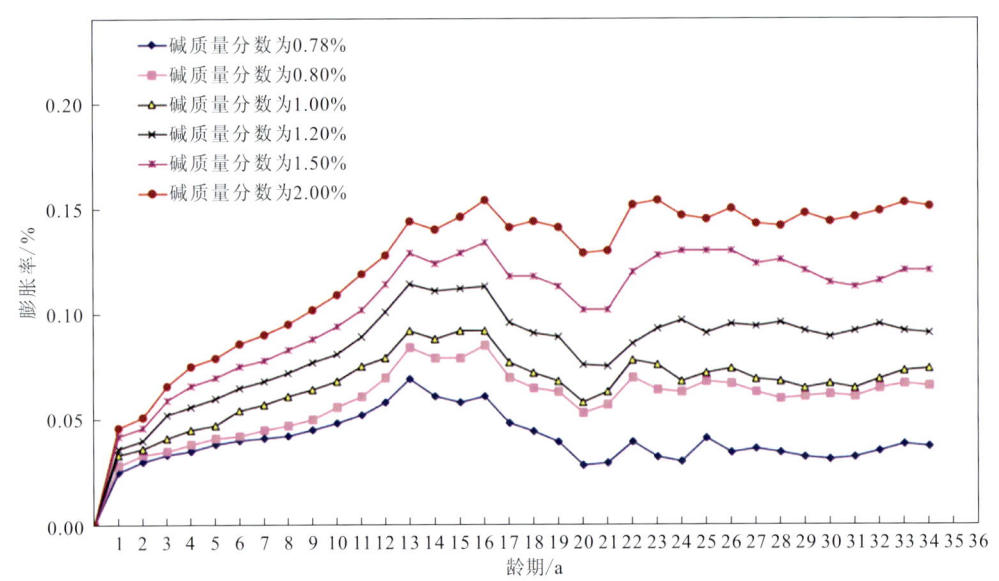

图8.2 闪云斜长花岗岩砂浆长度法砂浆试件的膨胀率与龄期的关系图

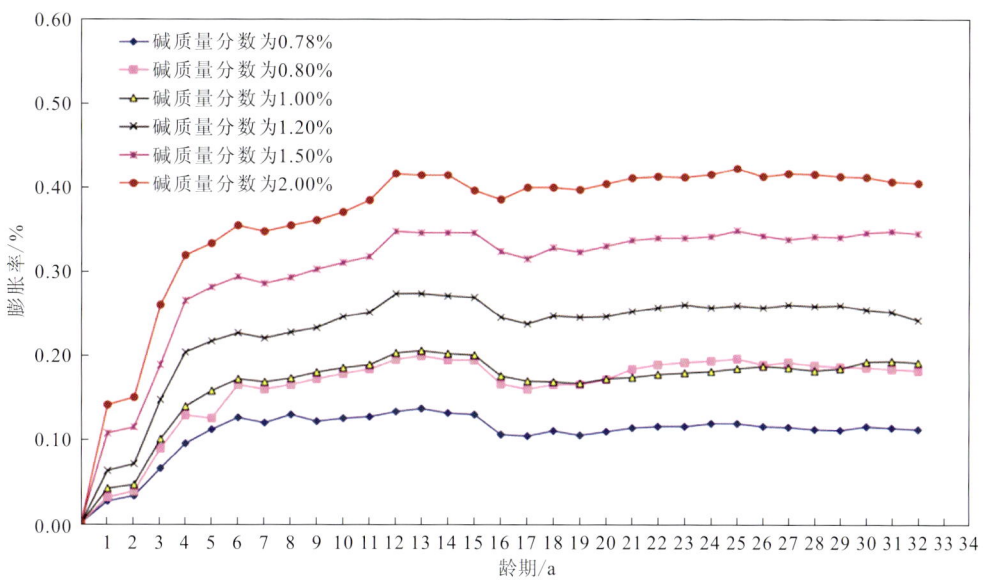

图 8.3　三峡工程天然骨料砂浆长度法砂浆试件的膨胀率与龄期的关系图

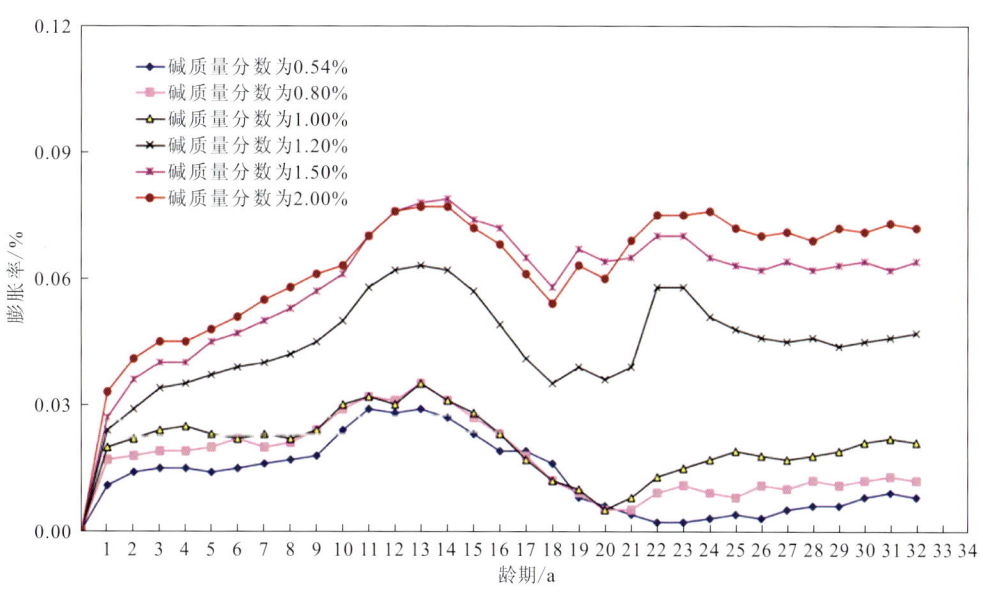

图 8.4　弱风化花岗岩砂浆长度法砂浆试件的膨胀率与龄期的关系图

图 8.2 显示，1984 年成型的砂浆试件，当水泥中的碱质量分数小于 1.00%时，在 13 年的观察期内，膨胀率持续增长。然而，在 13 年后，膨胀率的增长停滞，16 年后甚至出现收缩趋势，其中闪云斜长花岗岩砂浆试件在 34 年的观察期内，最大膨胀率未超过 0.10%。当水泥中的碱质量分数大于 1.00%时，13 年内膨胀率持续增长，13 年后膨胀率的增长减缓，17 年后膨胀率有所下降，收缩趋势出现波动。在 12 年的观察期内，膨胀率超过 0.10%，34 年观察期内最大膨胀率为 0.154%。这些结果表明，当水泥碱质量分数

控制在 0.80%以下时，膨胀率较低，随着水泥碱质量分数的增加，膨胀率增加。

图 8.3 显示，1984 年成型的天然骨料砂浆试件，在 12 年的观察期内，膨胀率呈增长趋势，12～15 年龄期内，膨胀率的增长出现停滞，15 年后出现收缩趋势。总体上，水泥碱质量分数越高，膨胀率越大。当水泥碱质量分数为 0.78%时，5 年观察期内的膨胀率已超过 0.10%；而当水泥碱质量分数为 2.00%时，32 年观察期内的最大膨胀率为 0.416%。

图 8.4 显示，1986 年成型的砂浆试件，当水泥碱质量分数小于 1.50%时，13 年内膨胀率呈增长趋势，13 年后膨胀率出现收缩趋势。当水泥碱质量分数大于 1.50%时，14 年内膨胀率持续增长，14 年后膨胀率呈现收缩趋势。13 年后膨胀率的增长幅度减小，增长趋势减缓；17 年后的膨胀率较 16 年有所下降，收缩趋势出现波动。总体上，随着水泥碱质量分数的增加，膨胀率增大，但试件 32 年观察期内的最大膨胀率未超过 0.10%。

（2）混凝土棱柱体法试验长龄期观测结果。

混凝土棱柱体法膨胀率长龄期观测结果见图 8.5。由结果可知，混凝土试件 1 年龄期的膨胀率都小于 0.04%，4 年龄期内混凝土试件的膨胀率总体保持增长，4 年以后呈下降趋势，9 年以后有所增长；只有黑云斜长片麻岩（为花岗岩岩体的捕虏体）混凝土试件的膨胀率在 3 年龄期时超过了 0.04%，其 20 年龄期内最大膨胀率仅为 0.055%。

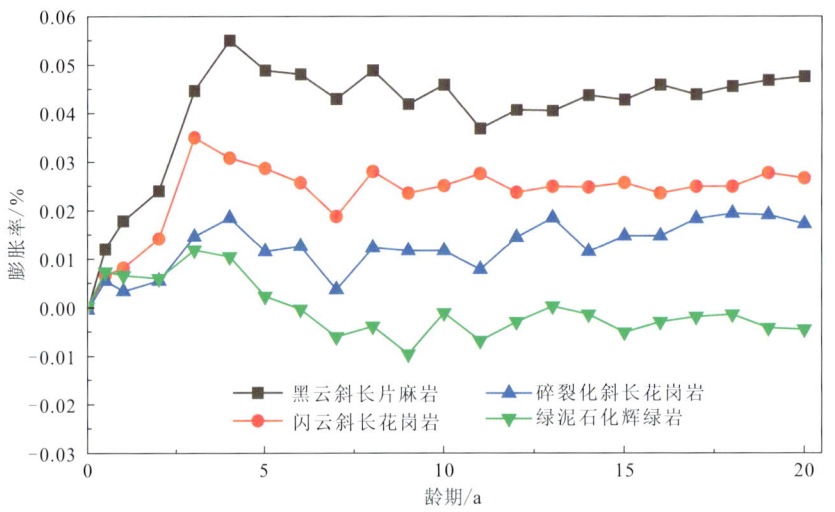

图 8.5 三峡工程人工骨料混凝土棱柱体法试件的膨胀率与龄期的关系图

1998 年成型了两组试件，一组按标准方法[加拿大标准《混凝土试验方法和标准实践》（CSA A23.2-14）]得到（标准方法 1），另一组为现场配合比 1，浇筑部位为水上、水下外部，均进行了长龄期观测。1999 年按工程混凝土现场配合比成型了五组试件：现场配合比 2，浇筑部位为水上、水下外部；现场配合比 3，浇筑部位为水位变化区外部；现场配合比 4、5、6 为结构混凝土。2000 年按工程混凝土现场配合比成型了一组试件，现场配合比 7 为抗冲磨混凝土。2001 年和 2002 年分别按标准方法成型了三组和两组试件（标准方法 2、3、4 和标准方法 5、6），2003 年成型了六组试件，其中三组按标准方法得到（标准方法 7、8、9），另外三组为现场配合比（现场配合比 8、9、10），均为抗冲磨混凝土。这些试件的长龄期观测结果详见图 8.6 和图 8.7。结果表明，在观测的整个龄期内，试件的膨胀率均小于 0.04%，这说明混凝土不会产生危害性的碱骨料反应。

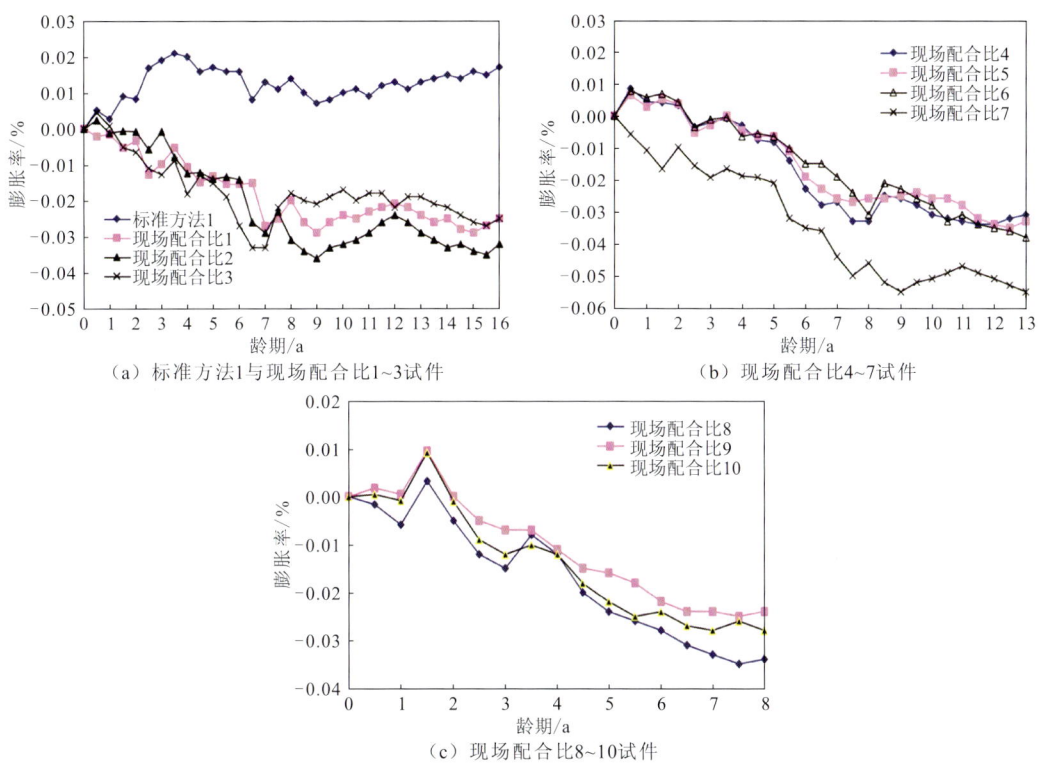

图 8.6 不同配合比的混凝土试件膨胀率试验结果

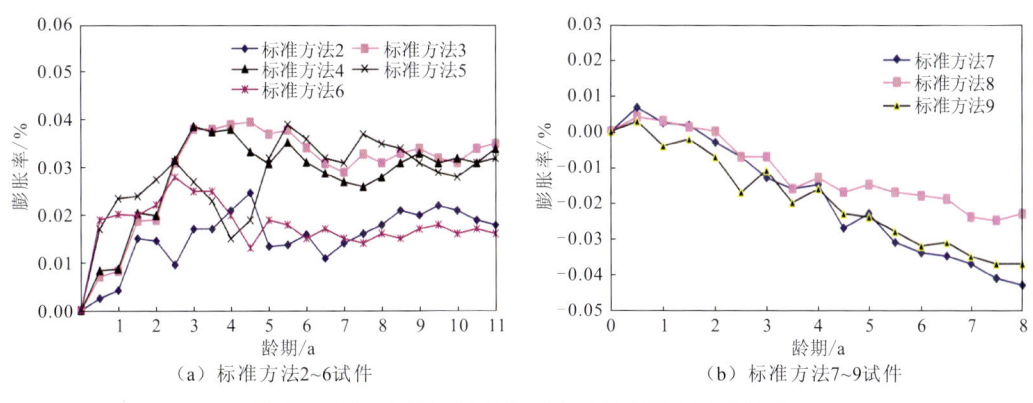

图 8.7 不同标准方法的混凝土试件膨胀率试验结果

（3）长龄期试件 SEM 微观分析。

选取 86-6、84-57、84-56、96-60 四组砂浆试件和 96-130、05-s-5 两组混凝土试件，在 SEM 下观察，微观形貌见图 8.8。

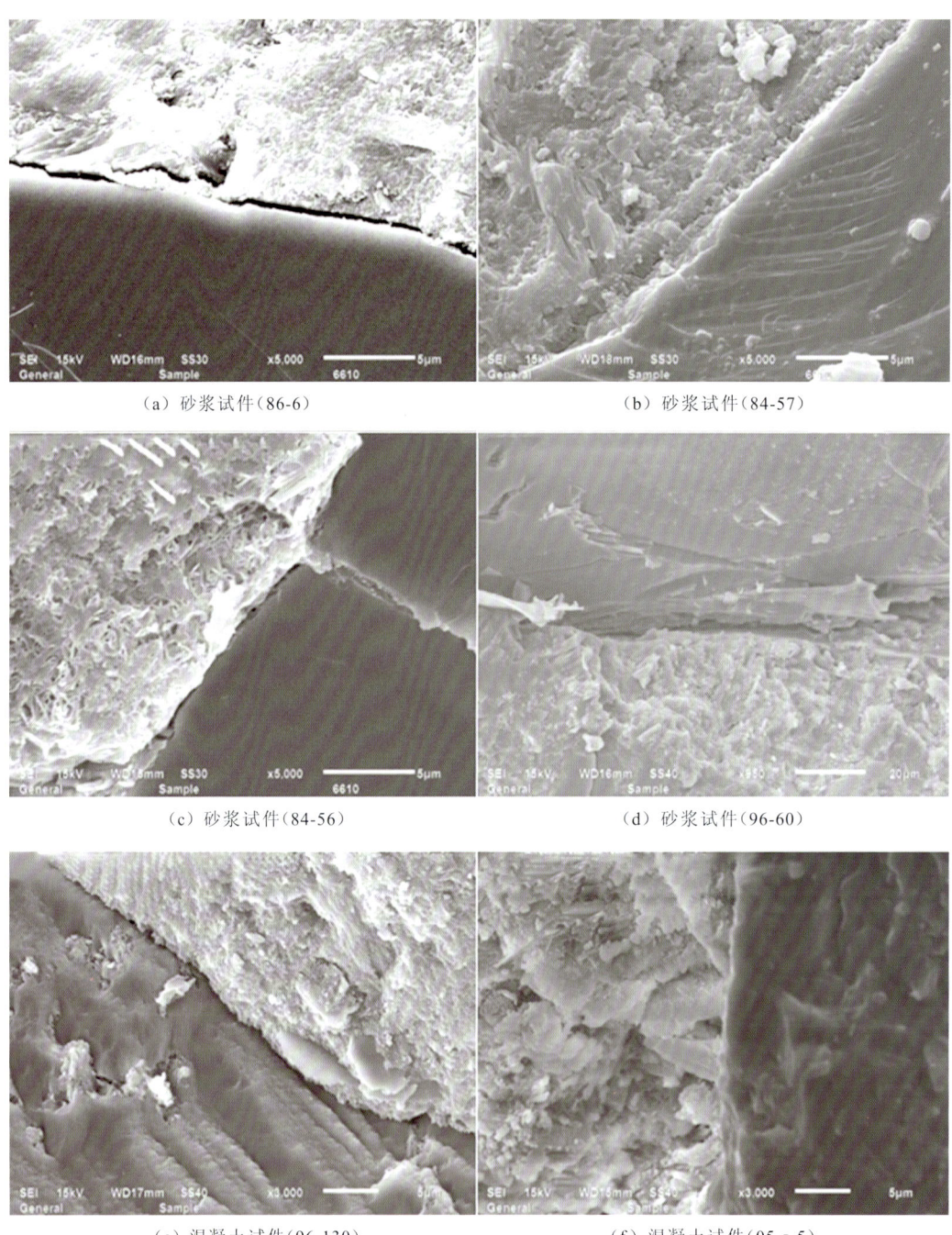

(a) 砂浆试件（86-6）　　　　　　　　(b) 砂浆试件（84-57）

(c) 砂浆试件（84-56）　　　　　　　　(d) 砂浆试件（96-60）

(e) 混凝土试件（96-130）　　　　　　(f) 混凝土试件（05-s-5）

图 8.8　砂浆试件与混凝土试件微观形貌（通过 SEM 观察得到）

从照片中可以看出,六组样品中,花岗岩中的长石、石英等颗粒与水泥砂浆胶结完整,长石、石英等颗粒也未出现溶蚀和反应环,从 SEM 观察结果看,长石、石英等颗粒与水泥的边界产物为颗粒状、针状水泥水化物及水泥水化胶结物,未见碱硅胶类产物,没有发生碱骨料反应的迹象。

具体来说:①1996 年成型的 60 组砂浆试件,13 年龄期的膨胀率都很低,均小于 0.10%;随着水泥碱质量分数的增加,膨胀率加大。在低碱条件下,膨胀率随着时间的增长呈收缩趋势;在高碱条件下,大部分试件在 5 年龄期后膨胀率呈收缩趋势,石英砂岩试件在 7 年龄期后膨胀率呈收缩趋势;有少部分试件(部分斑状二长花岗岩)在高碱条件下膨胀率一直呈增长趋势。②花岗岩人工骨料混凝土试件 13 年龄期的观测结果表明,这些骨料 1 年龄期的膨胀率都小于 0.04%,不属于活性骨料;混凝土试件 4 年龄期内的膨胀率一直在增加,4 年以后呈下降趋势,9 年以后又有所增长,没有产生危害性的碱骨料反应。③1986 年成型的砂浆试件,水泥碱质量分数小于 1.50%时,13 年龄期内膨胀率呈增长趋势,13 年龄期后膨胀率呈现出收缩趋势;水泥碱质量分数大于 1.50%时,14 年龄期内膨胀率一直在增长,14 年龄期后膨胀率呈现出收缩趋势。13 年龄期后膨胀率的增长较小,增长趋势变缓;17 年龄期后的膨胀率较 16 年龄期有所下降,收缩趋势出现波动。总体上,随着水泥碱质量分数的增加,膨胀率加大,弱风化花岗岩砂浆试件 32 年龄期内最大膨胀率未超过 0.10%。④三峡二期工程时成型的砂浆试件和混凝土试件的长龄期观测结果表明,试件的膨胀率都较低,不会产生危害性的碱骨料反应。

3)碱骨料反应膨胀预测模型

近年来,为了克服传统方法周期长、可靠性差的缺点,以高温、高碱条件下的碱骨料反应为基础发展出的许多快速方法的研究非常活跃。尽管实验室条件下制备的砂浆或混凝土试件的一维线性膨胀不能代表实际混凝土中化学能转化为机械功的复杂实际过程,但在找到更为直接、有效的方法之前,快速测长法仍是方法研究的主流。

基于砂浆棒快速法和混凝土棱柱体法,设计了一系列试验,研究碱质量分数、粉煤灰掺量和温度对碱骨料反应膨胀性能的影响规律,并采用工程实际配合比研究了骨料级配对混凝土碱骨料反应膨胀的影响。通过对碱骨料反应膨胀率与碱质量分数、粉煤灰掺量、温度、骨料级配等关系的分析,初步建立了碱骨料反应膨胀率与碱质量分数、温度的动力学关系式,提出了膨胀预测模型,预测了一定温度下碱骨料反应的膨胀历程,为判断实际工程混凝土碱骨料反应抑制措施的长期有效性提供了理论依据。

(1)碱质量分数对混凝土碱骨料反应膨胀的影响。

参照砂浆棒快速法、混凝土棱柱体法,分别进行了碱质量分数(当量 Na_2O,取 0.6%、0.9%、1.25%、1.5%、2.0%)对碱骨料反应膨胀规律的影响试验,其中砂浆棒快速法试验温度为 80℃,混凝土棱柱体法试验温度为 38℃。试验结果表明,碱骨料反应膨胀率与时间 t 的关系符合双曲函数规律,具体见式(8.1)。可以用双曲函数拟合试件趋于收敛的最终膨胀率,以及反应速率常数。

$$\xi = \frac{\xi_u \kappa_t t}{1 + \kappa_t t} \tag{8.1}$$

式中：t 为温度为 T 时的养护时间，d，T 为热力学温度，K；ξ_u 为试件最终膨胀率，%；ξ 为养护时间为 t 时试件的膨胀率，%；κ_t 为反应速率常数，d^{-1}。

用砂浆棒快速法和混凝土棱柱体法得出的碱质量分数（当量 Na_2O，取 0.6%、0.9%、1.25%、1.5%、2.0%）对碱骨料反应膨胀规律影响的试验结果分别见图 8.9 和图 8.10。砂浆试件、混凝土试件膨胀率与养护时间的回归分析结果见表 8.11 和表 8.12。总体上看，碱质量分数对碱骨料反应的最终膨胀率有显著影响，因此在实际工程中必须严格控制混凝土的总碱量。

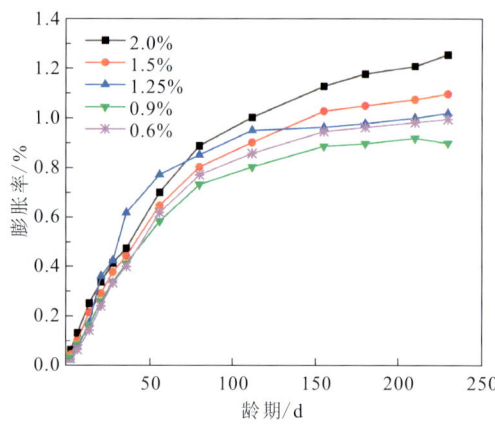

图 8.9 不同碱质量分数砂浆试件的膨胀率　　图 8.10 不同碱质量分数混凝土试件的膨胀率

表 8.11 砂浆试件膨胀率与养护时间的回归分析结果（砂浆棒快速法）

碱质量分数（当量 Na_2O）/%	拟合的最终膨胀率/%	反应速率常数/d^{-1}	试验值与计算值误差的平方和
0.6	1.282 2	0.014 6	0.015 5
0.9	1.295 1	0.015 2	0.011 4
1.25	1.440 3	0.014 3	0.010 1
1.5	1.604 0	0.012 6	0.006 8
2.0	1.843 2	0.011 8	0.004 3

表 8.12 混凝土试件膨胀率与养护时间的回归分析结果（混凝土棱柱体法）

碱质量分数（当量 Na_2O）/%	拟合的最终膨胀率/%	反应速率常数/d^{-1}	试验值与计算值误差的平方和/10^{-5}
0.9	0.016 4	0.008 1	1.020 0
1.25	0.061 7	0.002 8	2.528 6
1.5	0.073 3	0.003 4	3.929 0
2.0	0.113 1	0.002 6	3.305 2

(2)粉煤灰掺量对混凝土碱骨料反应膨胀的影响。

采用砂浆棒快速法进行了粉煤灰掺量(0、20%、30%、35%、40%)对碱骨料反应膨胀规律的影响试验,试验温度设置为 80 ℃。得出的不同粉煤灰掺量下砂浆试件的膨胀率结果见图 8.11。

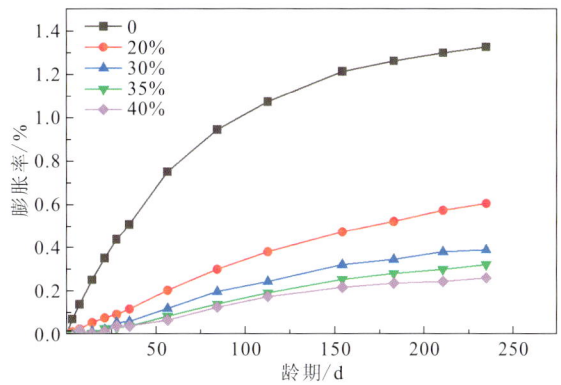

图 8.11 不同粉煤灰掺量下砂浆试件的膨胀率(碱质量分数为 2%)

试验结果表明,掺粉煤灰后的碱骨料反应膨胀率与时间的关系也符合双曲函数规律,见式(8.1)。同样也可以用双曲函数拟合试件趋于收敛的最终膨胀率,以及反应速率常数。

砂浆试件膨胀率与养护时间的回归分析结果见表 8.13。可以看出,掺加粉煤灰对碱骨料反应有显著的抑制作用。

表 8.13 不同粉煤灰掺量下砂浆试件膨胀率与养护时间的回归分析结果(砂浆棒快速法)

粉煤灰掺量/%	最终膨胀率/%	反应速率常数/d^{-1}	试验值与计算值误差的平方和
0	1.843 2	0.011 8	0.004 3
20	1.629 7	0.002 5	0.001 5
30	1.342 7	0.001 9	0.002 9
35	1.847 0	0.000 9	0.001 2
40	1.001 2	0.001 6	0.002 7

(3)温度对混凝土碱骨料反应膨胀的影响。

为了研究温度对碱骨料反应膨胀的影响,参照砂浆棒快速法,在不同温度(80 ℃、70 ℃、60 ℃、50 ℃)下进行了第二批碱骨料反应膨胀试验。不同温度对碱骨料反应膨胀的影响如图 8.12 所示。可以看出,随着温度的降低,碱骨料反应膨胀的程度逐渐减小。为了定量描述这一影响,采用双曲函数对试验数据进行了拟合(图 8.13),并基于拟合结果得到了不同温度下的反应速率常数 κ_t。进一步,通过应用阿伦尼乌斯(Arrhenius)方程[具体见式(8.2)],可以得到 $\lg \kappa_t$ 与热力学温度倒数($1/T$)的关系图(图 8.14)。结果表明,两者之间呈现出近似的线性关系,线性回归系数高达 0.999 4,这证明了温度对碱骨料反应的影响遵循阿伦尼乌斯方程。

$$\xi = \frac{\xi_u A e^{-\frac{E_a}{RT}} t}{1 + A e^{-\frac{E_a}{RT}} t} = \frac{\xi_u t}{\frac{1}{A} \cdot e^{\frac{E_a}{RT}} + t} \quad (8.2)$$

式中：t 为温度为 T 时的养护时间，d；ξ_u 为试件最终膨胀率，%；E_a 为活化能，J/mol；R 为气体常数，为 8.314 5 J/(mol·K)；A 为指（数）前因子，d^{-1}；ξ 为养护时间为 t 时试件的膨胀率，%；T 为热力学温度，K。

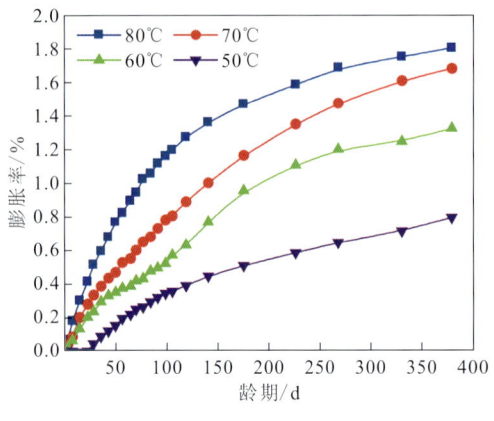

图 8.12　不同温度砂浆试件的膨胀率

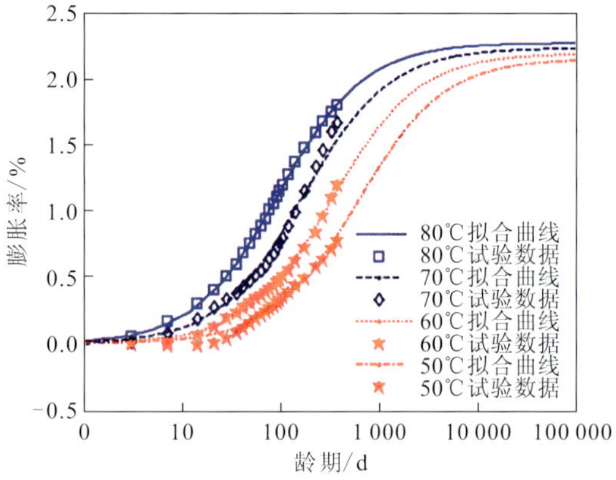

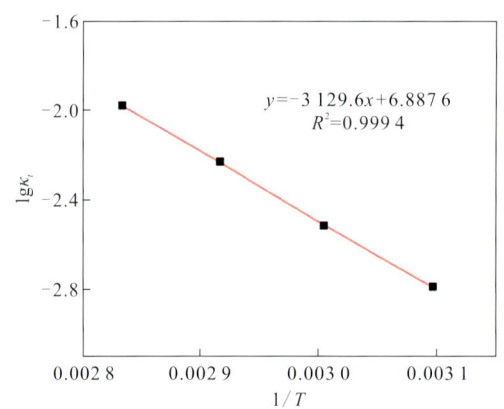

图 8.13　不同温度下的膨胀率-龄期关系曲线

图 8.14　反应速率常数的对数与热力学温度倒数的关系

通过计算，求得直线的斜率和截距，得到碱骨料反应膨胀的活化能 $E_a = 5.993 \times 10^4$ J/mol 以及反应速率常数 κ_t 与热力学温度 T 的关系式 $\kappa_t = 7.72 \times 10^6 \cdot \exp[-5.993 \times 10^4/(RT)]$，结果如图 8.15 所示。

由此，可以用等效时间公式计算出：80 ℃膨胀 28 天相当于 70 ℃、60 ℃、50 ℃分别膨胀 51 天、95 天、187 天，与试验结果一致，验证了关系式的正确性。通过等效时间公式对温度进行进一步转换，可知，80 ℃下 28 天的膨胀效果相当于 20 ℃下 5 年的膨胀效果，而 80 ℃下 365 天的膨胀效果相当于 20 ℃下 65 年的膨胀效果。

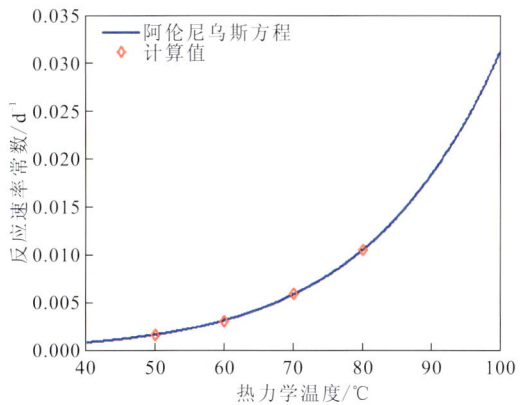

图 8.15 反应速率常数与热力学温度的关系

基于这些发现，本章运用阿伦尼乌斯方程初步建立了考虑温度影响的碱骨料反应膨胀预测模型。该模型可用于预测碱骨料反应在实际温度环境中的膨胀历程，评价碱骨料反应对工程的危害性。

（4）骨料级配对混凝土碱骨料反应膨胀的影响。

采用实际工程的混凝土配合比，拌制最大骨料粒径为 150 mm 的四级配混凝土，筛除 80 mm 以上的骨料，成型 ϕ300 mm×600 mm 圆柱体试件（三级配试件）；筛除 40 mm 以上的骨料，成型 150 mm×150 mm×550 mm 棱柱体试件（二级配试件）；筛除 20 mm 以上的骨料，成型 75 mm×75 mm×275 mm 棱柱体试件。试件养护拆模后，分别放入 38 ℃潮湿环境中进行观测。

图 8.16 为湿筛后不同级配混凝土试件在 38 ℃潮湿环境中的变形曲线，ZRJJ45-0-2.0 表示水泥碱质量分数为 2.0%，不掺粉煤灰。试验结果表明，棱柱体试件早期膨胀发展较快，后期变形曲线趋于平缓，二级配和三级配试件持续缓慢膨胀，500 天后二级配和三级配试件的变形曲线趋于平缓，二级配试件的膨胀率接近棱柱体试件，三级配试件的膨胀率稍低于二级配试件。随着养护龄期的增长，骨料粒径对试件膨胀率的影响逐步减小。

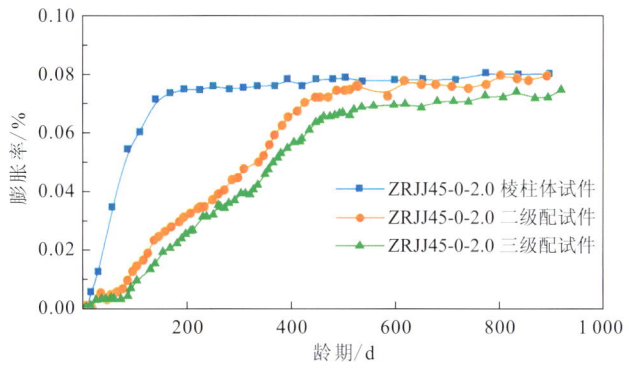

图 8.16 不同级配混凝土试件在 38 ℃潮湿环境中的变形曲线

（5）混凝土碱骨料反应膨胀预测模型。

通过上述几方面的研究，基本确定了碱质量分数、粉煤灰掺量、温度、骨料级配对碱骨料反应膨胀特性的影响规律，基于阿伦尼乌斯方程建立膨胀预测模型如下：

$$\xi = \sum_{i=1}^{n} \beta_{FA} \beta_{Na} \beta_{Max} \frac{\xi_u A e^{-\frac{E_a}{RT}} t_i}{1 + A e^{-\frac{E_a}{RT}} t_i} \tag{8.3}$$

式中：t_i 为经历某一温度 T_i 的时间，d；ξ_u 为试件最终膨胀率，%；E_a 为活化能，J/mol；R 为气体常数，为 8.314 5 J/(mol·K)；A 为指（数）前因子，d^{-1}；ξ 为养护时间为 t 时试件的膨胀率，%；T 为热力学温度，K；β_{FA}、β_{Na}、β_{Max} 为与粉煤灰掺量、碱质量分数、骨料级配等有关的系数。

利用砂浆棒快速法试验结果，通过上述模型可以计算出试验所用骨料的碱骨料反应膨胀的活化能 E_a=5.993×10^4 J/mol，以及反应速率常数 κ_t 与热力学温度 T 的关系式 κ_t = 7.72×10^6·exp[−5.993×10^4/(RT)]。用等效时间公式推算：80℃膨胀 28 天相当于 20℃膨胀 5 年；80℃膨胀 365 天相当于 20℃膨胀 65 年。

运用该模型可以通过加速试验预测在实际环境温度下碱骨料反应的膨胀历程，结合数值计算分析碱骨料反应膨胀对大坝的危害性；若已知对大坝结构无害的允许膨胀量和设计使用年限，可以用该模型判断碱骨料反应抑制措施的有效性。

2. 长期抗冻性能

1）冻融对混凝土的损伤机制

冻融循环对混凝土的破坏作用是寒冷地区混凝土失效的主要原因。混凝土的冻融损伤是一种复杂的物理和化学现象，始于混凝土的内部微观结构。例如，在冻融循环中，混凝土的孔隙结构会恶化，从而使混凝土的渗透性增加，外部水和侵蚀介质的进入会加速冻融损伤。冻融循环会使混凝土表面剥落和剥蚀，并增加钢筋腐蚀的风险。

目前，已有许多研究人员阐述了冻融环境下混凝土的损伤机制。早期研究主要关注水压理论和渗透压理论，这两个理论都认为孔隙中溶液的迁移是混凝土冻融损伤的原因，但两种理论的迁移方向不同。此外，临界饱和理论、结晶压力理论、微冰透镜理论、黏结剥落理论和孔隙力学理论被用来解释冻融混凝土的劣化机制。

下面将依次介绍混凝土冻融损伤的几种主要理论。

（1）水压理论：该理论解释了混凝土在冻融循环中膨胀的现象，认为孔隙中水结冰导致的体积膨胀产生了压力，从而引起了混凝土内部的微裂缝和拉伸应力。但它无法解释一些溶液冻结后体积不膨胀却导致混凝土劣化的现象。

（2）渗透压理论：该理论强调了盐溶液对混凝土冻融损伤的影响，认为孔隙中盐离子浓度增加产生的渗透压会导致凝胶孔隙中过冷水的迁移，造成混凝土内部损伤。但它无法解释盐结晶产生的压力。

（3）临界饱和理论：该理论从宏观层面描述了水饱和度对混凝土劣化的影响，认为吸水率在达到临界饱和度（78%~91%）时会显著增加，从而导致混凝土的冻融损伤。然而，它无法解释微观机制，如孔隙结构和微裂缝的形成。

（4）结晶压力理论：该理论解释了混凝土在冻融循环中微裂缝的形成和扩展，以及非线性破坏现象，认为孔隙中冰晶生长产生的结晶压力会使孔隙壁产生压缩应力，当压缩应力超过材料的阈值时，孔隙内部会破坏。

（5）微冰透镜理论：该理论基于非平衡热力学和多孔介质三相平衡理论，解释了混凝土在冻融循环中交替收缩和膨胀的现象，以及微冰透镜的形成。微冰透镜的形成和破裂使混凝土收缩与膨胀，是产生冻融循环的关键因素。

（6）黏结剥落理论：该理论通过类比解释了混凝土表面剥落现象，认为冻融过程中水结冰形成的冰壳和混凝土表面之间存在复合作用机制，冰壳收缩时产生的拉伸应力会使混凝土表面剥落。但它难以解释混凝土内部的损伤。

（7）孔隙力学理论：该理论建立了宏观损伤与微观性能演变之间的关系，解释了冻融损伤的复杂机制。该理论将多孔材料的应力分为基质应力、热应力和内部应力，并考虑了孔隙水的质量守恒，为分析混凝土冻融机理提供了理论基础，并与实际情况高度相关。

目前，对冻融损伤机制的研究认为，冻融损伤是结晶压力、冰膨胀产生的压力和低温吸力等多种因素共同作用的结果。未来的研究需要进一步探索多孔结构损伤、水相转变、基质变形和损伤变量之间的耦合关系，并建立更精确的损伤模型。

2）长龄期抗冻性能演变规律

不同部位的混凝土试件在标准养护条件下，各龄期经 300 次冻融循环后的相对动弹性模量和重量损失率试验结果见表 8.14 和表 8.15。

表 8.14　300 次冻融循环后的相对动弹性模量试验结果　　　　（单位：%）

部位	龄期						
	28 天	90 天	180 天	365 天	1 095 天	1 825 天	3 650 天
外部	87.94	76.13	64.91	64.98	64.98	66.24	79.5
水位变化区	88.04	84.03	66.03	62.35	62.35	83.52	87.7
结构	85.7	82.66	64.89	83.1	83.1	86.86	89.3
抗冲磨	91.33	91.16	90.1	87.11	87.11	90.74	88.8

表 8.15　300 次冻融循环后重量损失率试验结果　　　　（单位：%）

部位	龄期						
	28 天	90 天	180 天	365 天	1 095 天	1 825 天	3 650 天
外部	3.92	1.54	1.28	0.67	0.31	0.37	1.64
水位变化区	2.59	1.84	0.93	0.46	0.46	0.52	1.06
结构	1.64	0.7	0.8	1.05	1.05	0.12	0.59
抗冲磨	0.51	0.42	0.54	0.42	0.42	0.14	0.41

可以看出，在标准养护条件下，各部位混凝土的抗冻性能在历经 300 次冻融循环后均表现出显著稳定性，说明大坝混凝土有着优良的抗冻性能。随着养护时间的增加，300 次冻融循环后相对动弹性模量和重量损失率总体呈递减趋势，1 825 天后整体上略有增加。综上所述，在标准养护条件下，养护龄期对混凝土抗冻性能的影响较小。

3. 长期变形性能

混凝土的自生体积变形是指在恒温绝湿条件下，由胶凝材料的水化作用引起的体积变形。这种变形主要表现为收缩，但在某些情况下也可能表现为微膨胀。混凝土的自生体积变形对结构的完整性和耐久性具有重要影响，尤其是在大坝等大体积混凝土结构中。自生体积变形的大小受到多种因素的影响，包括水泥品种、水灰比、掺合料的种类和掺量、骨料的类型等。

对大坝混凝土开展了为期 20 年的自生体积变形观测，结果见图 8.17。可以看出，内含氧化镁水泥混凝土的自生体积变形呈微膨胀型，混凝土膨胀变形在 3 年以后就趋于稳定，膨胀变形量稳定在 $3.0 \times 10^{-5} \sim 6.0 \times 10^{-5}$。由此可见，大坝混凝土自生体积变形达到微膨胀效果，且长期稳定，不会持续膨胀而影响混凝土的体积稳定性。

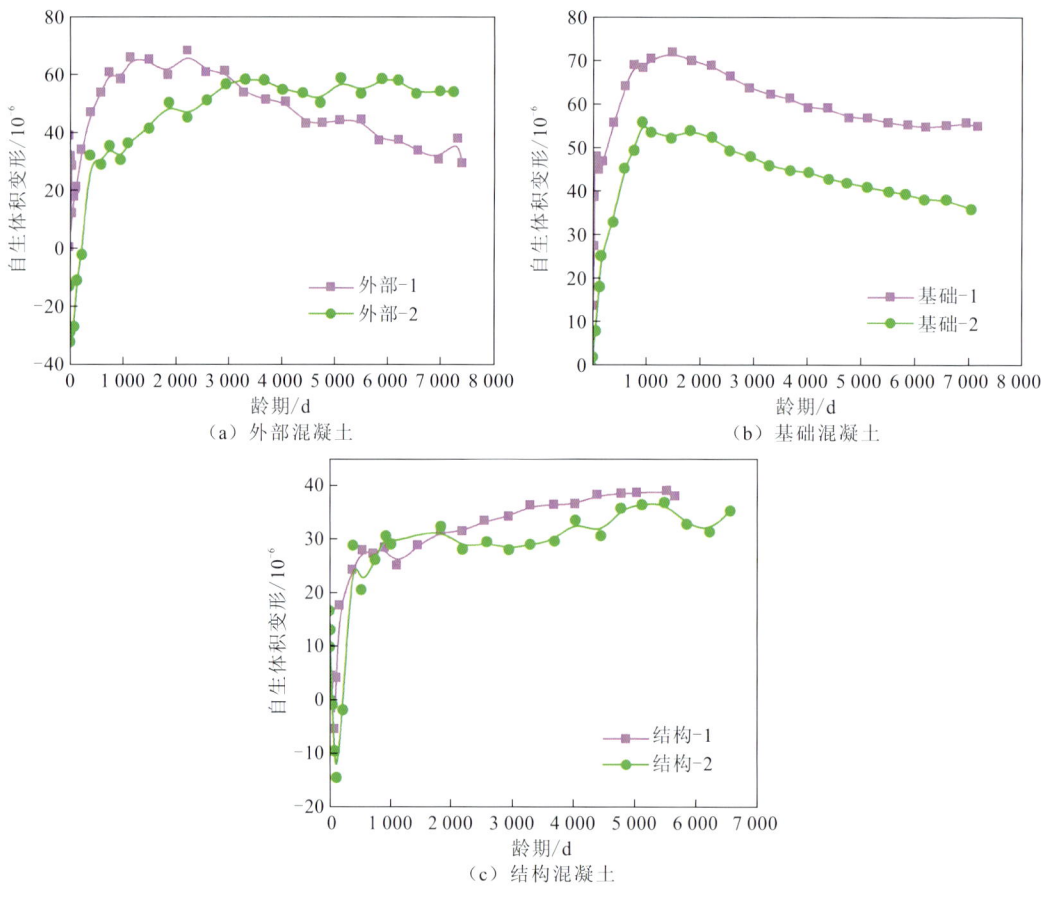

图 8.17 混凝土自生体积变形过程曲线

4. 长期碳化性能

混凝土碳化是一个复杂的过程，受多种因素影响。混凝土碳化的主要驱动力包括环境因素和材料特性。环境因素包括干湿循环、相对湿度、温度和大气中 CO_2 的浓度；材料特性则涉及混凝土的孔隙结构和化学成分。

低渗透性混凝土可以有效限制 CO_2 的渗透，可以通过降低水灰比、提高水泥含量和增强抗压强度来实现。水灰比的增加与孔隙率的提高和 CO_2 传输速率的加快有直接关系。相对湿度对碳化反应的速率有显著影响，在 50%~70%的范围内，碳化最为显著。当相对湿度低于50%时，水分不足以维持反应；而当相对湿度超过70%时，孔隙中的高水分含量限制了 CO_2 的渗透。温度升高会使混凝土变得更加多孔、化学反应速率加快，从而增加 CO_2 的渗透。在日平均气温为 27℃的地区，混凝土的碳化程度显著高于日平均气温为 9℃的地区。

碳化主要发生在混凝土的砂浆部分，这部分由水、水泥和砂组成。使用较少的砂浆或较粗的骨料可以减小碳化深度。小粗骨料由于具有更大的表面积，为 CO_2 扩散提供了更长的路径，从而进一步降低了碳化深度。在设计耐久性混凝土时，优先选择小粗骨料和细骨料是合理的。虽然粗骨料级配本身不会影响碳化深度，但增加大粗骨料的尺寸会增加界面过渡区的大小和孔隙率，会促进碳化的进程。为了延缓 CO_2 的渗透，使用分级细骨料比仅将砂作为细骨料更为有效。此外，应用更厚的混凝土覆盖层或抹灰层可以减缓混凝土结构中 CO_2 的渗透，从而延长钢筋周围钝化膜的使用寿命。通过这些措施，可以显著提高混凝土结构的耐久性和抗碳化能力。

下面对不同养护条件下三峡工程大坝混凝土的碳化性能进行试验研究，主要考虑标准养护+自然养护与自然养护两种情况。

（1）标准养护+自然养护条件下长龄期混凝土的碳化性能。

在标准养护条件下养护 28 天后，将三峡大坝不同部位（不同水胶比、不同粉煤灰掺量）的混凝土转移至自然环境中，对其进行了长龄期碳化性能的检测，试验结果详见表 8.16。

表 8.16 标准养护+自然养护条件下不同部位混凝土各龄期碳化深度测试结果

序号	部位	水胶比	粉煤灰掺量/%	碳化深度/mm					
				90 天	180 天	365 天	3 年	5 年	10 年
1	内部	0.55	40	1.3	4	4.3	5.5	7.8	10.6
2	外部	0.50	30	0	2.7	2.6	2.7	2.9#	3.5*
3	水位变化区	0.45	30	1	1.5	1.7	1.85#	2.5	/
4	结构	0.45	20	0*	1.1	1.2	/	1.4	2.2#
5	抗冲磨	0.35	20	0	0	0	0	1#	0

注："/"表示实测数据偏差较大，予以剔除。以侧面数据为主，带"*"的为顶面数据，带"#"的为顶面与侧面数据的平均值。

碳化深度 y 与龄期 x 的相关性遵循菲克（Fick）第一扩散定律，具体表达式如下：

$$y = k \cdot \sqrt{x} \tag{8.4}$$

式中：y 为混凝土碳化深度，mm；k 为碳化速率，mm/$\sqrt{a}$；x 为混凝土龄期，a。

10 年标准养护 + 自然养护条件下的碳化深度研究表明，碳化速率 k 与水胶比、粉煤灰掺量之间存在密切的关联。基于此，建立了碳化深度与龄期的相关性模型，用来预测碳化对混凝土表面寿命的影响，并评估表面混凝土的使用寿命。引入了修正系数 K_c，具体见式（8.5）：

$$y = K_c \cdot k_1 \cdot k_2 \cdot \sqrt{x} \tag{8.5}$$

式中：K_c 为修正系数；k_1 为水胶比；k_2 为粉煤灰掺量，%。k_1 与碳化深度呈现正相关关系，水胶比越大，碳化深度越大。

不同部位混凝土的拟合情况如图 8.18 所示。可以看出，混凝土的碳化过程随着龄期的增加逐渐趋于稳定，整体趋势符合菲克第一扩散定律。另外，如表 8.17 所示，修正系数 K_c 与水胶比 k_1、粉煤灰掺量 k_2 之间存在显著的正相关关系，其关系可表示为

$$K_c = 0.51176 \times k_1 + 0.001434 \times k_2 - 0.18881, \quad R^2 = 0.942 \tag{8.6}$$

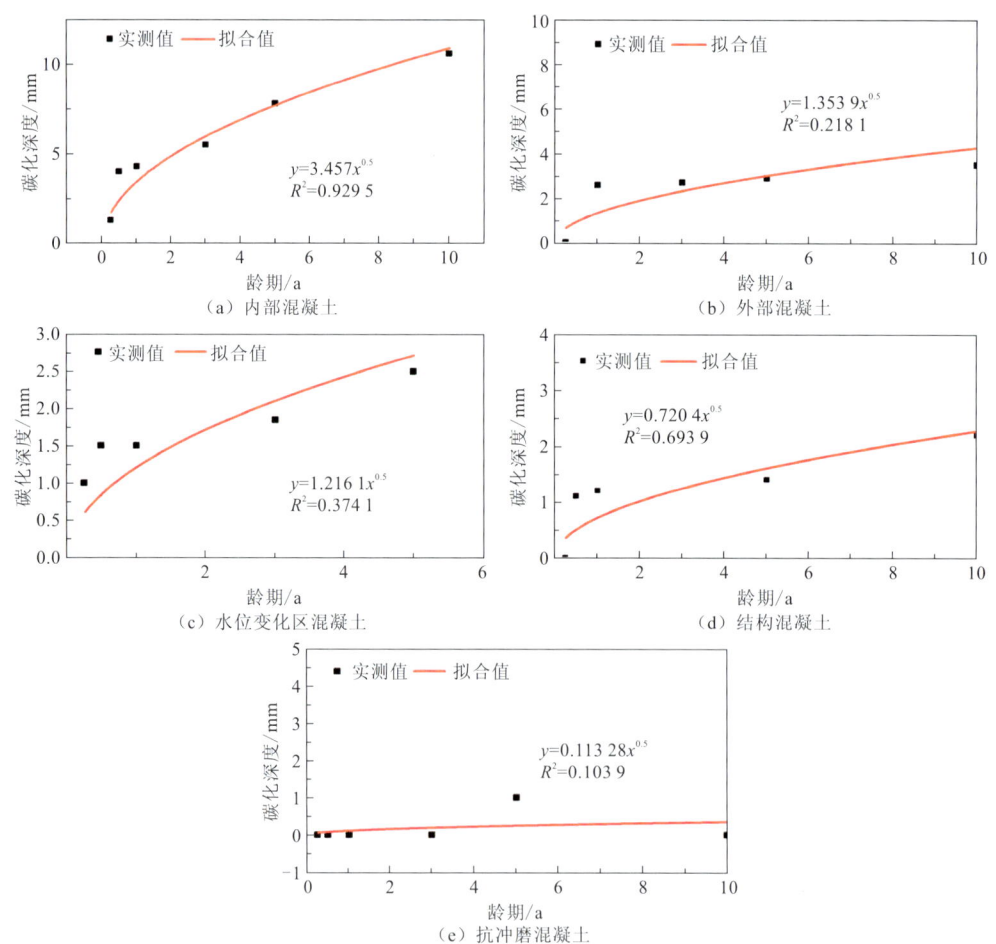

图 8.18 不同部位混凝土碳化深度拟合曲线（标准养护 + 自然养护条件下）

表 8.17　不同水胶比、粉煤灰掺量下的修正系数（标准养护＋自然养护条件下）

水胶比 k_1	粉煤灰掺量 k_2/%	修正系数 K_c
0.55	40	0.157 1
0.50	30	0.090 3
0.45	30	0.090 1
0.45	20	0.080 05
0.35	20	0.016 18

因此，基于三峡工程混凝土 10 年标准养护＋自然养护条件下碳化深度观测数据，考虑水胶比及粉煤灰掺量对碳化深度的影响，碳化深度 y 与龄期 x 的相关关系如下：

$$y = (0.51176 \times k_1 + 0.001434 \times k_2 - 0.18881) \times k_1 \times k_2 \times \sqrt{x} \tag{8.7}$$

（2）自然养护条件下长龄期混凝土的碳化性能。

在自然养护条件下，对不同部位（不同水胶比、不同粉煤灰掺量）的混凝土进行了长龄期碳化性能检测，结果见表 8.18。

表 8.18　自然养护条件下不同部位混凝土各龄期碳化深度测试结果

序号	部位	水胶比	粉煤灰掺量/%	碳化深度/mm					
				28 天	90 天	180 天	365 天	5 年	10 年
1	内部	0.55	40	2.50	3.10	3.00#	4.20	6.80	8.00
2	外部	0.50	30	1.00	1.20	2.40	3.10	3.25#	/
3	水位变化区	0.45	30	/	1.00	1.50	1.60	1.95#	3.10*
4	结构	0.45	20	0*	/	0*	1*	1.5*	1.4*
5	抗冲磨	0.35	20	0.00	1.25	0.00	0.00	0.00	1.20

注："/"表示实测数据偏差较大，予以剔除。以侧面数据为主，带"*"的为顶面数据，带"#"的为顶面与侧面数据的平均值。

不同部位混凝土的拟合情况如图 8.19 所示。结果表明，混凝土的碳化速率随着龄期的增长逐渐减缓，这与标准养护＋自然养护条件下的规律一致。在自然养护条件下进行了 10 年的连续监测，尽管部分实测数据在测试过程中可能受到误差的影响，导致相关性分析的结果略有偏低，但整体趋势和规律仍然与菲克第一扩散定律一致。

此外，如表 8.19 所示，K_c 与 k_1、k_2 之间存在显著的正相关关系，见式（8.8）。

$$K_c = 0.4008 \times k_1 + 0.00148 \times k_2 - 0.1402, \quad R^2 = 0.902 \tag{8.8}$$

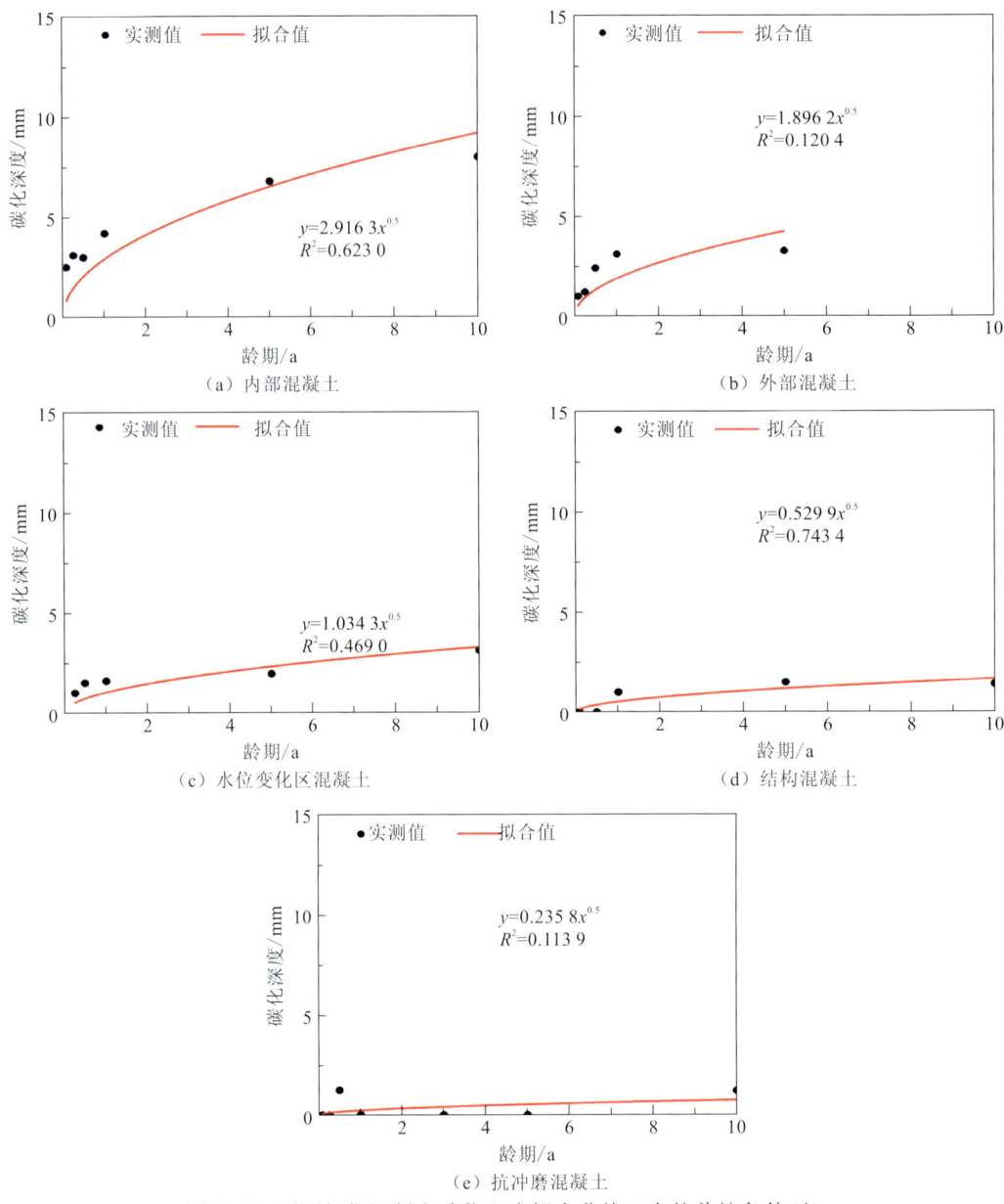

图 8.19 不同部位混凝土碳化深度拟合曲线（自然养护条件下）

表 8.19 不同水胶比、粉煤灰掺量下的修正系数（自然养护条件下）

水胶比 k_1	粉煤灰掺量 k_2/%	修正系数 K_c
0.55	40	0.132 6
0.50	30	0.126 4
0.45	30	0.076 6
0.45	20	0.058 9
0.35	20	0.033 7

因此，结合三峡工程混凝土 10 年自然养护条件下的碳化深度观测数据，并考虑水胶比和粉煤灰掺量对碳化深度的影响，碳化深度 y 与龄期 x 之间的相关关系可以表述为

$$y = (0.400\,8 \times k_1 + 0.001\,48 \times k_2 - 0.140\,2) \times k_1 \times k_2 \times \sqrt{x} \tag{8.9}$$

8.2 三峡工程大坝混凝土微结构特征

大坝混凝土宏观性能的退化主要源于材料在低尺度上构造与特性的演变。通过对水泥基材料在纳—微观尺度上的组成和结构进行深入的研究与表征，可以从本质上揭示其病害与损伤发生的内在原因。为了阐明长期性能演变的机理，本节从水化产物的形貌与微结构、气泡结构、孔结构和微裂纹等多个方面进行了分析研究。

8.2.1 水化产物的形貌与微结构

本节采用扫描电子显微镜背散射电子（scanning electron microscope-back scattered electron，SEM-BSE）成像技术对三峡大坝芯样及混凝土试件浆体水化产物的形貌和微结构进行了定性分析。同时，结合能量色散 X 射线谱和元素分布图方法，并利用数字图像处理技术，对芯样中的 MgO 分布情况（以 Mg 元素为代表）、反应后的 MgO 残余量及 MgO 的水化程度进行了定量分析。

1．芯样

在图 8.20 中展示的两个芯样分别来自泄洪 15#坝段部位和升船机上闸首部位。这些芯样的采集时间在 2002～2003 年，距今已有相当长的时间，因此它们对于研究长期性能演变具有重要的价值。

图 8.20　三峡大坝不同部位芯样照片

1）芯样处理

样品处理过程见图 8.21。对两芯样利用 SEM-BSE 成像技术进行分析制样，该过程包括切割、固化、磨平和抛光等步骤。从每个芯样中选取 3 个代表性样品，使用精密切割机将混凝土芯样切割成小方块，然后浸泡在异丙醇中 24 h 以终止水化反应。水化终止后，使用环氧树脂对小试块进行固定，并制备成圆柱形样品。待环氧树脂硬化后，对样品进行逐步磨平和抛光，依次使用 180 目、600 目、1 200 目的砂纸进行磨平。磨平完成后，首先使用光学显微镜对磨平面（观察面）进行初步观测，确保无明显划痕或不平整区域，然后进行抛光。抛光过程依次使用 9 μm、3 μm、1 μm、0.25 μm 四种细度的研磨膏，每次抛光时间为 1～1.5 h，以确保观察面的光滑度。

（a）切割　　　　　（b）终止水化——固化　　　　（c）磨平　　　　　（d）抛光

图 8.21　三峡大坝芯样处理过程

2）芯样分析

（1）三峡大坝泄洪 15#坝段部位芯样。

样品制备完成后，对其进行背散射扫描测试。首先对样品的微观形貌进行扫描，主要观察混凝土芯样内部骨料、浆体、界面等关键区域的形貌，以此来初步判断该芯样内部结构的相关情况。

图 8.22 展示了三峡大坝泄洪 15#坝段部位混凝土芯样的微观形貌。在图 8.22 中可以清晰地分辨出混凝土中的骨料、浆体、孔隙等不同物相。特别是在 2 000 倍放大图像中，可以明显观察到混凝土中骨料和浆体的界面。该界面区域的胶结情况良好，无明显裂缝或孔隙等缺陷，与浆体其他部位的形貌相似，整体上显示出较为均匀的分布，这表明该混凝土芯样内部结构均匀且致密。

图 8.23 展示了三峡大坝泄洪 15#坝段部位混凝土芯样的能谱分析结果，主要扫描的元素包括 Ca、Mg、Al、Si、S 和 O 等。在图 8.23（a）中，可以观察到区域整体的元素分布情况，而图 8.23（b）～（d）则分别显示了该区域内 Mg、Fe 和 Al 元素的分布情况。

根据统计分析发现，Mg 元素通常分布在 Fe 和 Al 元素周围，从形貌上看，这些区域呈现不规则条状物的特征。根据元素的组成和分布，可以推断混凝土浆体中的 MgO 通常存在于未水化的 C_4AF 周围。

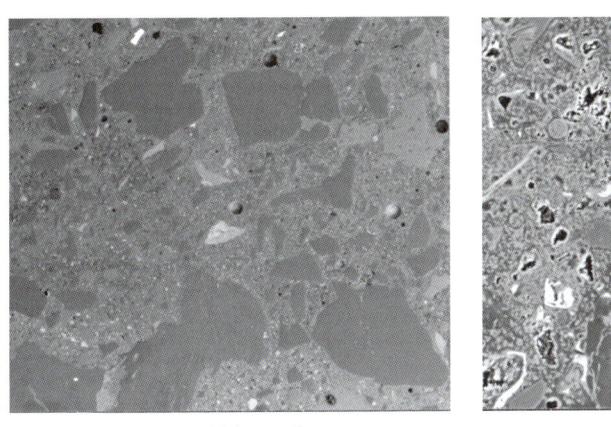
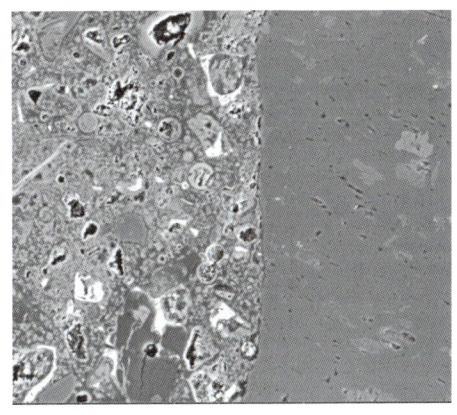

(a) 放大 100 倍　　　　　　　　　(b) 放大 2 000 倍

图 8.22　三峡大坝泄洪 15#坝段部位混凝土芯样的微观形貌

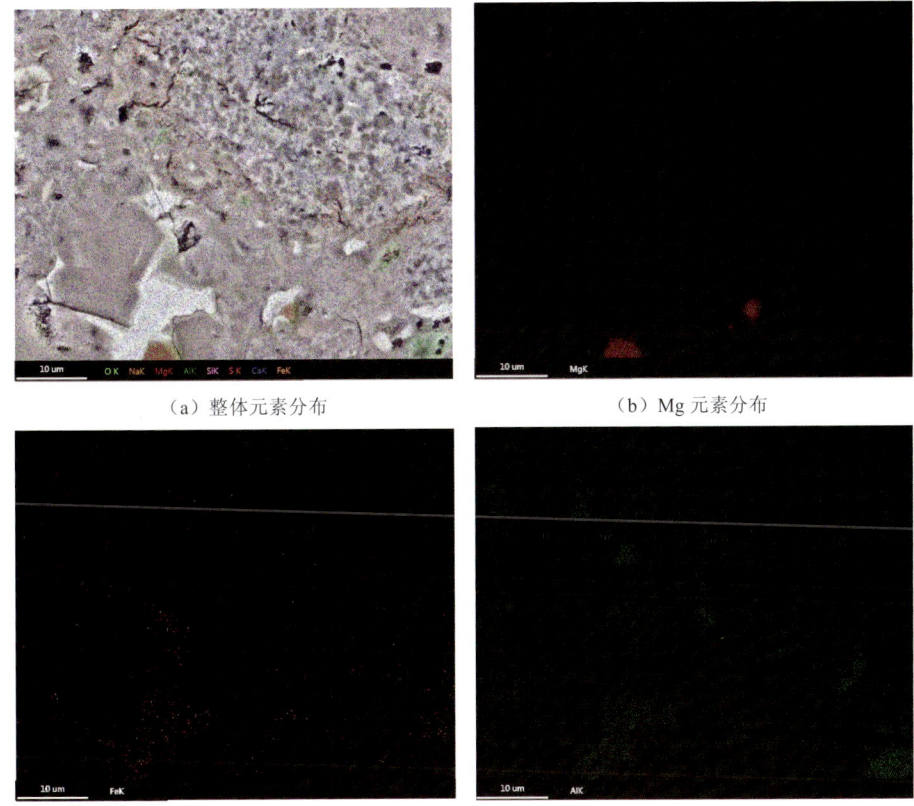

(a) 整体元素分布　　　　　　　　　(b) Mg 元素分布

(c) Fe 元素分布　　　　　　　　　(d) Al 元素分布

图 8.23　三峡大坝泄洪 15#坝段部位混凝土芯样的能谱分析结果

(2) 三峡大坝升船机上闸首部位芯样。

三峡大坝升船机上闸首部位混凝土芯样的微观形貌如图 8.24 所示。可以看出，该部位芯样内部结构也较为均匀，骨料和浆体的界面较为紧密，与浆体其他区域无明显差别。在浆体区域，存在较多的未水化水泥颗粒。

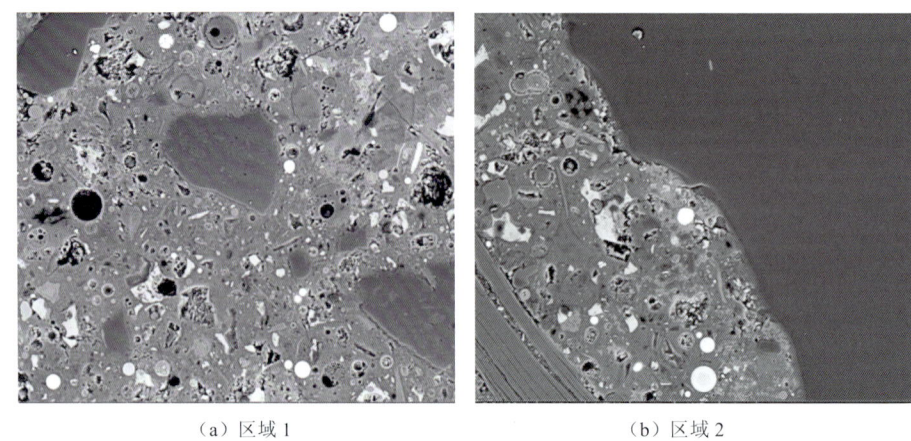

(a) 区域1　　　　　　　　　　　　　(b) 区域2

图8.24　三峡大坝升船机上闸首部位混凝土芯样的微观形貌

对样品进行能谱分析，结果如图8.25所示。分析表明，不同芯样的扫描结果中Mg元素的分布规律基本一致，Mg元素的集中区域形状通常不规则，显示出较弱的规律性。然而，结合其他元素的分布情况可以发现，Mg元素周围通常存在Fe和Al元素，这些Fe和Al元素呈不规则条状，推测这些区域可能是未水化的C_4AF。

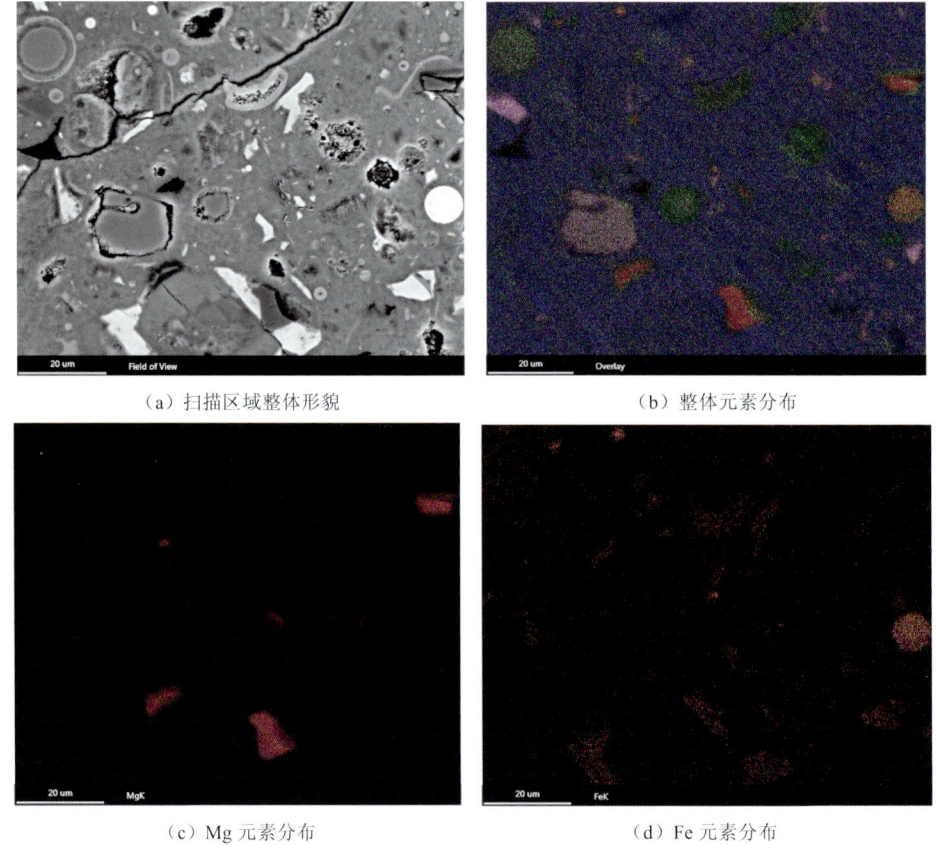

(a) 扫描区域整体形貌　　　　　　　(b) 整体元素分布

(c) Mg元素分布　　　　　　　　　　(d) Fe元素分布

图8.25　三峡大坝升船机上闸首部位混凝土芯样的能谱分析结果

3）MgO 水化程度

图 8.26 中标出了背散射扫描区域内 Mg 元素的集中区域。从图 8.26 中选取几个代表性区域（点 1、2、3），根据背散射图片的灰度值区分未水化和水化的 MgO（图 8.27），得到的不同区域的孔隙、$Mg(OH)_2$、MgO 的比例列于表 8.20。

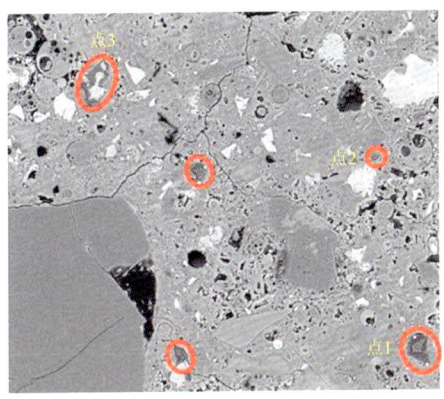

图 8.26　混凝土芯样中 Mg 元素分布区域

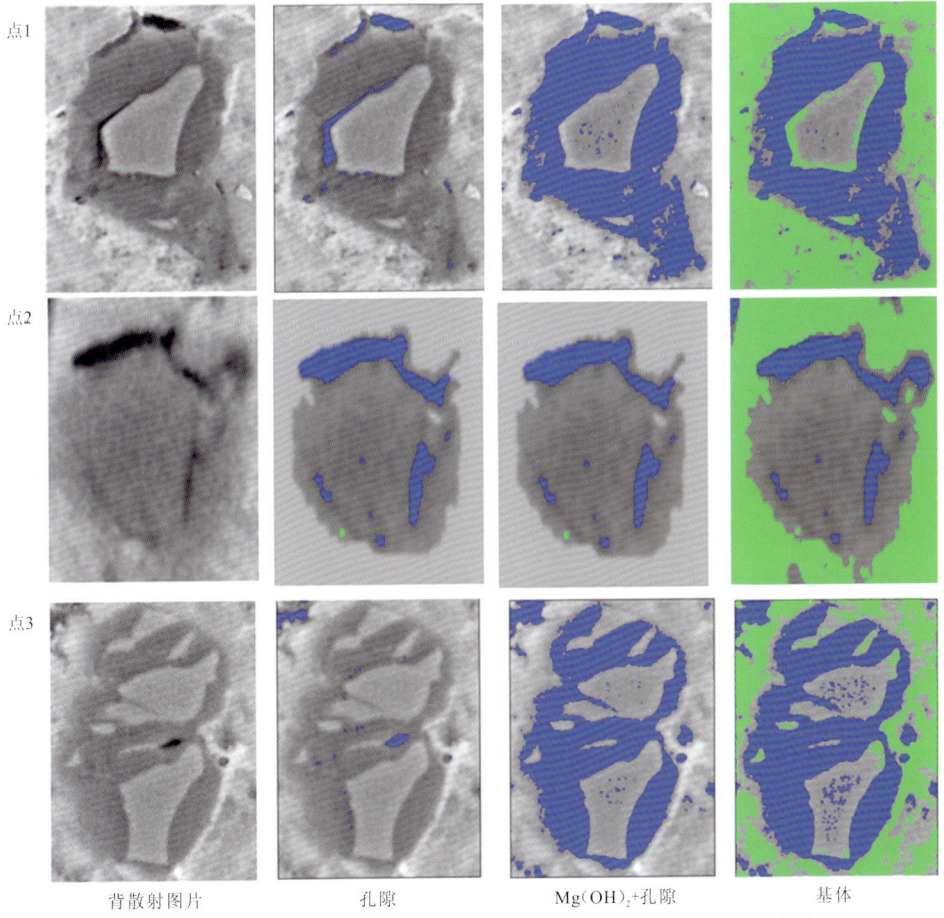

图 8.27　基于灰度值区分大坝混凝土中未水化和水化 MgO 的过程

表8.20 不同区域孔隙、Mg(OH)₂、MgO比例和MgO水化程度结果

分析部位	孔隙比例/%	Mg(OH)₂比例/%	MgO比例/%	MgO水化程度/%
点1	1.9	31.6	18.0	63.7
点2	11.3	43.4	0.0	100.0
点3	1.2	38.8	36.5	51.5

MgO水化程度α的计算公式为

$$\alpha = \frac{A_{Mg(OH)_2}}{A_{Mg(OH)_2}+A_{MgO}} \times 100\% \tag{8.10}$$

式中：$A_{Mg(OH)_2}$、A_{MgO}分别为Mg(OH)₂、MgO面积。

通过计算，可以发现三个区域MgO的水化程度均超过50%。值得注意的是，MgO颗粒的尺寸越小，其水化程度越高。从图8.27中可以清晰地观察到，水化产物Mg(OH)₂紧密分布在未反应的MgO周围，这种分布模式有效地阻止了MgO的进一步水化。这一发现有助于解释高内含MgO水泥大坝混凝土为何表现出"MgO延迟膨胀过程可控、总体膨胀量稳定"的体积变形规律。

2. 混凝土试件

1）样品制备

SEM样品制备过程：将混凝土破碎后，取试样内部粒径为2 mm左右的块体（尽量不含骨料），置于无水乙醇中浸泡48 h以终止水化，随后在40 ℃真空干燥箱中烘干至恒重以挥发其中的无水乙醇溶剂。使用美国FEI公司生产的Quanta 250型SEM，对其微观形貌进行观察分析。

背散射样品制备过程：对混凝土试件使用切割机切取合适大小的薄片状试样，浸入无水乙醇3天以上以终止水化，然后将试样放入40 ℃的真空干燥箱中烘干至恒重。接着将已恒重的试样放入模具中，进行环氧树脂浸渍，再把浸渍完成的试样放入Cast N' Vac 1000冷镶嵌机中抽取真空，保证对孔洞的灌注并排除样品中的气泡。等待24 h，环氧树脂完成固化以后，将样品从模具中脱出，完成背散射样品的准备和浸渍步骤。接着，分别采用180目、600目、1 200目三种规格的碳化硅砂纸，使用Phoenix-400型半自动研磨抛光机进行手工预研磨，研磨机转速为200 r/min。预研磨时采用异丙醇冷却，预研磨结束后在异丙醇中进行超声清洗。然后对清洗后吹干的试样进行抛光，分别使用9 μm、3 μm、1 μm和1/4 μm四种规格的金刚石悬浮抛光液在15 N的压力下分别研磨60～90 min，完成样品的抛光。最后使用Quanta 250型SEM对样品进行背散射试验。

2）SEM分析

混凝土试样的二次SEM图像展示于图8.28。图8.28揭示了不同粉煤灰水化产物的微观形态。由图8.28（a）可见，部分粉煤灰水化形成了一层中空絮状的C-S-H凝胶外

壳。图 8.28（b）和（d）展示了部分粉煤灰水化所产生的球状颗粒，其表面覆盖着致密且无定形的 C-S-H 凝胶，这些颗粒紧密嵌入水泥石基体中。此外，图 8.28（c）显示部分粉煤灰水化后形成了疏松海绵状的 C-S-H 凝胶，其结构由内至外分别为：疏松海绵状 C-S-H 凝胶、约 1 μm 厚的致密内部水化产物层（Ip，以黄色箭头标识）、外部水化产物（Op）。

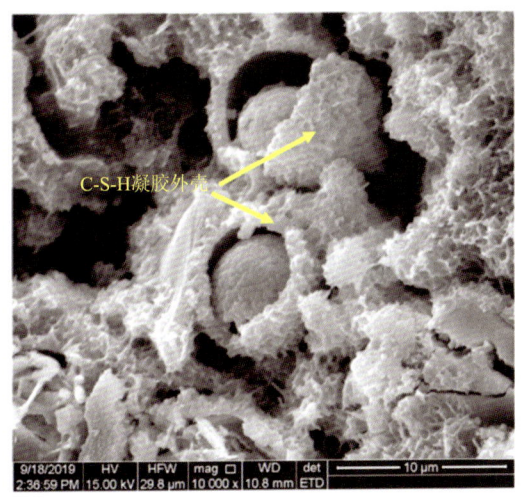
（a）内部混凝土-1（0.55水胶比和40%粉煤灰掺量）

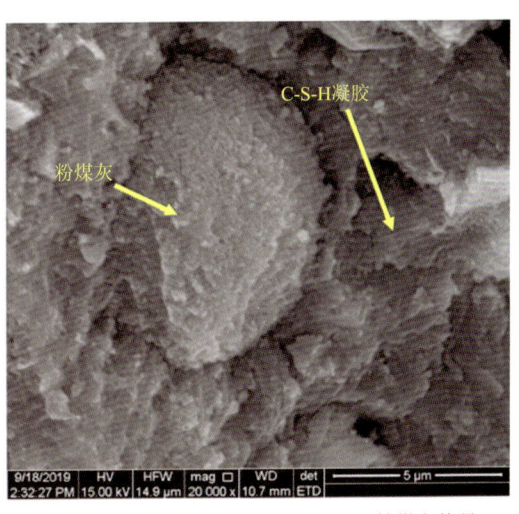
（b）内部混凝土-2（0.55水胶比和40%粉煤灰掺量）

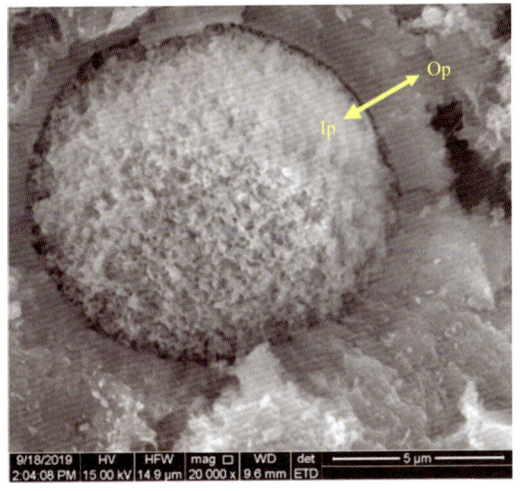
（c）水位变化区混凝土（0.45水胶比和30%粉煤灰掺量）

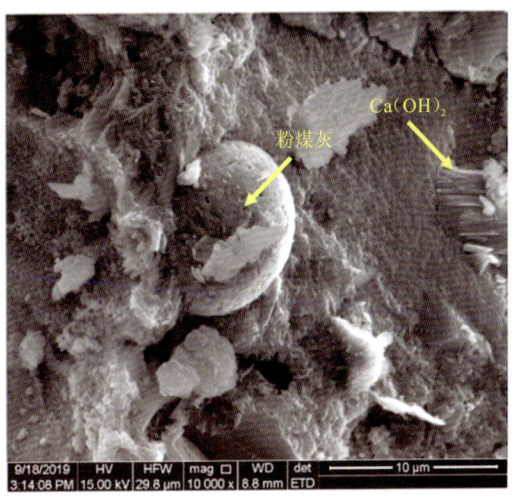
（d）泵送混凝土（0.45水胶比和20%粉煤灰掺量）

图 8.28　混凝土试样的二次 SEM 图像

对比不同养护方式下的混凝土微观结构（图 8.29）发现，在自然养护条件下，混凝土的微观结构呈现出较为疏松和多孔的特点，水化产物之间的分布相对分散。而在标准养护条件下，混凝土的微观结构发育更为成熟，水化产物呈现出连续且致密的特点。

通过观察图 8.30 中混凝土骨料-水泥石界面过渡区可以发现，在该区域存在大量定向排列的规则 $Ca(OH)_2$ 晶体，以及与 $Ca(OH)_2$ 发生水化反应后的粉煤灰球状颗粒。这一现象表明粉煤灰能够消耗界面过渡区中的 $Ca(OH)_2$，从而优化界面过渡区的结构。

（a）自然养护混凝土（0.50水胶比和30%粉煤灰掺量）　　（b）标准养护混凝土（0.50水胶比和30%粉煤灰掺量）

图 8.29　不同养护方式下的混凝土微观结构

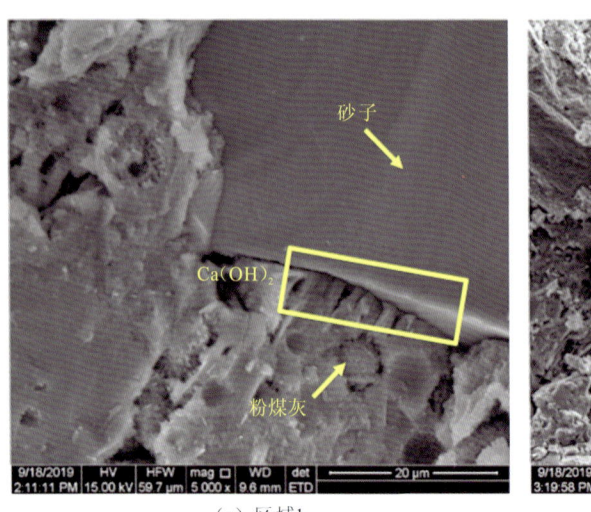 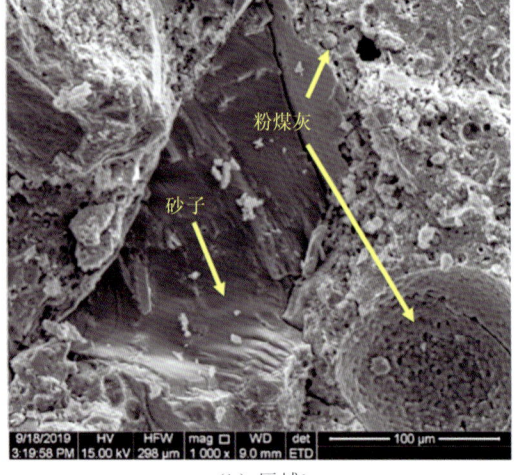

（a）区域1　　　　　　　　　　　　　（b）区域2

图 8.30　混凝土骨料-水泥石界面过渡区的微观照片（0.50 水胶比和 30%粉煤灰掺量）

同时，在混凝土微观结构中还发现了六方棒状的 AFt 晶体在孔中的重新结晶沉淀，如图 8.31 所示。此外，在混凝土中还发现了大量交织的尺寸在 10 μm 左右的六方片状的晶体团簇，镶嵌在水泥石基体之中。

通过对比图 8.32 中展示的不同水胶比和粉煤灰掺量条件下的混凝土微观结构可以明显观察到，随着水胶比的减小及粉煤灰掺量的降低，混凝土的微观结构变得更加致密，水泥石结构也更为平整。然而，粉煤灰掺量降低，实际上增加了水泥的含量，导致水泥水化产生的针状 AFt 晶体、六方片状 AFm 晶体或 $Ca(OH)_2$ 等晶体水化产物增多。这种情况降低了混凝土水泥石凝胶化程度（凝胶水化产物与晶体水化产物的比例），对混凝土的耐久性产生了不利影响。

第 8 章 大坝混凝土长期性能演变规律及预测模型

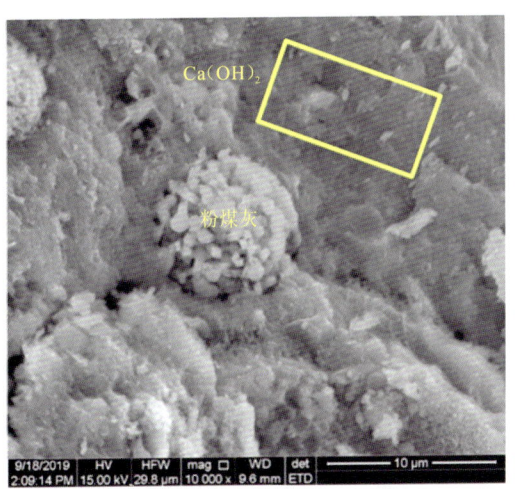
（a）区域1

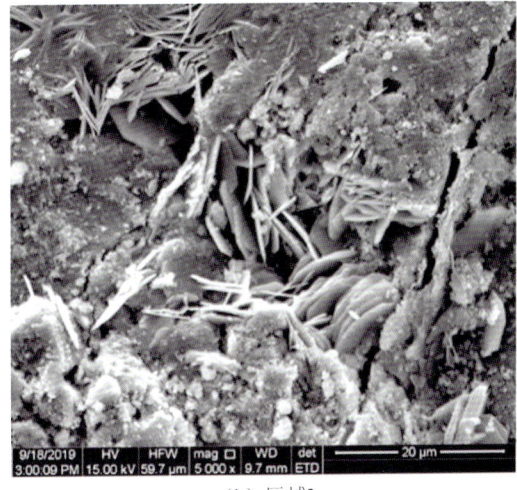
（b）区域2

图 8.31 AFt 晶体在孔中的重新结晶沉淀及混凝土中类 AFm 相团簇

（a）0.50 水胶比和 30%粉煤灰掺量

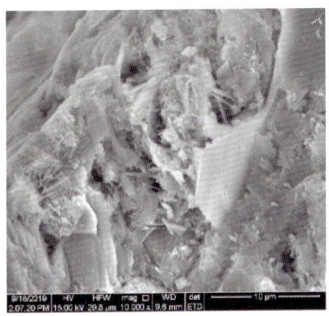
（b）0.45 水胶比和 30%粉煤灰掺量

（c）0.35 水胶比和 20%粉煤灰掺量

图 8.32 不同水胶比和粉煤灰掺量条件下的混凝土微观结构

3）SEM-BSE 成像分析

图 8.33 展示了混凝土 SEM-BSE 成像照片。图像分析显示，存在大量形态各异、反应程度不同的粉煤灰颗粒。与 SEM 图像结果相似，这些粉煤灰颗粒大多被一层致密的 C-(A)-S-H 凝胶球壳所包裹，其内部或是中空的，或是形成了疏松的水化产物凝胶，这一特征取决于粉煤灰颗粒的原始尺寸。同时，从图像中可见，孔隙中存在针状的 AFt。在骨料与水泥石基体的界面过渡区，结构缺陷较为明显，孔隙较多较粗，甚至出现了沿骨料界面的裂缝。因此，无论是否添加粉煤灰及龄期的长短，混凝土的界面过渡区始终是强度较弱的区域。

在图 8.33（b）的下半部分，可以观察到许多定向排列的 AFt/AFm 相存在于孔隙中（橙色圈）。此外，在图像右下方区域可以发现灰度值较低的黑色晶体颗粒，根据对裂缝路径的初步分析，这些黑色晶体颗粒可能是水化的 MgO。由于 MgO 的水化倾向于原位反应，其水化产物不向外扩散，所以相边界在图像中表现得尤为明显。

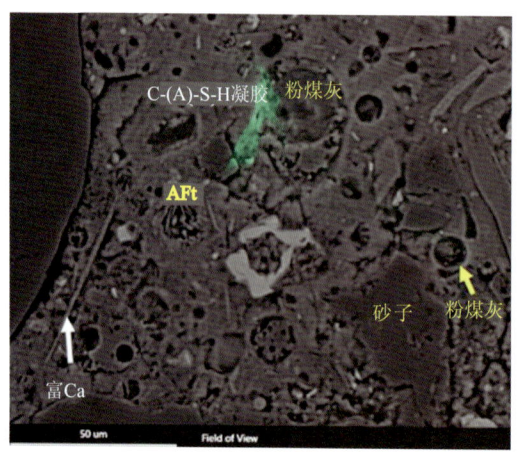
(a) 区域1

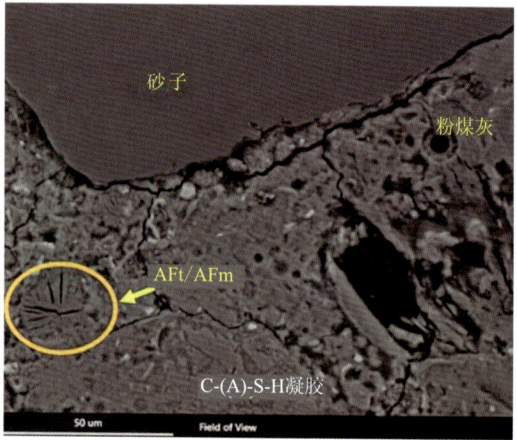
(b) 区域2

图 8.33　混凝土 SEM-BSE 成像照片

8.2.2　气泡结构

1. 硬化混凝土气泡参数

从混凝土试件上沿轴线方向切割 3 块 100 mm×100 mm×20 mm 的混凝土试件，分别采用 300 目、400 目、800 目及 1 000 目的碳化硅砂纸将观察面打磨平整。将打磨抛光好的混凝土试件放置于 105 ℃±5 ℃烘箱中干燥 24 h 后取出，等待试件冷却至室温后，在每个试件的观察面涂刷一层薄的黑色碳素墨水，并使用超细白色碳酸钙粉末填充气泡截面以增强气泡与基体之间的对比度。使用全自动硬化混凝土气泡参数测试仪进行测试分析，每个混凝土试件测试横断面区域的尺寸为 80 mm×80 mm，贯穿导线总长度为 6 480 mm，采用步进式电动机进行分步图像采集，步长为 1 mm。

硬化混凝土的气泡参数测试结果汇总于表 8.21，而气泡间距系数、含气量、气泡数量、气泡平均半径、气泡比表面积的变化规律分别展示于图 8.34～图 8.36。

表 8.21　硬化混凝土的各项气泡参数测试结果

混凝土试件组别	水胶比	粉煤灰掺量/%	气泡平均半径/μm	含气量/%	气泡数量/个	气泡比表面积/(mm²/mm³)	气泡间距系数/μm
E73-3	0.55	40	91.5	5.32	2 884	33.5	109
E63-3	0.50	30	139.5	4.36	1 535	21.6	199
E64-1	0.50	30	73.1	3.83	2 643	42.7	112
E65-3	0.45	30	98.0	2.71	1 352	31.0	176
E90-3	0.45	20	96.4	3.17	1 214	26.1	206
E98-3	0.45	20	97.4	4.11	2 053	31.1	163
E67-3	0.35	20	108.1	2.64	1 187	28.0	220

注：结果由导线法测试得到，横断面尺寸为 80 mm×80 mm，贯穿导线总长度为 6 480 mm。

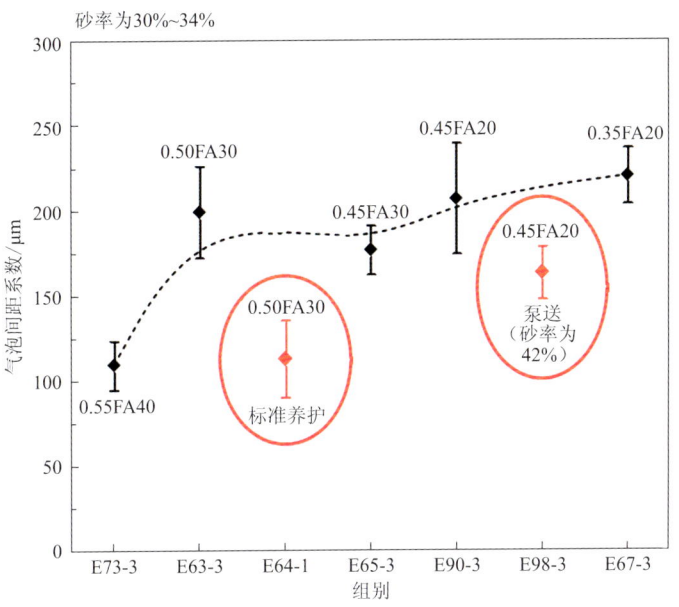

图 8.34　各组混凝土试件的气泡间距系数结果

0.55FA40 表示 0.55 水胶比，40%粉煤灰掺量

对表 8.21 中的数据分析可知，在 16 年龄期，所有混凝土试件的气泡间距系数介于 109~220 μm，这一结果表明，尽管受到外界自然环境的影响，混凝土试件仍保持着良好的抗冻耐久性。

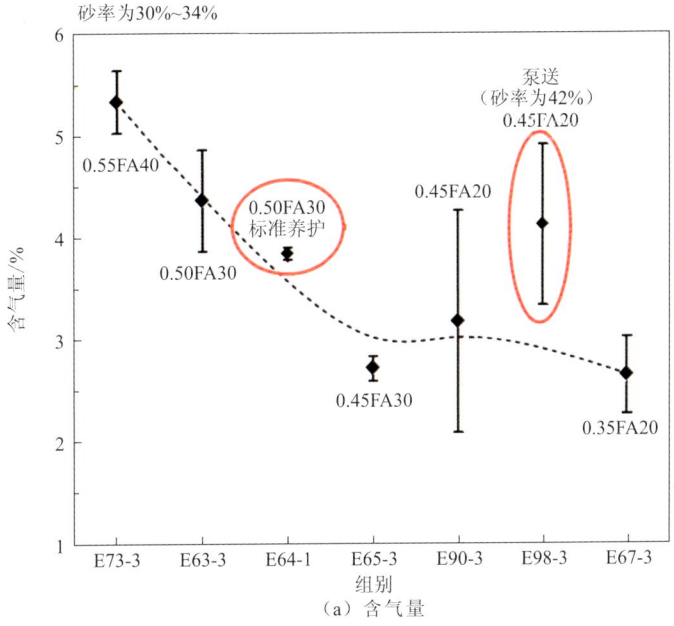

(a) 含气量

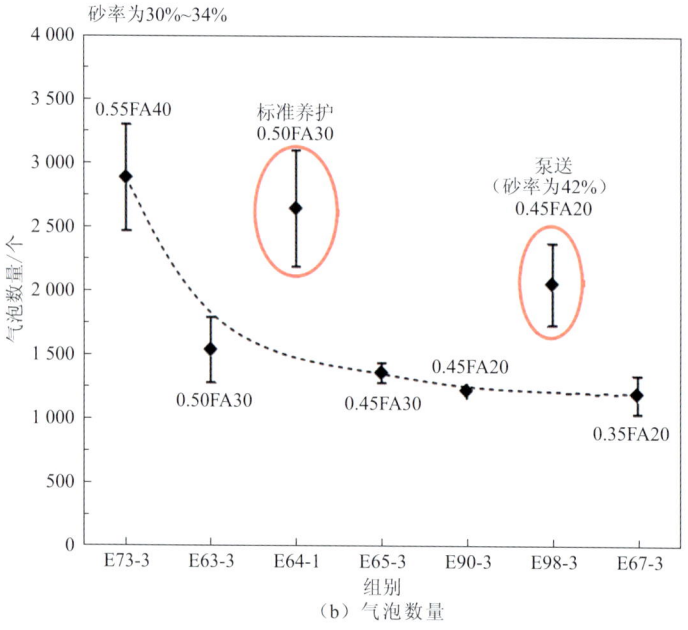

图 8.35　各组混凝土试件气泡总量参数（80 mm×80 mm 横断面内）

从图 8.34 中可以发现，在自然养护条件下，随着水胶比的增加和粉煤灰掺量的提升，混凝土的气泡间距系数整体呈现下降趋势。特别是当水胶比从 0.50 增至 0.55，粉煤灰掺量从 30% 增至 40% 时，气泡间距系数的降低最为显著。进一步比较 E63-3 和 E64-1 的数据发现，在标准养护条件下，混凝土的气泡间距系数较自然养护条件下更低，大约为自然养护条件下的 56%，表明其具有更好的抗冻性能。

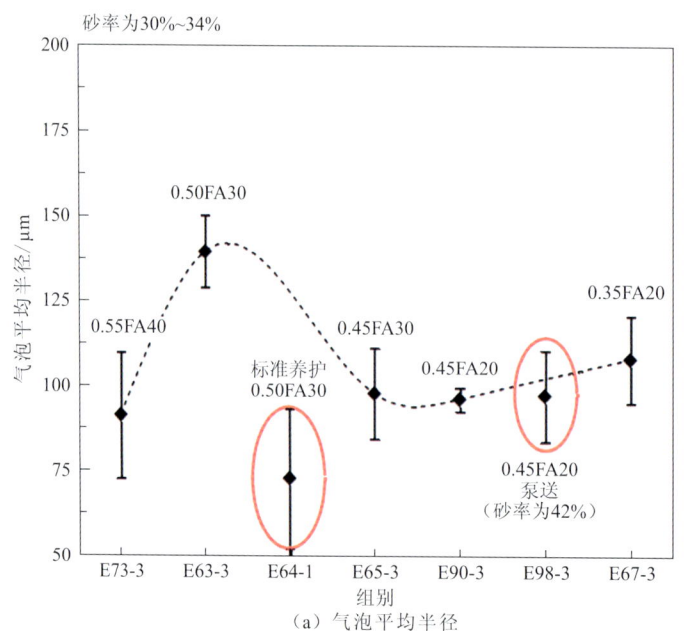

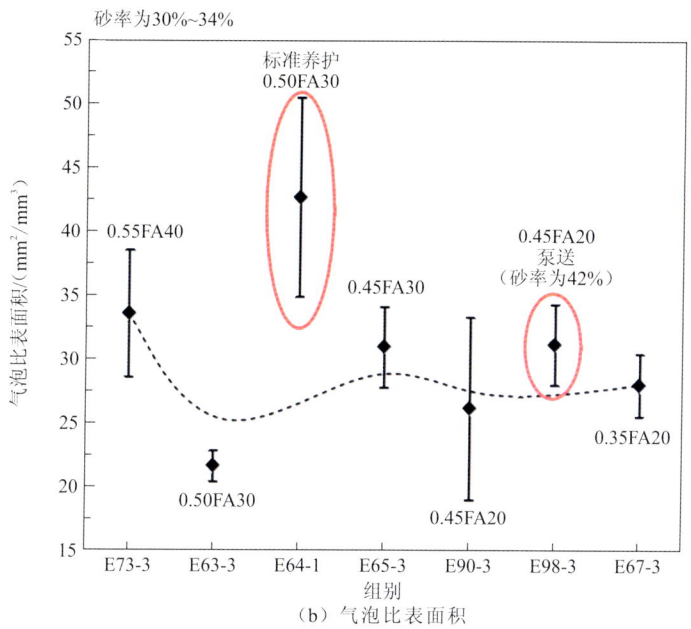

图 8.36　各组混凝土试件气泡特征参数

此外，对比相同水胶比和粉煤灰掺量的常态混凝土与泵送混凝土发现，泵送混凝土的气泡间距系数更小，因此其抗冻性能相对更强。

对图 8.35 中气泡总量参数进行分析可以发现，随着水胶比的降低和粉煤灰掺量的减少，硬化混凝土的含气量和气泡数量呈现下降趋势，特别是在较高的水胶比（0.45～0.55）和较大的粉煤灰掺量（不低于 30%）条件下，这种趋势更为显著。这表明增加水胶比和掺加更多粉煤灰会在混凝土中引入更多的气泡，这是上述气泡间距系数变化的主要原因之一。

另外，由于泵送混凝土在塑性状态下具有较高的含气量，所以硬化混凝土内部的气泡数量更多，含气量也更高。在比较标准养护和自然养护方式时可以发现，标准养护方式下混凝土内部的气泡数量明显增加。

对图 8.36 中的气泡特征参数分析发现，当水胶比低于 0.45 且粉煤灰掺量少于 30%时，硬化混凝土内部的气泡平均半径变化较小，气泡平均半径大致保持在 100 μm 左右。然而，当粉煤灰掺量为 30%且水胶比从 0.45 增加到 0.50 时，气泡平均半径显著增大。进一步增加粉煤灰掺量至 40%并将水胶比提高至 0.55，混凝土气泡平均半径又突然减小。在相同水胶比和粉煤灰掺量的条件下，泵送混凝土与普通混凝土的气泡平均半径差异不大，表明泵送混凝土主要通过引入更多气泡来增加气泡数量，而对气泡平均半径的影响较小。

养护方式对混凝土气泡平均半径有显著影响，与自然养护相比，标准养护不仅能够增加硬化混凝土的气泡数量，还能细化气泡结构，减小气泡平均半径，从而减少气泡孔隙对力学性能的不利影响，并提高其抗冻耐久性。

2. 硬化混凝土气泡分布照片

通过观察图 8.37 可以明显发现，水胶比和粉煤灰掺量的变化对混凝土中气泡的数量产生了显著影响。水胶比为 0.55 且粉煤灰掺量为 40%的条件下，在混凝土骨料间隙的水泥石中分布着大量肉眼可见的气泡［图 8.37（a）］。随着水胶比和粉煤灰掺量的降低，气泡数量显著减少［图 8.37（b）、（c）］。同时，观察到所有混凝土骨料边缘均存在气泡集聚的现象，这表明气泡更容易在界面过渡区稳定存在，从侧面证明了混凝土中的界面过渡区是材料的薄弱区域。

 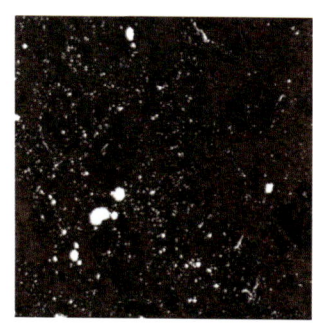 

（a）内部混凝土　　　　　　（b）水位变化区混凝土　　　　　　（c）抗冲磨混凝土
（0.55 水胶比和 40%粉煤灰掺量）　（0.45 水胶比和 30%粉煤灰掺量）　（0.35 水胶比和 20%粉煤灰掺量）

图 8.37　硬化混凝土气泡分布照片

从图 8.38 中可以观察到，标准养护条件下的混凝土试件与自然养护条件下的混凝土试件相比，肉眼可见的气泡数量相差不大，但采用标准养护方式的混凝土试件具有更多"细小"的气泡，较大气泡略少，因此标准养护方式能够起到细化混凝土气泡尺寸的作用。

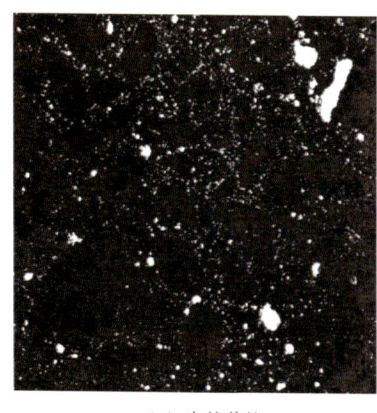 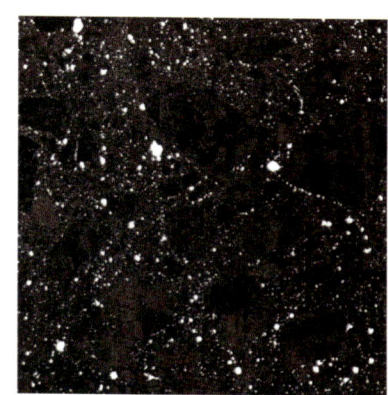

（a）自然养护　　　　　　　　　（b）标准养护

图 8.38　不同养护方式下的混凝土气泡分布照片（外部混凝土，0.50 水胶比和 30%粉煤灰掺量）

图 8.39 对比了在相同水胶比和粉煤灰掺量条件下常态混凝土与泵送混凝土的气泡分布。可以明显观察到，泵送混凝土引入了众多不同尺寸的气泡，这导致了混凝土内含气量的增加及气泡间距系数的变化。

(a) 常态混凝土　　　　　　　　　　(b) 泵送混凝土

图 8.39　混凝土的气泡分布照片（0.45 水胶比和 20%粉煤灰掺量）

8.2.3　孔结构

本节采用压汞法来获取水泥基材料的孔结构信息。从混凝土表层 1 cm、内部约 3 cm 处选取 3～8 mm 大小、表面较好的浆体部分块体并将其放入广口瓶中，然后加入无水乙醇终止水化，12 h 之后更换一次无水乙醇，继续浸泡 48 h，取出水泥浆体颗粒在 40℃的真空干燥箱中干燥 48 h，然后采用 AutoPore IV 9510 型压汞仪进行孔结构测试。测试中设置汞的表面张力为 480 mN/m，接触角为 140°，高压范围为 140～420 kPa，低压范围为 1.5～350 kPa，采用扫描模式测试。

图 8.40 展示了在不同养护条件下，外部大坝混凝土试件（E63）表层和深层部位的累积孔径及孔径分布曲线。已有研究表明，不同孔径大小的孔结构对混凝土耐久性的影响程度不同。混凝土中的孔结构可以分为三类：无害孔、少害孔、有害孔或多害孔，其对应的孔径分布范围分别为小于 20 nm、20～50 nm、大于 50 nm。基于这些孔结构对混凝土性能的影响程度，可以赋予不同孔径的孔结构不同的权重，从而计算出孔结构耐久因子（P），具体计算公式见式（6.5）。其中，$\beta_1 \sim \beta_3$ 为不同孔径孔结构的耐久性权重，即对混凝土耐久性的贡献度，依次取为 10、5、1。

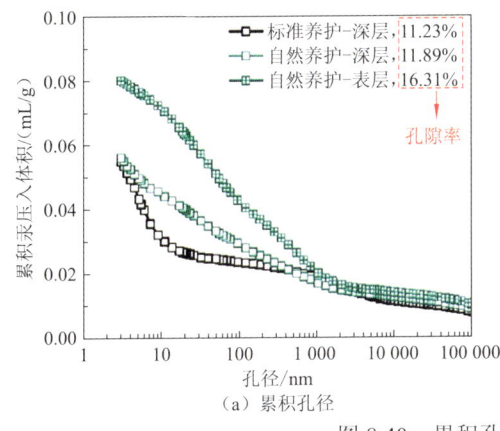 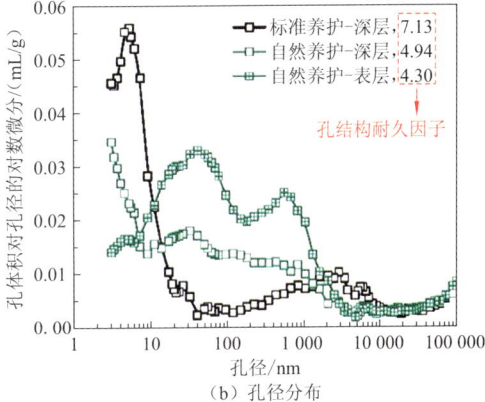

(a) 累积孔径　　　　　　　　　　(b) 孔径分布

图 8.40　累积孔径及孔径分布曲线

孔结构特征参数详细列于表 8.22 中。通过分析图 8.40 和表 8.22 的数据可以发现，与标准养护条件下的混凝土相比，自然养护条件下的混凝土孔隙率增加，孔结构耐久因子降低，这表明自然养护条件下的孔结构劣于标准养护条件下的孔结构，正是这一原因导致了自然养护条件下混凝土的性能低于标准养护条件下。在相同的养护条件下，表层混凝土的孔隙率高于深层混凝土，孔结构耐久因子低于深层混凝土，这一现象证实了在自然风化作用下，混凝土的劣化是一个由表及里的过程，表层混凝土的损伤程度远高于深层混凝土。

表 8.22 孔结构特征参数

养护方式	取样部位	孔径分布比例/%			孔结构耐久因子	孔隙率/%
		<20 nm	20~50 nm	>50 nm		
标准养护	深层	66.6	3.5	29.9	7.13	11.23
自然养护	深层	38.6	11.6	49.8	4.94	11.89
自然养护	表层	29.7	15.5	54.8	4.30	16.31

8.2.4 微裂纹

对 8 段芯样进行切割、磨平、超声波清洗、40 ℃下真空烘干、荧光环氧浸渍、二次磨平及清洗等一系列处理后，这些芯样被放置于全景荧光显微镜下，用于扫描和存储微裂纹的图像。表 8.23 详细列出了用于微裂纹分析的芯样的取样部位及基本信息。

表 8.23 芯样基本信息

序号	孔号/混凝土试件组别	工程部位/水胶比	混凝土设计指标	浇筑日期/成型日期	孔径/mm	数量
1	zza3-1	左岸安装层Ⅲ#坝段	$R_{90}200$, D250, S10	1999 年 9 月 11 日～2000 年 5 月 17 日	50	1
2	zzc8-1	左岸厂房 8#坝段	$R_{90}150$, D100, S8	2000 年 5 月 1 日～8 月 26 日	50	1
3	zxh4-1	泄洪 4#坝段上块	$R_{90}250$, D100, S10	2000 年 7 月 30 日～10 月 24 日	50	1
4	E63-2	0.50	$C_{90}20$, F250, W10	2003 年 4 月	50	1
5	E65-2	0.45	$C_{90}25$, F250, W10	2003 年 4 月	50	1
6	E73-2	0.55	$C_{90}15$, F100, W10	2003 年 4 月	50	1
7	E90-2	0.45	$C_{90}25$, F250, W10	2003 年 4 月	50	1
8	E98-2	0.45	$C_{90}25$, F250, W10	2003 年 4 月	50	1

典型芯样的显微图像如图 8.41～图 8.45 所示。从图 8.41～图 8.45 中可以看出，相比于其他切片，E65-2 基体内分布有较多的孔洞。

(a)显微图像(扫描半径为 20 mm)

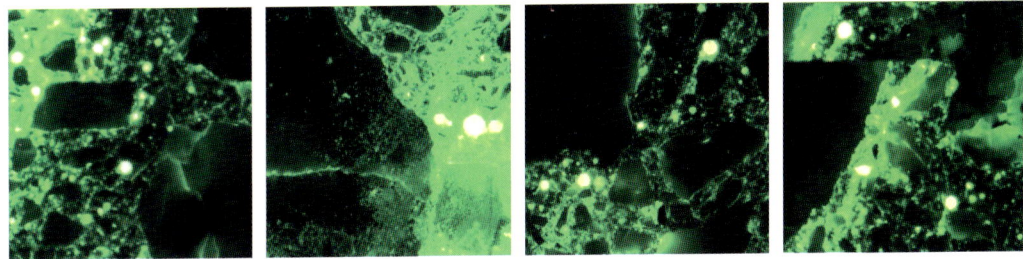

(b)局部放大图

图 8.41　zzc8-1 芯样显微图像及局部放大图

(a)显微图像(扫描半径为 20 mm)

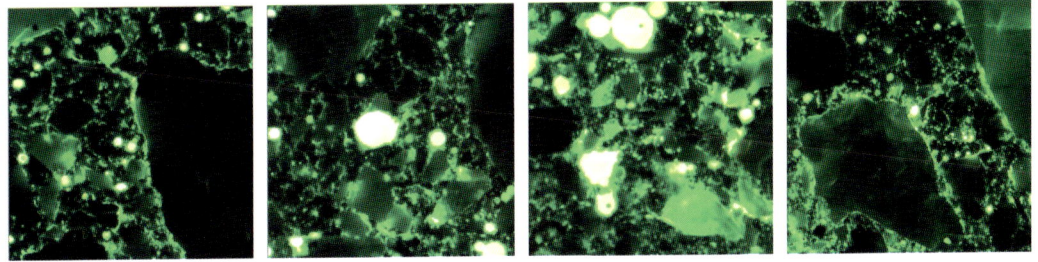

(b)局部放大图

图 8.42　zxh4-1 芯样显微图像及局部放大图

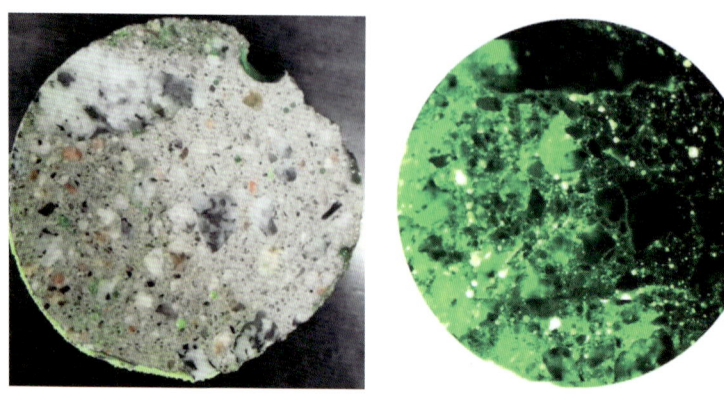

(a)显微图像(扫描半径为 20 mm)

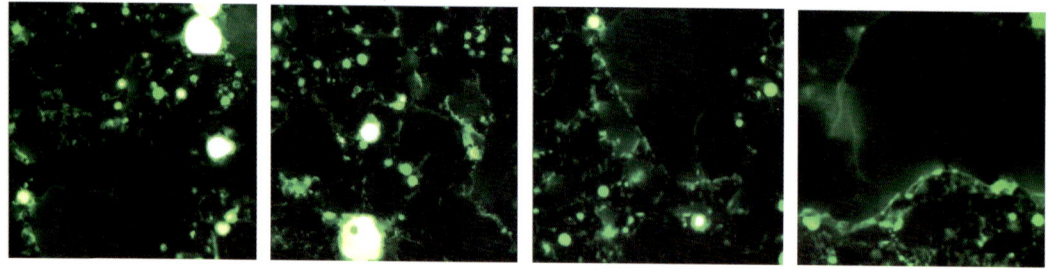

(b)局部放大图

图 8.43　zza3-1 芯样显微图像及局部放大图

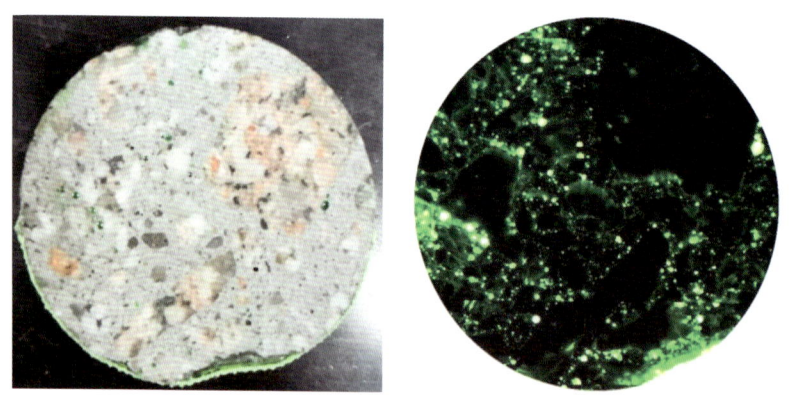

(a)显微图像(扫描半径为 20 mm)

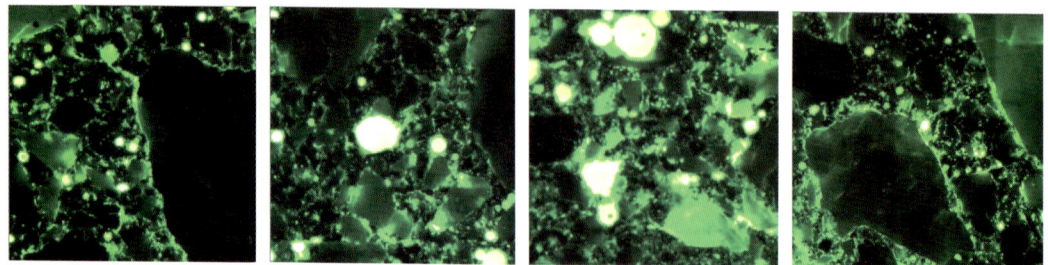

(b)局部放大图

图 8.44　E63-2 芯样显微图像及局部放大图

第 8 章 大坝混凝土长期性能演变规律及预测模型

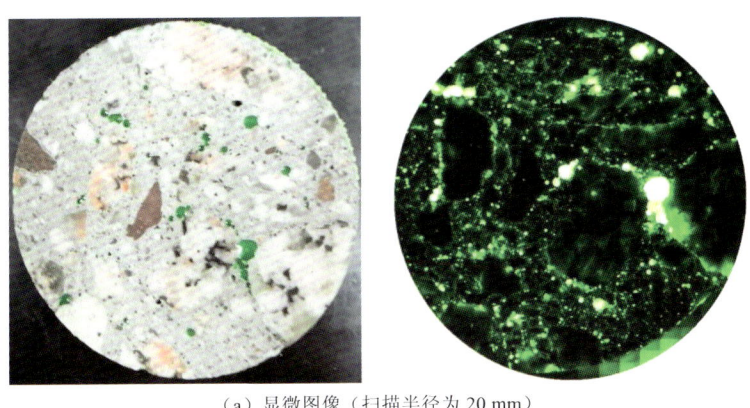

（a）显微图像（扫描半径为 20 mm）

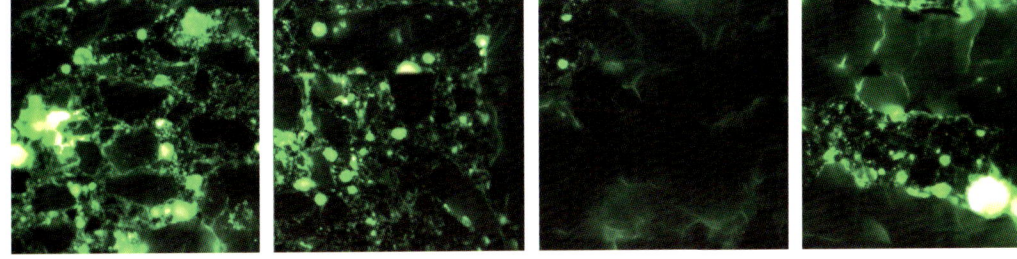

（b）局部放大图

图 8.45 E65-2 芯样显微图像及局部放大图

通过对上述芯样进行全景微结构定量分析，获得了不同部位混凝土的微裂纹密度数据，这些数据汇总于表 8.24 中。表 8.24 显示，三峡工程大坝混凝土不同部位的微裂纹密度介于 0.002~0.003 mm/mm^2，表明其处于较低的微裂纹密度水平。结合其他微结构特征的分析结果，这些数据共同揭示了三峡工程大坝混凝土优异的性能及其仍处于性能提升阶段的微观机制。

表 8.24 芯样微裂纹密度

项目	芯样编号				
	zza3-1	zzc8-1	zxh4-1	E63-2	E65-2
混凝土设计指标	$R_{90}200$, D250, S10	$R_{90}150$, D100, S8	$R_{90}250$, D100, S10	$C_{90}20$, F250, W10	$C_{90}25$, F250, W10
微裂纹密度/(mm/mm^2)	0.002	0.002	0.003	0.002	0.002

8.3 三峡工程大坝混凝土长期性能预测模型

8.3.1 碳化预测模型

在自然养护和标准养护+自然养护条件下，不同部位的混凝土试件在自然碳化 10 年后的碳化深度测试结果已在 8.1.3 小节中详细说明。基于这些数据，构建了碳化深度与龄期之间的相关关系，用来预测碳化对混凝土表面寿命的影响，并评估表面混凝土的预期使用寿命。

根据式（8.7）与式（8.9），计算了不同龄期混凝土的碳化深度。这些计算结果汇总于表 8.25 中。由表 8.25 中的计算结果可知，在碳化龄期达到 1 000 年时，除了内部混凝土外，不同部位混凝土的碳化深度最高仅为 52.22 mm。考虑到水工混凝土的保护层厚度普遍超过 100 mm，因此混凝土的碳化不会对大坝混凝土的耐久性产生影响。

表 8.25 混凝土不同龄期的碳化深度计算结果

碳化龄期/a	碳化深度/mm									
	标准养护+自然养护					自然养护				
	内部	外部	水位变化区	结构	抗冲磨	内部	外部	水位变化区	结构	抗冲磨
1	3.30	1.65	1.14	0.79	0.13	3.07	1.57	1.14	0.63	0.21
3	5.72	2.86	1.98	1.38	0.23	5.31	2.72	1.98	1.09	0.36
5	7.38	3.69	2.55	1.78	0.30	6.86	3.51	2.55	1.40	0.46
10	10.44	5.22	3.61	2.51	0.42	9.70	4.96	3.61	1.99	0.66
30	18.08	9.04	6.25	4.35	0.73	16.80	8.59	6.25	3.44	1.14
50	23.34	11.68	8.07	5.62	0.94	21.69	11.09	8.07	4.44	1.47
100	33.00	16.51	11.41	7.95	1.33	30.68	15.69	11.42	6.28	2.08
500	73.80	36.93	25.51	17.77	2.97	68.60	35.08	25.53	14.04	4.65
1 000	104.37	52.22	36.07	25.13	4.20	97.01	49.62	36.10	19.85	6.57

注：考虑水胶比、粉煤灰掺量等因素，内部混凝土碳化深度会偏大，但实际工程内部混凝土因 CO_2 无法进入，碳化深度远低于此值。

因此，从混凝土碳化的角度来看，大坝表面混凝土的耐久年限远远超过 1 000 年。

8.3.2 相对动弹性模量衰减模型

基于 8.1.2 小节中养护条件对混凝土自振频率和相对动弹性模量影响的试验结果，采用对数曲线拟合技术来描述相对动弹性模量与龄期之间的关系。通过这种方法，用相对动弹性模量的大小来表征混凝土表面的风化程度，从而评估表面混凝土的预期使用寿命。

由表 8.4 可以得到相对动弹性模量 d 与龄期 x 的相关关系，具体见式（8.11）和式（8.12）。

外部混凝土：

$$d_{外部} = -1.727\ln x + 103.79, \quad R^2 = 0.861 \tag{8.11}$$

抗冲磨混凝土：

$$d_{抗冲磨} = -2.242\ln x + 107.63, \quad R^2 = 0.963 \quad (8.12)$$

在混凝土的快速冻融试验中，通过监测相对动弹性模量的变化来评估混凝土性能的衰减程度。通常，当相对动弹性模量降低至40%时，认为混凝土已经遭受破坏。借鉴这一评估方法来评价混凝土表面的破坏程度。表8.26详细列出了混凝土相对动弹性模量与龄期之间关系的计算结果。

表 8.26　混凝土相对动弹性模量与龄期之间关系的计算结果

龄期		相对动弹性模量衰减值/%	
天	年	外部混凝土	抗冲磨混凝土
365	1	-6.41	-6.67
1 095	3	-8.31	-9.33
1 825	5	-9.19	-10.57
3 650	10	-10.39	-12.25
18 250	50	-13.17	-16.15
36 500	100	-14.36	-17.83
109 500	300	-16.26	-20.50
182 500	500	-17.14	-21.74
365 000	1 000	-18.34	-23.42

可以观察到，对于外部和抗冲磨部位的混凝土，试件在自然环境养护1 000年后，其相对动弹性模量仅下降了18.34%和23.42%，远未达到冻融试验中40%的破坏界限值。这一结果表明，三峡工程大坝外表面混凝土的预期耐久年限可达到1 000年以上。

8.3.3　大坝混凝土性能演变两阶段模型

1. 二元驱动机制及两阶段模型

当大坝混凝土处于不受劣化因素侵蚀的标准养护环境（近似理想环境）中时，大坝的性能会一直增强并逐渐趋于稳定。实际大坝混凝土处于各种各样的服役环境中，如大气环境、冻融环境、水下环境等。此时大坝混凝土长期性能的变化取决于导致混凝土性能劣化的环境破坏力与混凝土自身抵抗破坏的水泥水化生长力之间相对大小的变化。若水泥水化生长力大于环境破坏力，大坝混凝土的性能逐渐增强；若环境破坏力等于水泥水化生长力，大坝混凝土性能发展达到峰值；若环境破坏力大于水泥水化生长力，混凝土性能进入劣化期。基于国内外长期室内试验及典型混凝土老坝实测数据（图 8.46），揭示了"水化生长-环境破坏"二元驱动机制下的大坝混凝土性能发展规律：先伴随损伤生长，再衰退。

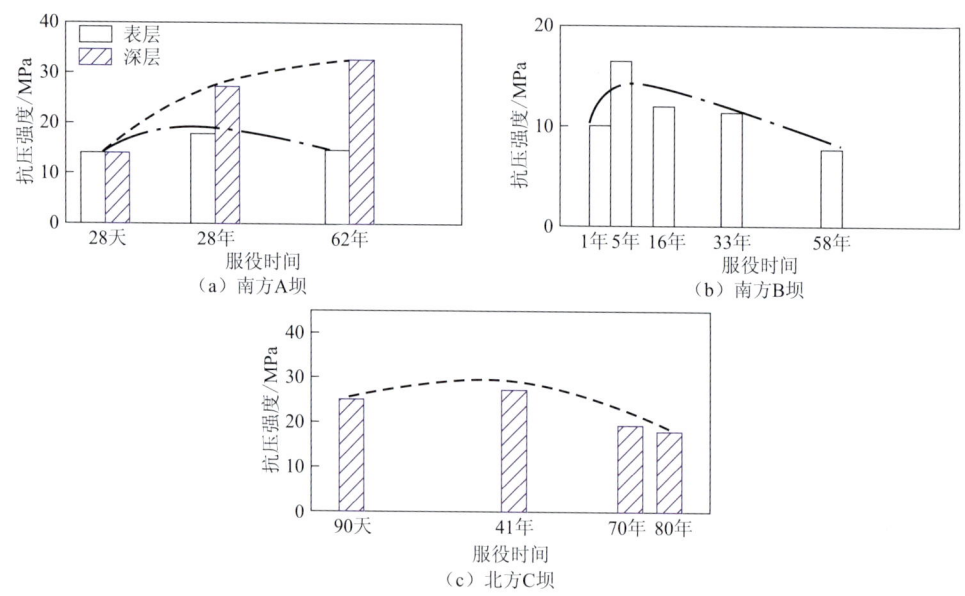

图 8.46　典型混凝土老坝长期抗压强度演化

大坝混凝土性能直接影响坝体承载力与耐久性，可通过老坝真实服役环境与实验室耐久性侵蚀加速试验，探究混凝土力学性能与孔结构演变规律和劣化机理，并建立大坝混凝土全生命期性能演变的两阶段模型，见图 8.47。其表达式可用三参数的统一形式来表示，即

$$R(t) = \begin{cases} R_0 \times (1-e^{-mt^n}), & t < t_0 \\ R_0 \times e^{-r(t-t_0)^s}, & t \geq t_0 \end{cases} \tag{8.13}$$

式中：$R(t)$为混凝土相对性能；R_0为混凝土初始状态性能，可以是强度、抗裂性与耐久性指数、弹性模量等，其与原材料组成、胶凝材料水化等相关；t_0为衰减起始龄期；m、n、r、s为影响因子，与环境因素、化学膨胀变形等相关。

2. 模型重要参数取值讨论

1）最终性能增长系数

大坝混凝土全生命期性能演变的两阶段模型包括混凝土初始状态性能R_0、衰减起始龄期t_0两个参数，R_0可参考不同研究者测得的超过 1 年龄期的混凝土性能取值。对不同研究者测得的超过 10 年龄期的混凝土性能进行了归一化处理，主要以 1 年龄期混凝土强度为基准，其他龄期的强度与之相比，得到强度增长系数，结果详见表 8.27～表 8.30。

第8章 大坝混凝土长期性能演变规律及预测模型

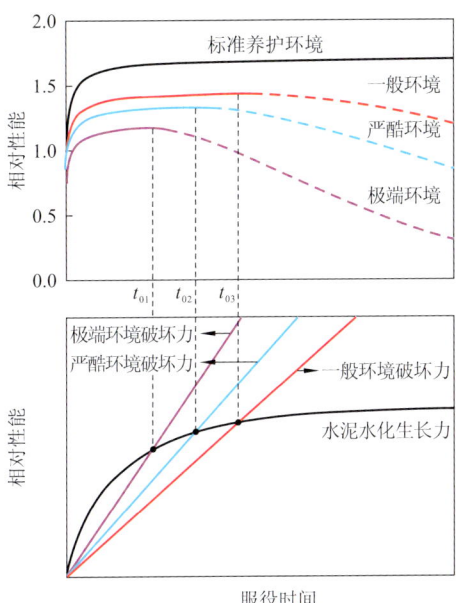

图 8.47 大坝混凝土全生命期性能演变的两阶段模型

表 8.27 标准养护条件下混凝土强度增长系数

水灰比	强度增长系数								
	3 天	7 天	28 天	90 天	1 年	3 年	5 年	10 年	20 年
0.71	0.33	0.52	0.84	0.97	1.00	1.05	1.09	1.18	1.21
0.53	0.41	0.61	0.86	0.99	1.00	1.08	1.10	1.14	1.23
0.40	0.54	0.71	0.88	0.98	1.00	1.09	1.12	1.13	1.31

表 8.28 室外大气环境中混凝土 50 年强度增长系数

成型时间	配合比		强度增长系数						
	骨料	水灰比	7 天	28 天	1 年	5 年	10 年	25 年	50 年
1923 年	砾石骨料	0.51	0.52	0.76	1.00	1.41	1.47	1.56	1.60
		0.67	0.41	0.75	1.00	1.54	1.63	1.81	1.70
		0.69	0.30	0.63	1.00	1.35	1.44	1.76	1.60
		0.54	0.33	0.59	1.00	1.47	1.60	1.93	1.73
1923 年	白云石	0.51	0.38	0.66	1.00	1.41	1.51	1.65	1.68
1937 年		0.39~0.49	—	0.75	1.00	1.21	1.24	1.18	1.21

表 8.29　室外大气环境中砂浆 50 年强度增长系数

成型时间	配合比（水泥∶砂）	强度增长系数					
		7 天	28 天	1 年	10 年	25 年	50 年
1923 年	1∶1	0.60	0.79	1.00	1.03	1.04	1.02
	1∶2	0.52	0.77	1.00	1.07	1.06	0.98
	1∶3	0.42	0.69	1.00	1.23	1.11	1.27

表 8.30　美国格林山大坝防浪墙（经受冻融和碱骨料反应）芯样强度增长系数

水泥类型	碱质量分数*/%	强度增长系数						
		7 天	28 天	90 天	180 天	1 年	2 年	53 年
中等抗硫酸盐水泥	0.58	0.39	0.68	0.87	0.96	1.00	1.05	1.09
	0.94	0.51	0.78	0.96	—	1.00	1.07	0.68
早强水泥	—	0.71	0.89	0.98	0.98	1.00	1.03	0.57
	0.52	0.65	0.85	0.92	0.96	1.00	0.99	0.92
	掺气	0.64	0.82	0.92	0.98	1.00	1.00	1.19

*指 $Na_2O+0.658K_2O$ 质量分数。

现有数据表明，在标准养护条件下，混凝土在 20 年龄期内的强度增长系数持续增长，未见衰减趋势；最长达 50 年龄期的数据显示，在室外大气环境中，混凝土最大强度增长系数为 1.93（25 年龄期，水灰比为 0.54），不同水灰比的混凝土具有不同的强度增长系数；砂浆最大的强度增长系数为 1.27（50 年龄期，水泥与砂的比例为 1∶3）。

根据表 8.30 的数据，若混凝土遭受冻融劣化或存在碱骨料反应，其性能将在经历短暂的增长期后迅速衰减。例如，53 年龄期的大坝防浪墙（经受冻融和碱骨料反应）芯样的强度增长系数可降至 0.57。

2）衰减起始龄期

每个大坝混凝土的衰减起始龄期 t_0 各异，若不存在劣化因素，混凝土的性能会持续增强，目前尚没有明确的试验数据可用于确定 t_0，衰减起始龄期可能超 100 年、200 年甚至 500 年。若存在劣化因素，衰减起始龄期与环境劣化因素相关。已有数据表明，在室外大气环境中，衰减起始龄期可能在 25~50 年；部分老坝的芯样数据表明，大坝混凝土在 30 年甚至 15 年后进入衰减期。随着大坝混凝土迈入高耐久性时代，部分混凝土采用高贝利特水泥，研究表明，其会持续增强混凝土后期强度，衰减起始龄期预计会进一步后移。

参 考 文 献

[1] 谢江晨. 从实践论看三峡工程[J]. 国企, 2021(11): 42-45.

[2] 毛泽东. 水调歌头·游泳[J]. 诗刊, 1957(1): 14.

[3] 陆佑楣. 三峡工程的技术史记[N]. 中国新闻出版广电报, 2021-02-09(8).

[4] 李国英, 雷鸣山. 三峡工程, 国之重器[J]. 中国三峡, 2021(3): 1-2.

[5] 李文伟, 理查德·W·伯罗斯. 混凝土开裂观察与思考[M]. 北京: 中国水利水电出版社, 2013.

[6] 沈旦申. 水灰比定律: 现代混凝土技术特写之八[J]. 混凝土及建筑构件, 1982(4): 30-34.

[7] 徐培涛. 鲍格(Bogue)计算公式的修正[J]. 水泥, 1990(10): 49-53.

[8] 李文伟, 蒋文广, 石妍, 等. 大坝混凝土碱骨料反应研究进展综述[J]. 长江技术经济, 2023, 7(4): 93-99.

[9] 李金玉, 曹建国. 水工混凝土耐久性的研究和应用[M]. 北京: 中国电力出版社, 2004.

[10] NIU X Q. Key technologies of the hydraulic structures of the Three Gorges Project[J]. Engineering, 2016, 2(3): 340-349.

[11] WASHA G W, SAEMANN J C, CRAMER S M. Fifty-year properties of concrete made in 1937[J]. Materials journal, 1989, 86(4): 367-371.

[12] WOOD S L. Evaluation of the long-term properties of concrete[J]. Materials journal, 1992, 88(6): 630-643.

[13] 冯乃谦, 邢锋. 混凝土与混凝土结构的耐久性[M]. 北京: 机械工业出版社, 2009.

[14] 沙慧文. 粉煤灰混凝土碳化和钢筋锈蚀原因及防止措施[J]. 工业建筑, 1989, 19(1): 7-10.

[15] 吴国强. 粉煤灰加气混凝土长期强度劣化机理探讨[J]. 硅酸盐学报, 1996, 24(2): 235-240.

[16] BARTOJAY K, JOY W. Long-term properties of Hoover Dam mass concrete[C]//RICHARD L W, DAVID R G, ROGERS J R. Hoover Dam 75th Anniversary History Symposium. Las Vegas: American Society of Civil Engineers, 2010: 74-84.

[17] HASPARYK N P, MONTEIRO P J, DAL MOLIN D C. Investigation of mechanical properties of mass concrete affected by alkali-aggregate reaction[J]. Journal of materials in civil engineering, 2009, 21(6): 294-297.

[18] KOKUBU M, KOBAYASHI M. Long term observations on frost damage to dam concrete using large concrete blocks[C]// 20th ICOLD Congress on Large Dams. [S.l.]:[s.n.], 2000: 971-992.

[19] MOHAMED O A, RENS K L, STALNAKER J J. Factors affecting resistance of concrete to freezing and thawing damage[J]. Journal of materials in civil engineering, 2000, 12(1): 26-32.

[20] MOHAMED O A, RENS K L, STALNAKER J J. Time effect of alkali-aggregate reaction on performance of concrete[J]. Journal of materials in civil engineering, 2001, 13(2): 143-151.

[21] 康奈尔 M. 高配比矿渣混凝土的长期性能[J]. 水利水电快报, 1999, 20(7): 29.

[22] 黄锦添, 蓝文坚, 何玉珍. 岩滩水电站大坝及围堰高掺粉煤灰碾压混凝土长龄期性能试验与研究

[M]//张严明, 王圣培, 潘罗生. 中国碾压混凝土坝 20 年:从坑口坝到龙滩坝的跨越(综述·设计·施工·科研·运行). 北京:中国水利水电出版社, 2006: 575-582.

[23] 陈文耀, 李文伟. 三峡工程高性能大坝混凝土配合比设计技术措施[J]. 水利学报, 2000(5): 49-53.

[24] 朱永清. 混凝土用骨料:骨料的作用[EB/OL]. (2020-05-27)[2024-11-10]. https://civilwords.com.cn/13739.html.

[25] 林基泳, 蒋勇, 吴兴颜, 等. 石粉对混凝土性能影响的研究现状[J]. 硅酸盐通报, 2018, 37(12): 3842-3848.

[26] 黄钢. 海砂的淡化处理工艺与砂浆性能研究[J]. 建材发展导向(下), 2016, 14(3): 49.

[27] 曹志清. 装配式混凝土结构工程质量控制要点[J]. 中国住宅设施, 2019(6): 105-107.

[28] 申红旗. 粗骨料品质对混凝土性能的影响[J]. 河南水利与南水北调, 2018, 47(3): 74-75.

[29] 刘艳霞, 刘晨霞, 陈改新, 等. 国内外几个水电工程中的混凝土碱-骨料反应情况综述[C]//中国土木工程学会混凝土工程耐久性研究和应用研讨会论文集. 北京: 中国土木工程学会, 2006:29-33.

[30] 岳公冰, 魏红俊, 郭超, 等. 碱-骨料反应机理及抑制措施研究综述[J]. 低温建筑技术, 2021, 43(11): 63-67.

[31] YANG H Q, LI P X, RAO M J. Long term investigation and inhibition on alkali-aggregates reaction of Three Gorges Dam concrete[J]. Construction and building materials, 2017, 151: 673-681.

[32] STANTON T E. Expansion of concrete through reaction between cement and aggregate[J]. Transactions of the American Society of Civil Engineers, 1942, 107(1):54-84.

[33] PLUSQUELLEC G, GEIKER M R, LINDGÅRD J, et al. Determining the free alkali metal content in concrete: Case study of an ASR-affected dam[J]. Cement and concrete research, 2018, 105: 111-125.

[34] CAMELO A. The EDP experience on management and rehabilitation of AAR affected dams[C]// Proceedings of the 6th International Conference on Dam Engineering. Lisbon: [s.n.], 2011.

[35] CHARLWOOD R G, SIMS I. Expansive chemical reactions in dams and hydroelectric projects[J]. Construction materials, 2016, 169(4): 197-205.

[36] 温海锋, 张海波. 碱骨料反应及辅助胶凝材料对其抑制机理的研究综述[J]. 硅酸盐通报, 2019, 38(6): 1782-1787.

[37] 徐建闽, 姜姗姗, 王祖国. 浅谈混凝土骨料碱活性反应、判别与防治[J]. 水利水电工程设计, 2019, 38(1): 38-40.

[38] 蒋玉川, 王清, 王阳. 碱骨料反应试验方法与评价综述[J]. 中国建材科技, 2017, 26(3): 1-5.

[39] 李珍, 肖靓, 汪在芹. 丹江口大坝混凝土芯样的微观测试与分析[J]. 长江科学院院报, 2011, 28(5): 59-62.

[40] 杨黔, 蒋正武, 张兵兵, 等. 浅变质岩骨料碱活性特征及抑制措施[J]. 建筑材料学报, 2019, 22(6): 941-948.

[41] 李曙光, 翟祥军, 许耀群, 等. 某 20 年大坝混凝土芯样碱骨料反应鉴别研究[C]// 贾金生, 尚宏琦, 张利新, 等. 水库大坝高质量建设与绿色发展 中国大坝工程学会 2018 学术年会论文集. 郑州: 黄河水利出版社, 2018: 743-750.

[42] 杨华全, 王迎春, 曹鹏举, 等. 三峡工程混凝土的碱-骨料反应试验研究[J]. 水利学报, 2003(1):

93-97.

[43] 周守贤, 曹鹏举. 三峡工程混凝土碱骨料试验研究[J]. 长江科学院院报, 1992, 9(4): 55-59.

[44] 施惠生, 黄小亚. 水泥混凝土水化热的研究与进展[J]. 水泥技术, 2009(6): 21-26.

[45] 屈孟娇, 田青, 张苗, 等. 火山灰质材料活性评价方法研究综述[J]. 硅酸盐通报, 2022, 41(2): 376-389.

[46] DONATELLO S, TYRER M, CHEESEMAN C R. Comparison of test methods to assess pozzolanic activity[J]. Cement and concrete composites, 2010, 32(2): 121-127.

[47] 魏国力, 游杰勇, 李培彦, 等. 低热水泥复掺粉煤灰体系的强度放热与水化演变研究[J]. 混凝土, 2022(2): 54-59.

[48] 李文伟, 周世华, 苏杰. 粉煤灰品质对水泥抗裂性的影响[J]. 长江科学院院报, 2009, 26(6): 37-39.

[49] BURROWS R W, KEPLER W F, HURCOMB D, et al. Three simple tests for selecting low-crack cement[J]. Cement and concrete composites, 2004, 26(5): 509-519.

[50] 理查德·W·伯罗斯. 混凝土的可见与不可见裂缝[M]. 廉慧珍, 覃维祖, 李文伟, 译. 北京: 中国水利水电出版社, 2013.

[51] CUI J Y, HE Z, CAI X H. Mechanical properties and key intrinsic factors of sprayed ultra-high performance concrete (SUHPC) with alkali-free accelerator[J]. Construction and building materials, 2022, 349: 128788.

[52] LOTHENBACH B, KULIK D A, MATSCHEI T, et al. Cemdata 18: A chemical thermodynamic database for hydrated Portland cements and alkali-activated materials[J]. Cement and concrete research, 2019, 115: 472-506.

[53] L'HÔPITAL E, LOTHENBACH B, LE SAOUT G, et al. Incorporation of aluminium in calcium-silicate-hydrates[J]. Cement and concrete research, 2015, 75: 91-103.

[54] L'HÔPITAL E, LOTHENBACH B, SCRIVENER K, et al. Alkali uptake in calcium alumina silicate hydrate (C-A-S-H)[J]. Cement and concrete research, 2016, 85: 122-136.

[55] SCHÖLER A, LOTHENBACH B, WINNEFELD F, et al. Hydration of quaternary Portland cement blends containing blast-furnace slag, siliceous fly ash and limestone powder[J]. Cement and concrete composites, 2015, 55: 374-382.

[56] CUI J Y, HE Z, ZHANG G Z, et al. Rheological properties of sprayable ultra-high performance concrete with different viscosity-enhancing agents[J]. Construction and building materials, 2022, 321: 126154.

[57] 蒋玉梅, 刘江涛, 李荣. 萘系高效减水剂的研究进展[J]. 化学世界, 2017, 58(2): 124-128.

[58] WU Y H, HE T S, LIANG G Z. Absorption characteristic and model of polynaphthalene sulphonate on particles[J]. Journal of the Chinese Ceramic Society, 2010, 38(4): 652-658.

[59] 缪昌文, 冉千平, 洪锦祥, 等. 聚羧酸系高性能减水剂的研究现状及发展趋势[J]. 中国材料进展, 2009, 28(11): 36-45, 53.

[60] 罗毅, 王鑫, 卫超, 等. 酯基改性聚丙烯酸类增稠剂对聚羧酸减水剂的影响[J]. 硅酸盐通报, 2020, 39(6): 1805-1814.

[61] 龚雁, 毛明富, 张建荣, 等. 表面活性剂在商品砂浆中的应用[J]. 日用化学工业, 2009, 39(2):

118-121.

[62] 田培, 刘加平, 王玲, 等. 混凝土外加剂手册[M]. 北京: 化学工业出版社, 2009.

[63] 曾文波, 孙振平, 水亮亮, 等. 混凝土引气剂的作用机理及性能评价方法[J]. 混凝土世界, 2015(11): 84-87.

[64] 樊启祥, 李文伟, 李新宇, 等. 美国胡佛大坝低热水泥混凝土应用与启示[J]. 水力发电, 2016, 42(12): 46-49, 59.

[65] ATIŞ C D. Heat evolution of high-volume fly ash concrete[J]. Cement and concrete research, 2002, 32(5): 751-756.

[66] NEVILILE A M. Harden concrete: Physical and mechanical aspects[M]. Detroit: American Concrete Institute, 1971.

[67] 郑丹, 李文伟, 陈文耀. 全级配混凝土干缩变形性能研究[J]. 长江科学院院报, 2010, 27(2): 64-67, 74.

[68] 李文伟, 李曙光, 崔进杨, 等. 基于等效体积变形的水工混凝土抗裂能力评价方法[C]//汪小刚, 胡甲均, 张曙光, 等. 中国大坝工程学会建造安全韧性绿色的国家水网之"结"论文集. 郑州: 黄河水利出版社, 2024:7.

[69] 王博. 大坝混凝土施工质量控制技术研究及工程应用[M]. 北京: 中国水利水电出版社, 2019.

[70] 田育功. 大坝与水工混凝土新技术[M]. 北京: 中国水利水电出版社, 2018.

[71] 曹广晶. 三峡工程管理模式及混凝土技术研究[J]. 中国工程科学, 2004, 6(8): 82-85.

[72] 陆佑楣, 曹广晶, 等. 长江三峡工程(技术篇)[M]. 北京: 中国水利水电出版社, 2010.

93-97.

[43] 周守贤, 曹鹏举. 三峡工程混凝土碱骨料试验研究[J]. 长江科学院院报, 1992, 9(4): 55-59.

[44] 施惠生, 黄小亚. 水泥混凝土水化热的研究与进展[J]. 水泥技术, 2009(6): 21-26.

[45] 屈孟娇, 田青, 张苗, 等. 火山灰质材料活性评价方法研究综述[J]. 硅酸盐通报, 2022, 41(2): 376-389.

[46] DONATELLO S, TYRER M, CHEESEMAN C R. Comparison of test methods to assess pozzolanic activity[J]. Cement and concrete composites, 2010, 32(2): 121-127.

[47] 魏国力, 游杰勇, 李培彦, 等. 低热水泥复掺粉煤灰体系的强度放热与水化演变研究[J]. 混凝土, 2022(2): 54-59.

[48] 李文伟, 周世华, 苏杰. 粉煤灰品质对水泥抗裂性的影响[J]. 长江科学院院报, 2009, 26(6): 37-39.

[49] BURROWS R W, KEPLER W F, HURCOMB D, et al. Three simple tests for selecting low-crack cement[J]. Cement and concrete composites, 2004, 26(5): 509-519.

[50] 理查德·W·伯罗斯. 混凝土的可见与不可见裂缝[M]. 廉慧珍, 覃维祖, 李文伟, 译. 北京: 中国水利水电出版社, 2013.

[51] CUI J Y, HE Z, CAI X H. Mechanical properties and key intrinsic factors of sprayed ultra-high performance concrete (SUHPC) with alkali-free accelerator[J]. Construction and building materials, 2022, 349: 128788.

[52] LOTHENBACH B, KULIK D A, MATSCHEI T, et al. Cemdata 18: A chemical thermodynamic database for hydrated Portland cements and alkali-activated materials[J]. Cement and concrete research, 2019, 115: 472-506.

[53] L'HÔPITAL E, LOTHENBACH B, LE SAOUT G, et al. Incorporation of aluminium in calcium-silicate-hydrates[J]. Cement and concrete research, 2015, 75: 91-103.

[54] L'HÔPITAL E, LOTHENBACH B, SCRIVENER K, et al. Alkali uptake in calcium alumina silicate hydrate (C-A-S-H)[J]. Cement and concrete research, 2016, 85: 122-136.

[55] SCHÖLER A, LOTHENBACH B, WINNEFELD F, et al. Hydration of quaternary Portland cement blends containing blast-furnace slag, siliceous fly ash and limestone powder[J]. Cement and concrete composites, 2015, 55: 374-382.

[56] CUI J Y, HE Z, ZHANG G Z, et al. Rheological properties of sprayable ultra-high performance concrete with different viscosity-enhancing agents[J]. Construction and building materials, 2022, 321: 126154.

[57] 蒋玉梅, 刘江涛, 李荣. 萘系高效减水剂的研究进展[J]. 化学世界, 2017, 58(2): 124-128.

[58] WU Y H, HE T S, LIANG G Z. Absorption characteristic and model of polynaphthalene sulphonate on particles[J]. Journal of the Chinese Ceramic Society, 2010, 38(4): 652-658.

[59] 缪昌文, 冉千平, 洪锦祥, 等. 聚羧酸系高性能减水剂的研究现状及发展趋势[J]. 中国材料进展, 2009, 28(11): 36-45, 53.

[60] 罗毅, 王鑫, 卫超, 等. 酯基改性聚丙烯酸类增稠剂对聚羧酸减水剂的影响[J]. 硅酸盐通报, 2020, 39(6): 1805-1814.

[61] 龚雁, 毛明富, 张建荣, 等. 表面活性剂在商品砂浆中的应用[J]. 日用化学工业, 2009, 39(2):

118-121.

[62] 田培, 刘加平, 王玲, 等. 混凝土外加剂手册[M]. 北京: 化学工业出版社, 2009.

[63] 曾文波, 孙振平, 水亮亮, 等. 混凝土引气剂的作用机理及性能评价方法[J]. 混凝土世界, 2015(11): 84-87.

[64] 樊启祥, 李文伟, 李新宇, 等. 美国胡佛大坝低热水泥混凝土应用与启示[J]. 水力发电, 2016, 42(12): 46-49, 59.

[65] ATIŞ C D. Heat evolution of high-volume fly ash concrete[J]. Cement and concrete research, 2002, 32(5): 751-756.

[66] NEVILILE A M. Harden concrete: Physical and mechanical aspects[M]. Detroit: American Concrete Institute, 1971.

[67] 郑丹, 李文伟, 陈文耀. 全级配混凝土干缩变形性能研究[J]. 长江科学院院报, 2010, 27(2): 64-67, 74.

[68] 李文伟, 李曙光, 崔进杨, 等. 基于等效体积变形的水工混凝土抗裂能力评价方法[C]//汪小刚, 胡甲均, 张曙光, 等. 中国大坝工程学会建造安全韧性绿色的国家水网之"结"论文集. 郑州: 黄河水利出版社, 2024:7.

[69] 王博. 大坝混凝土施工质量控制技术研究及工程应用[M]. 北京: 中国水利水电出版社, 2019.

[70] 田育功. 大坝与水工混凝土新技术[M]. 北京: 中国水利水电出版社, 2018.

[71] 曹广晶. 三峡工程管理模式及混凝土技术研究[J]. 中国工程科学, 2004, 6(8): 82-85.

[72] 陆佑楣, 曹广晶, 等. 长江三峡工程(技术篇)[M]. 北京: 中国水利水电出版社, 2010.